a：薪炭林，b：人工林，c：アカマツ林，d：屋敷林，e：竹林，f：草地，g：水田，h：畑，i：水路・川，j：ため池，k：集落，l：家畜（ウシ，ニワトリ），m：キノコ等の山菜，n：草原の火入れ，o：水路の保全，p：雑木林・竹林の手入れ，q：人工林の手入れ，r：落ち葉かき・堆肥づくり，s：炭焼き，t：シイタケ生産，u：神社，v：オオタカ，w：サンショウウオ，x：カワセミ，y：農家・林家，z：ハイカー．

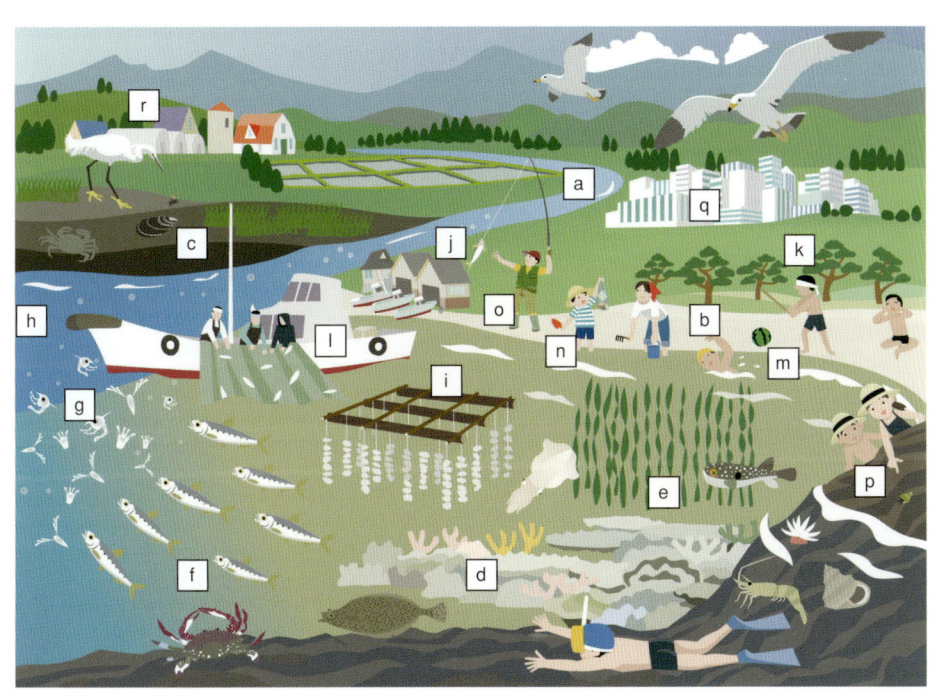

口絵1 里山の概念図［本文 p.14；図 2.1］

a：河川，b：砂浜，c：干潟，d：サンゴ礁，e：藻場，f：多様な魚介類，g：プランクトン，h：栄養物質・砂，i：カキの養殖，j：集落，k：松林，l：漁業者，m：海水浴，n：潮干狩り，o：釣り人，p：自然観察，q：都市，r：里山．

口絵2 里海の概念図［本文 p.16；図 2.2］

■ ミズナラ林タイプ
■ コナラ林タイプ
■ アカマツ林タイプ
■ シイ・カシ萌芽林タイプ
■ その他(シラカンバなど)

シイ・カシ萌芽林を中心とした里地里山
タケが繁茂しなければ、やがてシイ・カシの自然林に移行する

ミズナラ二次林を中心とした里地里山
放置すると、やがてブナなどの自然林に代わっていく

シラカンバ二次林などを中心とした里地里山
放置すると、やがて自然林に代わっていく

コナラ二次林を中心とした東日本の里地里山
人口が密集していて開発が多く、タケ・ササの繁茂が目立つ

コナラ二次林を中心とした西日本の里地里山
人口密度が低く、雪のやや少ないところではタケの繁茂が目立つ

アカマツ二次林を中心とした里地里山
人口が密集しているが、ため池なども多く、希少種も多い。開発やマツ枯れ、タケの繁茂の問題がある

口絵3　二次林の植生タイプ別分布［本文 p.20；図 2.3］
(出典) 環境省自然環境局 (2001)『日本の里地里山の調査・分析について (中間報告)』および, 環境省自然環境局自然環境計画課 (2004)『里地里山パンフレット』.
(写真提供) 財団法人自然環境研究センター (ミズナラ林タイプ, コナラ林タイプ, アカマツ林タイプ, その他 (シラカンバ等)), 中村俊彦 (シイ・カシ萌芽林タイプ).

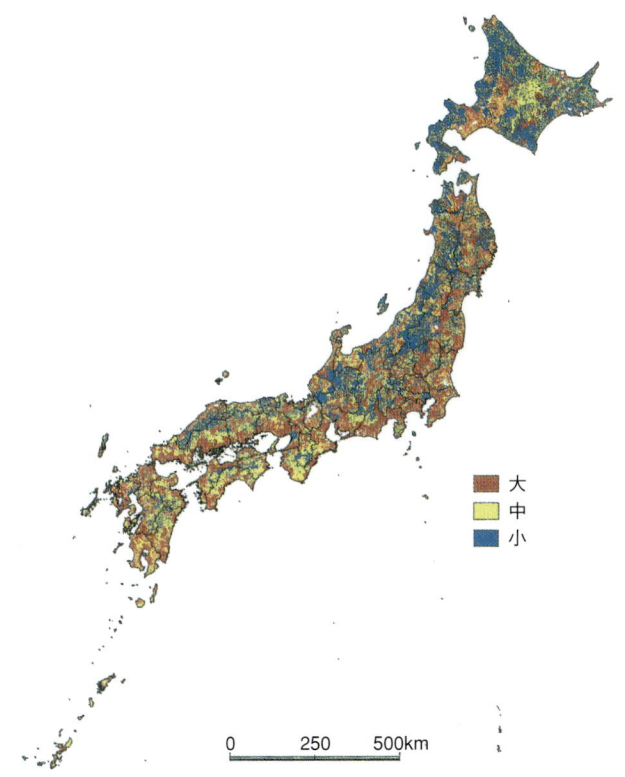

口絵 4 NO₂ 吸収量からみた農村地のもつ大気浄化機能（加藤，1998）
［本文 p.48；図 3.28］

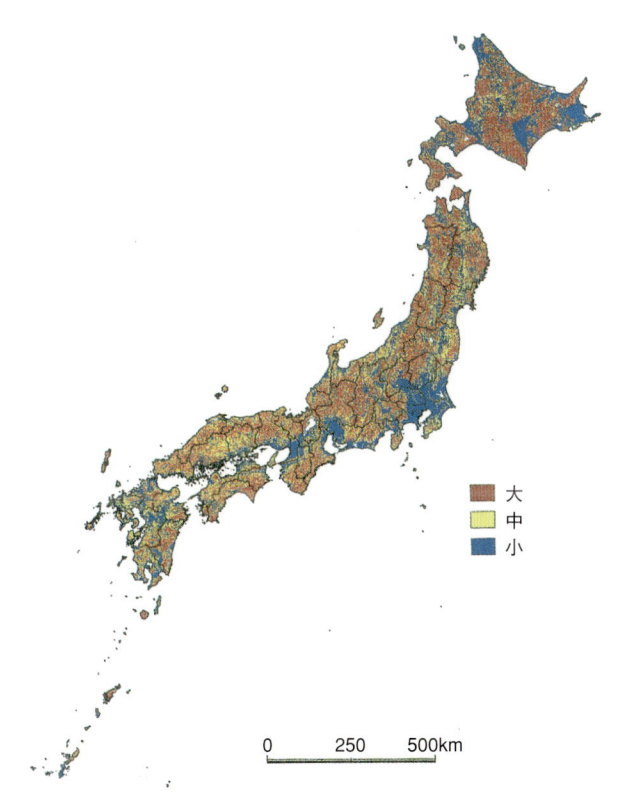

口絵 5 農村地のもつ土壌侵食防止機能（加藤，1998）
［本文 p.52；図 3.33］

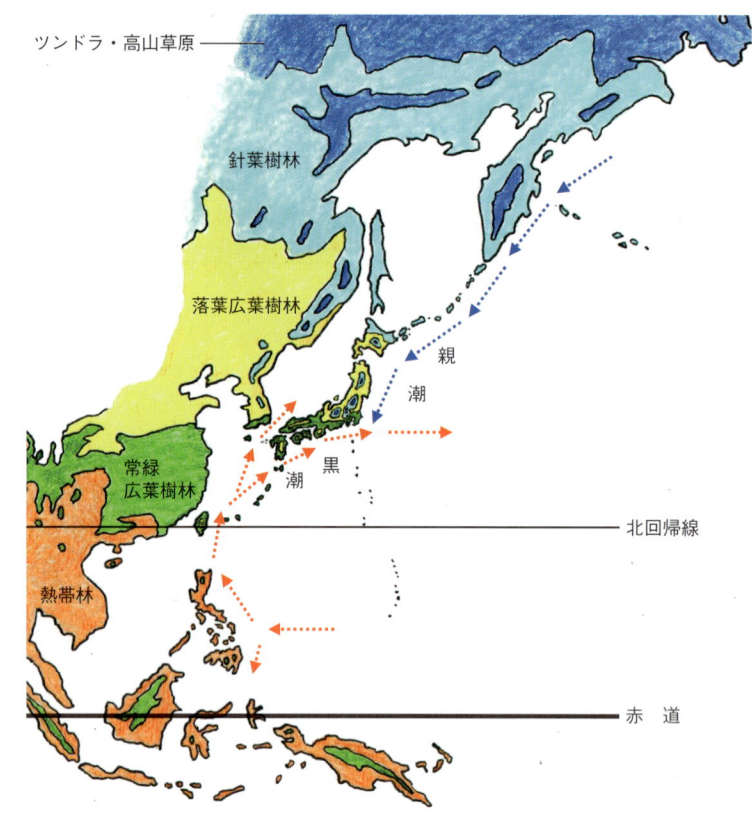

口絵6　東アジアの植生と海流　[本文 p.163；図 11.1]

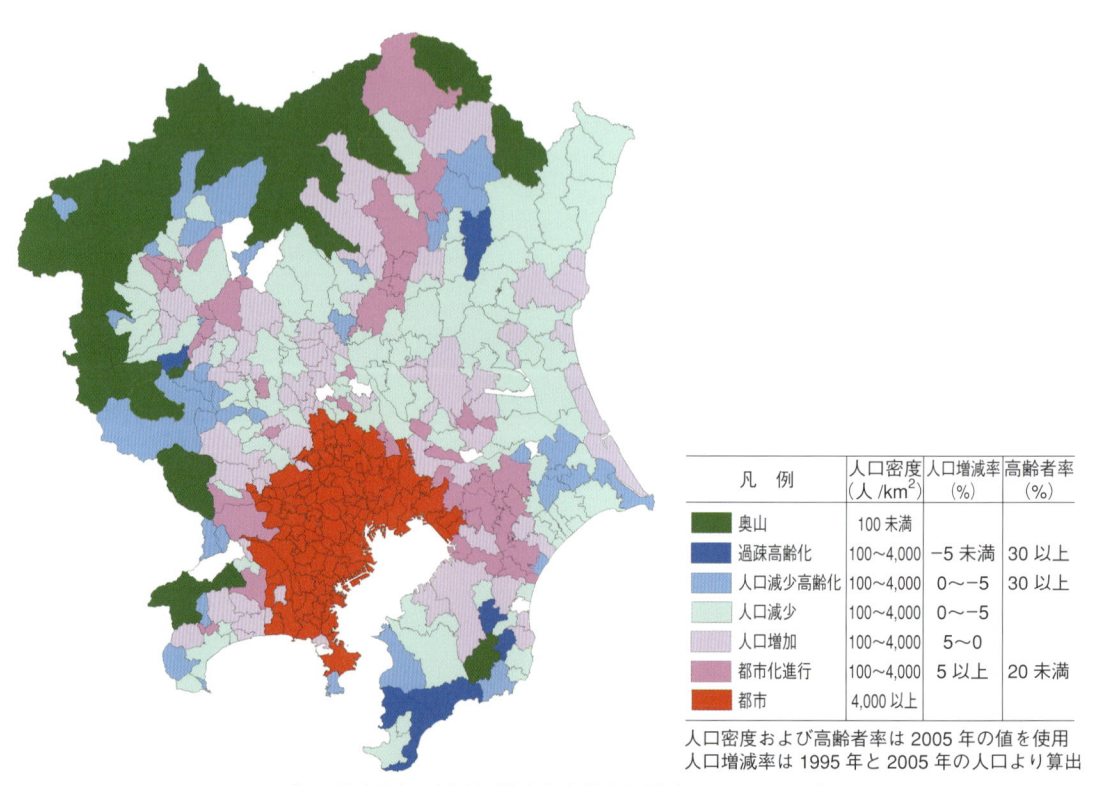

口絵7　関東地方の市町村別社会的地域区分　[本文 p.166；図 11.4]

凡　例	人口密度(人/km²)	人口増減率(%)	高齢者率(%)
奥山	100 未満		
過疎高齢化	100〜4,000	−5 未満	30 以上
人口減少高齢化	100〜4,000	0〜−5	30 以上
人口減少	100〜4,000	0〜−5	
人口増加	100〜4,000	5〜0	
都市化進行	100〜4,000	5 以上	20 未満
都市	4,000 以上		

人口密度および高齢者率は2005年の値を使用
人口増減率は1995年と2005年の人口より算出

Satoyama and Satoumi

里山・里海

自然の恵みと人々の暮らし

国際連合大学高等研究所／日本の里山・里海評価委員会 [編集]

朝倉書店

はじめに

　里地を含む広い意味での里山は，二次林，草地，農地，ため池，集落といった異なるタイプの生態系のモザイクであり，管理を通じて人間の福利に資するさまざまな生態系サービスを提供してきた．日本の地方や都市周辺部で一般的にみられる里山は，伝統的なライフスタイルに支えられ，生態系と人間の共生的な相互作用を古くから表してきた．この里山の概念は，沿岸・海洋生態系で構成される里海にも広げられてきた．しかし，現在，地方から都市への人口移動の増大や，土地利用の転換，耕作放棄などのさまざまな要因により，里山・里海は，急速な劣化と消失に直面している．

　日本の里山・里海評価（Japan *Satoyama Satoumi* Assessment：JSSA）は，日本における里山・里海に関する評価である．JSSAのおもな目的は，里山・里海がもたらす生態系サービスの重要性やその経済および人間開発への寄与について，科学的な信頼性を持ち，かつ政策的な意義のある情報を提供することにある．2006年後半より準備され，国や地方自治体，学術界，非政府組織（NGO）などの主要なユーザー（評価結果の利用者）を代表する評議会の設立をもって，2007年3月に正式に開始された．本評価は，人間の福利に資する生態系サービスの変化に焦点をあてながら，政策課題や利用者のニーズに基づいて設計された．

　公開性を持った評価プロセスにより，関心を寄せる関係者から提案された多様な評価サイトが選定され，それらのサイトは，北海道，東北，北信越，関東中部，西日本の5つのクラスター（地域グループ）に分類された．なお，西日本クラスターには，地域全体の里山を中心とする評価に加え，里海として瀬戸内海に焦点をあてたサブクラスターが含まれることになった．各クラスターおよびサブクラスターでは，ミレニアム生態系評価（Millennium Ecosystem Assessment：MA）の概念的枠組みを適用し，各地域の里山・里海における生態系と人間の福利のつながりに焦点をあてて，歴史的文脈，現状と傾向，変化の要因，対応を評価した．また，クラスター評価の結果を統合し，国および国際レベルの政策立案者・意思決定者に情報提供することを目的として，国レベルの評価を並行して実施した．

　6巻シリーズの『クラスターの経験と教訓』は，JSSAの各クラスターおよびサブクラスターの評価結果をまとめ，日本語で2010年3月に発行された．また，国レベル評価とクラスター評価の結果を意思決定者向けに整理し，まとめた『里山・里海の生態系と人間の福利：社会生態学的生産ランドスケープ』概要版も作成し，2010年10月に愛知県名古屋市で開催された生物多様性条約第10回締約国会議（CBD/COP 10）において，日本語および英語で公表した．本書は，JSSAの国レベル評価の結果に加え，クラスターおよびサブクラスターの評価の要旨をとりまとめたものである．

　JSSAの結果が，地域および国の計画，戦略，政策や，国内の関連する取り組みに活用されるとともに，環境と開発の分野の国際プロセスにも貢献することを期待している．また，本評価は，特に環境省と国際連合大学高等研究所（UNU-IAS）が共同で推進しているSATOYAMAイニシアティブへの科学的基盤を提供することも意図されている．

　SATOYAMAイニシアティブでは，日本の里山・里海の教訓も参考にして，政府，NGO，コミュニティ団体，学術研究機関，国際機関などのさまざまな団体の国際的な協力のもとで，社会生態学的生産ランドスケープを国際的に推進するため，国際パートナーシップを，CBD/COP-10において立ち上げた．

　本書は，本評価において知識，創造性，情報，時間，労力を惜しみなく提供してくださった200名を超える執筆者，関係者，レビューアーの方々の貢献なしには，存在し得なかった．科学評価パネル，クラスター・ワーキンググループ，国レベル・ワーキンググループ，レビュー

・パネルの方々（p. iv〜vii 参照）に心からの感謝を申し上げるとともに，これらの方々の評価への参画を可能にされた各所属機関のご支援に感謝を申し上げる．

評議会および政府機関アドバイザリー委員会（p. v 参照）の皆様の評価プロセスにおける指導と監督にも感謝したい．前評議員である荒井仁志，ハビバ・ギタイ，今野純一，丸山利輔，三部佳英，角田　隆，内川重信の各氏の貢献は，JSSAの焦点とプロセスを方向づけるうえで大変有益であった．また，2007〜2008年に科学評価パネルのメンバーとして貢献いただいた植田和弘氏にも感謝したい．

さらに，JSSAの構想・開発段階（2006〜2009年）において参画された方々にも感謝したい．ここでは，現職および前職の評議員や政府機関アドバイザリー委員会，科学評価パネル，執筆者のほか，逢沢峰昭，赤塚　稔，青柳みどり，荒金恵太，有賀一広，浅田正彦，青木龍太郎，ボーデン・香，Ademola Braimoh，茅野甚治郎，Jean Pierre Contzen，江草恵子，遠藤和彦，福本寛之，福永泰生，浜口哲一，原慶太郎，原田　淳，早川和一，羽山伸一，林　茂，日鷹一雅，平井英明，星　直斗，保科次雄，池上博身，伊巻和貴，稲葉隆夫，石田朋靖，糸長浩司，開発法子，金田直之，金光寛之，鹿熊信一郎，笠木哲也，加藤弘二，勝山輝男，河田誠一，川瀬　博，川瀬裕司，木村弘子，木村一也，木下順次，北村秀行，小林大樹，小金澤正昭，小串重治，木平勇吉，河野通治，小池文人，近藤喜清，小柳知代，熊谷宏尚，松葉清貴，美馬秀夫，宮嶋義行，宮川　将，宮川治郎，本木章喜，諸治信行，村西　昇，武者孝幸，中嶋國勝，中村正昭，中浦政克，成之坊良輔，西尾孝佳，野口由香里，野崎英吉，野澤達也，落合　弘，奥山正樹，大木　実，大西外志男，大澤和敏，小澤誠一，斎藤浩三，坂井恵一，酒井悌次郎，佐久間豊，佐々木和也，佐々木正顕，笹尾宇平，関野大志郎，先﨑浩明，重田　勉，篠原　徹，庄司英実，菅原　修，鈴木雅一，鈴木　渉，田畑貞寿，高橋　滋，高橋俊光，高岡豊彦，谷田直樹，富村周平，富田　光，土屋恒久，辻井　博，髙橋芳行，土屋勝夫，植家　仁，宇野晃一，渡邉吉郎，矢田　豊，山田好人，山口茂範，山本　勝，山根正伸，柳　研介，横尾英明，吉田圭佑の各氏が参画された．

JSSAの執筆者会議や普及啓発活動において，影響力のある発言や発表を行い，議論に重要な示唆を与えてくださった，朝比奈清，Ahmed Djoghlaf，Thomas Elmqvist，川崎淳裕，川廷昌弘，木内岳志，小林陽一，黒田大三郎，楠富寿夫，松原武久，Kalemani Jo Mulongoy，中澤圭一，大島　仁，Frederik Schutyser，進村武男，鈴木邦雄，谷本正憲，徳丸久衛，矢部三雄，山崎　誠，Alfred Oteng-Yeboah，吉中厚裕の各氏に感謝したい．

また，評価作業のために情報やデータを提供してくださった，以下の多くの組織やネットワークからのご支援にも感謝する；金沢八景-東京湾アマモ場再生会議，農林水産省北陸農政局，石川県，加賀市，金沢市，くれは悠久の森実行委員会，栗原市，七尾市，能美市，のと海洋ふれあいセンター，NPO法人 環境保全米ネットワーク，NPO法人 水守の郷，仙台市，仙台いぐね研究会，仙台広域圏 ESD・RCE 運営委員会，珠洲市，大崎市田尻総合支所，環境省東北地方事務所，富山市，財団法人 富山市ファミリーパーク公社，富山県，輪島市．

執筆者会議を開催いただいた京都大学の人間・環境学研究科学際教育研究部および地球環境学堂森川里海連関学（ベネッセコーポレーション分野），東北大学，UNU-IAS いしかわ・かなざわオペレーティング・ユニット，宇都宮大学，横浜国立大学，また，執筆者会議の開催に協力・後援くださった仙台市，石川県，金沢市，金沢大学，環境省のご支援に感謝したい．

レビュー・パネル共同議長である Eduardo S. Brondizio 氏と木暮一啓氏に，レビューにあたっての特に重要な働きに感謝したい．

インターン，ボランティアなどとしてJSSAの事務局で，あるいは事務局の組織の非常勤職員や事務スタッフとして，また，事務局の組織やその他の組織からの同僚として評価プロセスの促進に協力された以下の方々にも感謝したい；秋庭はるみ，逢沢峰昭，青木　薫，浅野耕太，新井菜津美，荒井紀子，鮑娜仁高娃，Gulay Cetinkaya，Siew-Fong Chen，趙文晶，Laura Cocora，

崔錦丹，Albert Djemetio, Rizalita Rosalejos Edpalina, Wael M. El-Sayed, 藤津亜弥子, 船生朝美, 古田尚也, 龔烏云, 濱口真衣, 原田　淳, 橋本蘭夢, 橋本友里恵, 一二三悠穂, 檜森隆太, 平井英明, Sofia R. Hirakuri, 平野美紀, 弘中　豊, Man Yee Ho, 本多久楽々, 堀内美緒, 市川　薫, 五十嵐俊彦, 井下田寛, 飯郷雅之, 井嶋浩貴, 稲垣雅一, 伊尾木慶子, 石田泰成, 石原広恵, 石井宏昌, 板倉有紀, 岩本千鶴, 岩田悠希, 嘉田良平, 甲斐利也, 神山千穂, 加藤弘二, 加藤寿美, 北川好行, 小出　大, 小池良輔, 向野能里子, 木島真志, 越野　晃, 小杉亮子, 倉野翔平, 黒堀玲奈, 来海麻衣, 草間勝浩, 草光紀子, 李晟齊, 李　強, 松田裕之, 松本　学, Anne McDonald, Kazem Vafadari Mehrizi, 蓑原　茜, 三浦大地, 宮島清人, 森　章, 森井悠太, 森本幸裕, 村永有衣子, 村田みゆき, 村尾太郎, 中川　恵, 中村満理恵, 中尾文子, 中静　透, 仲田由香里, 中山佳代子, 中山直紀, 中山ちさ, 中津川直日, 夏原由博, 西片広子, 西尾孝佳, Lais Yumi Nitta, 野元加奈, 落合奈保子, 尾田典子, 大岡智亮, 大久保達弘, 生沼晶子, 奥田　圭, 奥山隼人, 大野勝弘, 大澤和敏, 太田藍乃, 大槻宮子, 大矢英代, 尾崎瑠衣, Nikhil Avinash Ranade, 佐伯いく代, 佐々木雄大, 佐土原聡, 関口美穂子, Shahenda, 柴田泰宙, 柴田由紀枝, 茂岡忠義, 塩野貴之, Gaurav Shrestha, 杉本和子, Suneetha M. Subramanian, 佐藤華子, Sorgog, 須藤　梢, 高橋俊守, 高橋義人, 高井美帆, 高附　彩, 手賀明倫, 竹本徳子, 富田基史, Utiang P. Ugbe, 浦田裕平, 山本美穂, 山本雄太, Christopher Yanto, 谷地俊二, 吉田順子, 吉野　元, 渡邉絵里子, 渡邊嘉朗, Clarice Wilson, Bernard Wong, 志茉の各氏，また，JSSA シナリオのイラストを描いたアートポストの堀木佑子氏に感謝する．

　さらに，財政的あるいは物質的な支援をくださった財団法人　森林文化協会，石川県，金沢市，京都大学，文部科学省，環境省，財団法人　国立公園協会，日本水産株式会社，東北大学，UNU-IAS いしかわ・かなざわオペレーティング・ユニット，宇都宮大学，横浜国立大学に感謝したい．

　また，国際連合大学高等研究所（UNU-IAS）のJSSA事務局の現職および前職の職員であるW. Bradnee Chambers, 古川拓哉, Alphonse Kambu, 名執芳博, 西麻衣子, Govindan Parayil, 佐々木花野, 竹本和彦, 谷川　潔, A. H. Zakri の各氏の貢献に感謝を述べたい．

　本評価の一部は，環境省の環境研究総合推進費（E-0902）および文部科学省の科学研究費補助金基盤研究（A）「比較景観生態学手法にもとづく里山の評価システムの開発」（20241009）の支援により実施された．ご援助いただいた環境省，日本学術振興会，文部科学省の関係者，ならびに本書の刊行にご尽力いただいた朝倉書店の関係者に対して厚く御礼申し上げる．

　2012 年 2 月

武内和彦
JSSA 評議会共同議長
国際連合大学　副学長

渡邉正孝
JSSA 評議会共同議長
慶應義塾大学　特任教授

アナンサ・クマール・ドゥライアパ
JSSA 科学評価パネル共同議長
地球環境変化の人間社会側面に関する
国際研究計画（IHDP）事務局長

中村浩二
JSSA 科学評価パネル共同議長
金沢大学　教授

執筆者・関係者一覧

(所属は「日本の里山・里海評価」が完了した2010年時点のものです)

[編集]

国際連合大学高等研究所
日本の里山・里海評価委員会

[編集委員]

アナンサ・クマール・ドゥライアパ
　　　　　　　（地球環境変化の人間社会側面に関する国際研究計画（IHDP））
中村浩二　　　（金沢大学）
武内和彦　　　（東京大学／国際連合大学）
渡邉正孝　　　（慶應義塾大学／国際連合大学高等研究所）
西麻衣子　　　（国際連合大学高等研究所）

[JSSA 科学評価パネル]

――――――――（共同議長）――――――――
アナンサ・クマール・ドゥライアパ　　　　中村浩二
――――――――（メンバー）――――――――

秋道智彌　　（総合地球環境学研究所）	森本幸裕　　（京都大学／日本景観生態学会）
浅野耕太　　（京都大学）	盛岡　通　　（関西大学）
エリン・ボヘンスキー	中村俊彦　　（千葉県立中央博物館・千葉県生物
（オーストラリア連邦科学産業研究機構	多様性センター／千葉大学）
（CSIRO））	ウナイ・パスカル
ジェレミー・シーモア・イーズ	（ケンブリッジ大学／気候変動バスク・
（立命館アジア太平洋大学）	センター）
磯崎博司　　（上智大学）	鷲谷いづみ　（東京大学）
宮内泰介　　（北海道大学）	

[JSSA レビュー・パネル]

――――――――（共同議長）――――――――
エドゥアルド・ブロンディゾ　　　　木暮一啓　　（東京大学）
　　　　（インディアナ大学ブルーミントン校）
――――――――（メンバー）――――――――

甲山隆司　　（北海道大学）	ハロルド・ムーニー
ニコラス・コソイ　（マギル大学）	（スタンフォード大学／生物多様性科学
プシュパム・クマール　（リバプール大学）	国際協同プログラム（DIVERSITAS））
蔵治光一郎　（東京大学）	チャールズ・ペリングス　（アリゾナ州立大学）
ポール・レドリー　（パリ第11大学）	清野聡子　　（九州大学）
増井利彦　　（（独）国立環境研究所）	八木信行　　（東京大学）
大沼あゆみ　（慶應義塾大学）	矢原徹一　　（九州大学）

山本勝利	((独)農業環境技術研究所)	横張　真	(東京大学)

[JSSA 評議会]

――― (共同議長) ―――

武内和彦	渡邉正孝

――― (メンバー) ―――

堂本暁子	(前千葉県知事／生物多様性JAPAN)	小金澤孝昭	(宮城教育大学)
藤原勇彦	(ジャーナリスト／前(財)森林文化協会)	松野隆一	(石川県立大学)
保母武彦	(島根大学名誉教授／(財)宍道湖・中海汽水湖研究所)	長野　勇	(金沢大学)
		中村玲子	(ラムサールセンター)
泉谷満寿裕	(珠洲市長)	小泉　保	(宮城県)
嘉田由紀子	(滋賀県知事)	竹田純一	(里地ネットワーク)
木原啓吉	((社)日本ナショナル・トラスト協会名誉会長／千葉大学名誉教授)	谷本正憲	(石川県知事)
		山本進一	(名古屋大学)
菊沢喜八郎	(石川県立大学)	柳　哲雄	(九州大学)

[JSSA 政府機関アドバイザリー委員会]

大石智弘	(国土交通省)	渡辺綱男	(環境省)
西郷正道	(農林水産省)	矢部三雄	(林野庁)
徳田正一	(水産庁)		

[JSSA コーディネーター]

西麻衣子

[執筆者（総論編）]

明日香壽川	(東北大学)	栗山浩一	(京都大学)
アナンサ・クマール・ドゥライアパ		松田裕之	(横浜国立大学)
埴原新奈	(東京大学)	松田　治	(瀬戸内海研究会議／広島大学)
橋本　禅	(京都大学)	森本淳子	(北海道大学)
林　直樹	(横浜国立大学)	永松　敦	(宮崎公立大学)
林　縛治	(NPO法人海辺つくり研究会／人間総合科学大学)	中村　慧	(東京大学)
		中村浩二	
本田裕子	(千葉県生物多様性センター)	中村俊彦	
市川　薫	(国際連合大学高等研究所)	西麻衣子	
井上　真	(東京大学)	西岡秀三	((独)国立環境研究所)
磯崎博司		及川敬貴	(横浜国立大学)
嘉田良平	(総合地球環境学研究所)	大久保悟	(東京大学)
鬼頭秀一	(東京大学)	大黒俊哉	(東京大学)
児玉剛史	(宇都宮大学)	大浦広斗	(東京大学)
香坂　玲	(名古屋市立大学)	小山佳枝	(中京大学)
國光洋二	((独)農業・食品産業技術総合研究機構)	齊藤　修	(早稲田大学)
倉田直幸	(東京大学)	柴田英昭	(北海道大学)

朱宮丈晴	（日本自然保護協会）	湯本貴和	（総合地球環境学研究所）
高橋俊守	（宇都宮大学）	鷲田豊明	（上智大学）
武内和彦		渡邉正孝	

［執筆者（各論編）］

（北海道クラスター）

愛甲哲也	（北海道大学）	宮内泰介	
濱田誠一	（（独）北海道立総合研究機構）	森本淳子	
服部　薫	（（独）水産総合研究センター北海道区水産研究所）	大崎　満	（北海道大学）
		桟敷孝浩	（（独）水産総合研究センター中央水産研究所）
梶　光一	（東京農工大学）	瀬川拓郎	（旭川市博物館）
柿澤宏昭	（北海道大学）	庄子　康	（北海道大学）
亀山　哲	（（独）国立環境研究所）	小路　敦	（（独）農業・食品産業技術総合研究機構北海道農業研究センター）
金子正美	（酪農学園大学）		
近藤哲也	（北海道大学）	高柳志朗	（（独）北海道立総合研究機構）
紺野康夫	（帯広畜産大学）	辻　　修	（帯広畜産大学）
間野　勉	（（独）北海道立総合研究機構）	柳川　久	（帯広畜産大学）
松島　肇	（北海道大学）	吉田裕介	（北海道大学）

（東北クラスター）

平吹喜彦	（東北学院大学）	西城　潔	（宮城教育大学）
小金澤孝昭		佐々木哲也	（仙台市立八木山南小学校）
三宅良尚	（ハワイ大学）	佐々木達	（東北大学／石巻専修大学）
中静　透	（東北大学）		

（北信越クラスター）

千葉祐子	（元国際連合大学高等研究所いしかわ・かなざわオペレーティング・ユニット）	永野昌博	（十日町市立里山科学館越後松之山「森の学校」キョロロ）
大門　哲	（石川県立歴史博物館）	中村浩二	
藤　則雄	（金沢大学／金沢学院大学）	大脇　淳	（十日町市立里山科学館越後松之山「森の学校」キョロロ）
堀内美緒	（金沢大学）		
稲村　修	（魚津水族館）	佐藤　哲	（長野大学）
川畠平一	（石川県産業創出支援機構／金沢大学）	塩口直樹	（JA全農いしかわ）
菊沢喜八郎		橘　禮吉	（石川県文化財保護審議会委員）
小山耕平	（石川県立大学）	髙木政喜	（石川植物の会）
熊澤栄二	（石川工業高等専門学校）	竹村信一	（小松市）
草光紀子	（環境公害研究センター）	種本　博	（いしかわ農業人材機構）
あん・まくどなるど	（国際連合大学高等研究所いしかわ・かなざわオペレーティング・ユニット）	寺内元基	（（財）環日本海環境協力センター）
		辻本　良	（（財）環日本海環境協力センター）
		山本茂行	（富山市ファミリーパーク）
又野康男	（のと海洋ふれあいセンター）	野紫木洋	（糸魚川市・青海少年の家）
御影雅幸	（金沢大学）	吉田　洋	（金沢大学）
三橋俊一	（石川県山林協会）	米田　満	（北國新聞社／富山新聞社）

（関東中部クラスター）

長谷川泰洋	（名古屋市立大学）	井上祥一郎	（伊勢・三河湾流域ネットワーク）
林　纊治		石﨑晶子	（パシフィックコンサルタンツ株式会社）
本田裕子		北澤哲弥	（千葉県生物多様性センター）

香坂　玲		三瓶由紀	((独)国立環境研究所)
中村俊彦		佐藤裕一	(横浜国立大学)
野村英明	(東京大学)	高橋俊守	
小倉久子	(千葉県環境研究センター)	田中貴宏	(広島大学)
大久保達弘	(宇都宮大学)	山口和子	(パシフィックコンサルタンツ株式会社)
大黒俊哉		山本美穂	(宇都宮大学)
佐土原聡	(横浜国立大学)	吉田正彦	(千葉県)

──────────────(西日本クラスター)──────────────

秋道智彌		三浦知之	(宮崎大学)
青野靖之	(大阪府立大学)	森本幸裕	
深町加津枝	(京都大学)	長澤良太	(鳥取大学)
福留清人	(元綾町役場)	夏原由博	(名古屋大学)
藤掛一郎	(宮崎大学)	小椋純一	(京都精華大学)
藤原道郎	(兵庫県立大学)	大澤雅彦	(マラヤ大学)
郷田美紀子	(てるはの森の会)	大島健一	(綾町役場)
土師健治	(綾内水面漁業協同組合)	太田陽子	(NPO法人緑と水の連絡会議／
林裕美子	(てるはの森の会)		秋吉台科学博物館)
井上雅仁	(島根県立三瓶自然館)	奥　敬一	((独)森林総合研究所関西支所)
今西亜友美	(京都大学)	坂元守雄	(てるはの森の会)
今西純一	(京都大学)	柴田昌三	(京都大学)
石田達也	(てるはの森の会)	柴田隆文	(林野庁)
伊東啓太郎	(九州工業大学)	白川勝信	(芸北高原の自然館)
伊藤　哲	(宮崎大学)	朱宮丈晴	
鎌田磨人	(徳島大学)	相馬美佐子	(てるはの森の会)
兼子伸吾	(京都大学)	高橋佳孝	((独)農業・食品産業技術総合研究機構
河野耕三	(綾町役場)		近畿中国四国農業研究センター／
黒田慶子	((独)森林総合研究所関西支所)		阿蘇草原再生協議会)
九州森林管理局		堤　道生	((独)農業・食品産業技術総合研究機構
前畑政善	(滋賀県立琵琶湖博物館)		近畿中国四国農業研究センター)
牧野厚史	(滋賀県立琵琶湖博物館)	上野　登	(宮崎大学)
真鍋　徹	(北九州市立自然史歴史博物館)	浦出俊和	(大阪府立大学)
増田正範		山場淳史	(広島県立総合技術研究所)
増井太樹	(鳥取大学／(株)プレック研究所)	湯本貴和	

──────────────(西日本クラスター：瀬戸内海グループ)──────────────

荏原明則	(関西学院大学)	土岡正洋	(兵庫県)
今井一郎	(北海道大学)	上　真一	(広島大学)
井内美郎	(早稲田大学)	浮田正夫	(山口大学)
石川潤一郎	((社)瀬戸内海環境保全協会)	山下　洋	(京都大学)
小林悦夫	(瀬戸内海研究会議／	柳　哲雄	
	(財)ひょうご環境創造協会)	湯浅一郎	((独)産業技術総合研究所)
松田　治		銭谷　弘	(富山県農林水産総合技術センター
寺脇利信	((独)水産総合研究センター)		水産研究所)
戸田常一	(広島大学)		

目　次

[Ⅰ　総論編]

1. 日本の里山・里海評価
   ―目的と焦点，アプローチ　3
   1.1　はじめに　3
      1.1.1　里山・里海とは何か？　4
      1.1.2　里山・里海の価値　4
      1.1.3　里山・里海の危機と不確実性　5
      1.1.4　里山・里海の普遍性と地域的特徴　5
   1.2　目　的　6
   1.3　アプローチ　6
      1.3.1　評価とは何か？　8
      1.3.2　ミレニアム生態系評価（MA）　8
      1.3.3　日本の里山・里海の評価範囲　8
   1.4　評価の焦点　11
   1.5　レポートの構成　11

2. 里山・里海と生態系サービス―概念的枠組み　13
   2.1　はじめに　13
   2.2　歴史的に見た里山・里海　13
      2.2.1　里　山　13
      2.1.2　里　海　14
   2.3　JSSAにおける里山・里海の定義　16
   2.4　里山・里海の変化と分布　17
      2.4.1　里山・里海の変化　17
      2.4.2　日本における里山・里海の分布　18
   2.5　里山・里海がもたらす生態系サービス　21
      2.5.1　基盤サービスと生物多様性　21
      2.5.2　供給サービス　22
      2.5.3　調整サービス　23
      2.5.4　文化的サービス　24
   2.6　評価の枠組み　24
      2.6.1　概念的枠組み　24
      2.6.2　現状と傾向　24
      2.6.3　シナリオ分析　26
      2.6.4　経済評価　26
      2.6.5　対　応　29
   2.7　生態系サービスおよび人間の福利をめぐるインターリンケージ　29
      2.7.1　インターリンケージの概念とアプローチ　29
      2.7.2　インターリンケージ分析の枠組みと指標　30
      2.7.3　主要なインターリンケージ　30
   2.8　まとめ　32

3. 里山・里海の現状と変化の要因は何か？　35
   3.1　はじめに　35
   3.2　間接的要因と直接的要因　35
      3.2.1　経　済　35
      3.2.2　文化および宗教　39
      3.2.3　科学技術　39
      3.2.4　人　口　40
      3.2.5　社会政策　40
   3.3　供給サービスの変化と直接的要因　41
      3.3.1　米の供給サービス　41
      3.3.2　野菜，麦類，果実などの供給サービス　42
      3.3.3　畜産の供給サービス　43
      3.3.4　山林からの食料の供給サービス　43
      3.3.5　水産物の供給サービス　43
      3.3.6　素材の供給サービス　44
      3.3.7　薪炭の供給サービス　45
      3.3.8　養蚕の供給サービス　45
   3.4　調整サービスの変化と直接的要因　47
      3.4.1　気候・大気質の調節　47
      3.4.2　水の調節　49
      3.4.3　土壌侵食の抑制　50
      3.4.4　水の浄化と廃棄物処理　53
      3.4.5　疾病の予防　54
      3.4.6　病害虫の抑制　54
      3.4.7　花粉媒介　54
      3.4.8　自然災害の防護　54
   3.5　文化的サービスの変化と直接的要因　54
      3.5.1　伝統的工芸品　54
      3.5.2　精神的価値　55

        3.5.3 レクリエーション　55
        3.5.4 教育：里山・里海教育　57
    3.6 里山・里海の基盤サービスの変化の傾向　58

4. なぜ里山・里海の変化は問題なのか？　61
    4.1 はじめに　61
    4.2 生態系サービスのインターリンケージ　61
        4.2.1 生態系サービス間のインターリンケージ：生命線としての供給サービス　61
        4.2.2 時間的・空間的なスケール間のインターリンケージ　62
    4.3 里山・里海は生物多様性を高めるのか　64
        4.3.1 日本の生物多様性と変化の要因　64
        4.3.2 里山・里海の生物多様性の変化　66
    4.4 里山・里海の生態系サービスは人間の福利を高めるのか　67
        4.4.1 生態系サービスと人間の福利とのインターリンケージ　67
        4.4.2 里山・里海の文化的サービスの変化と人間の福利　68
    4.5 経済評価による里山・里海の価値　71
        4.5.1 里山・里海を対象とする経済評価は非常に限定的　71
        4.5.2 農業・農村の多面的機能と評価額　71
        4.5.3 外部経済効果と結合生産　71
        4.5.4 生物多様性の経済評価　72
        4.5.6 生態系サービスの経済評価と今後の課題　72
    4.6 まとめ　73
        4.6.1 里山・里海は生物多様性を高めるのか　73
        4.6.2 里山・里海の生態系サービスは人間の福利を高めるのか　73
        4.6.3 経済的な評価　73

5. 里山・里海の変化への対応はいかに効果的であったか？　76
    5.1 はじめに：対応評価のための枠組み　76
        5.1.1 本章の目的　76
        5.1.2 対応の種類　76
    5.2 過去および現在の対応　76
        5.2.1 国際法による対応　76
        5.2.2 国内法による対応　78
        5.2.3 経済的対応　82
        5.2.4 社会的・行動的対応　84
        5.2.5 技術的対応　85
        5.2.6 知識に基づく対応　86
    5.3 対応の評価　88
        5.3.1 影響度と近接性からみた潜在的効果　88
        5.3.2 効率性の評価　88
        5.3.3 有効性の評価　89
        5.3.4 里山・里海における対応の展開方向　91
    5.4 まとめ　93

6. 里山・里海の将来はどのようであるか？　95
    6.1 はじめに　95
    6.2 シナリオとは何か？　95
        6.2.1 シナリオ分析　95
        6.2.2 シナリオ分析の射程　96
        6.2.3 世界規模でのシナリオ作成の取り組みと日本のシナリオの特徴　96
        6.2.4 シナリオの記述方法と近年のトレンド　96
    6.3 JSSAにおけるシナリオ作成の方法　99
        6.3.1 MAにおけるシナリオ作成プロセス　99
        6.3.2 JSSAにおけるシナリオの役割と作成の手順　99
        6.3.3 シナリオ作成の基本的枠組み　101
    6.4 JSSAにおける4つのシナリオ　102
        6.4.1 シナリオの概要　102
        6.4.2 里山・里海の利用や管理に関係する対応の特徴　105
        6.4.3 シナリオのもとでの間接的要因および直接的要因の態様　107
        6.4.4 シナリオのもとでの生態系サービス，人間の福利の変化　107
    6.5 国レベルシナリオをどう利用すればよいのか？：シナリオのユーザーへの助言　117

- 6.5.1 国レベルの政策や施策，計画を考えるうえでのシナリオの利用方法　117
- 6.5.2 地方自治体の政策や施策，計画を考えるうえで国レベルシナリオはどう貢献できるか　117
- 6.5.3 クラスターレベルでのシナリオ作成の取組み　118
- 6.6 まとめ　119

7. 結　論　121
- 7.1 はじめに　121
- 7.2 評価結果のまとめ　121
  - 7.2.1 里山・里海の概念の再考　121
  - 7.2.2 里山・里海の変化は人間の福利にどのような影響を与えてきたか？　122
  - 7.2.3 里山・里海に影響を与えるおもな変化の要因は何か？　124
  - 7.2.4 現在の対応は役立っているか？　125
  - 7.2.5 里山・里海の将来はどのようであるか？　126
- 7.3 得られた教訓　127
- 7.4 情報の不足と今後の研究ニーズ　128
- 7.5 国内および国際プロセスへの貢献　130
- 7.6 まとめ　131

[II　各論編]

8. 北海道クラスター──北の大地の新しい里山　135
- 8.1 概　要　135
- 8.2 歴史的・叙述的文脈　135
- 8.3 現状と傾向　136
  - 8.3.1 森　林　136
  - 8.3.2 都市近郊林　136
  - 8.3.3 防風林　136
  - 8.3.4 農　地　136
  - 8.3.5 森林と農地のエコトーン（ヒグマ，エゾシカ）　136
  - 8.3.6 草　地　138
  - 8.3.7 河　川　138
  - 8.3.8 海（海岸線）　138
  - 8.3.9 海　138
- 8.4 変化の要因　139
- 8.5 変化への対応　139
  - 8.5.1 森　林　139
  - 8.5.2 都市近郊林　139
  - 8.5.3 防風林　140
  - 8.5.4 農　地　140
  - 8.5.5 森林と農地のエコトーン　140
  - 8.5.6 草　地　140
  - 8.5.7 河　川　140
  - 8.5.8 海岸線　140
  - 8.5.9 海　140
- 8.6 結　論　141

9. 東北クラスター──山～里～海の連携から　142
- 9.1 概　要　142
- 9.2 歴史的・叙述的文脈　142
- 9.3 現状と傾向　143
  - 9.3.1 供給サービス　144
  - 9.3.2 調整サービス　146
  - 9.3.3 文化的サービス　146
  - 9.3.4 基盤サービスおよび生物多様性　147
- 9.4 変化の要因　147
  - 9.4.1 社会構造の変化　147
  - 9.4.2 生活様式の変化　148
  - 9.4.3 グローバル化　149
  - 9.4.4 科学技術の発達　149
  - 9.4.5 社会政策　150
  - 9.4.6 気候変動　150
- 9.5 対　応　150
  - 9.5.1 経済的対応　150
  - 9.5.2 法的対応　150
  - 9.5.3 社会的・行動的対応　151
  - 9.5.4 技術的対応　151
  - 9.5.5 知識および認知的対応　152
- 9.6 結　論　152

10. 北信越クラスター──過疎・高齢化を克服し，豊かな自然と伝統を活かす　153
- 10.1 概　要　153
  - 10.1.1 北信越クラスターの特徴　153
  - 10.1.2 目　的　153
- 10.2 歴史的・叙述的文脈　153

10.3 現状と傾向　154
　10.3.1 供給サービス　154
　10.3.2 調整サービス　154
　10.3.3 文化的サービス　155
　10.3.4 生物多様性　155
10.4 変化の要因　157
　10.4.1 過疎・高齢化による管理放棄　157
　10.4.2 生息地改変　158
10.5 変化への対応　159
　10.5.1 法的対応　159
　10.5.2 経済的対応　160
　10.5.3 社会的，行動的および知識に基づく対応　160
　10.5.4 技術的な対応　160
10.6 結論　161

11. 関東中部クラスター
　　―里山里海と都市，その将来に向けて　163
11.1 概要　163
11.2 歴史的・叙述的文脈　164
11.3 現状と傾向　165
　11.3.1 基盤となる生態系　165
　11.3.2 生態系サービス　165
　11.3.3 人間の福利の変化　168
11.4 変化の要因　168
　11.4.1 間接的要因　168
　11.4.2 直接的要因　168
11.5 対応　171
　11.5.1 対応の種類と概要　171
　11.5.2 里山里海をめぐる対応の展望　172
11.6 結論（将来シナリオと里山里海イニシアティブ）　172

12. 西日本クラスター
　　―人の影響の深さと洗練された文化　174
12.1 概要　174
12.2 歴史的・叙述的文脈　174
12.3 現状と変化　175
　12.3.1 生態系の変化　175
　12.3.2 農　地　175
　12.3.3 森　林　175
　12.3.4 草　地　175
　12.3.5 陸　水　175

　12.3.6 里山ランドスケープ　175
　12.3.7 生物多様性　176
　12.3.8 供給サービス　176
　12.3.9 調整サービス　177
　12.3.10 文化的サービス　177
　12.3.11 人間の福利とのつながり　178
12.4 変化の要因　178
　12.4.1 概　況　178
　12.4.2 農地生態系　178
　12.4.3 森林生態系　180
　12.4.4 草地生態系　181
　12.4.5 陸水生態系　181
12.5 対　応　182
　12.5.1 土地利用計画等　182
　12.5.2 近年の農業分野における対応　182
　12.5.3 戦後の森林・林業の主要な施策　182
　12.5.4 草　地　183
　12.5.5 琵琶湖　183
　12.5.6 天然記念物・自然公園　183
　12.5.7 その他　183
12.6 結　論　183

13. 西日本クラスター―里海としての瀬戸内海　185
13.1 概　要　185
13.2 歴史的・叙述的文脈　186
13.3 現状と傾向　186
　13.3.1 瀬戸内海の海域環境　186
　13.3.2 藻場・干潟の持つ調整サービス　186
　13.3.3 海岸小動物と特徴的な希少生物の長期変遷　187
　13.3.4 漁獲による供給サービスの利用　188
　13.3.5 海砂の利用　189
　13.3.6 文化的サービスとしての福利・レクリエーション　190
13.4 変化の要因　190
　13.4.1 産業と人間生活　190
　13.4.2 埋め立ておよび海岸線形状の人為的改変　190
　13.4.3 汚濁負荷と富栄養化　190

13.4.4 漁獲強度　192
13.4.5 生物生息環境の劣化　193
13.4.6 海砂採取　193
13.5 対　応　193
　13.5.1 瀬戸内海環境保全知事・市長会議の設立　193
　13.5.2 瀬戸内海環境保全臨時措置法の制定　193
　13.5.3 全瀬戸内海的な組織の確立　194
13.6 結　論　194

付　表　195
用語集　203
索　引　205

第Ⅰ編

総論編

1

日本の里山・里海評価
—目的と焦点，アプローチ

1.1 はじめに

2005年にミレニアム生態系評価（MA）の成果（MA, 2005 a）が発表されて以来，生物多様性の持続可能な利用に改めて関心が集まっている．MAは，高い科学的信頼性に基づき，生物多様性が過去100年間で人類史上前例のない速さで消失しており，早急に対策がとられない限り，その消失速度は今後も継続するであろうと報告している．MAは，持続可能な利用が強化されるべきこと，生物多様性の消失速度を減速させるには，従来の保全対策だけでは不十分であることを明確に述べ，とるべき行動についての多くの選択肢を示している（MA, 2005 b）．

また，MAは生物多様性が生態系サービスの生産や生態系の回復力（レジリアンス）の維持に果たす役割も強調している．今後，気候変動や異常現象の頻度が増大し，生態系とその生態系サービスを生産する潜在能力に大きな負荷がかかると，生態系の回復力がきわめて重要になる．人間社会の福利とその存続は，生態系サービスに依存しているため，生態系の回復力は人間社会にとって重要な意味をもつ．今日の世界では，経済と社会がグローバル化しているため，このことは先進国と途上国の両方にいえることである．

生物多様性を単に保全するだけの従来型の方針から，持続可能な利用への方針転換は，伝統的な管理法により地域の生態系の回復力を高め，それにより人間の福利につながる生態系サービスの供給を向上させる可能性をもつ．しかし，伝統的な管理法によって，今日の人口および近未来のさらに増加した大人口を支えるに足るだけの生産レベルが得られるかどうかが大きな問題である．本評価では，日本で過去数世紀にわたって実施されてきた2つの伝統的なシステムを取り上げる．里山と里海と呼ばれるこれら2つのシステムは，日本における伝統的な土地および沿岸域の管理形態を表すものである．

今日，日本では里山・里海と呼ばれる伝統的なランドスケープを，現代の日本の文脈のなかで再生することに新たな関心が高まっている．この里山・里海の復興機運は，さまざまなプッシュ要因とプル要因によって引き起こされている．プッシュ要因は，おもに日本政府の生物多様性国家戦略（環境省，2007）が早急な対応を呼びかけている3つの危機と関連している．第一の危機は，経済発展や過剰利用による生物多様性，湿地および森林の消失にかかわるものである．第二の危機は，里山の変化に関連したものであり，土地の管理放棄や利用低減によって引き起こされている．第三の危機は，日本の自然から在来種の消失を招いている外来種の移入・侵入に関するものである．生物多様性国家戦略では，これらの問題が放置され続ければ，この3つの危機が複合して日本の生物多様性，生態系および生態系サービスに損失がもたらされることを強調している．

一方，プル要因は里山・里海に関連した文化的遺産に対する一般市民の認識の高まりを受けている．また，エコツーリズムへの需要の増加も里山・里海の復興の機運を高める要因となっている．

しかし，プッシュ要因であるかプル要因であるかにかかわらず，里山・里海の劣化が生物多様性の消失や人間の福利の損失につながり得る生態系サービスの低下を引き起こしているという認識が全体とし

て高まりつつある（Fukamachi et al., 2001）．日本は，技術力により経済的繁栄と国民の福利が得られている国家であるという，日本に対する国際的認識がある．一方で，日本には自然を崇拝し，米や酒の生産，水の供給，水質浄化，授粉，大気調整，エコツーリズム，文化交流をはじめとする多くの生態系サービスの供給を，日本の文化と暮らしの一部として認識する伝統が存在している．

日本政府は，日本における生物多様性と主要な生態系サービスの劣化を重大な問題として捉えており，この流れを反転させるための戦略のひとつが，里山・里海の再生である．里山・里海を，生物多様性の保全という観点だけではなく，国家資産として再生，維持しようという国の動きがある．環境省によって策定された環境基本計画には，10分野が重点分野政策プログラムとして定められており，そのうち4つが生態系サービスと生物多様性に焦点を当てている（環境省，2006）．さらに，第3次生物多様性国家戦略では100年という長期を見据え，今後取り組むべき施策としてグランドデザインの4つの基本戦略を提示しており，そのなかに里山と里海の再生と保全を統合的要素として位置づけている（環境省，2007）．

日本政府は，これら環境基本計画の10分野のうちの4重点分野政策プログラムと第3次生物多様性国家戦略が示す国土のグランドデザインの4基本戦略が，科学的信頼性に裏づけられたものとなることをめざしている．そのため，日本政府は生物多様性国家戦略実施の取り組みの一環として，2007年に自然回帰型社会，自然共生社会の概念の再生をめざしてSATOYAMAイニシアティブを開始した．

本書では，里山・里海の詳細な研究の成果を提示することによりこの概念の科学的な裏づけを試み，さらに生物多様性国家戦略に示された第二の危機に対する解決策を提案する．しかし，議論を進める前に，まず里山と里海が実際に何を意味するかについて簡単に記述し，これらの2つの概念が日本の文献で過去にどのように定義されてきたか，また本書の中心であり，現在直面しより掘り下げた分析を要するおもな課題について，読者が基本な認識を得られるようにしておく．

1.1.1　里山・里海とは何か？

里山とは，人間の居住地とともに二次林，農地，ため池，草地を含む異なる複数の生態系からなるモザイク構造のランドスケープを表す日本語である[1]．里山は，長期にわたる人間と生態系との相互作用を通して形成され発展してきたものであり，日本各地に見られ（第2章参照），日本の国土の40%以上を占めるといわれている（環境省，2001）．たとえば，里山は石川県の面積全体の60～70%を占め（石川県，2004），千葉県では約58%を占めると推定されている（千葉県，2008）．

里山は，過去において食料および薪，木材，水を地域コミュニティーに供給してきた．また，里山は人と自然の相互作用を象徴的に表しており，暮らしそのものを提供してきたといえる．里山では，持続可能な方法による土地利用に基づき，社会に必要な物品が生産されてきた．里山に見られるランドスケープのモザイク構造は，多様な動植物が生息する生態系の豊かな多様性を意味している．実際に多くの日本の研究者が里山の消失が生物多様性を低下させたことを立証している（Iida and Nakashizuka, 1995；亀山ほか，1994）．

このような里山における人との相互作用を伴う自然の概念は，近年，沿岸生態系を含み，里山と同様の機能，利用，長期間にわたる相互作用をもつ里海にも拡大されている．一般に，里海は人手をかけることで生物多様性と生物生産性が高くなった沿岸海域を指す（Yanagi, 2008）．里山と里海では異なる生態系が重視されるが，本書では里山と里海の生態系サービスと人間の福利との関連に焦点をあてて考察を進める．

1.1.2　里山・里海の価値

里山と里海には多くの重要な価値があり，この価値は里山・里海がもたらす生態的，社会的，文化的，経済的な機能，すなわち生態系サービスとしてもたらされる．里山・里海は人間の居住地であるだけでなく，農業生態系，森林生態系，湿地生態系，草地

---

[1] 従来，多くの団体や個人が，それぞれの専門領域や関心に基づいて里山を定義する試みがなされてきた．里山を雑木林や二次林などの生態系として定義する場合がある一方，人間の居住地も含む地方のランドスケープとして定義しているケースもある（大住・深町，2001）．

生態系，海洋および沿岸生態系といったさまざまな生態系と生物多様性から構成され，人間の福利に資する生態系サービスを提供している．たとえば，里山・里海の生態系は食料，繊維，薪，水などの直接的利用価値と同時に，洪水抑制，水質浄化，文化的サービス，授粉などをはじめとする間接的利用価値も提供している．また，将来世代のための文化遺産の源としての価値も存在する．

人間の福利に寄与するこれらの生態系サービスの価値は，それを享受する社会グループによって異なる．たとえば，里山・里海のある地域コミュニティーは，米生産や漁業生産，水の調整などの直接的サービスを都市住民よりも高く評価する．里山・里海のある地域では，これらサービスが直接得られるからである．一方，都市住民は気候調整や文化的サービスといった間接的利用により高い価値を見出すであろう．このような社会グループにより異なる生態系サービスに対する価値観の相違は，生物多様性の保全，生態系サービスの持続的供給のための里山・里海の利用に対する考え方や態度に影響を与える．生物多様性の喪失速度を減速させ，生態系サービスの持続可能な供給を維持するために里山・里海を活用していくには，こうした考え方や態度の相違を認識し，尊重することが重要である．

1.1.3 里山・里海の危機と不確実性

近年，日本の里山・里海の本質に大きな変化が起きており（Takeuchi *et al.*, 2003），さまざまな変化の要因が文献で取り上げられている．変化の主要因は，第3章で詳細に記述されているが，開発に伴う造成・建設工事の増加，耕作放棄，森林の過大生長，農林水産物の経済価値の低下，国際貿易の拡大，労働力の高齢化，過疎化，地方から都市への移住，外来種の移入，土地所有権に関連する問題などである．

たとえば，国際貿易と競争市場は日本の農林作物や水産物に影響を及ぼしてきた．海外からの安価な木材，米，海産物などが，より値段の高い日本の農林水産物を市場から押し出している．この傾向は，地域の農林業従事者や漁業コミュニティーに影を落とし，経済的利益がほとんど見込まれないため，農林業従事者は里山の土地や森林を耕作することに消極的になり，漁業コミュニティーでも人々が漁業に従事したがらなくなってきている．本評価では，これらの里山・里海における生産が世界貿易機構（WTO）の公平な貿易の原則に反することなく経済的に存続可能かどうかを問う．

さらに，人口の高齢化や若者の地方から都市への移住が，農地および森林の管理や漁業の運営における労働力の不足を招いた．地域の労働力の不足と海外からの労働力に対する厳しい規制が，里山・里海再生の大きな障害となっており，この問題は第5章で扱う．

また，里山の衰退を引き起こしている重大な原因に土地所有権がある．土地の私有制度，相続過程を通じた土地の再分割が，里山・里海の管理の問題を複雑にしている．資産相続に伴い土地区間の分筆が進んだ結果，多数の地主が登記され，それらの地主が異なる利害をもつことから農林業を目的とする土地の健全な運用・管理が妨げられてきた．加えて，地方から都市への移住の増加によって不在地主が増加していることにより，多くの農地が放棄され，里山の劣化につながっている．

上述の要因に加え，気候変動が里山・里海の生物多様性と生態系サービスに与える影響があるに違いないが，まだ十分に明らかにされていない．また，放棄され，自然遷移が進行しつつある里山を維持するために，どの程度まで人間が介入すべきかについては議論の余地がある．とくに，里山・里海への人間の干渉が，果たして生物多様性を高め生態系サービスの持続性を高めているかについても疑問が残る．

第3章では，既存文献や日本各地のさまざまな事例研究から，里山・里海の主要な変化の要因およびそれらが過去50年間に生物多様性と生態系サービスの消失をどのように引き起こしてきたかを総合的にとらえようとしている．第4章では，この消失が現在，懸念されていることの原因であるという根拠を提示し，第5章では里山・里海の再生のためにこれまで実施されてきた対応について述べる．

1.1.4 里山・里海の普遍性と地域的特徴

里山と里海は日本語であるが，人間と自然の相互作用が中心的な役割を果たすモザイク構造をもつ生態系は日本に固有ではない．さまざまな問題を抱えつつ，里山・里海のようなランドスケープは世界各地に存在している．里山・里海は，人間の福利に資

する多様な生態系サービスを提供する，生態系と人間の象徴的な関係を典型的に具現化している．そのため，里山・里海の問題は地域にとって重要なだけでなく，国際的にも重要な課題である．

英語には里山に該当する言葉が存在しない．しかし，里山という発想はアジア諸国に広くみられる．たとえば，里山と類似の言葉として韓国では「mauel」という言葉が，インドネシアでは「kebun-talun」もしくは「pekarangan」という言葉がある．養父（2009 a，2009 b）は，『里地里山文化論（上・下）』のなかで，中国と韓国の農村における生態系と生活は日本の里山に驚くほど類似していると述べている．養父（2009 a，2009 b）は，「里地里山文化」が生物多様性と生態系サービスの持続可能な利用を概念化するための基盤を提供し得ると述べている．

しかし，経済的発展の過程にある開発途上国の多くでは，生物多様性と生態系サービスの保全および持続可能な利用は，めったに考慮されないことに留意する必要がある．このような考慮なしに，多くのランドスケープの改変がなされてきた．しかし，現在，食料安全保障の問題が提起され，気候変動の影響が懸念されるにつれて，生態系の安定性が重要視されるようになっており，持続可能性を促進し，従来とは異なる土地利用の模索が進むと考えられる．里山・里海は，そうした代替的な土地利用を示唆し得ると考えられる．

日本の里山・里海では，人間の福利に資する生態系サービス供給のために生態系を持続可能なかたちで利用する点が強調されてきた．日本の里山・里海から得られた教訓があるとすれば，それは保全と開発の両方の利益を社会に同時にもたらす土地および沿岸地域にみられる特有の管理システムということであろう．最重要な課題は，先進国と開発途上国の両方において，地域コミュニティーに経済および人間開発の機会をもたらすことができるよう里山・里海の視点を拡大化し，グローバル化できるかどうかである．

ること，生態系を持続可能なかたちで利用し社会の福利を向上させることについて，これまで日本国内で盛んに議論がなされてきた．また，国内においては里山・里海システムの特定の側面に焦点を当てた多くの研究が行われてきた．しかし，関連する既存の情報を統合して日本の里山・里海の現状の全体像，変化の主要因，里山・里海と生態系サービス，生物多様性，生態系の機能との関係性，里山・里海の衰退を反転させるための政策，里山・里海が社会にもたらす純便益を示せる総合的な研究は存在しない．もし，里山・里海の総合評価ができれば，里山・里海に関する科学的根拠をもつ情報を政策立案者に提供することができ，里山・里海の生態系および生態系サービスを持続可能なかたちで利用すれば，経済発展と人間の福利に寄与できるということを示せる．

このため，里山・里海について科学的に裏づけされた情報を提供するため，総合評価として日本の里山・里海評価（JSSA）が実施された．その主目的は以下である．

① 里山・里海と，生物多様性，生態系サービスおよび人間の福利との関係についての理解を向上させる．この点については第 2 章に示す．

② 日本政府が国際生物多様性年および生物多様性条約（CBD）第 10 回締約国会議（COP 10）を契機として推進している SATOYAMA イニシアティブについて，日本の政策立案者へ信頼性のある科学的情報を提供する．国際的な視点で転用あるいは拡大し得るおもな教訓は，第 7 章に示す．

③ 里山・里海からもたらされる多くの主要な生態系サービスについて，信頼性のあるベースラインを確立する．この点は第 3 章と第 4 章に示す．

④ 里山・里海の生態系サービスが，将来どのように変化するかに関する情報を提供する．この点は第 6 章において 4 つのシナリオを示す．

⑤ 日本の里山・里海管理の経験を生かして，生態系サービスの劣化に対してとるべき政策を示す．第 5 章に可能な政策オプションを示す．

1.2 目的

人間の福利に役立てるために里山・里海を活用す

1.3 アプローチ

JSSA では，MA で開発された生態系サービスの

概念を評価の基本的な枠組みとして適用した．その理由は以下の3つである．

(1) 人間の福利を分析の中心とする

MAの枠組みは，因果関係の分析の中心に人間の福利を据え，生態系サービスと人間の福利を構成する諸要素との関係を動的に捉えている（図1.1）．このため，里山・里海における生態系サービスと人間の福利を構成する諸要素との間に生じるさまざまな関連性を分析できる．

(2) 相互依存性および相乗効果，トレードオフ

MAの概念的枠組みは，生態系サービスと人間の福利の構成要素の相互依存性を示唆的に捉えている（図1.2）．この相互依存性により，生態系サービスと人間の福利について生じ得るトレードオフと相乗効果を示せる（Swallow et al., 2009）．そのため，この枠組みにより里山・里海がもたらす生態系サービス間の複雑な相互依存性やそれらの生態系サービスが，人間の福利の構成要素として，いろいろな社会グループにもたらされる様子を示すことができる．

(3) 空間的および時間的スケール

第三の理由は，生態系の機能が発現し，さらにその生態系サービスが供給される時空スケールが多様であることを明確に認識しているためである．たとえば，気候調整は地球規模で生じるが，食料生産はより局所的な規模で起こる．しかし，米の生産量の増加は，地球規模の気候調整という生態系サービスに直接的な影響を与える温室効果ガスであるメタンの排出量の増加を引き起こす可能性がある．同様に，里山・里海の現在の変化は，現世代では地域コミュニティー内の社会関係に大きな変化はもたらさないかもしれないが，里山・里海の記憶が消え去った将来世代に至って大きな影響を及ぼすかもしれない．

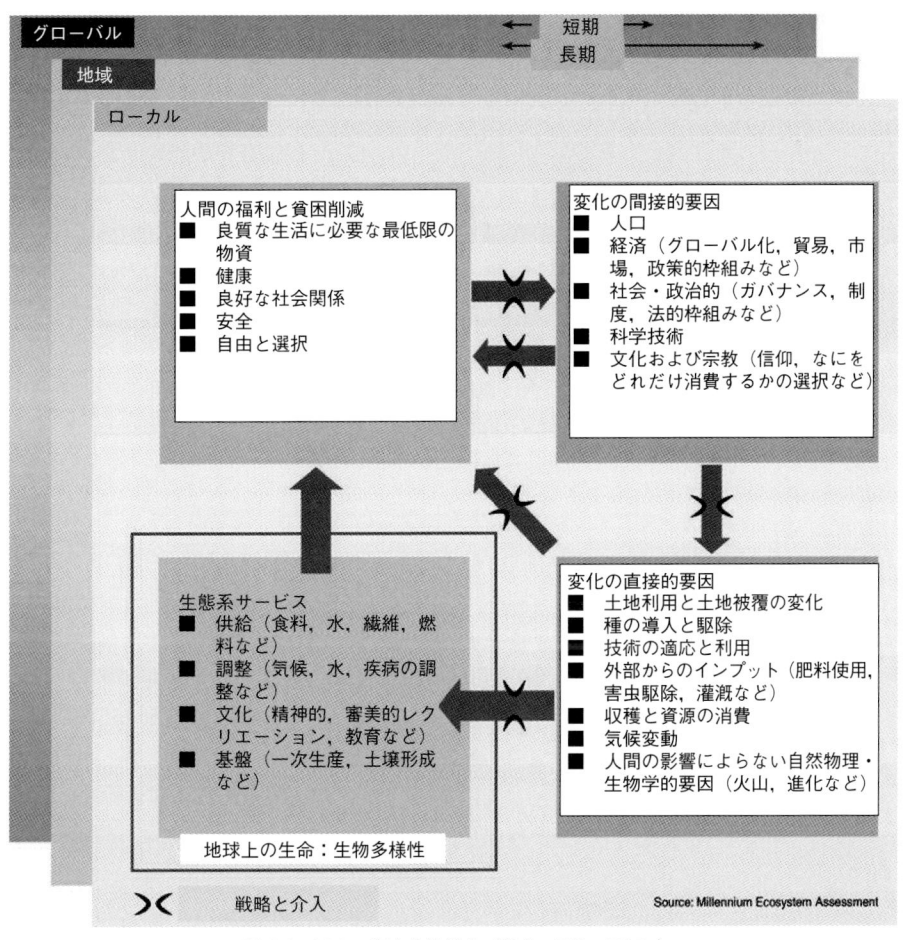

図1.1 MAの概念的枠組み（出典：MA, 2005a）

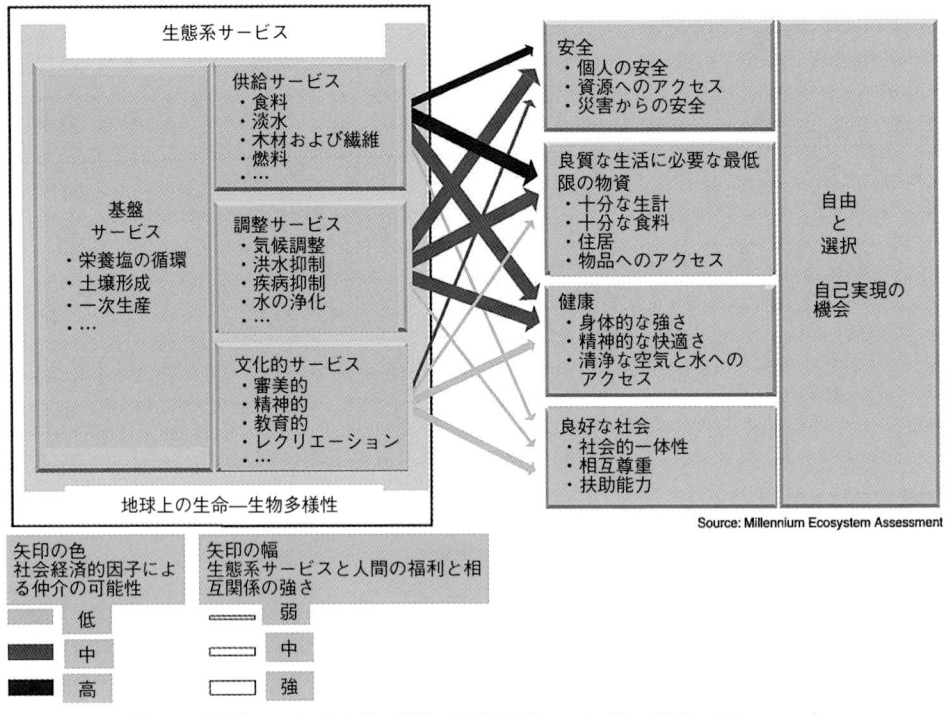

図1.2 生態系サービスと人間の福利の構成要素とのつながり（出典：MA, 2005 a）

1.3.1 評価とは何か？

評価（Assessment）とは，公共性を有する複雑な問題に対する意思決定の指針を提供するため，情報を批評的および客観的に評価することであり，政策関連の課題や評価結果を利用するユーザーおよび関係者の質問に基づいて行われる（MA, 2005 c）．この評価の目的は，問題の複雑性を減らしてわかりやすくし，また情報に付加価値をもたせて意思決定のために役立つ客観的情報を提供することである．そのため評価では，既知ですでに合意されているもの，既知であるが複数の諸説が並立しているもの，未知のものを要約，統合，整理する．評価は，幅広い学問分野の専門家からなるチームにより実施され，そのプロセスには公開性，透明性，代表性，科学的信頼性，正確性が必要とされる．

1.3.2 ミレニアム生態系評価（MA）

MA は，世界初の総合的な地球規模の生態系評価であり，2000年にコフィ・アナン前国連事務総長により実施が指示された．MA は，世界各地における生物多様性と生態系サービスの消失の異常な速度への懸念が高まるとともに，科学界からもその傾向が続けばミレニアム開発目標（MDG）の達成が危ぶまれるという認識が高まったことにより開始された．

MA では，生態系サービスを人間が生態系から得る恵みと定義し，生態系サービスの変化とその変化がさまざまな人間の福利[2]に及ぼす影響に焦点を当てた．また MA では，人間開発と持続可能性の目標を達成するための政策対応の選択肢を見つけると同時に，総合的な生態系評価を実施し，得られた結果に基づいて行動を起こすための個人および組織の能力の構築を手助けすることも目的とした．地域，流域，国，複数の国にまたがる地域，世界規模までの相互に連関する評価で構成される「マルチスケール」評価である点も MA の特徴となっている．

1.3.3 日本の里山・里海の評価の範囲

本評価では，第二次世界大戦終結から始まる戦後

---

[2] 人間の福利の構成要素は，安全，良質な生活のための基本的物資，健康，良好な社会関係，選択の自由である．

図1.3 クラスタリングの主要変数

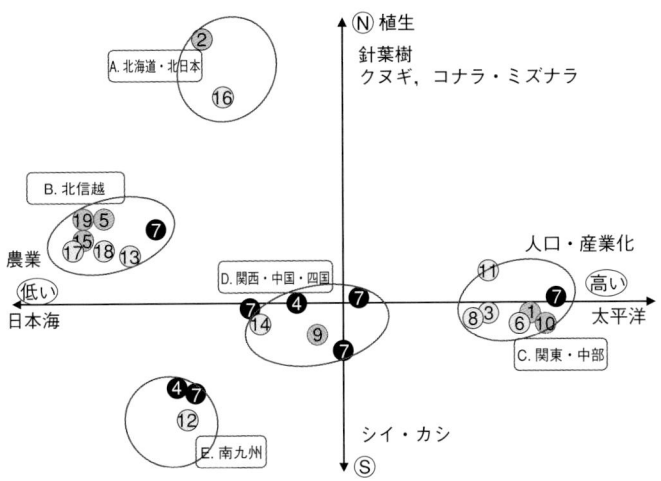

- ○ 里山（河川流域を含む）について提案されたサイトの番号
- ◐ 里海あるいは里海と里山の両方について提案されたサイトの番号
- ● 異なるクラスター／地域にわたって提案された里山に関するサイトの番号
- 変数1（垂直方向）：気候的および生態学的要素
- 変数2（水平方向）：人口および社会・経済学的要素
- 行政および地理的側面での多様性

の過去50〜60年間における生態系および生態系サービスの変化と現状を考察した．この時間的枠組みは，エネルギー革命，科学技術の進歩，急激な産業化と日本経済の拡大といった里山・里海の生態系と関連する生態系サービスの変化の何らかの原因となっている，日本に生じたさまざまな変化を考慮して設定された．

MAのアプローチにならって本評価では公開性と透明性のあるプロセスを用い，関心をもつ関係者が参画でき，評価対象サイトを提案することができるよう評価プロセスの初期段階において対象サイトを公募した．その結果，評価に関心を寄せる19団体から日本列島の南北にわたるさまざまなサイト（60以上）が提案され，それに基づき対象サイトを選定することになった．しかし，19もの個別の評価報告書を作成するのは実質的でないため，これらのサイトを6つのクラスターに再編成した．行政および地理的側面の異質性に加え，2つの主要な変数，すなわち1）気候的・生態学的要素および2）人口および社会・経済学的要素（図1.3）を基に評価対象サイトのクラスタリングを行った．図1.3は，19団体によって提案された評価対象サイトの分布を示している．

この基準に基づき，提案されたサイトを5地域グループに分類した（図1.4）．しかし，評価作業上の実際的な理由（既存の研究者ネットワーク，地域開発の歴史，評価チームが取り上げた生態系タイプなど）から，評価の過程でクラスタリング法に修正を加えた．たとえば，北海道・北日本クラスターは，北海道と東北で地域の開発史が大きく異なり，そのため両地域における里山・里海の状況に大きな違いがあるために2クラスターに再分割された．また，関西，中国，四国，九州にまたがって地域の研究者ネットワークが存在しており，同時に瀬戸内海の里海をテーマに取り組むさまざまな関係者で構成されるコンソーシアムが存在していたので，当初2つに分かれていたクラスターを，里海に焦点を当てた小グループを含む1つの西日本クラスターとして統合した．最終的に，提案された全サイトが，1）北海道，2）東北，3）北信越，4）関東中部，5）西日本（瀬戸内海グループを含む）の5クラスターに分類され，これら5クラスターがJSSAの評価基盤となった（図1.5）．ただし，各クラスターに含まれるサイト数の不均衡，里山・里海の特徴，機能の相違点にも注意する必要がある．

各クラスター評価の結果は，各地域の社会的および生態的な状況に対応した里山・里海の多様性を，国レベル評価のための情報として反映させると同時

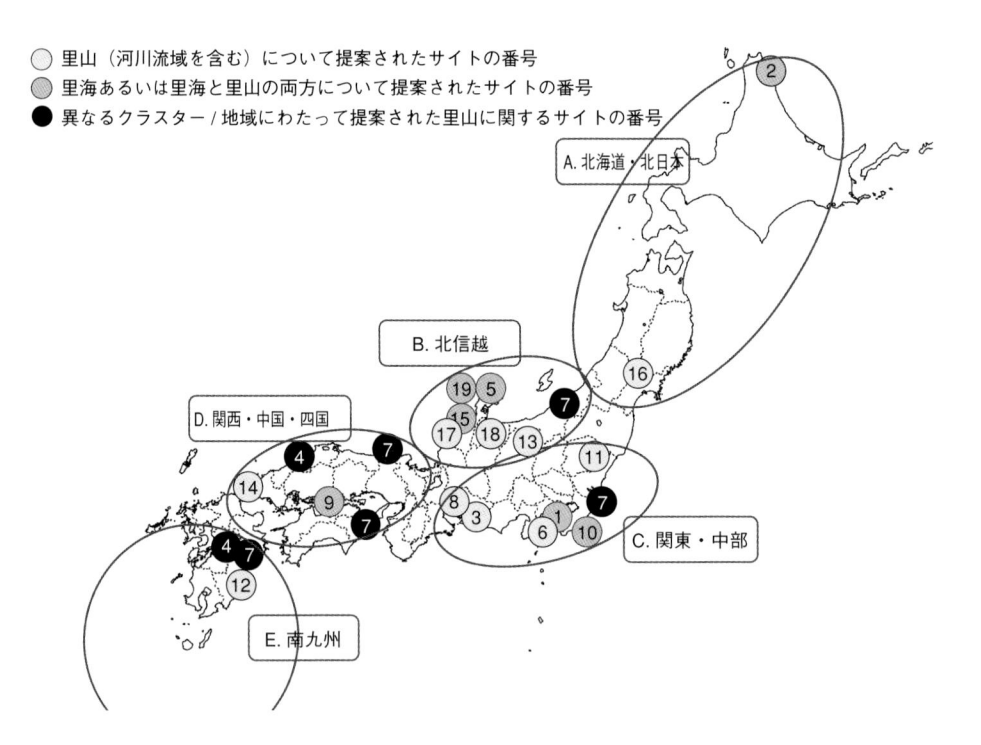

図1.4 提案されたサイトのクラスタリング

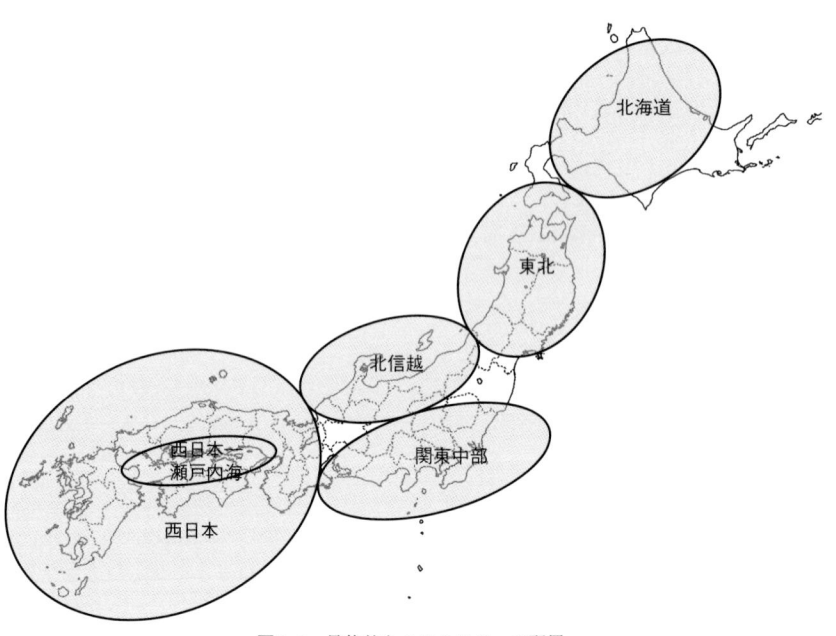

図1.5 最終的な5クラスターの配置

に，各地域の関係者の意思決定に必要な科学的基盤となる情報として利用される．このため，各クラスターでは，地域の関係者の必要に応じて科学的情報を提供することをめざした．また，地域の関係者が各地域のクラスター評価を実施し，得られた結果に基づき活動することを通して，地域のキャパシティーの向上も図られた．

表1.1 ユーザーによる里山・里海に関する質問

1. 里山・里海の変化に伴い，どの生態系サービスが最も変化してきたか？（現状と傾向）
2. 里山・里海の変化は，人間の福利，地域および国の経済，さまざまな規模での生態系の機能にどのような影響を及ぼしてきたか？（人間の福利とのつながり）
3. 里山・里海に影響を及ぼす主要な脅威はなにか？（変化の要因）
4. 里山・里海は，将来どのように変化するか，その変化は人間の福利，経済開発，さまざまな規模での生態系機能にどのような影響を与えるか？（シナリオ）
5. 里山・里海に関する本評価の結果は，さまざまな関係者により，いろいろなレベルの意思決定プロセスでどのように活用できるか？（対応）
6. 本評価の結果を，さまざまなレベルの関係者に対して最も効果的に伝達するためにどのような手段を用いるべきか？（アウトリーチ・普及）
7. 現時点の情報や知識が欠落しているため，将来，研究に取り組む必要がある．そのおもな課題はなにか？（研究ニーズ）

1.4 評価の焦点

MAにならい，JSSAでは関係者（国，地方自治体，NGO，企業，市民などを含む）が，この評価から回答を得たいと考えている多くの重要課題（質問）を指針として作業が進められた．さまざまな関係者から出された多数の質問のなかから，7つの質問が抽出された（表1.1）．

1.5 レポートの構成

本書の構成は次のとおりである．まず第2章では，JSSAで使った概念的枠組みを示すとともに，本書での里山と里海の定義を述べる．第3章では，過去50〜60年間における里山・里海の主要な生態系サービスの現状と変化の傾向を示し，里山・里海の変化の主要因を検討した．第4章では，里山・里海に変化をもたらした主要な間接的要因および直接的要因に焦点を当て，これら要因が生態系サービスへ及ぼした影響を明らかにした．第5章では，里山・里海の変化に対してとられてきた対応をタイプ分けするとともに，各対応を概観し，それらが里山・里海の劣化への対処としてどの程度成功したかを示した．第6章では，里山・里海に関して今後，最も起こりそうな4種類のシナリオ（将来像）を提示し，各シナリオのもとで里山・里海にどのような変化が起こるかを示した．第7章では，本評価から得られたおもな結果，不確実性，現在欠落している知見を明らかにし，今後必要な研究分野を示唆して評価を締めくくった．

第1章から第7章は，各クラスター評価から得られた情報に基づいているが，そうした各クラスター評価の結果の概要を第8章から第13章に報告した．ここでは，各クラスターにおける1）里山・里海の概念や定義，目的，対象，方法，2）1950年以前の里山・里海の利用や管理に関する歴史，3）生態系サービスおよび生物多様性の現状と傾向とそれらの人間の福利への影響，4）里山・里海の変化の要因，5）里山・里海の変化に対してこれまで行われてきた対応策，6）結果のまとめと今後の課題を述べている．クラスター評価の詳細は，クラスターごとに1冊ずつまとめられたクラスターレポートを参照されたい．クラスターレポートは，日本語のみで2010年に6巻シリーズ『クラスターの経験と教訓』として刊行されている．

引用文献

- 石川県環境部自然保護課（2004）：石川の里山生態系——次の世代に伝えるために．
- 大住克博・深町加津枝（2001）：里山を考えるためのメモ．林業技術，No.707：12-15．
- 亀山章・勝野武彦・養父志乃夫・倉本宣編（1994）：生きもの技術としての造園——その6　生きもの技術と環境倫理．造園雑誌，57(3)：279-286．
- 環境省（2001）：日本の里地里山の調査・分析について（中間報告）．http://www.env.go.jp/nature/satoyama/chukan.html
- 環境省（2006）：環境基本計画．http://www.env.go.jp/policy/kihon_keikaku/kakugi_honbun20060407.pdf
- 環境省（2007）：第三次生物多様性国家戦略．http://www.biodic.go.jp/cbd/pdf/nbsap_3.pdf
- 千葉県（2008）：生物多様性千葉県戦略．
- 養父志乃夫（2009a）：里地里山文化論（上）循環型社会の基盤と形成，農山漁村文化協会．
- 養父志乃夫（2009b）：里地里山文化論（下）循環型社会の暮らしと生態系，農山漁村文化協会．
- Fukamachi, K., Oku, H. and Nakashizuka, T. (2001)：The change of a satoyama landscape and its causality in Kamiseya, Kyoto Prefecture, Japan between 1970 and 1995. Landscape Ecology, 16：703-717.
- Iida, S. and Nakashizuka, T. (1995)：Forest fragmentation

and its effect on species diversity in suburban coppice forests in Japan. *Forest Ecology and Management*, **73**：197-210.
・Millennium Ecosystem Assessment（2005 a）：*Ecosystems and Human Well-being：Synthesis,* Island Press.
・Millennium Ecosystem Assessment（2005 b）：*Ecosystems and Human Well-being：Policy Responses.* Volume 3, Island Press.
・Millennium Ecosystem Assessment（2005 c）：*Ecosystems and Human Well-being：Multiscale Assessments.* Volume 4, Island Press.
・Swallow, B. M., Kallesoe, M. F., Iftikhar, U. A., van Noordwijk, M., Bracer, C., Scherr, S. J., Raju, K. V., Poats, S. V., Kumar Duraiappah, A., Ochieng, B. O., Mallee, H. and Rumley, R.（2009）：Compensation and rewards for environmental services in the developing world：framing pan-tropical analysis and comparison. *Ecology and Society*, **14**(2)：26. http：//www.ecologyandsociety.org/vol14/iss2/art26/.
・Takeuchi, K., Brown, R. D., Washitani, I., Tsunekawa, A. and Yokohari, M.（2003）：*Satoyama：the Traditional Rural Landscape of Japan,* Springer Tokyo.
・Yanagi, T.（2008）："Sato-Umi"——A New Concept for Sustainable Fisheries. In Tsukamoto, K., Kawamura, T., Takeuchi, T., Beard, Jr., T. D. and Kaiser, M. J., eds., *Fisheries for Global Welfare and Environment, 5 th World Fisheries Congress 2008,* pp. 351-358, TERRAPUB 2008.

調整役代表執筆者：
アナンサ・クマール・ドゥライアパ，中村浩二

2

里山・里海と生態系サービス
─概念的枠組み

2.1 はじめに

　本章は，本書全体に共通する概念と評価の枠組みを示す．まず，里山・里海という概念や研究の歴史的な経緯を概観したうえで（2.2），本書における里山・里海の定義を明示する（2.3）．そのうえで，里山・里海の近年の変化（2.4）と里山・里海の主要な生態系サービスの概要（2.5）を説明する．次に，JSSAにおける評価の枠組みと各章で採用されている評価のアプローチを提示する（2.6）．さらに，里山・里海の生態系サービスと人間の福利をめぐるインターリンケージの概念と分析方法について論じたうえで，重要なインターリンケージの特定を試み（2.7），最後に本章のおもな結果をまとめた（2.8）．

2.2 歴史的に見た里山・里海

2.2.1 里山

　「里山」の語の最古の史料は1661年にさかのぼる．1661年佐賀藩『山方ニ付テ申渡条々』によるもので，田畠，里山方，山方という土地を示す語のなかで，「里山方」という言葉が用いられている（黒田，1990）．1663年加賀藩『改作所旧記』でも，「山廻役」（巡回役）として「奥山廻」と「里山廻」が記述されている（山口，2003）．

　「里山」が単独で用いられたのは，1759（宝暦9）年木曾材木奉行補佐格の寺町兵右衛門が筆記した『木曾山雑林』に「村里家居近き山をさして里山と申し候」と記されているのが最初といわれている

（所，1980）．ここで，山と人間社会との連関が明記された．ただし，ここでの里山の定義では，今日使われているように里山のなかに人間社会は含まれていない．

　その後，1970年代に森林生態学者の四手井綱英により，寺町によって記された自然と人間の相互作用を表す里山の概念が復活させられ，村里に近いヤマ（農用林）を指す言葉として提案された（四手井，1974）．つまり，里山とは当初は農用林や薪炭林として利用されていた林野を意味していた．なお，集落に近い農用林野に対しては地方によってさまざまな呼び方が存在し，里山のほかには四壁林，地続山，里林などが知られている（犬井，2002）．つまり，このような林は，落ち葉や下草が堆肥として畑に還元され，薪や炭が燃料として家屋で使用され，あるいは食用となるキノコや山菜が得られるなど，周囲の土地利用と密接に関係していた林である．

　しかし，過去50年間で身近な農村景観の減少に伴ってそうした自然保全への意識が高まるようになると，この言葉がもともとの意味を超えて農村社会だけでなく一般市民を含めてより広い意味で使われるようになった．また，学術的にも農用林，草地，農地，集落などの農村景観要素の相互関係の重要性が認識されるようになり，農用林だけでなくこれらの景観要素をセットで，つまりランドスケープとして理解していくことがより重視されるようになった（図2.1）．

　里山に対する関心の高まりのなかで，生物多様性の保全との関係性が強調されている．おもに1990年代以降の生態学的研究により，里山のランドスケープにおける構造的特徴や人為的攪乱の存在が，生

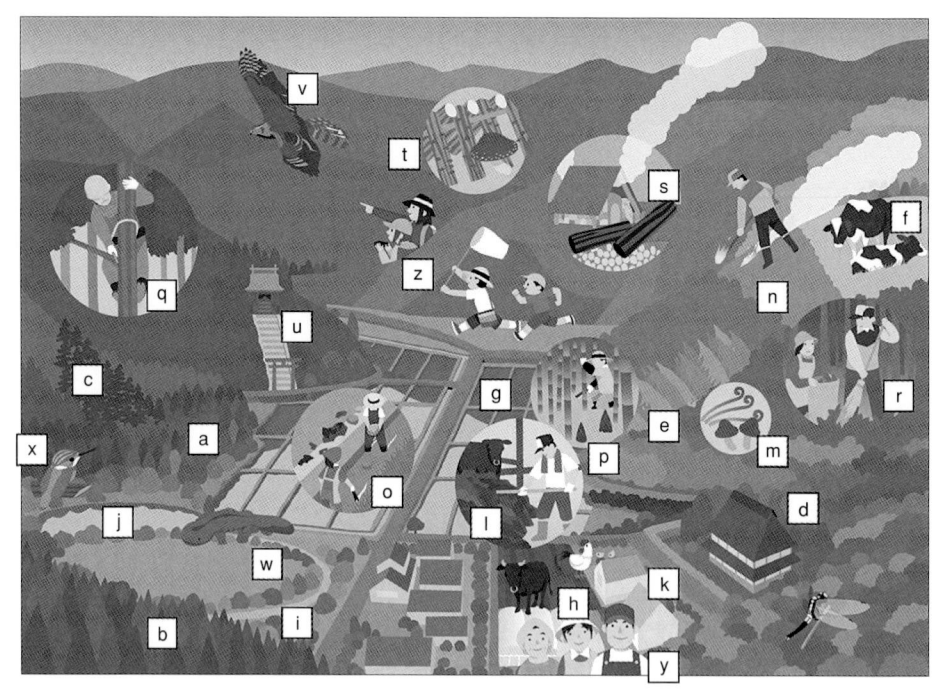

a：薪炭林，b：人工林，c：アカマツ林，d：屋敷林，e：竹林，f：草地，g：水田，h：畑，i：水路・川，j：ため池，k：集落，l：家畜（ウシ，ニワトリ），m：キノコなどの山菜，n：草原の火入れ，o：水路の保全，p：雑木林・竹林の手入れ，q：人工林の手入れ，r：落ち葉かき・堆肥づくり，s：炭焼き，t：シイタケ生産，u：神社，v：オオタカ，w：サンショウウオ，x：カワセミ，y：農家・林家，z：ハイカー

図 2.1　里山の概念図（巻頭カラー口絵 1 参照）

物多様性と大きな関係性があることが示されている．里山が多様な土地利用のモザイク構造をなしていることは，それぞれに異なる動植物が生息・生育することを可能にし，全体として高い生物多様性を実現する．また，複数の異質な生息場所を必要とする動物種については，適切な空間スケールでの生息地のモザイクはこの要求に応えることができる（鷲谷，2001）．さらに，林地の定期的な伐採などの里山における適度な人為的な攪乱が氷期の遺存種の生育環境をもたらしていることが示され，里山における適切な管理の重要性が認識されている（守山，1988）．

このような農村景観をまとめて「里地」と呼び，林としての「里山」と区別するという提案もある（武内，2001）．また，狭義の里山を「里山林」とし，多様な農村景観要素のセットとしての広義の里山を「里やま」と区別している文献もある（石井，2005）．表 2.1 にこれまでのおもな定義の変遷をまとめた．養父（2009a）は，里地里山の定義のなかで海岸部や湖沼の近傍では「里海」や「里湖」がその一部として加わるとしている．

2.2.2　里海[1]

歴史的には，1842 年佐倉藩『佐倉御領海岸検地記録』では，東京湾の「海付き村」の空間構造に歩行（かち），瀬付，沖という語が用いられ，その水産資源の利用・管理の状況が記録されている（高橋，1982）．

「里海」の概念は，「人の手を加えることによって生物生産性と生物多様性が高くなった沿岸海域」という意味で，1998 年に柳哲雄によって提唱された（柳，1998，2005；Yanagi，2007）．とくに，瀬戸内海沿岸において人間と海の関係を見直そうという市民活動が端緒となった．

また，中村（2003）は「海域の里海とともにその周辺の漁村および人の生活とかかわる海辺の自然環

---

[1] 本節における里海に関する議論は，JSSA クラスターレポート（JSSA―西日本クラスター・瀬戸内海グループ，2010；JSSA―北信越クラスター，2010；JSSA―関東中部クラスター，2010）の記述を参照．

表 2.1 里山に関するおもな記述・定義の変遷

里山の定義	森林・雑木林	農地，水路など農的土地利用	集落を含む景観・複合的な土地利用
農地につづく森林・たやすく利用できる森林地帯（四手井，1974）	○		
焼畑農耕の場あるいは薪炭や刈敷採集の場として，人の働きかけとわかちがたく結びついてきた雑木林は，里山林として「原風景」ともいうべきわが国独自の農村風景を形成してきた．同時にそれは現在の照葉樹林がまだ落葉樹林に覆われていた時代の生き残り（遺存種）であるカタクリ，カンアオイ，ミドリシジミ類，ギフチョウなどの植物，動物の生活でもあった（守山，1988）	○	○	
林やそれに隣接する水田や畑と畦，ため池や用水路などがセットになった自然（田端，1997）	○	○	
日本列島の丘陵地や氾濫原の多様な自然の環境要素にヒトが手を加えて整備し維持してきた伝統的な農業生態系（鷲谷，1999）	○	○	
手つかずの自然ではなく，人が目的をもって手を加えることで維持されてきた自然（ミュージアムパーク茨城県自然博物館，2001）	○	○	
日常生活および自給的な農業や伝統的な産業のため，地域住民が入り込み，資源として利用し，攪乱することで維持されてきた，森林を中心にしたランドスケープ（大住・深町，2001）	○	○	○
里山は，現代ではかなりの多義性を持った言葉であるが，それが人間の手によって管理された自然，すなわち「二次的自然」をおもな構成要素としている点は大多数の認めるところであろう．（中略）しかし，里山にいかなる二次的自然が含まれるかは，人によって解釈が異なる．雑木林やマツ林などの二次林，すなわちかつての薪炭林や農用林を里山に含めることは，誰しも依存はないであろう．（中略）里山に採草地が含まれることにも異論はないと思われる（武内，2001）	○		
関東平野のように広大な平地がひろがっているところでは，里山は平地林からなり，山間地では人里に近い山林が里山なのである（犬井，2002）	○		
里山生態系は，（中略）境界のきわめて曖昧な概念であり，森林，水田，さらには草地などとそこに生息する動物のセットと言った方が実態に近い．（中略）森林や草地を里山と漠然と称するのではなく，それについては二次林（あるいは雑木林）や草地というように具体的に指示し，里山は人間とそれを取り巻く自然が相互作用するシステムとして広く捉えることが望ましい（広木，2002）	○	○	○
里山は，狭義には薪炭林あるいは農用林のことであるが，広義には水田やため池，水路からなる「稲作水系」や畑地，果樹園などの農耕地，採草地，集落，社寺林や屋敷林，植林地などの農村の景観全体，都市周辺の残存林などを含めることも多い（石井，2005）	○	○	○
里地里山は，長い歴史の中でさまざまな人間の働きかけを通じて特有の自然環境が形成されてきた地域で，集落を取り巻く二次林と人工林，農地，ため池，草原などで構成される地域概念（第三次生物多様性国家戦略，2007）	○	○	○
Japan's *satoyama* is "the characteristic managed landscapes which traditionally balanced productive agriculture with sustainable use of natural resources." (GBO 3, 2009)	○	○	○
里地里山は，「水と空気，土，カヤ場や雑木林から屋敷，納屋，牛馬小屋，畑，果樹園，竹林，植林，溜池，小川，水田，土手，畦など，一連の環境要素が一つながりになった暮らしの場」である．海岸部や湖沼の近傍ではその一部に「里海」や「里湖」が加わる．（養父，2009 a）	○	○	○

（注）武内（2001）は「里山」と「里地」は区別し，里山，農地，集落を含めた全体を里地と呼んでいる．第三次生物多様性国家戦略（2007），養父（2009 a）は「里山」ではなく「里地里山」に対する定義である．

境のセット」を「里うみ」として位置づけた．さらに，これを里山と一体化させて，集落を中心に人が高度制御の田畑から森林・海の無制御な空間までの人・自然・文化の一体的まとまりのモザイクセットとして，「里山海」（中村，2006 a, b）という概念を提示している．また，最近では京都大学フィールド科学教育研究センター（2007）が「森里海連環学」講座を開設し，森から海までに及ぶ範囲を含めた統合的管理の構築を目指している．ここでは，「流域や河口域に集中する人間を中心とした生態系」として「里」を捉えている．

里海としての瀬戸内海の成り立ちは，里山と深い関連性がある．かつて瀬戸内海の代表的な風景としてうたわれた白砂青松の海岸の形成には，製塩業が大量に消費した燃料のため集水域の森林が伐採され，その結果生じた花崗岩質のはげ山から生じたマサ土（風化花崗岩）の流出が大きく関係している．マサ土の砂浜にはやせた土地に強い松が生い茂った．全国的に名高い広島湾のカキ養殖やカキ筏が連なる風景も，太田川流域の里山の恵みを受けている．里山，森林管理のあり方が河川の水質，流域に直接的に反映され，これが海域の環境，カキの餌であるプランクトンの生産に影響するからである．魚介類，塩を含む里山の恵みは，内陸でも利用されてきたので，里山と里海の間には双方の産物を介した相互関係がある．

里海は，その言葉自体まだ新しくその意味あいも変化しつつある．里海は，当初の「かつてあった状態」を示す言葉というより，最近ではむしろ「新たにつくり出すべき人と海との望ましい関係性」を示す言葉に変わりつつある．近年では，日本の海の新たな再生方策として里海の創生が第三次生物多様性国家戦略，21 世紀環境立国戦略などの国レベルの方針にも記述されるようになり，この言葉は一般市民の間にも徐々に浸透しつつある．

2.3 JSSA における里山・里海の定義

これまで述べてきたように，里山や里海をめぐる定義には，各時点での社会的背景によって多様なものがあり，時代とともに変遷してきた．それらの経

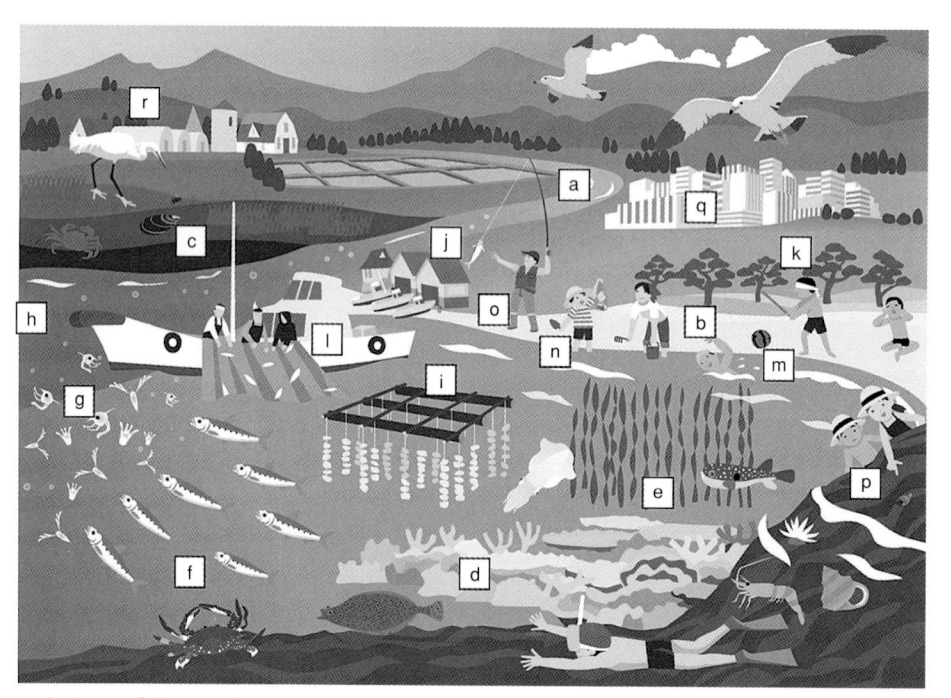

a：河川，b：砂浜，c：干潟，d：サンゴ礁，e：藻場，f：多様な魚介類，g：プランクトン，h：栄養物質・砂，i：カキの養殖，j：集落，k：松林，l：漁業者，m：海水浴，n：潮干狩り，o：釣り人，p：自然観察，q：都市，r：里山

図 2.2 里海の概念図（巻頭カラー口絵 2 参照）

緯を考慮しつつ，本書では里山・里海に密接に関係する生態系および生態系サービスを取り扱う文献として「里山・里海」について，統一的な定義を設けるための検討を行った．

さまざまな既往の定義を考察した結果として，里山と里海のおもな要素を以下にあげる．

1) 生態系タイプ
2) 生態系のモノとサービス
3) 人間と生態系の相互作用
4) 生態系管理
5) ランドスケープ

そこで，本書では「里山・里海ランドスケープ[2]とは動的な空間モザイク[3]であり，人間の福利に資するさまざまな生態系サービスをもたらす，管理された社会・生態学的システムである」と定義する．

上記の定義に基づくと，里山・里海ランドスケープは以下のように特徴づけられる．

- 里山は，林地，草地，農地，放牧地，ため池，灌漑用水路など陸上生態系を中心としつつ陸域，水域の両方を含む生態系のモザイクである．
- 里海は，海浜，磯，干潟，サンゴ礁，藻場など水界生態系を中心としつつ陸域，水域の両方を含む生態系のモザイクである．
- 里山・里海とは，伝統的知識と現代科学の融合により管理されているものである（各地域の社会と生態的な背景を反映）．
- 生物多様性は，里山・里海ランドスケープの回復力（レジリアンス）と機能発揮のための重要な要素である．

さらに，里山のモザイクが平面的な土地利用のモザイクを中心とするのに対し，里海のモザイクでは沿岸海域の水深に応じた多様な生態系や漁場の立体的なモザイク構造が含まれることが特徴的である．

2.4 里山・里海の変化と分布

2.4.1 里山・里海の変化

過去50年間で里山・里海ランドスケープは，急速な変化をとげた．里山のおもな要素のひとつであるコナラ二次林のような雑木林は，地域差はあるがかつては薪炭林・農用林としてそして現在はおもにシイタケ原木林として人間活動によって維持されてきた二次林である（もちろん，現在でも薪炭林や農用林として使っている地域もある）．このような二次林は，里山に本拠を置く動植物の生息地としてその重要性が認められているにもかかわらず，近年住宅整備やゴルフ場建設などの開発行為によって最も改変が進んだ植生でもある（JSSA―関東中部クラスター，2010）．とくに，東京など大都市近郊の台地や丘陵地では，1960年代前半からの高度成長に伴い，かつての薪炭林，農用林を伐り開いて宅地やゴルフ場などが開発されてきた（奥富，1998）．ゴルフ場開発に対しては，その自然環境破壊への批判や反対活動が全国各地で起きた（山田，1989；谷山，1991）．

また，過去20年間で残存している雑木林についても農村の過疎化や高齢化が進むにつれて放置され，その結果竹林が拡大し，常緑樹が増加してそれまで普通に観察できた林床の草本植物が減少するなど変化が著しい．つまり，従来は農家によって維持管理されてきた二次林が，農家だけでは維持できなくなっている．

このため，1980年代後半以降，保全・保護の対象としての関心が高まり，現在全国各地で里山を対象としたふれあい活動（住民による自然観察会や二次林の維持管理・調査活動など）や保全活動が展開されている．日本自然保護協会（2002）によると，全国には1,000件以上のふれあい活動があり，このうち雑木林の維持管理活動に取り組んでいるものが370件以上存在する．また，関東地方における雑木林の保全・維持管理活動に関する齊藤（2003）の調査結果（対象135件）によると1980年以前の活動は関東全体で12件のみで，その多くは埼玉，東京，神奈川の3都県の都市近郊に分布しており，1980年代に新たに活動を開始した39件のほとんどもこれら3都県内に分布していた．1990年代になると3都県以外の地域にも活動が広がり，新たに84地点で活動が開始され，合計の活動面積も1980年比で2倍強に増加した．国レベルの里山におけるふれあい活動の分析では，ふれあい活動は都市部から50km程度までの都市近郊の数万人規模の人口を有する市町村内において比較的盛んであることが示され

---

2) 用語集 p.195 を参照．
3) 用語集 p.195 を参照．

ている（齊藤，2005）．

近年では，山林や農地など里山や里海を観光資源として生かした宿泊型観光活動であるグリーンツーリズムが，ゴルフ場やリゾート開発に代わる地域振興策として徐々に広がりつつある（井上ほか，1996；齋藤（雪），1998）．欧州では"Rural tourism"または"Agro-tourism"が一般的だが，日本では「グリーンツーリズム（Green tourism）」という用語が通常使われる（宗田，1997）．宮崎（1997）は，「グリーン」には農村の持続可能性や環境保全の意味が含まれていると指摘している．今回のJSSAでは，ほぼすべてのクラスターレポートにおいてグリーンツーリズムが近年里山・里海で拡大していることが指摘された．

また，里海では日本の工業化に伴い，海洋沿岸域の埋め立てが進行し，良質な海辺が減少してきた．一般に，急峻な山地に囲まれた海岸には陸地内の農村文化と異なる文化が形成されてきたが，これらは地域漁業と密接に関連して，ある種の閉鎖的または持続的な経済が存在してきた．沿岸域の漁業資源の枯渇は，漁船の大型化と沖合での漁業の発達を促してコミュニティーのあり方に変質をもたらしてきた（JSSA—西日本クラスター瀬戸内海グループ，2010）．

近年では，里山の再評価と同様に人の住む沿岸域（里海）環境の復活と再生の必要性を指摘する動きも目立つようになり，都市においては市民を中心とした，地方においては漁業者を主体とした新しいかたちのコミュニティー形成への模索の活動が行われるようになっている．

2.4.2　日本における里山・里海の分布

里山の多くは，都市域と奥山との中間に位置するといわれる．しかし，日本にどの程度の面積の里山がどこに分布しているかを把握することは簡単ではない．その原因として，表2.1に示したように里山を構成する要素の定義が人によって異なっていることがあげられる．また，前節でもふれたとおり里山のシステムの構造やパターン，空間スケールなどは各地域の社会と生態学的な状況に応じて異なる．さらに，里山に関しては人間活動の影響がより小さな奥山と区別して用いるのが一般的ではあるが，里山と奥山あるいは里山と都市地域との境界が連続的で

あり定量的な条件を設けることが困難であること，それらを確実に表現する科学的な資料に欠けていることが原因である．また，里山の諸要素（林地，草地，農地，放牧地，ため池，灌漑用水路など）ごとに，面積や性質に関するデータが存在することが普通であるが，データの充実度には要素間で差異がある．林地や農地に関するデータは比較的豊富であるため，里山に関する情報の多くがこの2要素により代表されがちである．

このような限界はあるものの，いくつかの推計が試みられている．恒川（2001）は，里山（ここでは林地および採草地を指す）を，環境基本計画（1994年閣議決定）における地域区分のうち「里地自然地域」における「二次林および植林」として推計した結果，国土の約22.1%を里山が占めるという結果を示している．ここでの「里地自然地域」とは，人口密度 5,000〜30,000 人/km^2，または人口密度 5,000 人/km^2 未満，かつ森林率80%未満の地域であり，「二次林および植林」は第4回自然環境保全基礎調査の植生自然度データを基にしている．このデータは3次メッシュ（基準地域メッシュ）単位で作成されており，3次メッシュデータとは緯度差30秒，経度差45秒（約1km四方）のセルからなるデータである．また，植生自然度とはさまざまな植生を植生タイプ，人為による影響，遷移の進行度合などにより10区分して示したものである．二次林は，一般的に人為的攪乱などの攪乱の後に成立した森林をいい，ここでは植生自然度6に分類された二次林と，植生自然度7に分類された植林が推計に使用されている．

表2.2に自然環境保全基礎調査による3次メッシュ単位での植生自然度の推移を示した．これによると，日本の森林面積は67〜69%で1970年代からの30年間で全体としてはほとんど変化しておらず，農耕地の面積比は21〜23%で1970年代後期に少し減少したが，その後はほぼ横ばいである．

また，林野庁（1978）の「里山地域開発保全計画調査」における里山対象林はおよそ 62,000 km^2 であり，日本の森林面積の約25%に相当している．ここでは対象林の定義は「幼齢広葉樹林地」であり，具体的には北海道と沖縄を除く民有林および共有の国有林でおもに薪炭生産を目的に植栽された森林である．

表 2.2 自然環境保全基礎調査による植生自然度の推移（1973～1998 年）

自然度	第1回（1973）		第2回・第3回 （1978～1979＆1983～1987）		第4回（1988～1992）		第5回（1993～1998）	
	メッシュ数	構成比	メッシュ数	構成比	メッシュ数	構成比	メッシュ数	構成比
自然草原（自然度 10）	3,260	0.9	4,038	1.1	4,011	1.1	3,993	1.1
森林（自然度 9, 8, 7, 6）（*1）	244,994	68.0	248,538	68.2	247,229	67.8	245,376	67.3
自然林・二次林（自然度 9, 8, 7）	169,854	47.1	157,735	43.3	155,383	42.6	153,962	42.2
植林地（自然度 6）	75,140	20.9	90,803	24.9	91,846	25.2	91,414	25.1
二次草原（自然度 5, 4）	12,876	3.6	11,676	3.2	12,124	3.3	13,159	3.6
農耕地（自然度 3, 2）（*2）	83,030	23.0	77,412	21.2	77,701	21.3	78,052	21.4
市街地など（自然度 1）（*2）	15,597	4.3	21,172	5.8	21,847	6.0	22,430	6.2
緑の多い住宅地（自然度 2）	4,394	1.2	6,331	1.7	6,427	1.8	6,431	1.8
その他（自然裸地・不明区分）	602	0.2	1,464	0.4	1,487	0.4	1,490	0.4
全国（*3）	360,359	100.0	364,300	100.0	364,399	100.0	364,500	100.0
開放水域	0	—	4,170	—	4,211	—	4,227	—
全国	360,359		368,470		368,610		368,727	

*1 「森林」には「自然林・二次林」，「植林地」を含む．
*2 「農耕地」には「緑の多い住宅地」（自然度 2）を含まず，「市街地」などには「緑の多い住宅地」（自然度 2）を含む．
*3 開放水域を含まない．
（出典：環境省第 1～5 回自然環境保全基礎調査の成果を使用した（http：//www.biodic.go.jp/kiso/vg/vg_kiso.html））

　また，環境省の「日本の里地里山の調査・分析について（中間報告）」における推計では，おもに二次林，二次林が混在する農地および二次草原を含めて「里地里山」と呼んでおり，その面積や分布などについて自然環境保全基礎調査のデータを用いた分析が行われた（植田，2002）．その結果，二次林の面積は約 770 万 ha であり国土面積の 21％ に相当し，農地なども含めた里地里山は国土の約 43％ であると推計されている．また，この調査では二次林を対象として植生のタイプ別に 4 タイプ，すなわちミズナラ林，コナラ林，アカマツ林，シイ・カシ萌芽林に分類している（図 2.3，巻頭カラー口絵 3 参照）．北海道，東北，関東にかけてはミズナラ林の比率が高いのに対し，アカマツ林は中部，近畿，中国，四国に多く，シイ・カシ萌芽林は四国・九州に集中するという地域特性が認められる．

　これらの結果に基づき，第三次生物多様性国家戦略（2007）では，「里地里山の中核をなす二次林だけで国土の約 2 割，周辺農地などを含めると国土の 4 割程度と広い範囲を占めている」としている．

　一方，これまで里海の空間的な要素や範囲に関する定義はなされておらず，分布や面積を把握するのは現在のところ困難である．干潟および藻場として定義されている地域は，沿岸の浅海域に広く分布する重要な生物の生息地である．干潟とは，一般に干潮時に干出する平坦な砂泥質堆積物をいうが，魚貝類などの小動物からシギやチドリ類などの渡り鳥の生息地として重要である．また，水質の浄化作用も干潟が有している重要な環境保全機能である．藻場は固い岩礁底に分布するホンダワラ類やアラメ，カジメなどの群落と砂泥底に分布する顕花植物群落に大別されるが，いずれも一次生産の場として重要であるばかりでなく，多くの動物のすみかとしても機能している（環境庁自然保護局・海中公園センター，1994）．

　また，造礁サンゴは動物でありながら光合成をする特殊な生物であり，そのため太陽の光を必要とし，陸地に近い浅海に礁を形成する．サンゴ礁は，しばしば「海の熱帯雨林」とたとえられるように，多様な生きものたちのすみかであるとともに漁業資源や観光資源を提供する．サンゴ礁が発達すると陸地を囲む海中の堤防のように波を調整する役目も果たす（環境省・日本サンゴ礁学会，2004）．

　図 2.4，2.5 はそれぞれ，第 4 回自然環境保全基

地方ブロック	ミズナラ林		コナラ林		アカマツ林		シイ・カシ萌芽林		その他二次林	
	メッシュ数	構成比(%)	メッシュ数	構成比(%)	メッシュ数	構成比(%)	メッシュ数	構成比(%)	メッシュ数	構成比(%)
北海道	140	0.8	0	0.0	0	0.0	0	0.0	2,639	52.4
東北	7,843	43.0	6,087	27.0	1,300	5.7	0	0.0	98	1.9
関東	1,747	9.6	2,512	11.2	427	1.9	345	4.1	102	2.0
中部	6,994	38.3	4,374	19.4	3,315	14.6	155	1.8	579	11.5
近畿	643	3.5	2,571	11.4	5,441	23.9	1,456	17.2	346	6.9
中国	735	4.0	4,772	21.2	9,130	40.2	568	6.7	167	3.3
四国	125	0.7	848	3.8	2,486	10.9	1,694	20.1	374	7.4
九州	15	0.1	1,362	6.0	639	2.8	4,223	50.0	729	14.5
全国	18,242	100.0	22,526	100.0	22,738	100.0	8,441	100.0	5,034	100.0
全国二次林に占める割合(%)		23.7		29.3		29.5		11.0		6.5

データ出典：第5回自然環境保全基礎調査（2001）

図2.3　二次林の植生タイプ別分布（巻頭カラー口絵3参照）

（出典）環境省自然環境局『日本の里地里山の調査・分析について（中間報告）』（2001），および環境省自然環境局自然環境計画課『里地里山パンフレット』（2004）
写真提供：(財)自然環境研究センター（ミズナラ林タイプ，コナラ林タイプ，アカマツ林タイプ，その他（シラカンバなど）），中村俊彦（シイ・カシ萌芽林タイプ）

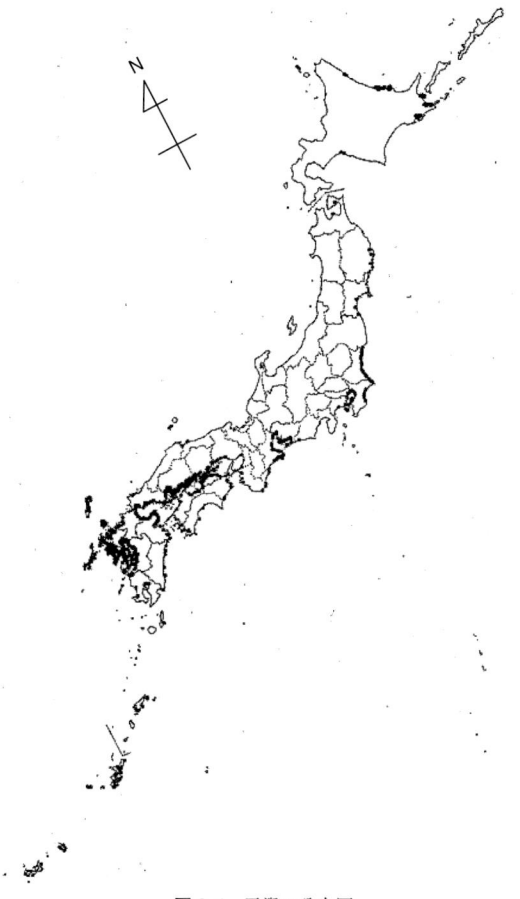

図 2.4　干潟の分布図
（出典：環境庁第 4 回自然環境保全基礎調査海域生物環境調査報告書（干潟，藻場，サンゴ礁調査）第 1 巻干潟（環境庁自然保護局・海中公園センター，1994）の成果を使用）

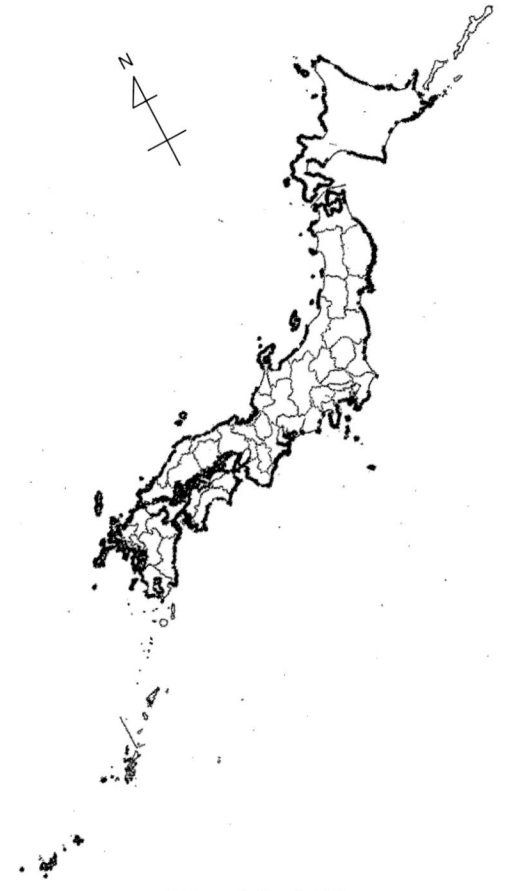

図 2.5　藻場の分布図
（出典：環境庁第 4 回自然環境保全基礎調査海域生物環境調査報告書（干潟，藻場，サンゴ礁調査）第 2 巻藻場（環境庁自然保護局・海中公園センター，1994）の成果を使用）

礎調査海域生物環境調査（環境庁自然保護局・海中公園センター，1994）において作成された日本の干潟，藻場の分布図である．図 2.6 は第 2 回自然環境保全基礎調査海域調査（環境庁，1980）で作成されたサンゴ礁の分布図である．

また，里海においては海，とりわけ沿岸づたい（磯づたい，浜づたい）の文化の伝播が，隣りあった漁村の連続だけでなく，港湾・貿易を通して沿岸域の文化の形成に貢献してきた．たとえば，東京湾では海を隔てた内房の村落と神奈川側の村落との交流があり，漁場管理などにつながっている（高橋，1994）．したがって，里海の空間スケールは沿岸域の隣接エリアよりも広い範囲に及んでいたと考えられる．

2.5　里山・里海がもたらす生態系サービス

　里山・里海がもたらす生態系サービスは多岐にわたり，その構成は地域の環境条件，社会，歴史文化によって異なる，いわば属地的なものである．

2.5.1　基盤サービスと生物多様性

　里山や里海における人間活動によって維持されてきた豊富な生物多様性は，それらの独特な生態系構造・機能を形成する重要なものであり，それがさまざまな基盤サービスを生み出す基礎となっている．そして，その基盤サービスは人間の福利をもたらすさまざまな供給，調整，文化的サービスをもたらしている．里山における森林，農地，ため池，水路な

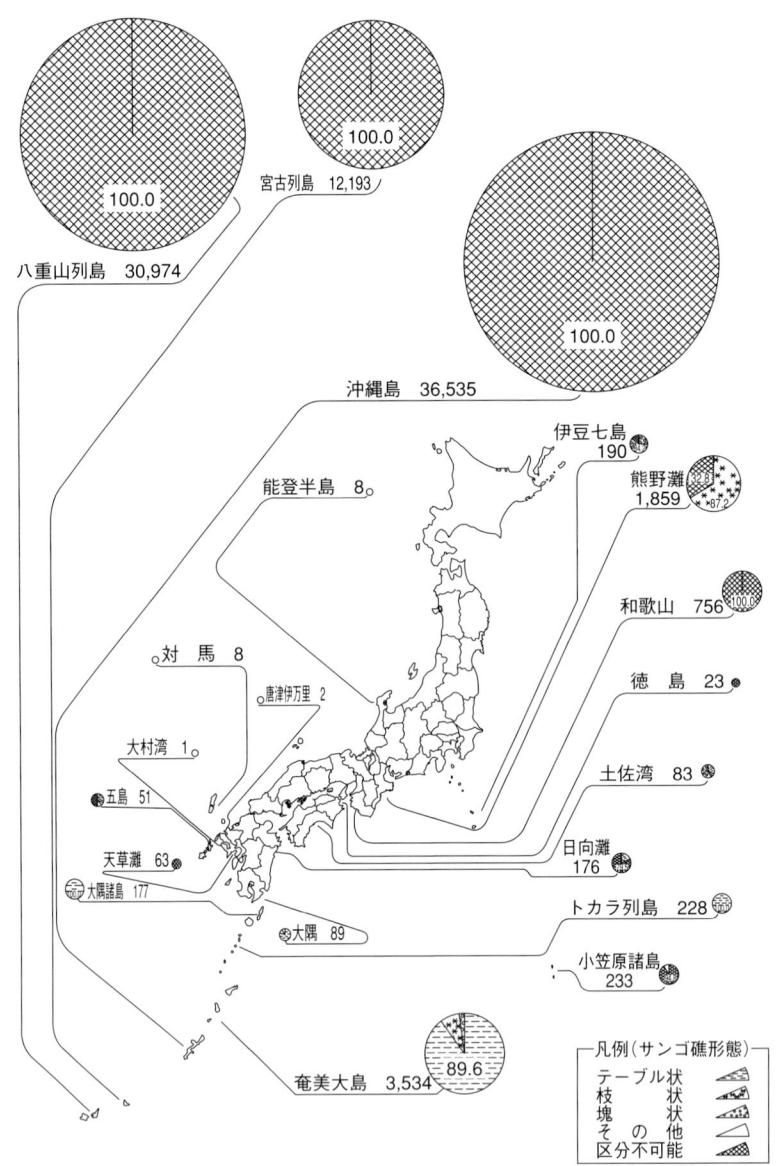

図 2.6 サンゴ礁の分布海域（単位：ha）
（出典：環境庁第 2 回自然環境保全基礎調査海域調査報告書海岸調査，干潟・藻場・サンゴ礁分布調査，海域環境調査（全国版）（環境庁，1980）の成果を使用）

どさまざまな生態系が構成するモザイクは，多種多様な野生生物の生育空間であり，豊かな生物相や生物多様性が維持されてきた．

これらの特性は，以下に述べる里山生態系のもたらす多様な供給，調整，文化的サービスの基盤としてとくに重要である．多様な生態系モザイクによって支えられている生態系の一次生産や栄養塩循環，土壌形成，ハビタット構造などが，さまざまなプロセスやメカニズムを通じて多様な生態系サービスを創出している（Box 2.1 参照）．里海においても，沿岸域における多様な構造や生物相の存在は，海産物生産や栄養塩除去をはじめとしたさまざまな生態系サービスをもたらすための基盤として重要である．

農と自然の研究所が 2009 年 2 月に発表した『田んぼの生き物全種』には，計 6,138 種（動物 3,173 種，植物 2,136 種，原生生物 829 種）が記載されている（桐谷，2009）．また，日本ではレッドデータブックに掲載されている生物のうち，約 50% が里

BOX 2.1

里山の資源利用変化が生態系の基盤サービスとしての物質循環へ与える影響（柴田ほか，2009より）

　里山生態系の資源利用の変化は，生態系サービスの基盤サービスとしての有機物や栄養塩に関する物質循環変化に何らかのインパクトを与えるものと考えられる．里山の二次林は1950年代までは薪炭材や落ち葉の堆肥利用が盛んであったが，1960年代になるとエネルギー革命と化学肥料の普及が始まり，資源獲得の場として利用されない里山地域が増大した．近年の利用低下に伴う土壌環境変化に着目した研究では，里山の二次林における管理施業が放棄されることによって生態系の物質循環が変化し，その結果として土壌内の有機物や栄養塩プールが増えることを示唆している．つまり，かつての里山利用により減少した有機物・栄養塩循環が，管理放棄によって回復する傾向にあることがうかがえる．一方で，管理作業の停止は下層植生の繁茂などを引き起こし，それが樹木の生育や物質循環に影響することが懸念されている．二次林の更新作業がなされずに林分成長と養分吸収速度が低下してくると，ササ類などの下層植生が繁茂を助長し，その後の二次林の管理を困難にすることなどが懸念されている．また，都市近郊の里山の森林生態系では，都市化などの間接的な影響を受けた微気象変化や大気汚染などの影響も指摘されている．

　里山の二次林は本来，人の入り込みが多く，管理作業を継続することで維持されてきた生態系である．したがって，下刈りや落ち葉かきなどの管理作業が十分に行われるのであれば，短伐期で落ち葉採取も行われるなど系外への養分のもち出しが非常に多い．このことは生態系の物質循環の観点からは，里山利用による有機物・栄養塩の存在量や循環量の減少を意味している．一方で，その結果として里山の森林生態系の植生や微生物の栄養不足状態が維持されることになり，系外から供給される大気沈着などの栄養塩流入に対して，それらを植生や微生物が積極的に養分吸収することが予想される．逆に，二次林での管理が停止あるいは放棄されることで，栄養塩をはじめとした生態系内物質循環プロセスも変化するであろう．これらのことから，里山地域特有の過去の施業履歴や現在の管理状態は，さまざまな形で現在の里山の森林生態系の物質循環プロセス変化を通じて，基盤サービスの特性に影響しているものと考えられる．

引用文献：柴田英昭・戸田浩人・福島慶太郎・谷尾陽一・高橋輝昌・吉田俊也（2009）：日本における森林生態系の物質循環と森林施業との関わり．日本森林学会誌，**91**：408-420.

山を生息域としている．里山は農林業と暮らしの場であると同時に，生態系サービスの基盤たる生物多様性を育む場として重要な役割を果たしている．

2.5.2　供給サービス

　里山の森林における特徴的な供給サービスとしては薪炭としての燃料供給があげられ，1960年代の燃料革命以前は農村地域における生活や生業を支える重要な資源として木材とともに利用されてきた．また，農用林から採取した落葉や下草などは農地への肥料として用いられ，化学肥料が普及する1960年代以前においては，重要な供給サービスであった．現在では，シイタケ原木としての木材利用，シイタケ類の栽培は里山における食料供給サービスとして位置づけられるほか，里山地域における水田や畑地からの農業生産は，当該地域および都市域に対しても重要な食料供給サービスである．

　里海における供給サービスは水産物の生産であり，藻場や干潟をはじめとして豊かな漁場からの食料生産の場として重要である．また，里海での塩の生産は輸入量が大幅に増えた現在においても食用塩として重要な供給サービスである．

2.5.3　調整サービス

　里山におけるおもな調整サービスには「気候調整」（微気象調整と炭素吸収によるマクロな気候調整の

両方を含む），「水質調整」，「災害調整」などがあげられる．里山の森林が有する炭素固定や水源涵養，洪水調整，さらに汚染物質の保持や除去などによる水質保全機能といった調整サービスのほか，里山における家屋や樹林帯の配置による防風，温度調整機能も重要な調整サービスとしてあげられよう．また，農業生産のために整備されたため池や水田なども洪水防止や栄養塩保持などの調整サービスを創出している．里山生態系に生息するポリネーターによる受粉サービスや農作物や樹木に対する病虫害の天敵の存在も，里山の有する重要な調整サービスである．

同様に，干潟を中心として里海域も窒素やリンなどの栄養塩除去を通じて沿岸域の水質環境を調整するサービスを提供している．また，藻場をはじめとする里海における多様な生物群集は，高い二酸化炭素固定能力を通じて気候調整サービスをもたらしている．

2.5.4 文化的サービス

里山や里海は，日本の社会に文化的に組み込まれている．里山・里海の管理に取り入れられてきた伝統的知識や地域に密着した伝統的な慣習・風俗などは，その地域に特色ある伝統的な文化や郷土愛を形成し，観光や自然散策，レクリエーションなどの貴重な文化的サービスをもたらしている．里山・里海は，その土地に密接に関係した場所であるがゆえに地域の文化，風俗，慣習に影響を与え（Box 2.2 参照），それが連なりあって日本文化の底流をなしてきた（只木，2008）．また，近年では環境教育やエコツーリズム，市民参加型の里山・里海の維持管理活動なども行われている（宮崎，1997；日本自然保護協会，2002）．それらの里山・里海からもたらされる文化的サービスや農産物・水産物を活用したレストランや通信販売など，新たな産業の創出にもつながっている（三島，2005；アミタ持続可能経済研究所，2006；敷田，2008；玉村，2008）．

2.6 評価の枠組み

2.6.1 概念的枠組み

JSSAは，MAの概念的枠組み（図1.1参照）をその評価の基盤として用いた．MAでは，人間と生

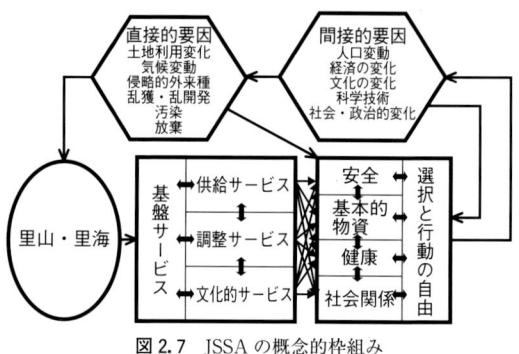

図 2.7 JSSAの概念的枠組み

態系の要素との間には動的な相互作用があり，人間の状態を変えることが直接的・間接的に生態系に変化をもたらし，その生態系の変化がひるがえって人間の福利に変化を引き起こすという仮説に従って枠組みが構成されている．

JSSAでは，日本の里山・里海の評価に適用しやすいようにMAの概念枠組みにいくつもの修正を加えた．そのなかには，里山・里海ランドスケープをMAの概念的枠組みのなかに組み込んだことが含まれる（図2.7）．こうすることで，人間活動に起因する間接・直接的要因によって里山・里海が変化し，その変化は生態系サービスの変化となって人間の福利の構成要素に影響を与え，それがひるがえってライフスタイルなどの変化として間接的要因にフィードバックするという構造を描きだすことができる．すなわち，里山・里海の変化がさまざまな生態系サービスにどのような変化を及ぼしてきたのかを，明示的に扱うことができるようにしたのである．

生物多様性と里山・里山は，密接に関係する概念である．生物多様性とは，あらゆる種類の源における生命体の多様さのことであり，陸域，海域，その他の水域の生態系タイプや生態系複合を含む．そこには同一種内の多様性，種の多様性，生態系の多様性が含まれる．多様性は生態系の構造的な特性であり，生態系の多様さは生物多様性の一要素である．生物多様性が豊かであることで多様な生態系サービスが期待できる．また，人間の側から見た生態系サービスとしての重要性だけでなく，多様な種が生きているということはそれ自体固有の価値がある（MA，2003）．

BOX 2.2

水田をめぐる人びとのいとなみ

　里山・里海は文化において重要な意味をもっていた．そもそも，日本語の「文化」は英語の"culture"の訳であり，これは"cultivate"（耕す）から派生している．「耕す」行為，すなわち自然へのかかわりや働きかけを通じて生み出された里山・里海と，そのなかでの人々のいとなみのすべてが，里山・里海の文化といえる．里山・里海の文化において最もなじみがあるものに，水田およびそれをめぐる人びととのかかわりがある（図A）．里という字は「田」と「土」からなっているが，「田」は，日本人の名字で最も多く使われている文字である（静岡大学人文学部城岡研究室「日本の姓の全国順位データベース」）．

　水田では私たちの主食である米づくりが行われる．米づくりには田植え，草刈り，稲刈り，そして農業用水の管理などさまざまな作業があり，そのために周囲の人びとと助けあい，協力していく組織として，「結」や「講」などがつくられた．また，そこで生産されるのは「米」だけではなかった．「米ぬか」は肥料や漬物に，「稲わら」は屋根や縄，わらじなどのさまざまな生活必需品に用いられた．さらに，米づくりによってもたらされた水田の水環境は多くの生き物の生息・生育の場となり，周辺の森林環境とあわせて，トキやコウノトリの生息をも支えていた．水田では，その肥沃な土壌に加え，冬でも暖かな浅い水条件にも恵まれ，フナやドジョウ，タニシ，そして田畔には春の七草など，豊かな生物多様性がもたらされ，その恵みは日々の食卓にものぼった．

（中央上「房総半島北部の自然豊かな谷津田の風景．かつて生息していたトキ」，右から「私たちの主食であるご飯」「実り豊かな稲穂」「わら細工」「春の七草の寄植え」「香取神宮御田植祭（小林稔撮影）」「ため池にまつわる水神様（弁才天）とカワセミのイラスト（ケビン・ショート画）」「泉に祀られた水神」）

図A　豊かな水田環境とそれをめぐる人びとのかかわり

水田には，豊穣を祈願し，収穫を感謝して「田の神」が祀られた．「田の神」とは，春に山から里に下りてきて，田畑にさまざまな恵みをもたらす神である．秋の収穫が終わると山に戻り「山の神」になると考えられ，米づくりの作業に沿って，いろいろな祭りや行事が行われた．また，水田の米づくりに欠かせない水も，「水の神」への信仰と密接に結びつき，水の恵みへの感謝だけではなく，水源の保全や水害の回避を願い祀られた．

　このように，里山・里海において人びとは，長い歴史に培われた自然と調和した生業を通じ，祭りや行事を日々の暮らしに包含した生活をいとなんできた．そこには，自然への畏敬とともに自然から学び，生活に生かす知恵が生まれた．また，地域資源の持続的な利用のためにさまざまな共同のしくみもつくられた．さらには，生産のための多様なモザイク環境の土地利用は，豊かな生物多様性の保全にもつながっていた．このような里山・里海の文化からの学びは，私たちの社会が持続可能な将来であるためにも重要である．

執筆：本田裕子（千葉県生物多様性センター）・中村俊彦（千葉県立中央博物館・生物多様性センター）

2.6.2　現状と傾向

　本書で分析対象とした里山・里海の生態系サービスの体系を表2.3にまとめた（第3章参照）．この表は，6つのクラスターレポートにおいて分析対象となった生態系サービスを統合した網羅的な生態系サービスの体系（巻末の付表1）に基づき，国全体での現状と傾向の評価という観点から絞り込んで作成したものである．

　生態系サービスの状態は，それぞれのサービスの種類によって異なる方法で評価することになるが，フルに評価する場合にはストック，フロー，レジリアンス（回復力）を考慮する必要がある（MA, 2005）．このうち，MAでは最終的に生態系サービスの現状と傾向の評価にあたって，フローにあたる「人間による利用」とストックならびにレジリアンスの状態を評価するための「向上・劣化」という2つの評価項目が採用されている（p.28 表2.4）．人間の継続的な手入れによって維持されてきた里山・里海では，持続的な利用（フロー）が可能であるようにフローとストックのバランスが巧みに維持されてきた．一方で，近年はおもに人間の側の利用の低下によってこのフローとストックのバランスが崩れ，それに伴う問題が日本各地で顕在化している．そこで，表2.3に示した生態系サービスの小項目単位のすべてに対応した完全なデータセットは存在しないことから，代替指標の活用を含めて評価に使えるデータの利用可能性を鑑みて個々の生態系サービスの評価を行った．

　クラスターレポート作成を含めたJSSAの評価プロセス全体における議論を踏まえ，生態系および生態系サービスの変化の直接的要因を表2.5 (p.28)にまとめた．MAにおいて，「要因」（driver）とは生態系のある側面を変化させる因子のことである（MA, 2005）．「直接的要因」とは，生態系プロセスに明らかに影響を与え，その特定と計測が可能なもののことである．「間接的要因」は直接的要因より拡散的に作用し，多くの場合1つかそれ以上の直接的要因を変化させる．間接的要因の影響は，それが直接的要因に及ぼす効果を把握してはじめてわかる．間接的要因と直接的要因の両方は，しばしば相乗的に作用する．たとえば，土地被覆の変化は外来種の導入の可能性を高める．

　表2.3の生態系サービスの体系と同様，直接的要因の抽出にあたっては，6つのクラスターレポートにおいて指摘されている直接的要因を網羅的に集め，そのうえで国全体の変化の傾向を把握するうえでの共通性と重要性を考慮して判断した．MA (2005) でも指摘されているとおり，相互に作用しあっている複数の要因が生態系サービスの変化をもたらしているのであり，各要因を厳密に区別して個々の効果を判定するのは容易ではない．

2.6.3　シナリオ分析

　MAでは，シナリオ分析は未来において生態系がとりうる多様な変化の方向性や可能性，それに対する対応策について議論，検討するために用いられた．

表 2.3 JSSA で取り上げる里山・里海の生態系サービスの分類体系と指標

大区分	中項目	小項目	指　　標
供給サービス	食　料	水田・米	収穫量，耕地面積，10 a あたり収量
		畜産・肉や生乳など	なし
		山林・マツタケ	生産量
		海面漁業・水産物	漁獲量
		海面養殖・養殖	漁獲量
	繊　維	素材（木材）	林業生産指数，立木蓄積量
		薪炭	林業生産指数
		蚕の繭	収繭量，桑の栽培面積
調整サービス	大気浄化		NO_x，SO_x 濃度，飛来量（黄砂，内分泌攪乱物質）
	気候制御		気温変動，雨量変動
	水制御	洪水抑制	水田の面積，ため池数
	水質浄化		森林面積，化学肥料・農薬使用量，下水処理普及率
	土壌侵食制御	農地・林地	耕作放棄地面積，林相変化
		海岸（砂防）	土砂供給量
	病害虫制御，花粉媒介		農薬使用量，耕作放棄地面積，林相変化
文化的サービス	精　神	宗教（社寺仏閣，儀式）	社寺数，社寺林面積
		祭り	祭りの種類数，盆花の利用
	審　美	景観（景色・町並み）	里山 100 選の登録数
	レクリエーション	教育（環境教育・野外観察会・野外遊び）	参加者，里山 NGO 数，活動面積，子どもの野外遊び時間
		遊魚，潮干狩り，山菜取り，ハンティング	参加者数（レジャー白書），施設数
		登山・観光・グリーンツーリズム	参加者数（レジャー白書），施設数
	芸　術	伝統工芸品	従事者数，生産量，平均年齢（後継者の育成）
		現代芸能	従事者数，生産量，平均年齢（後継者の育成）
基盤サービス		土壌形成	土地被覆，植被，農地
		光合成	一次生産，炭素貯蔵
		栄養塩循環	富（貧）栄養化
		水循環	河川構造物の増減，人工海浜の増減

シナリオはもっともらしい代替の未来であり，そこではある特定の仮説のもとでなにが起きうるかが示される．したがって，シナリオ分析は，複雑で不確実な未来について創造的に考察するためのシステマティックな方法として用いられることが多い．シナリオや要因選択などの検討の過程で将来における生態系管理や対応策の選択をどうすべきかを理解し，現時点で重点的に保全すべき生態系やすぐに実施すべき施策などの具体的な検討や議論をおし進めることができる（MA, 2003）．本書の第 6 章では，MA でのシナリオ分析の方法や構造を踏まえつつ，2050 年における里山・里海を対象としてその変化要因となる直接・間接的要因と自然や生態系サービスに対する人びとの態度や対処のあり方の観点から，4 種類のシナリオを構築した．そして，シナリオのストーリーラインの記述を行い，そのうえでシナリオごとに生態系と生態系サービスの変化とそれに伴う将来の課題について分析した．

表 2.4 傾向変化の評価項目

評価項目	本書における定義・解説
(1) 人の利用	人による生態系サービスの利用（フロー）の過去 50 年間の傾向 ・供給サービスの場合，人間による当該サービスの消費が増えると（たとえば，より多くの食料消費），「人間の利用」が増えたことになる． ・調整サービスと文化的サービスの場合，当該サービスによって影響される人の数が増えると，「人間の利用」が増えたことになる．
(2) 向上・劣化	生態系サービスのストックとレジリアンスの過去 50 年間の傾向 ・供給サービスの場合，「向上」(enhancement) とは，当該サービスが得られる面積が変化したり（たとえば，農業の拡大），単位面積あたりの生産収量が増加したりして，サービスの生産増を意味する．たとえば，人工林におけるバイオマス蓄積量（ストック）の増加は，利用可能な木材収量が増えることを意味するので，「向上」と位置づけられる．一方，現状での利用が持続可能なレベルを超えている場合，サービス生産が「劣化」したと判断する． ・調整サービスと基盤サービスの場合，「向上」とは当該サービスの変化が多くの人びとにより大きな便益をもたらすことを意味する．調整サービスと基盤サービスの「劣化」とは，当該サービスが変化するか（たとえば，マングローブが縮小すると生態系による洪水防御という便益が低下する），もしくは当該サービスへの人間の圧力がリミットを超える（たとえば，生態系による水質維持能力を超える過度な水質汚濁）ことによって，サービスからの便益が減じてしまうことを意味する． ・文化的サービスの場合，「劣化」とは，生態系によってもたらされる文化的（レクリエーション，審美的，精神的など）便益が損なわれるような生態系特性の変化を意味する．

表 2.5 生態系サービスに変化をもたらした直接的要因

直接的要因		概 要
土地利用変化	都市化（スプロール化）・開発	宅地造成，市街地整備，臨海地域開発など都市的な土地利用の拡大・スプロール化
	モザイク喪失	拡大造林，圃場整備，ゴルフ場開発，港湾・海浜整備などによる里山・里海におけるモザイク的な土地利用の喪失
利用低減（遷移を含む）		耕作放棄農地，管理（手入れ）されない人工林・二次林・竹林の拡大など
乱 獲		持続可能な水準を超えた農林水産物生産（漁獲を含む）
地域・地球温暖化		気候変動による気温と海面の上昇．農林水産物の生産適地や野生生物の生息適地の変化．ヒートアイランド現象を含む
外来種・野生動物の増加		アライグマ，ハクビシン，ヌートリアなどの外来種の増加．シカ，イノシシ，カワウなどの野生動物の増加
汚 染		農薬，生活排水，工業廃水による水質汚濁，大気汚染，化学物質による土壌汚染など

2.6.4 経済評価

現状では，生態系サービスのすべてを対象としたマーケット（市場）は存在しない．また，生態系サービスを部分的に対象としたマーケットがあったとしてもそれは不完全であり（すなわち，こうしたマーケットでの経済活動の影響は外部市場的であるなど），それが社会的ないし生態学的に望ましいとは限らない．たとえば，エコツーリズムの機会を創出することは，その地域の生態系サービス（文化的サービス）を維持するための強力な経済的インセンティブになりうるが，その一方で補完的な農業政策も実施されないと，エコツーリズムが自らよって立

つところの生態系を劣化させかねない．このようなトレードオフ関係もある一方で，里山・里海の生態系を破壊する開発（オーバーユース）や管理停止・放置（アンダーユース）の多くは，その生態系サービスが材や食料のグローバルな自由市場のなかで競争力を失い，経済的価値を失ったために生じたということは否定できない．

そこでJSSAでは，生態系サービスの経済的価値の変化について分析・考察を行う（第4章）．ここでの生態系サービスの経済評価の目的は大きく3つあげられる．1つは現状の把握であり，もう1つは潜在的な価値の導出であり，最後に施策の履行可能性について検討を行うことである．

2.6.5 対応

MAでは，生態系とそれが提供する生態系サービスの保全，再生，持続的な使用を図るための広範な対応オプションについてその適用と有効性について評価している．MAの概念的枠組みに示されているように，異なるタイプの対応を講じることで間接的要因から直接的要因への関係，直接的要因から生態系への影響，そして人間の側の生態系サービスへの要求，人々の暮らしの変化が間接的要因にもたらす変化に影響を与えることができる（MA，2005）．これらの対応を遂行するためのメカニズムには，法律，規制，実施スキーム，パートナーシップと協働，情報と知識の共有，公と民の行動などが含まれる．

JSSAでは，日本での里山・里海に関連する近年の対応について総括するとともに，その影響と効果について評価した（第5章）．そのうえで，里山・里海の生態系サービスを劣化させることなく，持続的に管理するには今後どのように対処すればよいかを検討するとともに，第6章では将来シナリオを踏まえて実行可能な対応とそれらを導入するために留意すべき点や問題点について論じる．

2.7 生態系サービスおよび人間の福利をめぐるインターリンケージ

2.7.1 インターリンケージの概念とアプローチ

インターリンケージ（相互連関）という概念は，気候変動とオゾン層，生物多様性（吸収源関連），自由貿易の各レジームとの相互連関のように政策間の関係を分析する概念として，地球環境問題のようなグローバルで複雑な問題の政策研究において主として使われてきた（石井，2006）．ただし，インターリンケージを指す言葉にはinterlinkageだけでなく，interaction, interplay, interconnectionなどさまざまな類義語が明確に区別されないまま使われてきたこと，もともと概念的に幅広い意味をもち，かつ概念の用い方とコンテクストも多様であることから共通の定義や分析枠組みの設定が難しい．現状では，インターリンケージといった場合どのインターリンケージを対象とするかの共通理解はなく，それぞれの研究領域によって異なるし分析アプローチも自ずと異なる．

一般に，インターリンケージの分析対象には政策やレジームだけでなく，人間社会と環境，生態系との間のインパクトレベルでのインターリンケージ，社会システム内の成員・アクター間のインターリンケージ，環境や生態系のシステム構成要素内のインターリンケージなどが含まれる．本節では，生態系および生態系サービスと人間の福利との間のインターリンケージに焦点を当てた場合のこれまでの定義，分析手法をレビューする．

1998年に出版された*Protecting our Planet and Securing our Future*（Watson et al., 1998）というレポートでは，インターリンケージは気候変動，生物多様性の減少，砂漠化などの異なる環境問題間における相互関係を示すとされた．これを踏まえるかたちで，国連環境計画（UNEP）による*Global Environmental Outlook 4*では地球システムの生物物理的な構成要素，環境変化，人間社会が直面する課題，課題に対応するための統治レジーム，それぞれの中と間におけるインターリンケージの評価が試みられた（UNEP，2007）．

一方，国連大学（UNU）の研究では生態系にかかわるインターリンケージについて「生態系のシステム内とシステム間の相互作用，そして人間の制度と生態系の相互関係」と定義されている（Malabed et al., 2002）．また，DuraiappahはIftikhar et al. (2007) のなかで生態系サービスに関するインターリンケージを本格的に扱い，「インターリンケージを環境問題間の相互関係だけでなく，①生態系サービス間の相違関係とともに，②健康，所得，安全といった人間の福利の構成要素の間の相互連結，③生

表 2.6　生態系サービス間のトレードオフとシナジー

		生態系サービス A	
		改善（向上）	劣　化
生態系サービス B	改善（向上）	ウィン・ウィンのシナジー（コベネフィット）	トレードオフ
	劣　化	トレードオフ	ルーズ・ルーズのシナジー（負のフィードバック）

態系サービスと人間の福利の構成要素との間の相互連結」として定義している．また同時に，これら3つのレベルのインターリンケージに密接に関係して，生態系サービスと人間の福利との間のトレードオフとシナジーには次の4つの次元があると指摘されている（Iftikhar et al., 2007）．
1) 生態系サービス間のトレードオフとシナジー
2) 現在と将来との間のトレードオフとシナジー
3) 利害関係者間のトレードオフとシナジー
4) 空間領域（境界）をめぐるトレードオフとシナジー

インターリンケージには，関連する要素の双方が連動して同時に高まる（低下する）ような正比例関係や相乗効果（シナジー）だけでなく，関連する要素の片方が高まると他の要素が低下するような反比例関係（トレードオフ関係）がある．このトレードオフとシナジーという視点から，異なる生態系サービス間のインターリンケージを模式的に示すと**表2.6**のようになる．

2.7.2　インターリンケージ分析の枠組みと指標

本書では，MA の概念的枠組みとこれまでの生態系サービスと人間の福利に関するインターリンケージ分析での概念規定を踏まえて，図2.8のような評価の枠組みを開発した．

MA（2005）では，生態系サービスと人間の福利のインターリンケージは，社会経済要因による媒介可能性と関係性の強度という2つの基準で評価されている．両者は，生態系や地域の違いに応じて異なる．また，媒介可能性について MA（2005）では，たとえばある劣化した生態系サービスの代わりとなる代替物を購入することができるなら，それは社会経済要因による媒介可能性が高いことになるとされている．

このほか，前節で指摘したようにインターリンケージのタイプには，トレードオフとシナジーがあることから，評価にあたってはこの分類も考慮する必要がある．さらに，Iftikhar et al.（2007）が指摘したようにトレードオフとシナジーの異なる次元（時間，空間，利害関係者）も考慮してインターリンケージを分類し，評価することが望ましい．

2.7.3　主要なインターリンケージ

MA の概念的枠組みおよびインターリンケージに関する先行研究（Iftikhar et al., 2007）を踏まえ，ここでは①生態系サービス間でのインターリンケージ，②生態系サービスと人間の福利との間におけるインターリンケージ，③時間的・空間的なスケール間でのインターリンケージ，そして④対応間でのインターリンケージという4つのタイプのインターリンケージを示した（**図2.8**，**表2.7**）．

各生態系サービスは単独で成立するわけではなく，それぞれが相互に作用しつつ地域の環境，資源，時代，社会の状況に即して存立している．たとえば，木材供給の最大化を図るには地域の森林のすべてを人工林にしてしまうという考え方もあるが，その場合には他の供給サービス，調整サービス，文化的サービス，基盤サービスは何らかの影響を受ける．このような生態系サービス間でのトレードオフを調整する手法としては，多様なニーズに対する土地利用の空間最適化を扱う systematic conservation planning と呼ばれる研究アプローチがあり，保護区の設定などに適用されている（Margules and Pressey, 2000）．

また，MA の概念的枠組みでは人間の福利は「安全」，「健全な生活に必要な基本的な物資」，「健康」，「社会関係」という4つの要素から構成され，「選択と行動の自由」はこれら構成要素の4つのカテゴリーの一体的な部分として位置づけられている（図2.8）．里山・里海の生態系サービスと人間の福利と

図 2.8　評価対象のインターリンケージの概念図

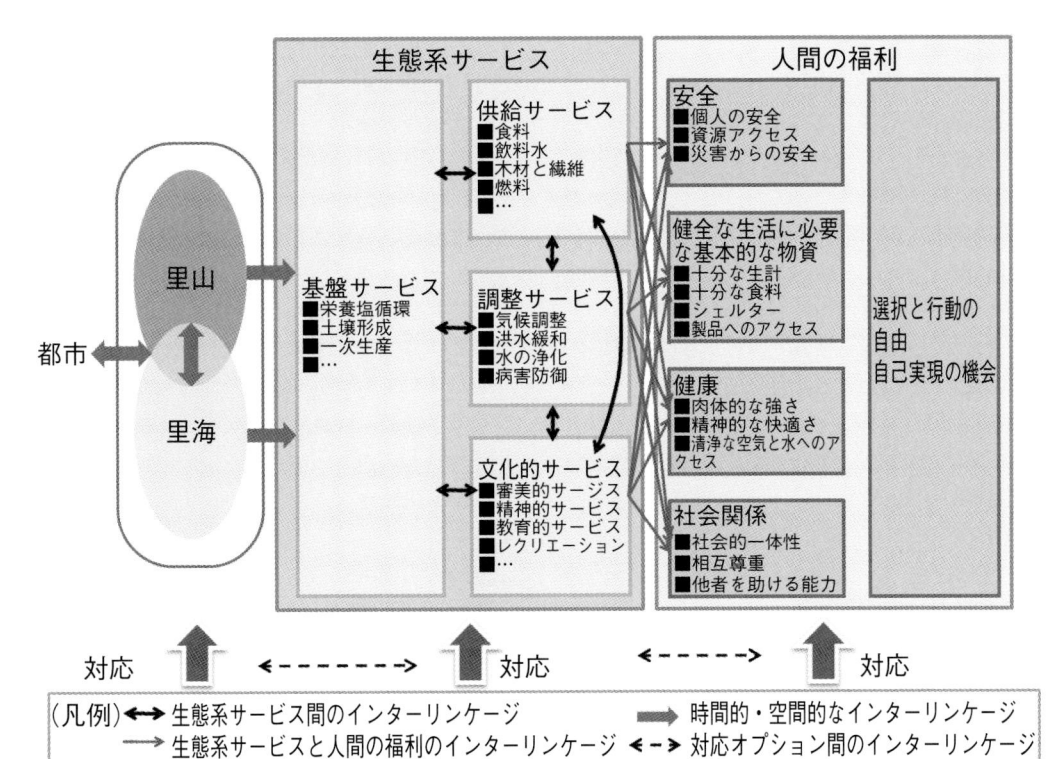

表 2.7　里山・里海におけるおもなインターリンケージ

分類	おもなインターリンケージ	記述した章・節
里山・里海の生態系サービス間におけるインターリンケージ	・里山・里海の供給サービスの過利用による他の生態系サービスの劣化 ・里山・里海の供給サービスの利用低下に伴う他の生態系サービスの劣化と向上	第4章 4.2.1
里山・里海の生態系サービスと人間の福利をつなぐインターリンケージ	・里山・里海における農林水産業による食料供給サービスの向上による人間の福利向上 ・燃料革命，肥料革命による人間の福利向上に伴う里山の生態系サービス劣化 ・沿岸域の埋め立てなど開発による人間の福利向上に伴う里海の基盤サービスの劣化	第4章 4.4
里山・里海における時間的・空間的なスケール間でのインターリンケージ	・里山・里海のおける過去の収奪型供給サービスの利用による現在の生態系サービスの劣化 ・上流の里山における農地の供給サービス向上のための肥料過利用に伴う下流の里海生態系の生態系サービス劣化 ・都市地域への人口集中による，過疎地域における里山・里海の基盤サービス劣化	第4章 4.2.2
里山・里海における対応間のインターリンケージ	・農村・農業政策と森林・林業政策 ・食料安全保障と農産物および水産物の生産管理政策 ・自然環境保全政策と資源循環政策（バイオマス利用促進政策など）	第5章

の関係は，時代に応じて大きく変化してきたほか，その変化のパターンや度合いは地域によって異なる．また，里山と里海はそれぞれ別々のシステムではなく，流域圏という（メソ）スケールで見ると相互関連した複合システムである．そこで，表2.7では時間的・空間的のスケール間でのインターリンケージをあげた．さらに，生態系サービスとその間接・直接的要因に対してはさまざまな対応が国，自治体，企業，市民らによって講じられてきた．対応の評価の詳細については第5章で記述するが，ここでは対応間のインターリンケージも表2.7にあげた．各インターリンケージの詳細は第4章，第5章を参照されたい．

2.8　まとめ

（1）　里山・里海の定義

JSSAにおける里山・里海の評価にあたり，里山・里海ランドスケープを「動的な空間モザイクであり，人間の福利に資するさまざまな生態系サービスをもたらす管理された社会・生態学的システム」と定義した．

（2）　里山・里海へのMAの概念的枠組みの適用と枠組みの修正

JSSAでは，日本の里山・里海の評価に適用しやすいようにMAの概念的枠組みに修正を加え，里山・里海ランドスケープをMAの概念的枠組みのなかに組み込んだ（図2.7）．こうすることで，人間活動に起因する間接・直接的要因によって里山・里海が変化し，その変化は生態系サービスの変化となって人間の福利の構成要素に影響を与え，それがひるがえってライフスタイルなどの変化として間接的要因にフィードバックするという構造を明示的に扱うことができるようにした．

（3）　里山・里海の生態系サービスの体系化

6つのクラスターレポートにおいて分析対象となった生態系サービスを統合した網羅的な生態系サービスの体系（巻末の付表1）に基づき，国全体での現状と傾向の評価という観点からJSSAで評価対象とする里山・里海の生態系サービスを特定した（表2.3）．

（4）　里山・里海が有する生態系サービスと人間の福利をめぐるインターリンケージの概念的枠組みの提示

里山・里海が有する生態系サービスと人間の福利に関して，下記の4つのタイプのインターリンケージの類型化と分析にあたっての概念的枠組みを明らかにした（図2.8，表2.7）．

1）　生態系サービス間でのインターリンケージ
2）　生態系サービスと人間の福利との間におけるインターリンケージ
3）　時間的・空間的なスケール間でのインターリンケージ
4）　対応間でのインターリンケージ

引用文献

- アミタ持続可能経済研究所（2006）：自然産業の世紀，211 pp., 創森社．
- 石井敦（2006）：生物多様性保全と気候変動対策の相互連関─国際制度と国内政策を比較・評価する．環境経済・政策学会年報，**11**：227-243．
- 石井実（2005）：里やま自然の成り立ち．日本自然保護協会編，生態学からみた里やまの自然と保護, pp.1-6, 講談社．
- 犬井正（2002）：里山と人の履歴，361 pp., 新思索社．
- 井上和衛・中村攻・山崎光博（1996）：日本型グリーンツーリズム，252 pp., 都市文化社．
- 植田明浩（2002）：里地里山の全国分布と特性について．ランドスケープ研究，**65**(3)：268-269．
- 大住克博・深町加津枝（2001）：里山を考えるためのメモ．林業技術，No.707：12-15．
- 奥富清（1998）：二次林の自然保護．自然保護ハンドブック．沼田眞編, pp.392-417, 朝倉書店．
- 環境省自然環境局（2001）：日本の里地里山の調査・分析について（中間報告）．http://www.env.go.jp/nature/satoyama/chukan.html
- 環境省自然環境局自然環境計画課（2004）：里地里山パンフレット─古くて新しいいちばん近くにある自然─．http://www.env.go.jp/nature/satoyama/pamph/all.pdf
- 環境省自然保護局・海中公園センター（1994）：第四回自然環境保全基礎調査　海域生物環境調査報告書（干潟・藻場・サンゴ礁調査），第1巻干潟，環境庁自然保護局．http://www.biodic.go.jp/reports/4-11/q00a.html
- 環境省自然保護局・海中公園センター（1994）：第四回自然環境保全基礎調査　海域生物環境調査報告書（干潟・藻場・サンゴ礁調査），第2巻藻場，環境庁自然保護局．http://www.biodic.go.jp/reports/4-12/r00a.html
- 環境省・日本サンゴ礁学会（2004）：日本のサンゴ礁，375 pp., 自然環境研究センター．
- 環境庁（1980）：第2回自然環境保全基礎調査海域調査報

- 告書海岸調査，干潟・藻場・サンゴ礁分布調査，海域環境調査（全国版），東洋航空事業．http://www.biodic.go.jp/reports/2-08/2-08-09.pdf
- 桐谷圭治編（2009）：田んぼの生き物全種リスト，農と自然研究所，生物多様性農業支援センター，環境稲作研究会，むさしの里山研究会，民間稲作研究所．
- 黒田迪夫（1990）：佐賀藩の林野制度．佐賀県林業史編さん委員会編，佐賀県林業史，1204 pp.，佐賀県．
- 齊藤修（2003）：雑木林保全活動フィールドの地域スケールでの分布特性．第12回地理情報システム学会学術研究発表大会講演要旨集：291-294．
- 齊藤修（2005）：里やまふれあい活動の特徴．日本自然保護協会編．生態学からみた里やまの自然と保護，pp.195-201，講談社．
- 齋藤雪彦（1998）：グリーンツーリズムの趨勢に関する研究．ランドスケープ研究，61：759-762．
- 敷田麻実編著・森重昌之・高木晴光・宮本英樹著（2008）：地域からのエコツーリズム：観光・交流による持続可能な地域づくり，205 pp.，学芸出版社．
- 四手井綱英（1974）：もりやはやし，206 pp.，中央公論新社．
- 柴田英昭・戸田浩人・福島慶太郎・谷尾陽一・高橋輝昌・吉田俊也（2009）：日本における森林生態系の物質循環と森林施業との関わり．日本森林学会誌，91：408-420．
- 高橋在久（1982）：東京湾水土記，280 pp.，未来社．
- 高橋覚（1994）：近世における江戸内湾の漁職制限について．千葉歴史学会編，千葉史学叢書3：近世房総の社会と文化，高科書店．
- 武内和彦（2001）：二次的自然としての里地・里山．武内和彦・鷲谷いづみ・恒川篤史，里山の環境学，pp.1-9，東京大学出版会．
- 只木良也（2008）：里山―その過去・現在・未来．環境情報科学，37（4）：6-10．
- 谷山鉄郎（1991）：恐るべきゴルフ場汚染，205 pp.，合同出版．
- 玉村豊男（2008）：里山ビジネス，185 pp.，集英社．
- 田端英雄編著（1997）：里山の自然，199 pp.，保育社．
- 恒川篤史（2001）：里山の変遷と現状．武内和彦・鷲谷いづみ・恒川篤史，里山の環境学，pp.39-50，東京大学出版会．
- 所三男（1980）：近世林業史の研究，887 pp.，吉川弘文館．
- 中村俊彦（2003）：海と人のかかわりの回復と今後の展望―江戸の里うみへ Back to the future―．月刊海洋，35（7）：483-487．
- 中村俊彦（2006 a）：里やま・里うみの景相生態学と構築環境デザイン．建築雑誌，121（1549）：24-27．
- 中村俊彦（2006 b）：里山海の生態系と日本の Sustainability．応用科学学会誌，20（1）：11-16．
- 日本自然保護協会（2002）：里やまにおける自然とのふれあい活動―人とのふれあいの観点からの里地自然の保全方策調査報告書，315 pp.，日本自然保護協会．
- 日本の里山・里海評価―関東中部クラスター（2010）：里山・里海：日本の社会生態学的ランドスケープ―関東中部の経験と教訓―，国際連合大学．http://www.ias.unu.edu/sub_page.aspx?catID=111&ddlID=1485
- 日本の里山・里海評価―西日本クラスター瀬戸内海グループ（2010）：里山・里海：日本の社会生態学的ランドスケープ―瀬戸内海の経験と教訓―，国際連合大学．http://www.ias.unu.edu/sub_page.aspx?catID=111&ddlID=1485
- 日本の里山・里海評価―北信越クラスター（2010）：里山・里海：日本の社会生態学的ランドスケープ―北信越の経験と教訓―，国際連合大学．http://www.ias.unu.edu/sub_page.aspx?catID=111&ddlID=1485
- 広木詔三編（2002）：里山の生態学―その成り立ちと保全のあり方，名古屋大学出版会，333 pp.
- 三島徳三（2005）：地産地消と循環的農業，221 pp.，コモンズ．
- 宮崎猛（1997）：グリーンツーリズムのすすめ．グリーンツーリズムと日本の農村―環境保全による村づくり．宮崎猛編，pp.11-25，農林統計協会．
- ミュージアムパーク茨城県自然博物館（2001）：人と自然のコミュニティスペース「里山」，35 pp.，ミュージアムパーク茨城県自然博物館．
- 宗田好史（1997）：ヨーロッパのグリーンツーリズム．グリーンツーリズムと日本の農村―環境保全による村づくり．宮崎猛編，pp.67-87，農林統計協会．
- 守山弘（1988）：自然を守るとはどういうことか，260 pp.，農山漁村文化協会．
- 柳哲雄（1998）：瀬戸内海の自然と環境，244 pp. 瀬戸内海環境保全協会．
- 柳哲雄（2005）：瀬戸内海-里海学入門，69 pp. 瀬戸内海環境保全協会．
- 養父志乃夫（2009）：里地里山文化論　上　循環型社会の基層と形成，215 pp.，農山漁村文化協会．
- 山口隆治（2003）：加賀藩林野制度の研究，500 pp.，法政大学出版局．
- 山田國廣（1989）：ゴルフ場亡国論，242 pp.，藤原書店．
- 林野庁（1978）：里山地域開発保全計画調査報告書（総括），290 pp.，林野庁．
- 鷲谷いづみ（1999）：生物保全の生態学，182 pp.，共立出版．
- 鷲谷いづみ（2001）：保全生態学からみた里地自然．武内和彦・鷲谷いづみ・恒川篤史，里山の環境学，pp.9-18，東京大学出版会．
- Global Biodiversity Outlook Three (2009): First Draft.
- Iflikhar, U. A., Kallesoe, M., Duraiappah, A., Sriskanthan, G., Poats, S. V. and Swallow B. (2007): *Exploring the interlinkages among and between Compensation and Rewards for Ecosystem Services (CRES) and human well-being: CES Scoping Study Issue Paper no. 1. ICRAF Working Paper no. 36*, World Agroforestry Centre.
- Malabed, J., Velasquez, J., and Shende, R. eds. (2002): *Interlinkages between the Ozone and Climate Change Conventions: Part 1—Interlinkages between the Montreal and Kyoto Protocols*, 28 pp., United Nations University, United Nations Environment Programme/Division of Technology, Industry and Economics, Massachusetts Institute of

- Technology Global Accords Program or the Alliance for Global Sustainability/Value of Knowledge Project.
- Margules, C. R. & Pressey, R. L. (2000)：Systematic conservation planning. *Nature*, **405**：243-253.
- Millennium Ecosystem Assessment (MA) (2003)：*Ecosystem and Human Well-being—A Framework for Assessment*, Island Press.
- Millennium Ecosystem Assessment (MA) (2005)：*Ecosystem and Human Well-being—Summary for Decision Makers*, Island Press.
- UNEP (2007)：*Global Environment Outlook 4*, 540 pp.
- Walker, B., Carpenter, S., Anderies, J., Abel, N., Cumming, G., Janssen, M., Lebel, L., Norberg, J., Peterson, G. D., and Pritchard, R. (2002)：Resilience management in social-ecological systems：a working hypothesis for a participatory approach. *Conservation Ecology*, **6**(1)：14. [online]
URL：http://www.consecol.org/vol6/iss1/art14
- Watson, R. T., Dixon, J. A., Hamburg, S. P., Janetos, A. C. and Moss, R. H. (1998)：*Protecting Our Planet, Securing Our Future-Linkages Among Global Environmental Issues and Human Needs*, 95 pp., United Nations Environmental Programme, U. S. National Aeronautics and Space Administration, The World Bank.
- Wilkinson, A., Elahi, S., and Eidinow, E. (2003)：Riskworld scenarios, *Journal of Risk Research*, **6** (4-6)：297-234.
- Yanagi, T. (2007)：*Sato-Umi：A new concept for coastal sea management*. 86 pp., TERRAPUB.

調整役代表執筆者：齊藤修，柴田英昭
代表執筆者：市川薫，中村俊彦，本田裕子
協力執筆者：森本淳子

3
里山・里海の現状と変化の要因は何か？

3.1　はじめに

本章では，第2章で列挙した里山・里海に関係する変化要因，変化要因と生態系サービスとの関係を論じる．第2章で述べたように，変化の直接的要因にモザイク構造の変化と利用低減（underuse）を加えた．直接的要因については定量的データが不十分なため，単に「あり，なし（不明）」として評価した．

第2章で述べたように，日本の里山・里海地域においては生態系サービスの供給は実のところ減っていないものの，利用されなくなっているものが多々ある．たとえば，立木蓄積量は増加しているが，実際の木材利用量は減っている．そのため，こうした供給と利用との間で生じうる対立を捉えられるよう，供給の向上・劣化という評価項目に加えて利用の増減についても表3.1に明記する．

総じて，日本の里山・里海の生態系サービスの供給は急激に減少しつつある．その主たる理由は，他の多くの国々で見られるような乱獲や過剰利用というよりは利用低減のためである．こうした利用低減を引き起こす理由としては，グローバル化や人口変化などの多くの間接的要因が考えられる．木材などのように，人間による利用が低減しても生態系サービスが維持されているものもあるが，米の生産や多くの文化的サービスなどは顕著に低下してきている．また，里山だけでなくその背後にある奥山の多様性も，シカなどの野生鳥獣の激増により多くの場所で危機に瀕している．たとえば，シカが南アルプスなど高山帯にも進出し，脆弱な高山植生に甚大な影響を与えている．これには，温暖化の影響も指摘されている．気候変動は植生帯自身に影響すると同時に，積雪量の変化によりシカの分布域も拡大させている．

環境汚染は1950年代から1970年代まで深刻な問題だったが，その後はある程度改善されつつある．ただし，富栄養化などの環境基準は多くの場所で達成されず，横ばい状態が続いている．

3.2　間接的要因と直接的要因

本節では，直接的要因との関連に触れながら間接的要因について説明する．間接的要因には人口，経済，社会政策，科学技術，文化および宗教が含まれる．直接的要因は，土地利用変化（開発，モザイク喪失），利用低減（遷移を含む），乱獲，地域・地球温暖化，外来種の増加，汚染である．

3.2.1　経済

第二次世界大戦の後，日本の経済は大きく成長した．それは人口，社会政策，科学技術，文化および宗教に大きな影響を与えた．それらについては後ほど説明するとして，ここでは食料や木材の大量輸入による国内の農林水産業の衰退に触れておく．その代表格がスギ・ヒノキなどの用材であろう．戦後，工業化による木材需要を満たすため，一時大量に植林されたが，結局輸入に押されてしまった（図3.1）．同様な傾向は，農産物，とくに米についても見られる（図3.2）．その結果，放棄された人工林も少なくない．このような農林産物の大量輸入と都

表 3.1 生態系サービスの変化・直接的要因・福利への影響

生態系サービス			人の利用	向上・劣化	指標・基準	直接的要因							福利への影響
						土地利用変化		利用低減（遷移を含む）	乱獲	地域・地球温暖化	外来種・野生動物の増加	汚染	
						都市化(スプロール化)・開発	モザイク喪失						
供給	食料	水田・米	↘	→	収穫量，耕地面積，10 a あたり収量	✓		✓		✓			+／−
		畜産・肉や生乳など	↘	↗	なし								+
		山林・マツタケ	↘	↘	生産量			✓					+／−
		海面漁業・水産物	↘	↘	漁獲量	✓		✓	✓	✓		✓	+／−
		海面養殖・養殖	↗	NA	漁獲量	✓						✓	+
	繊維	素材（木材）	↘	↗	林業生産指数，立木蓄積量	✓		✓			✓		+／−
		薪炭	↘	↘	林業生産指数	✓		✓					+／−
		蚕の繭	↘	↘	収繭量，桑の栽培面積			✓					+／−
調整	大気浄化		↗	+／−	NOₓ, SOₓ 濃度，飛来量（黄砂，内分泌攪乱物質）	✓		✓				✓	+／−
	気候制御		↘	+／−	気温変動，雨量変動	✓		✓		✓			+／−
	水制御	洪水抑制	↗	↘	水田の面積，ため池数	✓	✓	✓					+／−
	水質浄化		↗	+／−	森林面積，化学肥料・農薬使用量，下水処理普及率	✓	✓	✓				✓	+
	土壌侵食制御	農地・林地	↘	↘	耕作放棄地面積，林相変化	✓	✓	✓			✓		+
		海岸（砂防）	↘	↘	土砂供給量	✓		✓					−
	病害虫制御，花粉媒介		↘	↘	農薬使用量，耕作放棄地面積，林相変化		✓						
文化	精神	宗教(社寺仏閣・儀式)	↘	↘	社寺数，社寺林面積								−
		祭	↘	↘	祭りの種類数，盆花の利用	✓							−
	審美	景観（景色・町並み）	↗	↘	里山100選の登録数	✓							−

文化	レクリエーション	教育(環境教育・野外観察会・野外遊び)	↗	↘	参加者,里山NGO数,活動面積,子供の野外遊び時間	✓						+/−
		遊魚・潮干狩り・山菜とり・ハンティング	↗	↘	参加者数(レジャー白書),施設数	✓						−
		登山・観光・グリーンツーリズム	↗	↘	参加者数(レジャー白書),施設数	✓						+
	芸術	伝統芸能(音楽・舞踊・美術・文学・工芸)	↘	NA	従事者数,生産量,平均年齢(後継者の育成)	✓						−
		現代芸能(音楽・舞踊・美術・文学・工芸)	NA	NA	従事者数,生産量,平均年齢(後継者の育成)							NA
基盤		土壌形成			土地被覆,植被,農地							
		光合成			一次生産,炭素貯蔵							
		栄養塩循環			富(貧)栄養化							
		水塩循環			河川構造物の増減,人工海浜の増減							

生態系サービスのトレンド		
データに基づく	データによる裏づけなし	説明
↗	↗	過去50年間,人による生態系サービスの利用は単調増加(人間の利用の列)/生態系サービスが単調向上(向上・劣化の列)
↘	↘	過去50年間,人による生態系サービスの利用は単調減少(人間の利用の列)/生態系サービスが単調劣化(向上・劣化の列)
→	→	過去50年間,人による生態系サービスの利用は一定(人間の利用の列)/生態系サービスの向上・劣化については一定(変化なし)
+/−	+/−	過去50年間,人による生態系サービスの利用は増加と減少を繰り返している/生態系サービスの向上・劣化が繰り返されている;下位項目間で,増減あるいは向上・劣化が異なる
NA	NA	評価不能(データの不足,未検討)

生態系サービスに変化をもたらした直接的要因	
記号	説明
✓	生態系サービスに変化をもたらした直接的要因である
	生態系サービスに変化をもたらした直接的要因ではない/不明

福利への影響	
記号	説明
+	最近のトレンドとして,福利は増加
−	最近のトレンドとして,福利は減少
+/−	増加・減少のどちらも含む(年齢層や地域により受け止め方が異なる)

BOX 3.1

綾周辺の50年間の生態系サービスの変化

　宮崎県 東 諸県郡綾 町 周辺（山間部から大淀川を経て河口域まで）の過去50年間の生態系サービスの変化とその要因について検討した．検討にあたっては綾の50年間の変化を把握するために必要な生物多様性（自然林と人工林），供給サービス（木材，木炭，農業生産，アユの漁獲量），調整サービス（河川流量，治山事業費，河川水の汚濁，河口域の境界変化），文化的サービス（観光，綾町での各種取り組み，エコツーリズム，綾の照葉樹林プロジェクト）に注目した．また，要因解析では，綾町独自の歴史的背景，すなわち照葉樹林の伐採中止に始まる自然保護行政への転換，有機栽培農業を中心とした循環型農業経営の推進，観光施策による資源活用に焦点を当て，人間の福利にどう影響したのかを明らかにした．データは，各執筆者の独自のデータだけでなく宮崎県，綾町の統計資料，国の農林業センサス，漁業センサス，綾町郷土史などを用いた．その結果を図Bに示す．

　綾町は綾北川と綾南川によってはさまれた地域に広がり，両河川が大森岳（1,108 m）を中心とする山間部から平地に達する出口付近の沖積地（標高20 m）に位置し，丘陵は火山灰洪積台地である．そのため，水田や湧水が発達する一方で，台風が接近するたびに洪水にみまわれていた．そこで，綾町と宮崎県は1953年に綾川ダムを建設し，堰堤を築堤することによって安定的な農業や生活ができるようになった．しかし，河川環境は大きく変化し，黄金のアユをはじめとする内水面漁獲量は減少した．また，1950年代をピークに拡大造林による人工林化が進むなかで，綾町の政策として照葉樹林の一部を残した結果，町内の木材生産量は他の地域と比べて相対的に減少した（人工林率約40%，宮崎県の平均60%）が，その後の照葉樹林を核とした観光業にとって大きな資源となり，地域の経済活動が活発になった．2005年から始まる綾の照葉樹林プロジェクトや，2008年からの森林セラピー基地の認定など新しい動きにもつながった．綾町における有機栽培農業の推進は，1970年以降の畜産業の発展を基

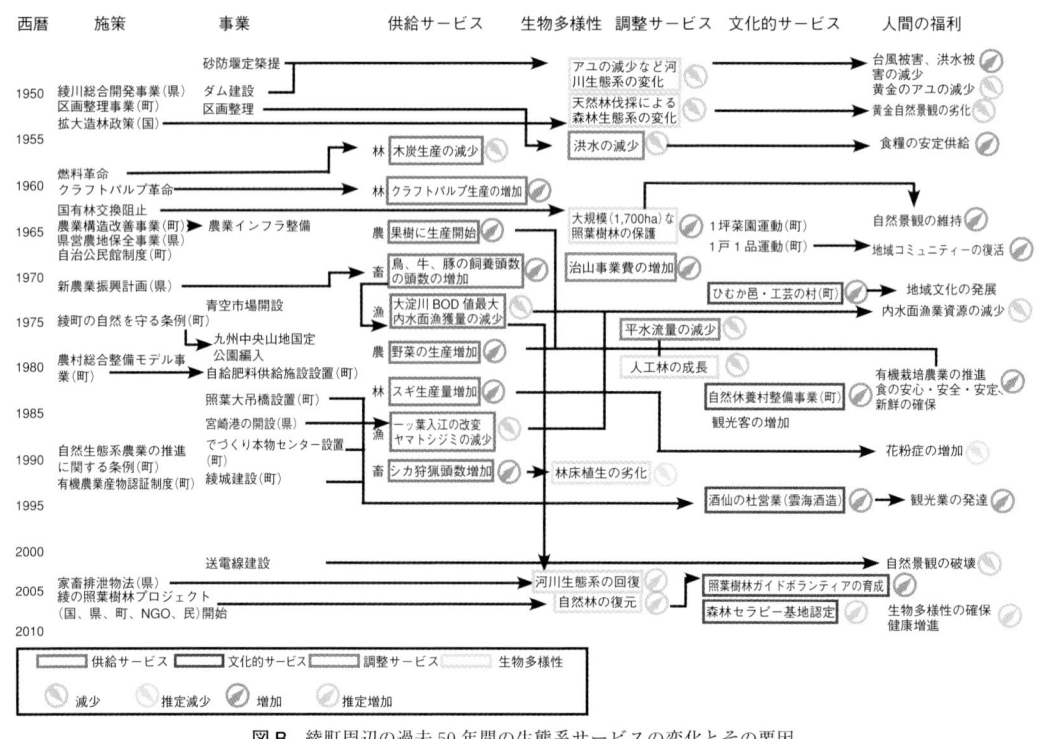

図B　綾町周辺の過去50年間の生態系サービスの変化とその要因

礎に糞尿を液化肥料にして循環し,化学肥料によらない農業として綾町農産物のブランド化に成功した.結果として,河川への汚濁排出抑制や食の安全,安心,安定,新鮮という人間の福利に直接大きなプラスの影響を及ぼした.同時に観光業に対しても大きなアドバンテージを与えた.綾の町づくりのあり方は,一見経済的な価値がないようにみえる照葉樹林の保護や,有機栽培農業を通して人間の福利の向上を進めるとともに,綾町のブランド化という手法を用いて経済的にもバランスさせることに成功した好例であるといえる.

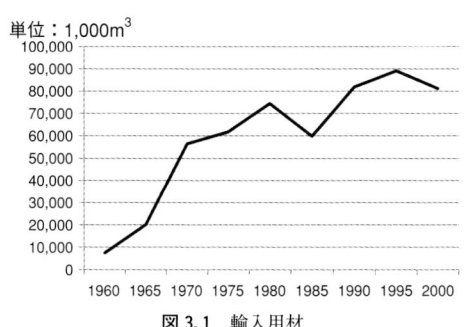

図3.1　輸入用材
（出典：林野庁企画課，2008）

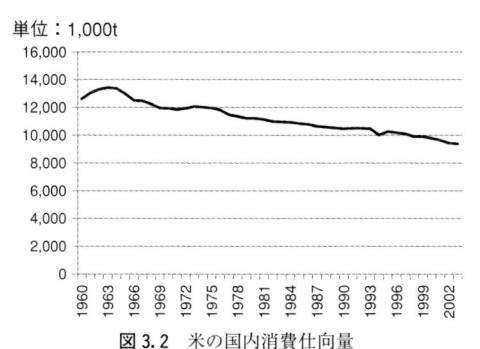

図3.2　米の国内消費仕向量
（出典：農林水産省，2009）

市人口の増大は,農林業の衰退の原動力といっても過言ではない.なお,輸入の増加は貿易によって意図せざる外来種が侵入するというように,直接的要因ともなっている.たとえば,JSSA—関東・中部クラスター（2010）は外来生物の侵入経路のひとつとして,船のバラスト水をあげている.

3.2.2　文化および宗教

経済の成長は日本の生活文化を大きく変化させた.食の洋風化により,和食に欠かすことができない米の消費量は減少した（図3.2）.それは後述の生産調整などを通じ,水田の利用低減につながった.一方,肉・乳の消費量は増大したが,輸入飼料への依存により草地利用はかえって衰退した（JSSA—西日本クラスター，2010）.食料以外では,木炭・薪が石油や天然ガスなどに置き換わったこと（燃料革命）の影響が大きく,これが里山における薪炭林の利用低減につながった（JSSA—西日本クラスター，2010）.近年では,わらやタケなどの里山の素材もあまり使われなくなり,適度に利用することで維持されていた里山の土地も劣化してきた.

文化という点ではレジャーの変化も里山に大きな影響を与えた.ゴルフが趣味として広まりをみせるとゴルフ場の開発が活発化し,一帯の風景をがらりと変え,モザイク構造の里山が崩壊した.概して,食文化,生活スタイル,レジャーの嗜好の変化といった文化の変容が里山やその生態系サービスの需要に大きな影響を与えた.JSSA—クラスターレポート全般からは,宗教に大きな変化があったとは思えないが,JSSA—関東・中部クラスター（2010）は,信仰心の低下,経済的利益や効率の追求が乱獲や管理放棄（利用低減）につながったと指摘している.

3.2.3　科学技術

戦後の日本の復興を科学技術の向上が支えたが,これにより伝統的な農耕が姿を消した.石油を使うトラクターなどが普及すると農耕や運搬のための牛や馬が姿を消し,役畜生産は肉用畜産や酪農に変化した.圃場整備,すなわち区画の整形・拡大,土壌・土質の改良,用水路と排水路の分離,農道の整備なども進められた（開発）.JSSA—北信越クラスター（2010）によると,化学肥料や農薬の大量投与は環境に負荷をかけたが（汚染）,1970年頃を境に化学肥料と農薬消費量は減少に転じた.

里海に関しては,漁船や漁労機器も高性能になったが一部では乱獲につながった.また,JSSA—北信越クラスター（2010）によると,漁船の大型化とともに港湾域の拡大と防波堤の延長も進行した.栽

培漁業や養殖漁業も大きく発展した．

3.2.4 人口

経済の成長や農林水産業の衰退に伴って，農村（おおむね里山と重なる）の住民は次第に商工業をめざすようになった（戦後の農村漁村からの集団就職などもそれを後押しした）．米の生産における機械化は労働時間を短縮し，兼業労働に従事する余裕を提供した（JSSA—東北クラスター，2010）．多くの人びとが商工業の就業機会に恵まれた都市に移り住んだ（たとえば，図3.3）．全国的に人口が増加するなかで（1960年9,430万人→2005年1億2,777万人：国勢調査），農村は局地的な人口減少と高齢化にみまわれた（たとえば，図3.4）．局地的な人口減少により山林や田畑などの管理が難しくなり，不便なところから遷移が進行している．これは価格の低下などに伴う単なる意欲低下とは明らかに異なり，「やりたくても人手が足りないからできない」という状況である．

一方で，都市には人口が集まり，都市（人口集中

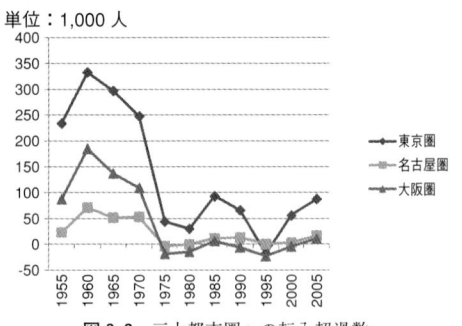

図3.3 三大都市圏への転入超過数
（出典：総務省統計局，2010 a）

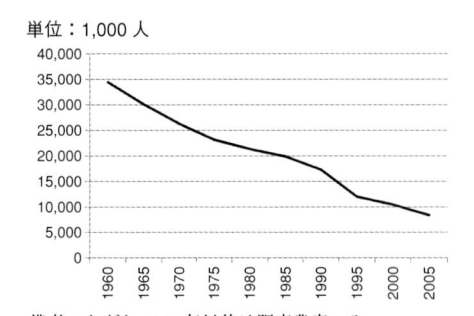

図3.4 農家人口
（出典：総務省統計局，2010）

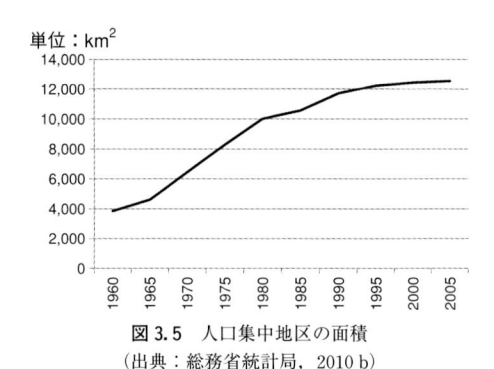

図3.5 人口集中地区の面積
（出典：総務省統計局，2010 b）

地区：人口密度が約4,000人/km²以上の国勢調査地区がいくつか隣接し，あわせて5,000人以上の地域）は膨張した（図3.5）．開発は海岸線にも及んだ．その最たるものが埋め立てであろう．たとえば，瀬戸内海では水深10 m以下の浅海域の約20%が埋め立てられた（JSSA—西日本クラスター瀬戸内海グループ，2010）．都市やその近辺においては水質や大気の汚染が見られる．とくに，高度経済成長期（1950年代半ば～1970年代初頭）には水俣病などの四大公害病にかかわる著しい汚染も見られた．下水道の普及などにより，水質汚染についてはかなり改善したところもある．東京湾については窒素濃度が依然として高いものの，水質・底質の汚濁は改善されつつある（JSSA—関東中部クラスター，2010）．近年では，急速な都市化と里山の破壊によるヒートアイランド現象（とくに夏季の温度上昇）も問題になっている．

3.2.5 社会政策

土地利用については新たな都市計画法（1968年）の影響が大きい．これにより，都市およびその周辺部の無秩序な開発に一定の歯止めがかかった．たとえば，市街化区域では農地の宅地転用が進みやすくなったが，市街化調整区域では開発がある程度抑えられることとなった．ただし，市街化調整区域においても公的な施設などの整備は可能である．同様のものとして「農業振興地域の整備に関する法律」がある．農用地区域では農地の転用（開発）が抑えられる．

米の生産調整（制度的な「利用低減」）は，農業に非常に大きな影響を与えた．JSSA—西日本クラスター（2010）は，生産調整が中山間地域における

耕作放棄（利用低減）の遠因になったと指摘している．漁業規制も漁獲量に大きな影響を与えた．また，リゾート産業の振興と国民経済の均衡的発展の促進を目的とした総合保養地域整備法（リゾート法）は環境破壊の問題を引き起こすなどとして批判が多い．

3.3 供給サービスの変化と直接的要因

本節では，供給サービスの変化とその直接的要因について説明する．第2章でも説明されているように，生態系サービスの「人間による利用」と「向上・劣化」の2つの面から評価する．

3.3.1 米の供給サービス

およそすべての水田が「里山」に含まれる．現在，山あいから平場までいたるところで水田が見られるが，近年耕地面積は減少の一途である（図3.6；1 ha ＝ 10,000 m^2）．1978年以降，田の拡張は非常に低い値にとどまっている（農林水産省大臣官房統計部，2008）．大都市圏では開発による消失が著しく，過疎地では耕作放棄（利用低減）が進んだ（JSSA―西日本クラスター，2010）．これは西日本以外にもおおよそあてはまる．なお，近畿では1980年代に存在した水田の約39％が市街地に変化した（JSSA―西日本クラスター，2010）．これは，開発による水田の著しい喪失を端的に示した好例であろう．図3.7は，最近の耕作放棄地の面積である（耕作放棄地は都市的地域でも見られる点にも留意）．時間の経過とともに耕作放棄地の修復は困難になる（有田ほか，2003）．

一方，圃場整備（開発），化学肥料や農薬の投入などにより，水稲の10 a（1,000 m^2）あたり収量（反収）は増加した（図3.8）．「耕地面積」と「反収」の積はあまり変化していない（図3.9）．つまり，面積の減少が反収の増加で相殺されたことになる．よって，米の供給サービスは「向上」したとも「劣化」したともいいがたい．

それにもかかわらず，収穫量は図3.10のように低下の傾向にある．最盛期は1,400万トンを超えていたが，現在は1,000万トンをきっている．つまり，「人間による利用」は減少しており，この背景には

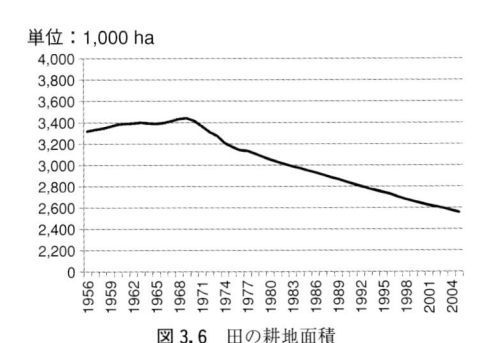

図3.6 田の耕地面積
（出典：農林水産省大臣官房統計部，2008）

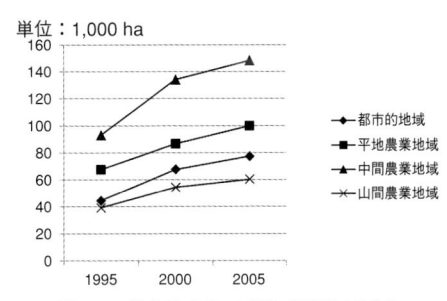

図3.7 耕作放棄地の面積（田以外含む）
（出典：農林水産省大臣官房情報課，2007）

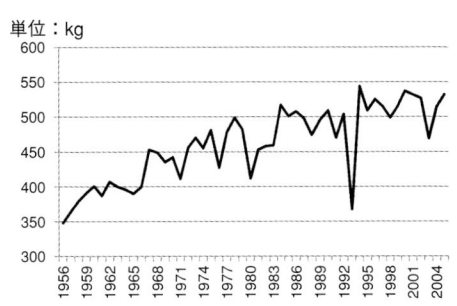

図3.8 水稲の10 a（1,000 m^2）あたり収量
（出典：農林水産省，2007）

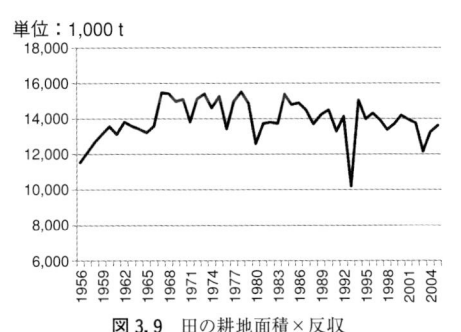

図3.9 田の耕地面積×反収
（出典：農林水産省大臣官房統計部，2008）
（出典：農林水産省，2007）

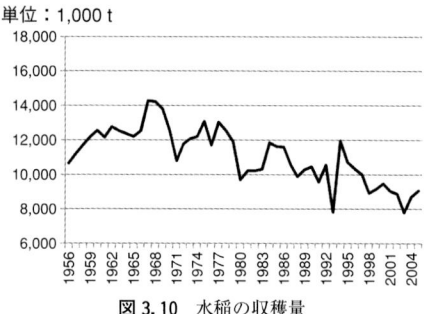

図 3.10 水稲の収穫量
（出典：農林水産省，2007）

図 3.11 生産調整の目標面積
（出典：農林水産省，2002）

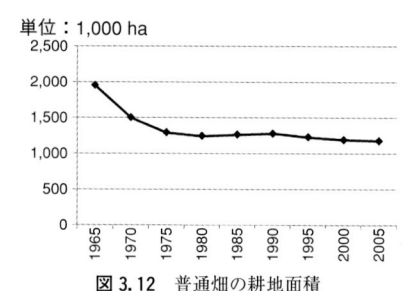

図 3.12 普通畑の耕地面積
（出典：農林水産省大臣官房統計部，2008）

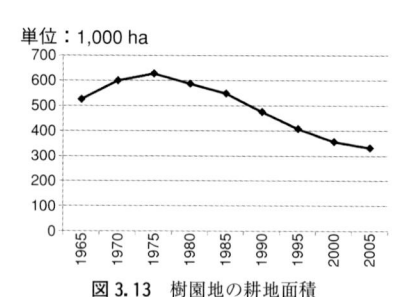

図 3.13 樹園地の耕地面積
（出典：農林水産省大臣官房統計部，2008）

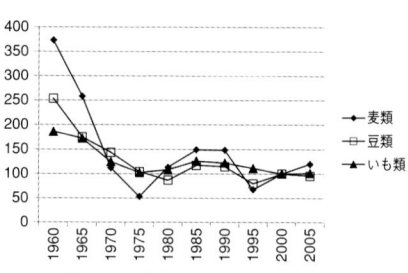

図 3.14 麦類などの農業生産指数
（出典：農林水産省大臣官房統計部，2006）

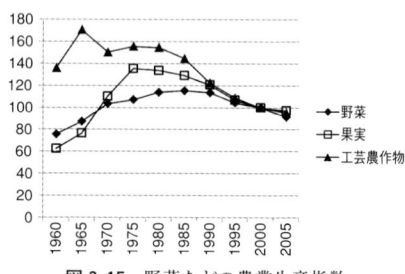

図 3.15 野菜などの農業生産指数
（出典：農林水産省大臣官房統計部，2006）

計画的な「利用低減」である米の生産調整（減反政策）がある．図 3.11 は生産調整の目標面積である．実施率はほぼ100％であった．ただし，生産調整は現在見直しが検討されており，今後大きく変化する可能性がある．

将来的には気候変動の影響も無視できなくなるであろう．2050年日本の気温が1990年と比較して2.8℃上昇した場合，米の収量は北海道で26％増加，東北で13％増加，近畿と四国では5％減少という予測もある（温暖化影響総合予測プロジェクトチーム，2008）．他方，気候変動によってすでに米の品質が低下しているという報告もある（JSSA—北信越クラスター，2010）．

以上をまとめると，米の供給サービスの変化のおもな直接的要因は都市化，利用低減，気候変動であるといえる．

3.3.2 野菜，麦類，果実などの供給サービス

普通畑の面積は1975年ごろまで急速に減少したが，それ以降はあまり減少していない（図 3.12）．樹園地の面積は普通畑とは対照的に1975年ごろまで増加したが，それ以降は減少を続け，ピーク時の約半分となった（図 3.13）．

野菜などについては品目が非常に多いので，農業生産指数（2000年＝100）で「人間による利用」（需要）を評価する（図 3.14，3.15）．農業生産指数の

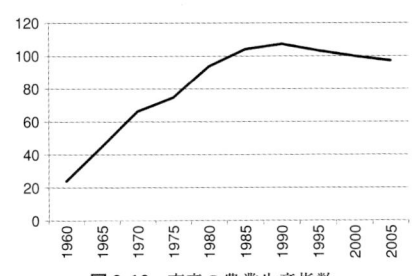

図3.16 畜産の農業生産指数
（出典：農林水産省大臣官房統計部，2006）

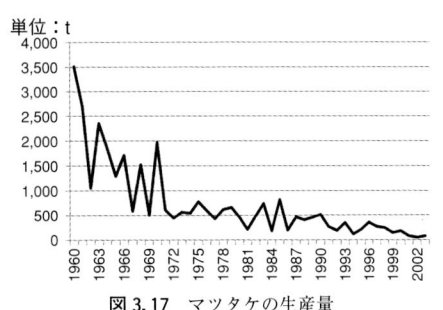

図3.17 マツタケの生産量
（出典：農林水産省大臣官房統計部，2006）

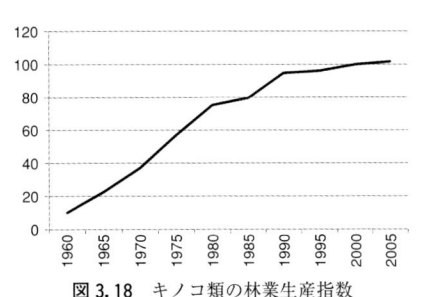

図3.18 キノコ類の林業生産指数
（出典：農林水産省大臣官房統計部，2006）

変化は，生産量の変化を反映しているので「人間による利用」の変化とみなすことができる．おおまかに見ると，麦類・豆類・いも類は低下の傾向にある．野菜・果実は，いったん増加した後に低下した．もっとも，より細かく見れば品目によって明暗が分かれる．たとえば，JSSA—関東・中部クラスター（2010）によるとレタスやイチゴなどの生産が増加し，キュウリやミカンなどが減少した．なお，一般に大都市の近郊では野菜などの生産が活発である．

3.3.3 畜産の供給サービス

ひと口に「畜産」といっても乳用牛，肉用牛，豚，ブロイラー，鶏卵，生乳など多くの種類があるので農業生産指数（2000年=100）で，「人間による利用」の全体的な変化を概観する（図3.16）．最近はやや減少傾向であるが，畜産は大きく伸びたことがわかる．1991年に牛肉輸入が完全に自由化され輸入が大幅に増加したが，国産牛は高級化などで何とか踏みとどまっている．ただし，現在は飼料の多くを輸入に頼っている[1]．よって，農業生産指数の増加から単純に「『人間の利用』が増加した」と断言することはできない．

3.3.4 山林からの食料の供給サービス

マツタケの生産量は大きく減少した（図3.17）．JSSA—北信越クラスター（2010）は，アカマツ林の利用低減などによりマツタケなどのキノコ類がとれにくくなったと報告している．ただし，林業生産指数（2000年=100）によるとキノコの生産は大幅に伸びたが，これには屋内での集約的な栽培も含まれる（図3.18）．図3.17，3.18から野生のキノコ類の生産は減少したが，栽培キノコの増加により全体としてはキノコ類の生産は増えていることがわかる．

最近では，タケノコが問題になっている．タケノコを採取するモウソウチクが放棄され，無秩序に拡大している．JSSA—北信越クラスター（2010）は，石川県の里山においてモウソウチクが針葉樹の植林地や二次林の広葉樹林へ拡大し，これらを枯らしつつあると報告している．

3.3.5 水産物の供給サービス

（1）里海における海面漁業

「里海」ということでは，沿岸漁業に注目すべきであろう．沿岸開発，汚染，乱獲は海面漁業を「劣化」させたといわれている．たとえば，瀬戸内海における埋め立ては藻場や海洋生物を破壊した（JSSA—西日本クラスター瀬戸内海グループ，2010）．同レポートは，海砂採取によってイカナゴのすみかが奪われた問題にも言及している．ただし，汚染についてはかなり改善され，汚染の象徴ともいえる赤潮の発生回数は瀬戸内海についてはピーク時

---

[1] 純国内産飼料自給率は1965年の段階で55％，2006年は25％に低下．農林水産省（2009）より．

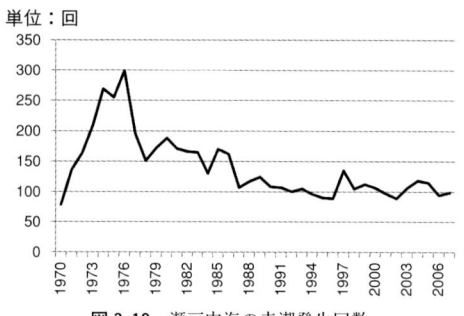

図 3.19 瀬戸内海の赤潮発生回数
(出典：せとうちネット・ホームページ (http://www.seto.or.jp/seto/kankyojoho/sizenkankyo/akasio.htm))

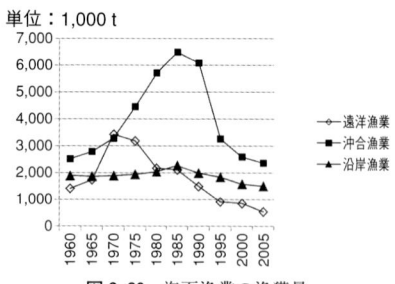

図 3.20 海面漁業の漁獲量
(出典：矢野恒太記念会，2006)

図 3.21 海面養殖業の漁獲量
(出典：矢野恒太記念会，2006)

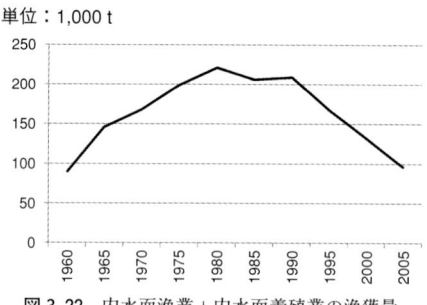

図 3.22 内水面漁業＋内水面養殖業の漁獲量
(出典：矢野恒太記念会，2006)

(1976年) の1/3に減少している (**図 3.19**). 1963年からマダイの栽培漁業が始まるなど，水産資源を増やそうとする動きも見られる．

沿岸漁業の漁獲量を**図 3.20**に示す．漁船や漁労機器は高性能になったが，近年は漁獲量の減少が続いている．沿岸漁業の場合も利用低減という面がある．「あまりとらなくなった」という一面である．たとえば，瀬戸内海のマダイは規制（若齢魚の捕獲禁止），保護意識，魚値の低迷，漁業従事者の減少と高齢化などによって漁獲強度が減少し，親魚量が回復している（JSSA―西日本クラスター瀬戸内海グループ，2010）．

なお，最近では気候変動の影響が指摘されている．たとえば，ニシン漁業は寒冷期には好漁，温暖期には不漁となるが，北海道における春ニシン資源の衰退は，100年以上にわたる水温観測結果から海水温上昇に伴う海洋生態系の変動が一因となっていると考えられている（JSSA―北海道クラスター，2010）．また，海水温上昇により石川県ではブリ，サワラの漁獲量が増加し，マダラの漁獲量が減少した（JSSA―北信越クラスター，2010）．

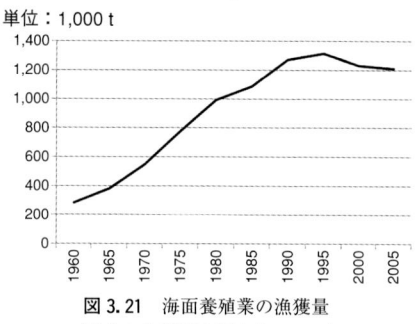

（2） 海面養殖業

海面養殖業は著しい伸びが目立つ (**図 3.21**)．海面養殖業は海の「開発」といってもよいであろう．2002年には近畿大学がクロマグロのふ化に成功した．海面養殖業の弱点は赤潮といった海水の汚染であるが，養殖業そのものが汚染を招くことに荷担しているという側面もある．

（3） 内水面

図 3.22は，内水面漁業と内水面養殖業の漁獲量の和である．JSSA―北海道クラスター（2010）は，サケ科魚類の生息環境の課題として水質の悪化やダムなどの横断構造物による流域の分断化をあげている．湖や沼では，ブラックバス（オオクチバス・コクチバス）などの侵略的外来種の問題もある．ブラックバスは国際自然保護連合IUCNの「世界の侵略的外来種ワースト100」にも入っている．

3.3.6 素材の供給サービス

林業生産指数（2000年＝100）から針葉樹と広葉樹の「人間による利用」の変化を見る (**図 3.23**)．最近50年を振り返ると針葉樹の利用は減少を続けている．広葉樹の利用は1970年頃まで増加したが，

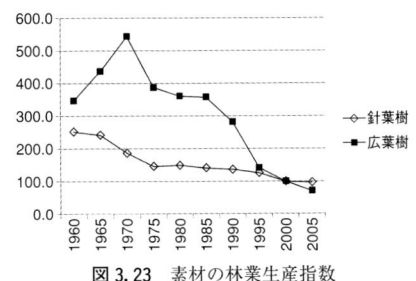

図 3.23　素材の林業生産指数
(出典：農林水産省大臣官房統計部, 2006)

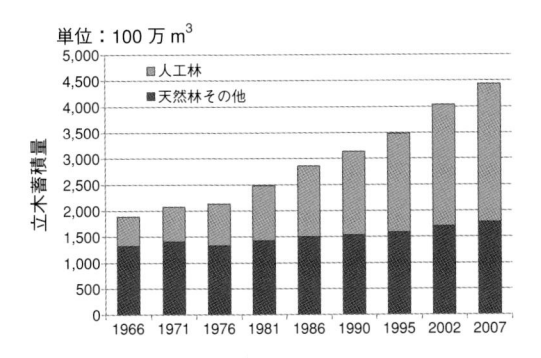

図 3.24　日本の森林の立木蓄積量
(出典：環境省生物多様性総合評価検討委員会, 2010)

それ以降は減少を続けている。シイタケ原木も 1984 年をピークに減少を続けている（総務省統計局ホームページ (http://www.stat.go.jp/data/chouki/index.htm)）。

とはいえ、森林蓄積が減っているということではない。確かに、石川県では 1970 年代半ばのゴルフ場建設ラッシュにより多くの森林が消滅した（JSSA―北信越クラスター, 2010）。また、マツノザイセンチュウ（外来種）が引き起こす「マツ枯れ」も問題となっており、広島県では 1980 年代にマツ枯れが激増し、ピークを迎えた 1990 年代の被害面積の平均は 52,765 ha にのぼった（JSSA―西日本クラスター, 2010）。しかし、1957 年から 1960 年代後半にかけての「拡大造林」の影響が大きく、人工林の貯蔵蓄材量は減少どころか増加の一途である（図 3.24）。

つまり、「人間による利用」は減ったが、木材の供給サービスは「向上」したことになる。これは、開発途上国の多くで見られる状況とは異なり、森林からの供給サービスは向上したものの木材やその他の用途のための樹木の伐採が減少したことを意味す

る。1960 年代前半に木材輸入が自由化され、それ以降安価な外材が大量に流入して価格の大幅な下落により国産材への需要が低下したと考えられる。ここで、森林蓄積増加と木材の供給サービスの向上が必ずしも価値向上といえるわけではない点に留意することが重要である。ランドスケープを構成する他の要素との相乗効果をかつてはもたらしていた管理された森林が消滅すると、里山のモザイク構造は崩壊し、それにより地域コミュニティーの人間の福利へ寄与する多様な生態系サービスの全体的な供給が崩壊することになる。

3.3.7　薪炭の供給サービス

薪炭は里山の代表的な供給サービスのひとつである。1950 年代半ばまで薪炭は主要なエネルギー源であった。たとえば、瀬戸内海地方では花崗岩や粘土層といった地質的要因もあって、明治時代から 1950 年代ごろまではげ山かそれに近い低木林が見られた（JSSA―西日本クラスター, 2010）。

しかし、こうした 1950 年代以前に見られた過剰利用の傾向は、第二次世界大戦後、日本が近代的な都市化や工業化を推進するため、石油、天然ガス、原子力などの近代的エネルギー形態へ移行する際に反転した。

図 3.25 は、薪炭の林業生産指数である。薪炭の「人間による利用」は 1975 年ごろまで急速に減少した。2005 年は 1960 年の 2 ％にすぎない。また、使用されなくなった薪炭林は、そのまま放置されたり針葉樹人工林に替わったりした（JSSA―西日本クラスター, 2010）ため薪炭林としての森林は減少したといえる。

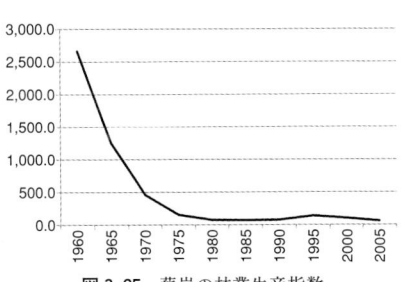

図 3.25　薪炭の林業生産指数
(出典：農林水産省大臣官房統計部, 2006)

3.3.8　養蚕の供給サービス

養蚕業は、とくに明治時代、外貨獲得産業として

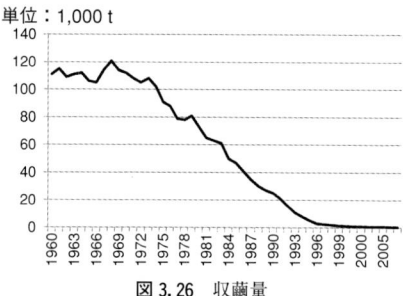

図 3.26　収繭量
（出典：農林水産省生産局，2009）

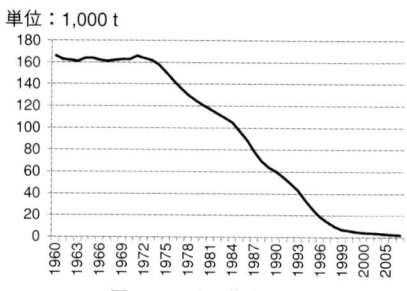

図 3.27　桑の栽培面積
（出典：農林水産省生産局，2009）

重視された．しかし，養蚕（蚕の繭）の「人間による利用」は 1969 年をピークに大幅に減少した（図3.26）．素材や薪炭と同様，これも養蚕のための生態的条件の劣化のためではなく，絹に対する需要の低下に起因している．養蚕を支える桑畑は地図記号の 1 つになったほどありふれた存在であったが，図

BOX 3.2

未来に伝えたい日本の焼き畑

　山林を焼き（図 C），雑穀などを一定期間栽培して，その後再び山林に戻す循環型農法である「焼き畑」が，ごくわずかであるが，日本にも残っている．そのひとつが宮崎県椎葉村の「夏ヤボ」である．
　焼き畑は粗放的な農法のようにみえるが，それは誤解である．「夏ヤボ」では 8 月の盆前までに火入れを行う．火入れにより病害虫が駆除され，カリを含んだ栄養分が一帯に行きわたる．はじめにソバと大根の種子をいっしょにまく．ソバは発芽が早く，雨による土壌流出を防ぐ効果がある．2 年目はヒエ・アワ，3 年目は小豆，4 年目は大豆である．この順番に意味がある．3,4 年目はマメ科の作物で地力を回復させる．なお，2 年目からはスギやクヌギの植林も行う．
　焼き畑には副次的な効果もある．地表面に日が当たるとゼンマイなどの山菜が芽吹く．見通しがよくなるためイノシシなどの格好の猟場にもなる．焼き畑により森が若返るため，豊かな生態系の維持にも貢献している．さらに，海にたどり着いた腐葉土の養分がプランクトンを育むため，焼き畑のプラスの効果は遠く離れた下流の漁場にも及ぶ．

図 C　焼き畑の火入れ（写真提供：永松敦）

3.27 に示すように現在ではほぼ消滅している．なお，JSSA—東北クラスター（2010）は桑畑が樹園地に替わったと報告している．

3.4 調整サービスの変化と直接的要因

　調整サービスとは，生態系プロセスの調節から得られた便益であり，大気質・気候の調節，水の調節，土壌侵食の抑制，水の浄化と廃棄物の処理，疾病の予防，病害虫の抑制，花粉媒介，自然災害の防護などが含まれる．

　里山・里海における調整サービスは，多くの場合農林水産業を通じた供給サービスと一体的に提供され，そのサービスの状態は生産活動のあり方と密接に関連している．日本の里山は，社会・経済・生態的な状況に応じて時間的・空間的にその土地利用を動的に変えてきており，調整サービスの発現もそれに伴ってさまざまに変化してきたと考えられる．たとえば，森林について見ると中世末期から近世にかけては過剰な利用により多くの山がはげ山となった時期もあった．森林の多くは，20世紀後半に入りほぼ全面的に再生したといわれるが，治山や砂防技術によって歴史的に修復が試みられてきたように，調整サービスはそうした過剰利用の時期に失われてきた．一方，過去50年間の農業・農村の変容に着目すると，農業の近代化（大規模基盤整備，機械化，化学資材の投入など）に伴う農業活動の強化と，社会構造の変化（燃料革命，食習慣・需要の変化，労働力不足，高齢化など）に伴う農林地の管理粗放化・改廃が，それぞれ調整サービスにも大きな影響を及ぼしてきたと考えられる．

　一般に，自然の急激な改変を伴う農業活動は，供給サービスの短期的な向上をもたらす一方で，調整サービスの悪化を引き起こす．これに対し，自然への働きかけが長い時間をかけて合理的に継続され，持続的な農林水産業がいとなまれてきた里山・里海では，調整サービスが供給サービスと補完的に提供される場合がある．とくに，アジアモンスーン地帯に位置する日本では急峻な地形で河川勾配も大きく，大雨や台風にしばしば見舞われるという自然条件下において，2,000年以上にわたって水田稲作を中心とした土地利用が展開されてきたことから，調整サービス発現にかかわる土地保全のしくみが土地利用・土地管理システムにある程度内在していたと考えることができる．

　里山・里海のモザイク構造の重要な要素である農業生態系における調整サービスは，農林水産物との結合生産物としてもたらされる．調整サービスにかかわる機能は，おもに国土保全機能として整理され，定量的な評価もいくつか試みられている（三菱総合研究所，2001；Kato et al., 1997）．ただし，これらの調整サービスは農地と森林において異なる面があるため，以下これらを分けて現状と傾向を整理する．また，森林については二次林と自然林の両方を含む森林全体に関する評価結果に基づいて記述する（日本学術会議，2001）．

3.4.1　気候・大気質の調節
（1）　農地における気候・大気質の調節

　適切に管理された農地は，大気汚染物質である二酸化窒素や亜硫酸ガスを吸収・吸着して大気浄化をする機能がある．水田，畑による SO_2，NO_2 の吸収量は，全国で年間約4万9,000トンとの推定結果がある（農業総合研究所，1998）．また，農用地の大気浄化機能（NO_2 吸収量）を国土スケールで評価した結果によれば，汚染物質の発生源である太平洋ベルト地帯や大きな地方都市の周辺地域で評価が高い傾向を示している（Kato et al., 1997；図3.28）．このことは，とりわけ都市の周辺域において農地が大気浄化サービスに寄与していることを示唆する．

　農地での蒸発散作用は，熱の循環を促すという点で大気の調節に貢献する．とくに，水田においては田面からの蒸発により気候を緩和する効果が高く，5月の田植え期には水の保温効果により水田上の気温が裸地上よりも0～1℃高く，7月上旬では水田上で0.5～1.3℃低かったとの報告がある（農林水産技術会議事務局，1997）．また，畑作地帯においても灌漑水が蒸発散量の安定化に貢献しているとして評価されている．近年顕著な都市のヒートアイランド現象なども，農地・緑地の存在によって蒸発潜熱（約2.5 kJ）の効果で緩和されることが報告されている．とくに，水田では都市近郊における夏季の気温低減効果も確認されている（Yokohari et al., 1997；農業環境技術研究所，1997；横張ほか，1998；図3.29）．

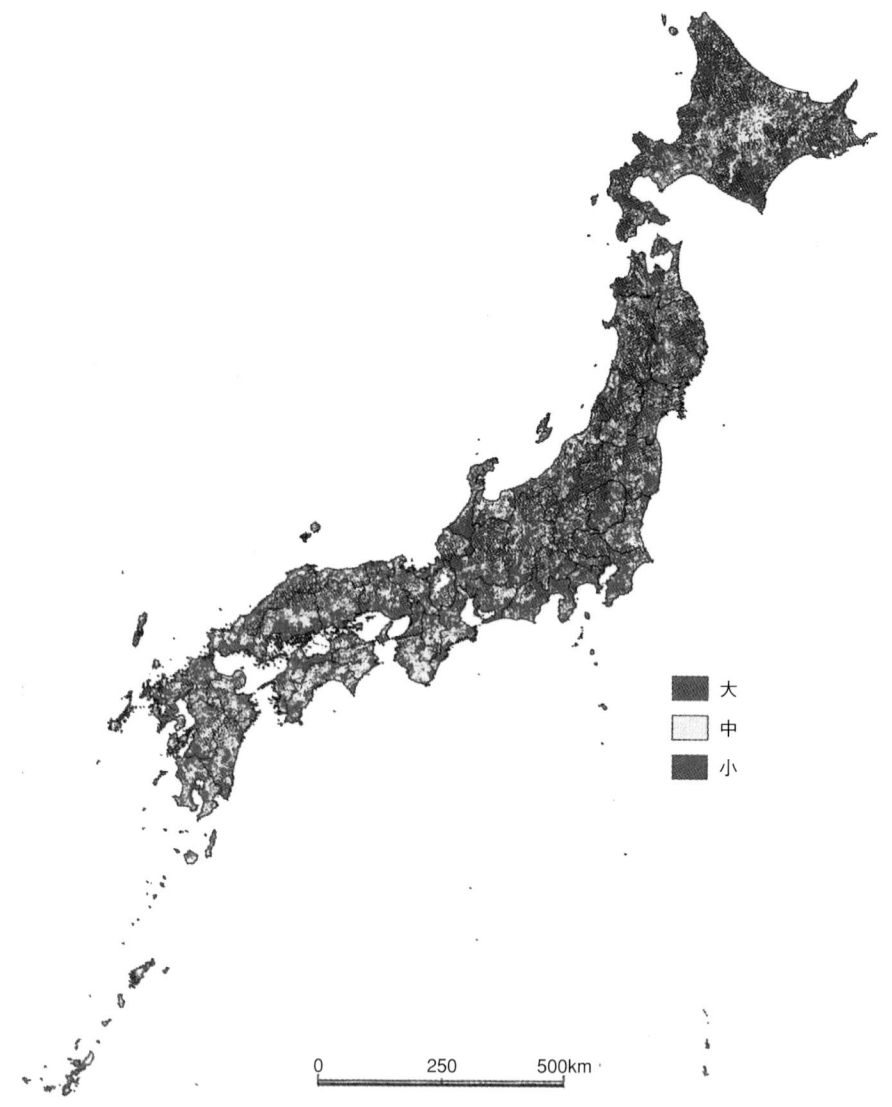

図 3.28 NO₂ 吸収量から見た農林地のもつ大気浄化機能（加藤, 1998）（巻頭カラー口絵 4 参照）

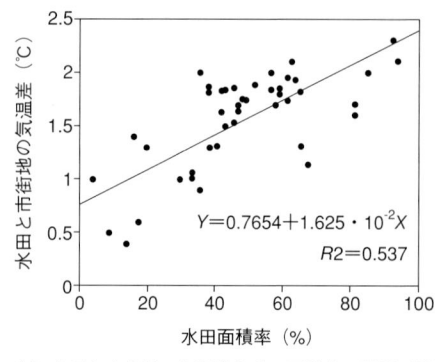

(a) 水田と市街地の気温差と水田面積率の関係（横張ほか, 1998）

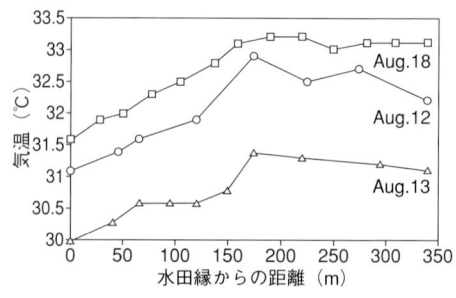

$Y = 0.7654 + 1.625 \cdot 10^{-2} X$
$R2 = 0.537$

(b) 水田縁から市街地に至る気温の変化（横張ほか, 1998）

図 3.29

温室効果ガス（二酸化炭素，メタン，亜酸化窒素など）の発生・吸収量は，作物種や施肥，水管理を含む耕作の方法によって変化する．農業活動による温室効果ガスとしては，二酸化炭素の23倍の温室効果をもつメタンと，296倍の温室効果をもつ亜酸化窒素がとくに重要である．作物は二酸化炭素の吸収源となり，湛水していない畑地などの土壌もメタンの吸収源となるが，水田のような湛水農地はメタンの放出源となる．農地土壌はまた，亜酸化窒素の主要な放出源でもある．温室効果ガスインベントリオフィス（2010）によれば，日本における年間メタン排出量のうち水田由来のものが全体の26％（5.6 Tg CO_2）を占め，また亜酸化窒素については農地土壌由来の排出が全体の27％（6.1 Tg CO_2）を占めるとされている．

（2） 森林における気候調節

森林は国土の約7割の面積を占め，里山の中核をなす二次林だけでも国土の約2割を占めるため，より広域スケールでの気候調節に寄与している．二酸化炭素の発生・吸収については，天然林のような安定した森林では吸収と発生がほぼ均衡するのに対し，里山において継続的な利用がなされている薪炭林や若齢の人工林では森林が全体として成長過程にあり，蓄積が増加するため二酸化炭素の吸収・固定に寄与しているといえる．当該森林の木材生産を考慮する場合は，その森林から生産され人びとが使用中の木製品が保持している炭素量も含めて炭素の貯蔵量が増加している期間が対象になる．温室効果ガスインベントリオフィス（2010）によれば，日本における森林全体の年間二酸化炭素吸収量は7,990万トンと推定されている．

（3） 変化の要因

気候調節サービスは基本的に植物量によって決まるため，都市化や管理粗放化に伴う植生構造の変化など，土地利用変化が同サービス変化の直接的要因となる．

農地について見ると，1998～2007年の10年間で年平均3万3,000 haの農地が改廃され，そのうち耕作放棄が48.3％，植林が5.7％，工場用地や宅地などへの転用が39.8％である．耕作放棄や植林による植物量の増加は気候調節サービスの向上に寄与するが，宅地化など都市的土地利用への転換が進めば同サービスの低下につながる．とくに，都市周辺

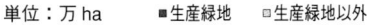

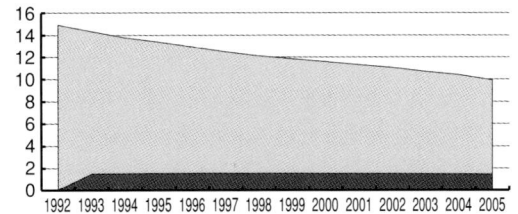

図3.30 市街化区域内農地（全国）の推移

（出典：農林水産省，2008（http://www.maff.go.jp/j/nousin/kouryu/tosi_nougyo/t_data/pdf/sigaika.pdf））

備考：総務省（1992～2005）「固定資産の価格等の概要調書」および国土交通省都市・地域整備局（1992～2005）「都市計画年報」を基に作成．

の農地の減少は著しく，1992～2008年の間だけで市街化区域内農地の面積は全国で約4割も減少している（**図3.30**）．こうした都市化の進展あるいは都市における農地の減少は，大気浄化や気温低減などのサービスを低下させる要因といえる．

一方，森林については日本全体での面積はこの約50年間にわたってほとんど変化していないことから，国土スケールでの気候調節サービスに大きな変化はないと思われる．しかし，林齢が上昇するにつれ炭素吸収量は低減していくことから，里山における二次林などの若齢林の管理放棄は，温室効果ガス吸収にかかわるサービスを低下させると考えられる．

3.4.2 水の調節

（1） 農地の洪水防止機能・地下水涵養機能

周囲を畦畔で囲まれている水田は雨水を一時的に貯留し，時間をかけて徐々に下流に流すことによって洪水を防止・緩和する機能がある．畑もまた耕作による表層土壌の空隙率と圃場容水量の増加を通じ，雨水の一時貯留機能を発揮する．低平地を除いた水田に貯留し得る水量は，畦畔高と水田面積から全国で約36億～52億m^3，畑地は土壌中の貯留容量として約8億～9億m^3と試算されている（三菱総合研究所，2001；農業総合研究所，1998）．

水田に湛水された灌漑用水の多くは，農業地域で滞留することによって河川の流水量の変動を平滑化するとともに，下流河川の水源として流況安定に寄与する．また，深部に浸透した水は流域の浅層および深層の地下水を涵養し，下流での上水や工業用水

などとして再び揚水され，良質安価で安定した水源として地域の生活や産業活動に活用されている．団粒が発達した畑土壌でも，高い透水性により降雨を地下に浸透させる機能を発揮している．水田からの地下浸透量は年間約 162 億 m^3，年間の地下水涵養量は水田約 36 億 m^3，畑約 11 億 m^3 と試算されている（三菱総合研究所，2001）．また，水源涵養機能を国土スケールで評価した結果，日本海側のグリーンタフ地域や比較的地質構造が古い山地などで評価の高い地域が分布し，特定の地形や表層地質との関連性が確認されている（Kato *et al.*, 1997）．

（2） 森林の洪水防止機能・水源涵養機能

森林では雨水を森林土壌中に浸透させ流出速度を緩和させることにより，大雨時のピーク流量を低減するとともに河川の流量を安定させる機能がある．一般に，日本の河川は急流であり，貯水ダムの容量も小さいため森林による水の貯留機能は，水資源確保上きわめて重要である．一方，森林では樹冠部の蒸発散作用により森林自身がかなりの水を消費するため，無降雨日が長く続くと河川流量はかえって減少する場合がある．したがって，こうした森林の水源涵養機能は，日本のような降水量が多く急流河川の多い自然条件下で成り立つという側面もある．こうした機能の定量的評価については，里山の二次林のみを対象としたものではないが，日本の森林全体を対象としたものとして洪水緩和量が約 110 万 m^3/秒，水資源貯留および水質浄化の評価の基礎となる森林への降水浸透が約 1,860 億 m^3/年と試算されている（林野庁，2000；三菱総合研究所，2001）．

（3） 変化の要因

水田の洪水防止機能にかかわる貯水容量は，圃場・畦畔の構造や強度などの影響を強く受けることから，基盤整備による圃場改良は同サービスの向上に大きく寄与してきたといえる．また，農業生産に伴う耕起・代掻きなどの作業や畦塗り・締め固めなどの補修作業は水田の物理的損傷を修復する日常的なプロセスとなっていることから，農地管理の継続は同サービスの維持に不可欠であるといえる．一方，大雨後のピーク流量は流域水田面積率が高いほど少ないのに対し，宅地の場合ピーク流量が水田の 3～5 倍，耕作放棄水田では（耕作）水田の 2～3 倍になることなどが明らかにされている．また，棚田が耕作放棄された場合にはピーク流量が増加するというシミュレーション結果も示されている．このことから，都市化および管理粗放化はいずれも洪水防止に関するサービス低下を引き起こすといえる．実際，都市域では近年少量の降雨で洪水が発生するという，いわゆる都市型水害が多発するようになっている．里山の土地利用変化と洪水などの災害発生の関係を全国スケールで調査した例はないものの，ローカルスケールでは洪水被害の増加傾向と水田面積の減少との関連を示唆するデータも示されている（図 3.31）．

水田面積の減少はまた，下流域における地下水位の低下，すなわち地下水涵養機能の低下を引き起こし，工業用水や生活用水への供給サービスの低下も生じさせている（図 3.32）．

一方，森林の水源涵養機能に影響を及ぼす要因としては，森林伐採，人工林化，人工林の生長，人工林の適正間伐があげられている．日本全体の森林面積はこの約 50 年間にわたってほとんど変化していないが，詳細に見ると北海道における農地開発や関東地方の都市化などによる森林減少分を，中国・四国・九州地方におけるスギ・ヒノキ植林などで補っていることがわかる．森林種別では広葉樹林が大きく減少している一方で，里山においては，混交樹林（元来広葉樹林であった場所に小規模な針葉樹の植林がなされた樹林）が増加している．こうした林相の変化がローカルな水源涵養機能に影響を及ぼしていることが懸念される．とくに，植林されたまま放置され荒廃が進むスギ・ヒノキ人工林では，地下への浸透水量が減少するため降雨の際に容易に地表流が発生し，またピーク流出量が増大する一方，渇水時には流出水量が減少するおそれがあるため，洪水緩和機能の低下と下流の都市域への洪水危険度の増加が懸念されている．

3.4.3 土壌侵食の抑制

（1） 農地の土砂崩壊防止機能・土壌侵食防止機能

傾斜地農地における斜面崩壊防止機能は，上述の洪水防止機能と同様，農業生産活動を通じて農地の崩壊を初期段階で発見し補修することで発揮される機能である．水田管理によって抑止されている土砂崩壊は，全国で年間約 1,700 件と推定されている（農業総合研究，1998）．国土スケールで見ると北海道，本州，四国の脊梁山脈地帯を中心とする地形が急峻

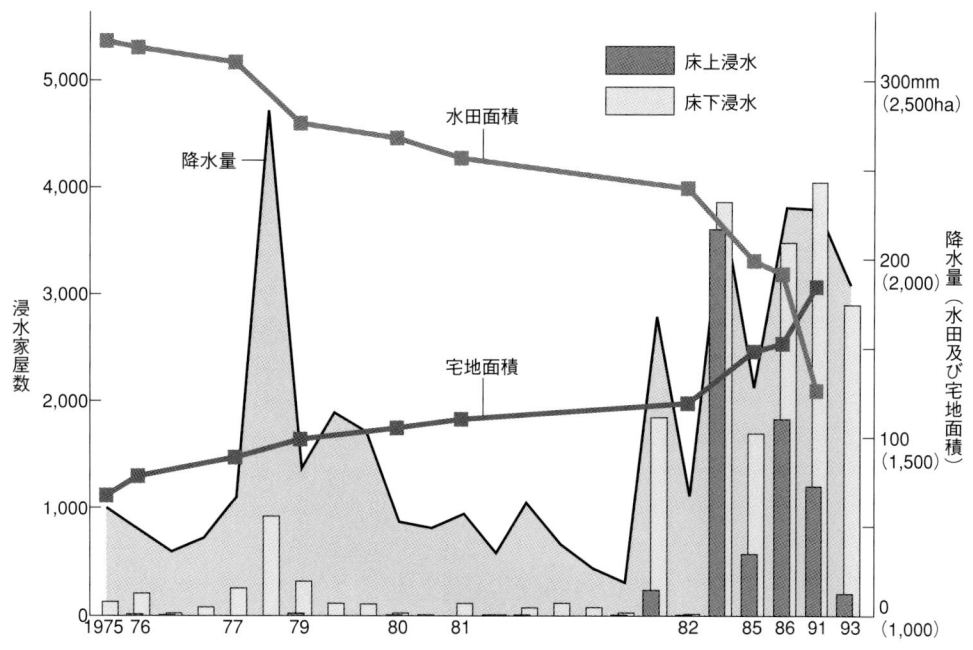

図 3.31 埼玉県越谷地区における水田面積と洪水被害の推移
（出典：関東農政局計画部，1994（http://www.maff.go.jp/j/nousin/noukan/nougyo_kinou/index.html））

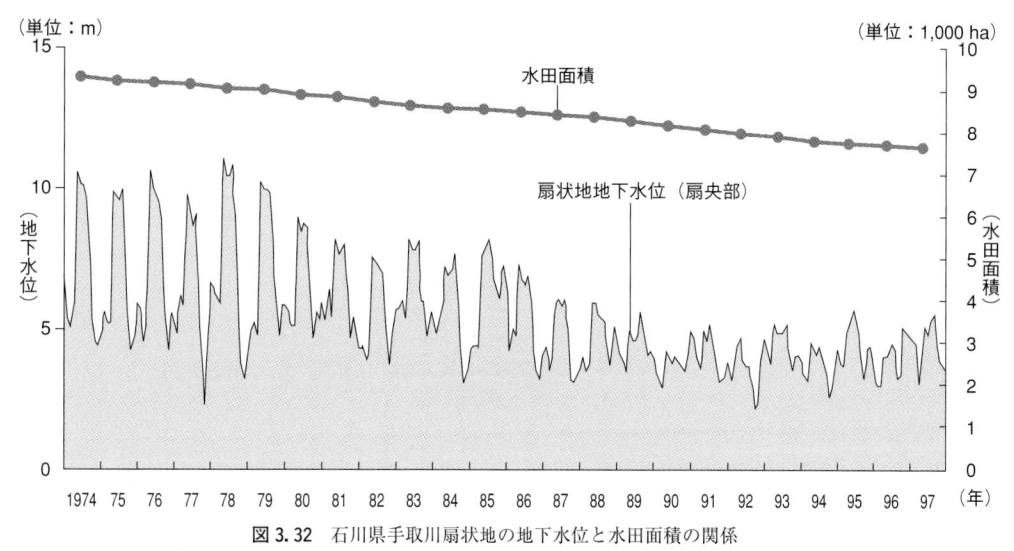

図 3.32 石川県手取川扇状地の地下水位と水田面積の関係
（出典：農林水産省（http://www.maff.go.jp/j/nousin/noukan/nougyo_kinou/index.html））
備考：石川県「地下水保全対策調査」，農林水産省「石川農林水産統計年報」より農林水産省作成

な地域などで評価の高い地域が分布することが明らかになっている（Kato et al., 1997；加藤，1998；次頁図 3.33）．

土壌侵食防止機能は，農地タイプや管理方法によって異なる．水田は，湛水状態では降雨が土壌表面に作用せず，また傾斜地帯であっても土壌面は平坦であることから，荒地となった場合に比較して土壌侵食防止機能は非常に高い．草地もまた土壌の被覆率が高く，良好な土砂流出防止機能を発揮する．しかし，除草管理された畑地・樹園地の土砂流出防

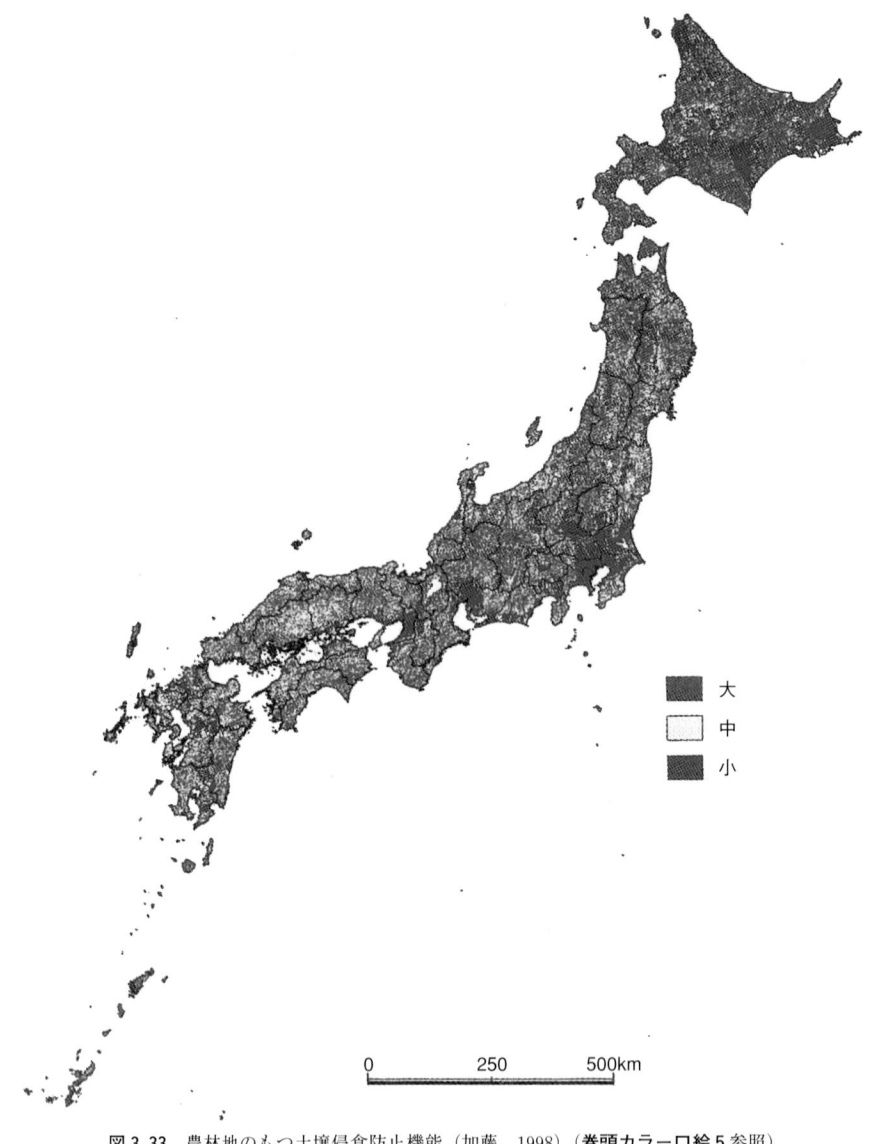

図 3.33 農林地のもつ土壌侵食防止機能（加藤, 1998）（巻頭カラー口絵 5 参照）

止機能は，雑草で覆われた地面と比較して高いとは認めがたい．また，国土スケールで土壌侵食防止機能を評価した結果，未熟火山灰土壌や赤黄色土壌が広く分布し，降雨強度の強い日本南部地域の評価が高く，特定の土壌タイプとの関連性が確認されている（Kato et al., 1997；加藤, 1998）．

(2) 森林の土砂災害防止機能

日本の森林の大部分は山腹斜面上に存在するが，そこでは樹木の根系による表層土の支持により「表層崩壊」を防いでいる．また，上述した森林土壌による雨水浸透や林床植生・落葉落枝の保護により「表面侵食」の発生を防止している．平地の少ない日本では斜面の下部が生活の場となっていることが多く，とくに山間部の里山において森林のこうした土砂災害防止機能は，安全な生活を維持するうえで重要である．林野庁は，地質区分ごとの有林地・無林地別侵食土砂量の差から日本の森林の表面侵食防止量（林野庁資料では「土砂流出防止量」と表現）を51億6,100万 m³/年，また単位面積あたり有林地・無林地別崩壊面積率の差から日本の森林の表層崩壊防止面積（一部，その他の崩壊を含む）を9万6,393 ha/年と試算している（林野庁, 2000；三菱

総合研究所, 2001). さらに, 防風林や海岸林の設置により, 風速の低減を通じて森林が農地の保護に寄与している事例もある (JSSA—北海道クラスター, 2010；JSSA—西日本クラスター, 2010).

(3) 変化の要因

水田には作土層の下に耕盤があり, 灌漑水や雨水を徐々に浸透させ, 地下水位の急激な上昇を防ぐ機能がある. しかし, 耕作放棄などによって農地管理が停止すると耕盤に亀裂が生じ, 大雨時に急激な地下浸透と地下水位の上昇が起こり, それらに起因する地すべりや土砂崩壊が発生しやすくなる. 耕作放棄に伴う畦塗りや締め固めなどの畦畔管理の放棄も畦畔のり面強度の低下をもたらす (千野ほか, 1994). また, 小規模な崩壊が見過ごされるため, 大規模な崩壊が発生しやすくなる (佐藤, 1996；増本ほか, 1997 など). さらに, 全国の傾斜水田が耕作放棄された場合の年間土砂流出量は, 耕作放棄水田の事例調査 (1 ha あたり約 25 トン・年) から, 水田約 5,325 万トン, 畑約 123 万トンと推計されている. このように, 耕作放棄は農地の土砂崩壊防止および土壌侵食防止にかかわる調節サービスを低下させる大きな要因である.

以上から明らかなように, 農地の土砂崩壊防止および土壌侵食防止にかかわる調節サービスは, 農業生産活動に付随して行われる補修・管理を通じて維持されるため, 耕作放棄はそのサービスを低下させる大きな要因である. これに対し, 耕作放棄後の農地への植林や遷移促進による再森林化は, 同機能の向上をもたらす可能性がある. しかし, 遷移の初期段階や偏向遷移などにより木本植物の侵入・定着が妨げられる場合には, 自然災害の発生が軽減されないおそれがある (農業環境技術研究所, 1995；大黒ほか, 1996).

一方, 畑地については農地開発が土壌侵食を誘発する場合がある. 沖縄のサンゴ礁海域への赤土流入は農地が主たる発生源であり, サトウキビ畑などの開墾による土壌流出の促進が主たる原因とされている (たとえば, 岡本ほか, 1992).

森林の土砂災害防止にかかわるサービスには, 森林伐採, 人工林化, 人工林の生長, 人工林の適正間伐が影響を及ぼす要因としてあげられ, 人工林であっても適切に管理されている場合には, そのサービスはほとんど変わらないとされている. しかし, 管理の粗放化や林相の変化は, やはり水源涵養機能・洪水防止機能の場合と同様に, 土砂災害防止にかかわるサービスに影響を及ぼすことが懸念される. また, 西日本を中心に分布拡大が問題となっている竹林の土砂災害防止に関わるサービスについては, その効果がまだ明確になっているとはいえず, より詳細な検討が必要である (JSSA—西日本クラスター, 2010).

3.4.4 水の浄化と廃棄物処理

(1) 森林の水質浄化機能

森林の水質浄化機能は, 森林を通過する雨水の水質が改善され, あるいは清浄なまま維持される機能である. これらは, 森林土壌層での汚濁物質濾過, 土壌の緩衝作用, 土壌鉱物の化学的風化, 飽和帯での脱窒作用, さらには A_0 層 (落葉落枝およびその腐植層) や林床植生の表面侵食防止効果などによって達成される. 里山の二次林についても同様の機能が期待される.

(2) 農地の有機性廃棄物分解機能

農地には, 土壌中の微生物による有機物分解機能がある. 古来日本では, し尿ならびに畜産廃棄物などの農地還元によって有機物循環系が完結されていたといわれている. 水田では有機物は微生物などの働きにより無機化され, 水中の有機物含量が低下する. 窒素成分は作物に吸収され, 土壌中で脱窒菌の働きにより窒素ガスに変換されることで浄化される. 水稲作付期間に 1 ha あたり数百 kg の窒素が除去されたとの試験結果が報告されている. また, 農業用水路, 湿地, ため池などにおいても脱窒作用があることが知られている. なお, リンは日本では一般に土壌中の粘土粒子によるリン酸吸収係数が大きいために, 大部分が土壌に吸着・固定されると考えられる (三菱総合研究所, 2001).

(3) 変化の要因

農地においては, とくに集約栽培の野菜畑や果樹園など, 水質浄化機能を上回る化学肥料や農薬などが投入されているような農地で著しい水質汚濁が報告されており, 農業の近代化に伴う化学資材の過剰な投入が水質浄化にかかわるサービス低下の大きな要因といえる. これに加え, 都市化の進展による下水処理の普及や輸入飼料による高度畜産体系への展開などが, かつての有機物循環系を分断するように

3.4.5 疾病の予防

日本では，生態系の改変に伴う感染症など疾病の発生率増加の例は確認されていない．逆に，水田側溝の水際泥上を生息地とするミヤイリガイ（日本住血吸虫の中間宿主）が，圃場整備による用水路のコンクリートU字溝化が進んだことにより殺貝剤の使用とも相まって急激に減少し，1978年以降日本住血吸虫病の新規患者報告がなくなったという例がある（三菱総合研究所，2001）．このことから，里山・里海の変化は疾病予防という生態系サービスには大きな影響を及ぼしてこなかったといえる．

3.4.6 病害虫の抑制

定量的なデータはほとんどないものの，かつての農業生態系では天敵が病害虫抑制に一定程度寄与していたものと推定される．農薬の使用は，こうした天敵による病害虫制御サービスを低下させてきたと考えられる．一方，近年では耕作放棄などによる管理粗放化が，病害虫に関連して周辺農地や下流地域にさまざまなマイナスの影響を及ぼしている．具体的には，そうした地域が雑草の繁茂によって周辺農地への種子の供給源となる，セイタカアワダチソウやヒメガマなど花粉症の原因となる植物の発生源となる，カメムシ・バッタ，ノネズミ・モグラなど害虫・害獣の生息地・隠れ場所となる，山間部ではイノシシなど大型ほ乳類の人里への侵入路となる，などの問題があげられている（中川，1993）．

3.4.7 花粉媒介

虫媒による他殖作物については，訪花昆虫による送粉サービスが不可欠である．里山における送粉サービスについては十分解明されていないが，最近里山に生息するさまざまな昆虫類が農作物の花粉媒介者として重要な役割を担っていることを示唆する報告がなされている．たとえば，虫媒作物であるソバについてはソバ畑周囲の二次林に営巣するニホンミツバチ，草地・水辺に生息するハナアブ類や小型のハナバチ類が，ソバの結実率を高めていることがわかった（前藤，2009）．このことは，農地に隣接して樹林地，草地，水辺などが配置される里山のモザイク構造が，作物の送粉サービスに貢献していることを示唆するものである．したがって，圃場整備や耕作放棄によるモザイク構造の単純化は，こうした送粉サービスを低下させると考えられる．

3.4.8 自然災害の防護

これまで述べてきたサービスのほとんどは，防風，防潮，洪水防止，土砂流出防止，土壌侵食防止など，自然災害の防護と深く関連している．ほかにも，多雪地帯における森林の雪崩防止や防雪などの機能がある．

都市域においてはまた，防災および災害時の避難空間（オープンスペース）としての機能がある．古くは，1912年関東大震災時に東京では多摩地域や埼玉県・千葉県などの近隣に避難し，とくに東京南部や川崎市の住民が多摩川流域の梨畑に避難・仮住まいを続けたことが知られている．また，阪神・淡路大震災や三宅島噴火などに伴う仮設住宅建設などでも農業地域が活用されるなど，防災空間としての重要性は非常に大きい．しかし，図3.30で示したように都市農地は年々減少しており，都市化の進展は防災・避難空間提供にかかわるサービス低下を引き起こす要因となっている．

3.5 文化的サービスの変化と直接的要因

3.5.1 伝統的工芸品

日本の伝統産業の一部は，里山の生産物と里山に関する伝統的知識に依存している．農山村の衰退とともに衰退している伝統産業も多い．「伝統的工芸品産業の振興に関する法律」（1974年5月25日法律第57号）は，一定の地域で主として伝統的な技術または技法などを用いて製造される伝統的工芸品が民衆の生活のなかで育まれ，受け継がれてきたことおよび将来もそれが存続し続ける基盤であることに鑑み，このような伝統的工芸品の産業の振興を図り，もって国民の生活に豊かさと潤いを与えるとともに地域経済の発展に寄与し，国民経済の健全な発達に資することを目的とする法律である．

この法律に基づいた経済産業大臣指定の伝統工芸品は，地域別では東北地方21件，関東地方27件，甲信越地方26件，中部地方46件，近畿地方37件，中国・四国地方26件，九州・沖縄地方33件であり，

業種別では織物33件，染織品11件，その他繊維製品4件，陶磁器31件，漆器23件，木工品21件，金工品14件，仏壇・仏具16件，和紙9件，文具9件，竹工品7件，石工品・貴石細工6件，人形8件，その他工芸品16件，工芸用具・材料3件である．このすべてが里山・里海の文化的サービスではないが，織物，染織品，漆器，木工品，和紙，竹工品はおおむね里山の文化的サービスに関連した伝統的知識に起因するものと考えられる．

伝統的工芸品産業は1979年には従業者数28万8,000人，3万4,000企業であったのが，2006年には従業者数9万3,400人，1万6,700企業と著しく減少し，1983年には5,400億円あった生産額も2006年には1,773億円となっている．とくに，30歳未満の従事者の比率は1974年では28.6%であったのが，2006年には6.1%にまで低下した（伝統的工芸品産業振興協会ホームページ http：//kougeihin.jp/crafts/course/より）．

今日，伝統的工芸品産業が抱える労働力不足や原材料確保などの問題は，とくに昭和30年代からの高度経済成長とそれに伴う生活様式，雇用環境などの変化によるところが大きい．漆，木材，竹材，コウゾやミツマタなどの和紙原料，生糸や綿などの原材料は，一部を除いてその供給がとくに中山間地域の農林業のなかに深く組み込まれていたため，農山村の過疎・高齢化と里山の供給サービスの低下により必要量の確保が困難なものが続出している．このように，原材料の供給を農林業に大きく依存してきた伝統的工芸品産業の基盤が揺らぐ結果となった．

また，日本の伝統的な生活様式は農林業主体であった過去の社会状況を反映して季節感を尊重し，五節句や正月をはじめとする季節ごとの行事，夏祭りや秋祭りに代表される豊作祈願の祭礼によって彩られてきた．しかし，このような伝統的な行事・生活文化も生活様式の洋風化，都市化が進むなかで衰退している．戦後の流通の発達により都会から農山村のすみずみまでプラスチック製の食器や容器，化粧合板やスチール製の家具や家電製品が普及し，地域の風土に適応した生活が失われて均質化してきた．このように，伝統的工芸品産業は衰退の一途をたどってきた．

3.5.2 精神的価値

国指定の特別天然記念物と天然記念物のうち，植物群落を対象としたものは127件が指定を受けている（文化庁ホームページ http：//www.bunka.go.jp/bsys/より）．このうち社叢，境内林，樹叢（沖縄では御願と御嶽）などと表記され，実際に神社や寺院が祀られている場所が35件ある．これらは原生林の一部ではなく，里山ランドスケープのなかの鎮守の森に相当するものである．なかには，神奈川県足柄下郡湯河原町の「山神の樹叢」のように樹叢自体が「山の神」として祀られる場所も含まれている．地域別では，東北地方1件，関東地方2件，甲信越地方3件，中部地方11件，近畿地方4件，中国・四国地方9件，九州・沖縄地方5件となっている．とくに，新潟県，石川県，愛知県，奈良県，鳥取県がそれぞれ3件ずつある．これ以外にも都道府県や市町村の天然記念物として社叢，境内林，樹叢が指定されている例も数多い．

3.5.3 レクリエーション

里山・里海は，他のタイプのランドスケープと同様に，近年ではレクリエーションに利用されるようになってきたが，里山・里海の利用に特化したレクリエーションの傾向がわかる定量的なデータはほとんどない．

（1）景観（観光資源）

2005年4月1日の文化財保護法の一部改正により，「地域における人々の生活又は生業及び当該地域の風土により形成された景観地で我が国民の生活又は生業の理解のために欠くことのできないもの」を文化的景観と定義し，とくに重要なものについては「重要文化的景観」として選定することができるようになった．2009年10月1日現在，重要文化的景観としては15件が選定されており，段々畑や棚田などを含む里山的景観が含まれるようになった．

これらの文化的景観は，原生的な自然景観と異なりたえず人間活動の働きかけがないと維持できないが，地域コミュニティーの後退が景観維持を困難にしてきた．現在では池さらい，下草刈り，水路清掃などの景観維持とため池の鯉ふるまいなどの地域のレクリエーションが一体となった行事のもつ文化的な機能が再評価され，地域コミュニティーと都市住民との交流の場にもなるという新しい機能も付加さ

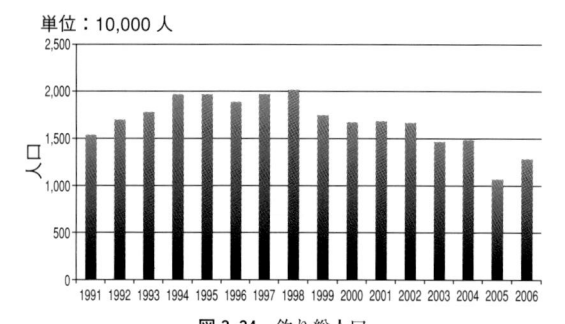

図3.34　釣り総人口
(出典：日本生産性本部, 2009)

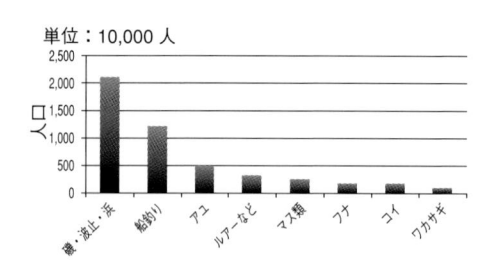

図3.35　釣り種別人口
(出典：農林水産省大臣官房統計部, 2009)

れて，池さらいやホタル鑑賞会の復活などが図られている場所もある．

（2）　レクリエーション（図3.34，3.35）

公益財団法人日本生産性本部のレジャー白書によると，レクリエーション人口は1998年の2,020万人のピークからすでに半減し，2005年には1,070万人となって最低を記録したが，2006年には1,290万人とややもち直している（日本生産性本部, 2009）．1998年のピークは，ブラックバス（オオクチバス・コクチバス）の淡水ルアー釣りのブームである．このブームは，有名タレントらがテレビ番組でバス・フィッシングを見せるなど，若者のファッションとして大いに盛り上がったが，釣り具業者や愛好家があちこちの湖沼やダム湖にブラックバスを放流するなどで大きな社会的な問題となった．ブームの衰退は，「特定外来生物による生態系等に係る被害の防止に関する法律」（2004年6月2日法律第78号）によって2005年6月1日付で特定外来生物（生態系，人の生命・身体，農林水産業へ被害を及ぼす疑いがあり，その飼養，栽培，保管，運搬，輸入等について規制を行うとともに，必要に応じて国や自治体が野外等の外来生物の防除を行う）の第一次指定種として，オオクチバス，コクチバス，ブルーギル

が含まれた影響が大きい．

釣り業界市場は1997年の9,506億円をピークに2005年は4,387億円に縮小している．沿岸域と内水面をもっぱら利用する釣りを趣味とする人口は，農林水産省のデータによると，2007年の延釣り人口は4,500万人で，海釣りが3,300万人（磯・波止・浜が2,050万人，船釣りが1,250万人）で，アユ釣りが500万人，ルアーなどが300万人，マス類が250万人，以下，フナ，コイ，ワカサギとなっている（政府統計 http://www.e-stat.go.jp/SG1/estat/List.do?lid=000001055630）．このように，内海面を含む里山や里海は文化的サービスの提供の一端を担っているといえるだろう．

（3）　潮干狩や海水浴

里海の典型的なレクリエーション利用である潮干狩や海水浴などは，減少傾向である．潮干狩は，坂井（1995）によると，1918年の記録では「去月中旬には三輪田女学校の女生が千人近くで潮干狩を催し」（同上：214）とあり，ほかにも200人から300人近くの人がリヤカーを引っ張り，多くの人々が訪れていたとある．しかし，1980年以降潮干狩の干潟が埋め立てられ，たとえば千葉県における潮干狩り客数は減少した（図3.36）．

海水浴の起源は医療的効果を目的としたものであったが，近年ではレジャー化している．千葉県の

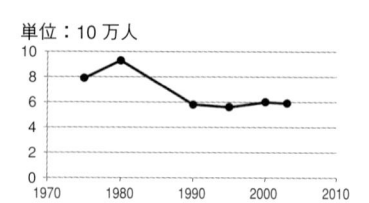

図3.36　千葉県における潮干狩客数の変遷
(出典：本田, 2010)
備考：『千葉県統計年鑑』（1975～2003）を基に作成

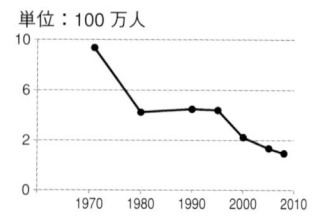

図3.37　千葉県における海水浴客数の変遷
(出典：本田, 2010)
備考：『千葉県統計年鑑』（1980～2000）；千葉県観光課資料（1971, 2005, 2008）を基に作成

海水浴は，鉄道の発達や自動車の普及に伴い多くの海岸が海水浴場としてにぎわった．しかし，海辺環境の変化やプール施設の増加により海水浴客数は1970年以降大幅に減少した（図3.37）．

（4）子どもの野外での遊び

子どもにとって里山や水辺での遊びは，動植物に対する認識にもつながっていることを大越ほか（2003・2004）が指摘している．しかし，子どもの野外での遊びは減少傾向にあり，「環境白書：平成8年版」（環境庁，1996）によると，1965年頃を境に屋内での遊び時間が野外での遊び時間を上回った．千葉県野栄町での調査（中村，1982）によると，子どもの遊びは昭和30年代の魚とり・メンコなどの29種類が，昭和50年代には野球・テレビなどの18種類に減少した．近年，子どもの遊ぶ場所は家の中や公園が多く，その遊び方もテレビやテレビゲームで遊ぶ傾向が見られる．この傾向は都市部・農村部に共通である．しかし，アンケートによると両地域の子どもたちにとって現在でも強く求められている遊びは，海や森林，沼などの虫・魚とりなど自然を対象とした遊びである（梅里・中村，1997）．

（5）伝統的な祭り・伝統文化・芸能の保存

伝統的な祭り・伝統文化・芸能の保存のすべてが里山・里海の文化的サービスとはいえないが，ほかにデータがないので2005年農林業センサスの農村集落調査を利用すると，全国の調査対象農業集落数約11万1,000集落のうち伝統的な祭り（地域で昔から行われている地域固有の祭りで，運動会などのイベントは含まない）の開催に取り組んでいる集落数は77.9%の約8万6,000集落，伝統文化・芸能の保存に取り組んでいるのは29.0%の約3万2,000集落であり，それぞれ10年前の79.8%の8万8,000集落，30.6%の3万4,000集落に比べるとやや減少傾向にある．とくに，里山が含まれる中間農業地域と山間農業地域の約5万8,000集落のうち伝統的な祭りの開催に取り組んでいる集落数は78.3%の約4万5,500集落，伝統文化・芸能の保存に取り組んでいるのは29.5%の約1万7,000集落であり，それぞれ10年前の79.7%の約4万6,300集落，31.3%の約1万8,000集落に比べるとやや減少している．

逆に，景観保全・景観形成活動の取り組んでいる集落数は全体で58.1%の約6万4,000集落（中間農業地域と山間農業地域の集落では61.5%の約3万6,000集落），自然動植物の保護に取り組んでいる集落数は6.7%の約7,000集落（中間農業地域と山間農業地域の集落では約7.5%の約4,370集落）で，それぞれ10年前の54.2%の6万集落（中間農業地域と山間農業地域の集落では56.6%の約3万3,000集落），5.8%の6,000集落（中間農業地域と山間農業地域の集落では6.5%の約3,800集落）に比して増加傾向にあるし，中間農業地域と山間農業地域の集落でその傾向は顕著である．そのほかにも各種イベントの実施や高齢化の進行に対応した高齢者への福祉活動の実施も3割を超える集落が取り組んでおり，文化・生活面でも農業集落は依然として多様な機能をもっていることを示唆している．

3.5.4　教育：里山・里海教育

近年は，里山の雑木林などを対象とした市民参加型の維持管理などの活動が全国各地で活発化している．これらの活動では雑木林の維持管理活動だけでなく，自然観察，レクリエーション活動，環境教育などさまざまな活動メニューによる複合的な利用が展開されている（石井ほか，1993；中川，1996；倉本・内城，1997；重松，1999；里山委員会，1996；江成，2000；進士，2000；犬井，2002；日本自然保護協会，2002）．

そのなかで，1999年度と2000年度に環境省自然環境局から財団法人日本自然保護協会が受託実施した「里やまにおける自然とのふれあい活動」に関するアンケート調査では，1,031件の回答があり，その76%で自然観察会や学習会が実施されていた．読売新聞社が2004年に「日本の里地里山30—保全活動コンテスト」を募集したところ，161団体からの応募があった．また，朝日新聞社が2008年に「にほんの里100選」を募集したところ，4,474件の応募があった．しかし，これらの応募団体がいかなる活動を行っているかを概観することはできない．一方，大学などでの里山再生に直結する環境教育プログラムは，金沢大学「角間の里山自然学校」「能登里山マイスター養成プログラム」，長野大学「森の恵みクリエータ養成講座」，宇都宮大学・里山科学センター「里山野生鳥獣管理技術養成プログラム」などがあげられる．

3.6 里山・里海の基盤サービスの変化の傾向

ここでは，基盤サービスの変化を述べる．里山・里海を構成する主要な生態系は，森林，草原，干潟，藻場，サンゴ礁と考えられる．これらはどれも基盤サービスとしての一次生産を支える．森林については，天然林が若干減少し，人工林が若干増加し，面積としては大きな変化はなく，依然として国土の約66％を占めている．上述のように，木材量は着実に増加している．その要因は利用不足である．しかし，水源涵養機能や山地災害防止機能が増加したという根拠はなく，現状維持と考えられる．

牧草地は1990年頃まで増加していたが，最近は飽和状態にある（図3.38）．牧草地を除く草原は利用低減により遷移が進み，面積が減少している．日本の草原の多くは火入れなどを行った半自然草原であり，かつては馬などを飼育していた．

干潟はおもに埋め立てによって面積が減少した．藻場には海草類による海草藻場と海藻類による狭義の藻場があるが，いずれも埋め立てと環境汚染により面積が減少している（図3.39）．サンゴ礁は明確な面積の減少よりもサンゴ被度の低下が目立つ．その原因として，陸域からの赤土の流入，気候変動による水温上昇，サンゴを食べるオニヒトデの大発生があげられる．

総じて，日本の生物多様性はなお喪失の過程にあるが，1990年頃までのバブル経済による土地開発ブームの時代に比べればその減少速度は減速しているといえる．しかし，利用低減によって多くの種が急激に減っており，予断を許さない．

過去の減少の最大の要因は土地利用変化だが，副次的要因の順序は分類群により多様であり，植物については利用低減による遷移が3番目の要因にあげられている点が世界的にも珍しい特徴である．その理由として，日本にはすでに原生自然と呼べる地域はほとんど残されていないにもかかわらず，水田などの里山地域に湿地性や遷移途中段階に特徴的な生物が多く生育し，先進国では比較的多様な生物多様性が維持されてきたという経緯がある．その里山地域が土地改変や農林水産業の集約化による汚染，さらには過疎化による利用低減により遷移が進み，近年急速に消失しつつある．

日本の生物多様性の変化の要因のもう1つの特徴は，気候変動が重要と考えられていないことである．逆にいえば，氷河時代に欧州の生物多様性が失われたのに対し，南北に長く，降水量が多く，標高差の大きな日本の自然が気候変動に対して比較的頑健と考えられ，現在まで面積の狭さに比して豊かな生物多様性が維持されてきたともいえる．

最後に重要なこととして，里山の特徴であるモザイク的景観の喪失は，植物の生物多様性に対しては負の影響を与えると考えられる．

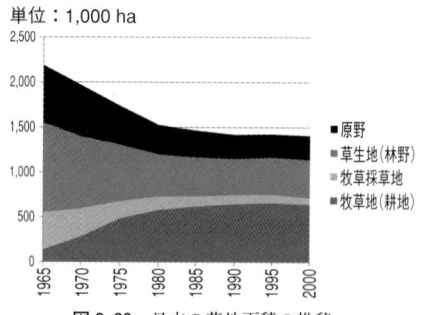

図3.38 日本の草地面積の推移
（出典：牧草採草地と原野は総務省統計局（http://www.stat.go.jp/data/chouki/index.htm），牧草地は農林水産省大臣官房統計部（2008），草生地は農林水産省統計部（2008）より）

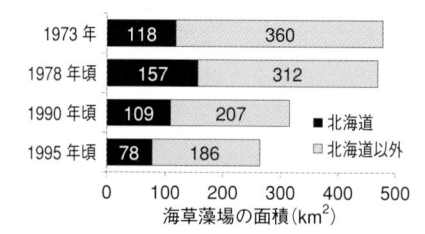

図3.39 日本の海草藻場面積の減少
（出典：環境省生物多様性総合評価検討委員会，2010）

引用文献

・有田博之・山本真由美・友正達美・大黒俊哉（2003）：耕作放棄水田の復田コストからみた農地保全対策—新潟県東頸城郡大島村を事例として—．農業土木学会論文集，**71**(3)（通号225）：381-388．
・石井実・植田邦彦・重松敏則（1993）：里山の自然をまもる，171 pp.，築地書館．
・犬井正（2002）：里山と人の履歴，361 pp.，新思索社．
・梅里之朗・中村俊彦（1997）：日本の農村生態系の保全と復元Ⅳ：子どもの遊び空間にはたす農村自然の役割．国際景観生態学会日本支部会報，**3**(4)：61-63．
・江成卓史（2000）：都市住民による山林・農地管理への課題と展望．ランドスケープ研究，**63**(3)：186-189．

- 大黒俊哉・松尾和人・根本正之（1996）：山間地における耕作放棄水田と畦畔のり面の植生．動態日本生態学会誌, **46**：245-256.
- 大越美香・熊谷洋一・香川隆英・飯島博（2003）：水辺における子どもの遊びの変遷と動植物に対する認識．ランドスケープ研究, **66**(5)：733-738.
- 大越美香・熊谷洋一・香川隆英（2004）：里山における子ども時代の自然体験と動植物の認識．ランドスケープ研究, **67**(5)：647-652.
- 岡本勝男・山田一郎・今川俊明・福原道一（1992）：ランドサットTMデータによる沖縄島北部サンゴ礁の赤土分布評価．地学雑誌, **101**(2)：107-116.
- 温暖化影響総合予測プロジェクトチーム（2008）：地球温暖化「日本への影響」—最新の科学的知見, 温暖化影響総合予測プロジェクトチーム．http://www.nies.go.jp/s4_impact/pdf/20080815report.pdf
- 温室効果ガスインベントリオフィス（2010）：日本国温室効果ガスインベントリ報告書（NIR）, 国立環境研究所．http://www-gio.nies.go.jp/aboutghg/nir/2010/NIR_JPN_2010_v3.0J.pdf
- 加藤好武（1998）：農林地および農用地のもつ国土保全機能の定量的評価．環境情報科学, **27**(1)：18-22.
- 環境省生物多様性総合評価検討委員会（2010）：生物多様性総合評価報告書, 環境省自然環境局自然環境計画課生物多様性地球戦略企画室．http://www.biodic.go.jp/biodiversity/shiraberu/policy/jbo/jbo/files/allin.pdf
- 環境庁（1996）：環境白書：平成8年度版, 大蔵省印刷局．
- 関東農政局計画部（1994）：平成5年度農業農村基盤国土・環境保全機能維持増進対策調査報告書（越谷地区）, 関東農政局計画部．
- 倉本宣・内城道興編（1997）：雑木林をつくる—人の手と自然の対話・里山作業入門, 186 pp., 百水社．
- 坂井昭（1995）：干潟の民俗誌：東京湾に面した西上総地方の漁業と暮らし, 254 pp., 三陽工業．
- 佐藤晃一（1996）：中山間地域における過疎の進行と資源管理機能の低下．農業土木学会論文集, **64**(2)：233-240.
- 里山委員会（1996）：里山管理ハンドブック, 88 pp., 社団法人大阪自然環境保全協会．
- 重松敏則（1999）：市民による里山の保全・管理, 74 pp., 信山社出版．
- 進士五十八（2000）：都市, 緑と農, 128 pp., 東京農業大学出版会．
- (社)瀬戸内海環境保全協会：せとうちネット・ホームページ「瀬戸内海の環境情報」．http://www.seto.or.jp/seto/kankyojoho/sizenkankyo/akasio.htm
- 総務省統計局（2010a）：住民基本台帳人口移動報告年報（詳細集計）2009年, 総務省．http://www.e-stat.go.jp/SG1/estat/List.do?lid=000001054292
- 総務省統計局（2010b）：平成17年国勢調査：最終報告書「日本の人口」統計表（時系列表, 都道府県一覧表）, 総務省．http://www.e-stat.go.jp/SG1/estat/List.do?bid=000001025191&cycode=0
- 総務省統計局：日本の長期統計系列, 総務省．http://www.stat.go.jp/data/chouki/index.htm
- 千野敦義・木村和弘・伊藤正樹（1994）：山間急傾斜地水田の荒廃化と台風による農地災害．農業土木学会誌, **62**(4)：295-300.
- 中川重年（1996）：再生の雑木林から, 205 pp., 創森社．
- 中川昭一郎（1993）：耕作放棄水田の実態と対策, 農業土木事業協会．
- 中村攻（1982）：戦後農村地域の子供の遊びと遊び場の変遷過程に関する調査研究：千葉県野栄町東栢田集落のケース・スタディ．日本建築学会論文報告集, **321**：155-163.
- 日本学術会議（2001）：地球環境・人間生活にかかわる農業及び森林の多面的な機能の評価について（答申）．http://www.scj.go.jp/ja/info/kohyo/pdf/shimon-18-1.pdf
- 日本自然保護協会編（2002）：里やまにおける自然とのふれあい活動, 315 pp., 日本自然保護協会．
- 日本生産性本部（2009）：レジャー白書2009, 178 pp., 日本生産性本部．
- 日本の里山・里海評価—関東中部クラスター（2010）：里山・里海：日本の社会生態学的ランドスケープ—関東中部の経験と教訓—, 国際連合大学．http://www.ias.unu.edu/sub_page.aspx?catID=111&ddlID=1485
- 日本の里山・里海評価—東北クラスター（2010）：里山・里海：日本の社会生態学的ランドスケープ—東北の経験と教訓—, 国際連合大学．http://www.ias.unu.edu/sub_page.aspx?catID=111&ddlID=1485
- 日本の里山・里海評価—西日本クラスター（2010）：里山・里海：日本の社会生態学的ランドスケープ—西日本の経験と教訓—, 国際連合大学．http://www.ias.unu.edu/sub_page.aspx?catID=111&ddlID=1485
- 日本の里山・里海評価—西日本クラスター瀬戸内海グループ（2010）：里山・里海：日本の社会生態学的ランドスケープ—瀬戸内海の経験と教訓—, 国際連合大学．http://www.ias.unu.edu/sub_page.aspx?catID=111&ddlID=1485
- 日本の里山・里海評価—北信越クラスター（2010）：里山・里海：日本の社会生態学的ランドスケープ—北信越の経験と教訓—, 国際連合大学．http://www.ias.unu.edu/sub_page.aspx?catID=111&ddlID=1485
- 日本の里山・里海評価—北海道クラスター（2010）：里山・里海：日本の社会生態学的ランドスケープ—北海道の経験と教訓—, 国際連合大学．http://www.ias.unu.edu/sub_page.aspx?catID=111&ddlID=1485
- 農業環境技術研究所（1995）：多雪地すべり地帯における耕作放棄棚田の法面崩壊と土地再利用への試案．農業環境研究成果情報第11集（平成6年度成果）．
- 農業環境技術研究所（1997）：都市近郊水田の夏期最高気温低減効果．農業環境研究成果情報第13集（平成8年度成果）：77-78.
- 農業総合研究所農業農村の公益的機能の評価検討チーム（1998）：代替法による農業・農村の公益的機能評価．農業総合研究, **52**(4)：113-138. http://www.affrc.go.jp/agrolib/RN/0000073484.pdf
- 農林水産技術会議事務局（1997）：中山間地域における農

林業の環境保全機能の変動評価，農林水産省農林水産技術会議事務局．
- 農林水産省（2002）：生産調整の現状と課題，農林水産省．http://www.maff.go.jp/j/soushoku/jyukyu/komeseisaku/pdf/01siryo.pdf
- 農林水産省（2007）：作物統計：作況調査（水陸稲，麦類，豆類，かんしょ，飼肥料作物，工芸農作物）長期累年，農林水産省．http://www.e-stat.go.jp/SG1/estat/List.do?lid=000001061500
- 農林水産省（2008）：市街化区域内農地の推移，農林水産省．http://www.maff.go.jp/j/nousin/kouryu/tosi_nougyo/t_data/pdf/sigaika.pdf
- 農林水産省（2009）：食料需給表（平成21年度）活版本，農林水産省．http://www.maff.go.jp/j/zyukyu/fbs/index.html
- 農林水産省：農林水産省パンフレット「21世紀への提言 Solution 農業・農村の多面的機能を見直そう」．http://www.maff.go.jp/j/nousin/noukan/nougyo_kinou/index.html
- 農林水産省大臣官房情報課編（2007）：平成19年版食料・農業・農村白書参考統計表，農林統計協会．
- 農林水産省大臣官房統計部（2006）：平成17年農林水産業生産指数（概算）（平成12年＝100）．
- 農林水産省大臣官房統計部編（2008）：平成19年耕作地及び作付面積統計，農林統計協会．http://www.e-stat.go.jp/SG1/estat/List.do?lid=000001061493
- 農林水産省大臣官房統計部編（2009）：平成20年度遊魚採捕量調査報告書，農林水産省大臣官房統計部．http://www.e-stat.go.jp/SG1/estat/List.do?lid=000001055630
- 農林水産省大臣官房統計部（2008）：農林業センサス累年統計書：林業編（明治35年～平成17年），農林統計協会．http://www.e-stat.go.jp/SG1/estat/List.do?bid=000001012099&cycode=0
- 農林水産省生産局（2009）：平成19年度蚕業に関する参考統計，農林水産省生産局．http://www.e-stat.go.jp/SG1/estat/List.do?lid=000001042663
- 本田裕子（2010）：里山里海の文化と生態系サービスの変遷．千葉県生物多様性センター研究報告，**2**：39-53，千葉生物多様性センター．http://www.bdcchiba.jp/publication/bulletin/bulletin2/rcbc2-full.pdf
- 前藤薫（2009）：里山昆虫による生態系サービスを活かす．森林環境研究会編，森林環境2009, pp. 50-57，森林文化協会．
- 増本隆夫・高木強治・吉田修一郎・足立一日出（1997）：中山間水田の耕作放棄が流出に与える影響とその評価．農業土木学会論文集，**65**(3)：389-398．
- 三菱総合研究所（2001）：地球環境・人間生活にかかわる農業及び森林の多面的な機能の評価に関する調査研究報告書．
- 矢野恒太記念会編（2006）：数字でみる日本の100年 改訂第5版，矢野恒太記念会．
- 横張真・加藤好武・山本勝利（1998）：都市近郊水田の周辺市街地に対する気温低減効果．ランドスケープ研究，**61**：731-736．
- 林野庁（2000）：森林・林業白書：平成13年度，日本林業協会．
- 林野庁企画課（2008）：平成19年木材需給表，農林水産省．http://www.maff.go.jp/j/tokei/kouhyou/mokuzai_zyukyu/index.html
- Kato, Y., Yokohari, M. and Brown, R. D. (1997): Integration and visualization of the ecological value of rural land scapes in maintaining the physical environment of Japan. *Landscape and Urban Planning* **39**: 69-82.
- Yokohari, M., Brown, R. D., Kato, Y and H. Moriyama, H. (1997): Effects of paddy fields on summertime air and surface temperatures in urban fringe areas of Tokyo, Japan. *Landscape and Urban Planning*, **38**: 1-11.

調整役代表執筆者：大黒俊哉，湯本貴和，松田裕之，林直樹
代表執筆者：大久保悟
協力執筆者：大浦広斗，倉田直幸，中村慧，朱宮丈晴，永松敦

4 なぜ里山・里海の変化は問題なのか？

4.1 はじめに

第3章では，近年の里山・里海の変化の傾向およびその直接的要因と間接的要因を論じた．本章では，生態系サービスの変化が生物多様性と人間の福利にどのような変化をもたらしたかを論じるとともに，里山・里海の変化がなぜ問題になるのかを論じる．

4.2 生態系サービスのインターリンケージ

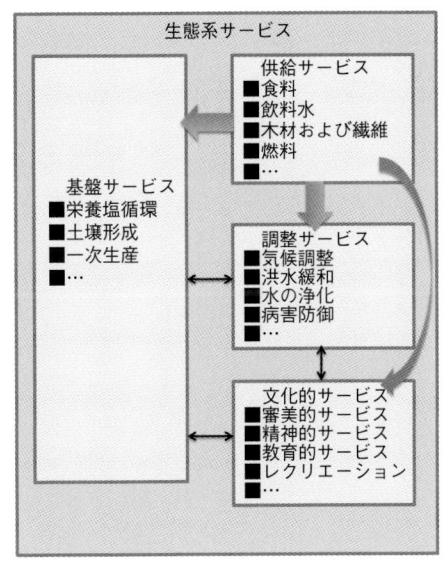

4.2.1 生態系サービス間のインターリンケージ：生命線としての供給サービス

各生態系サービスは個別に単独で成立するわけではなく，それぞれが相互に作用しつつ地域の環境，資源，時代，社会の状況に即して存立している．たとえば，木材供給の最大化を図るには地域の森林のすべてを人工林にしてしまうという考え方もあるが，このような大きな生態系の改変によって他の供給サービス，調整サービス，文化的サービス，基盤サービスは大きな影響を受ける．

里山・里海において，食料や燃料などの供給サービスはこれまで生活や生業に不可欠な生命線であり，それを維持するための知恵，技術，文化が多くの地域で育まれてきた．したがって，里山・里海の生態系サービス間のインターリンケージを考える場合にも，供給サービスの扱いが他の生態系サービスにどのような影響を及ぼすのか，つまり供給サービスを起点として検討する必要がある（図4.1）．

（1）里山・里海の供給サービスの過剰利用による他の生態系サービスの劣化

里山では，戦前・戦中から戦後の高度成長期の前まで薪炭がエネルギー源として最も重要な役割を果たしていた．とくに，大都市周辺のエネルギー消費地は周辺の里山で産出される薪炭に多くを依存しており，需要がとくに多かった1930〜1950年代にかけては，薪炭生産のための森林資源の過剰な収奪により関東周辺や東海，近畿，中国地方を中心にはげ山が出現し，それによって雨水流出・洪水調整機能が低下した地域もあった．

また，戦後は木材需要増に対応するためスギ・ヒノキ人工林による画一的な拡大造林が国策として全国的に進められた．こうした造林の多くは，薪炭林

図4.1 生態系サービス間のインターリンケージ

としての価値を失った里山の広葉樹林の伐採跡地に針葉樹林を植林するかたちで進められた．しかし，比較的深根性の広葉樹林に対して根が浅い針葉樹林では土砂流出抑制能に違いがあるほか，針葉樹人工林では相対的に下層植生が乏しく多様な山菜などの里山の恵み，土壌形成機能，野生生物のハビタットとして，広葉樹林と比較すると劣ることが少なくない．

里山では，農業生産効率を高めることを目的として，圃場整備，水路や農業用ダムの整備，農薬や化学肥料の利用が進められてきた．それによって，米を中心とする供給サービスの維持は図られてきたが，農業生態系における生物多様性やそれに裏づけられた他の生態系サービスへの配慮は十分だったとはいえない．そのような配慮が農業政策のなかに組み込まれ，農産物の差別化，付加価値化，地域ブランド化が進められるようになったのは1990年代以降であり，それまでは生産効率の向上がもっぱら重視されてきた．

里海では，餌料を投与して養殖が行われ，投与した餌料の余剰がヘドロとして海底に蓄積し，赤潮発生の原因になるなど解決すべき課題も存在する．また，種苗として生産された稚魚・稚貝の放流が，本来放流地以外の地域からの移入種である場合が多く，遺伝子攪乱の問題をまったく無視したかたちで行われている．東京湾では1997～2001年にかけて北朝鮮産あるいは中国産のシナハマグリの種苗が放流されているが，在来種のハマグリとの交雑が懸念されている．さらに，日本国内以外からの種苗の移入に伴いそれまで存在しなかった有害生物が出現したりする事実が報告されている．たとえば，1990年代後半に中国からの輸入アサリに混入したサキグロタマツメタは，各地で急速に分布を広げて深刻な漁業被害を招いている（大越，2004）．

（2）里山・里海の供給サービスの利用低下に伴う他の生態系サービスの劣化

エネルギー供給構造，産業構造，ライフスタイルの変化といった間接要因が，里山・里海の供給サービスを利用しないという直接要因に結びつき，それが里山のモザイク構造や生物多様性に影響を及ぼすことになる．たとえば，西日本の里山での急速な竹林の拡大は，タケノコをかつてのように消費しない食生活，輸入タケノコの増加，里山の放置などが要因であり，それが生物多様性，他の供給サービスや調整サービス（雨水流出抑制，土壌侵食抑制）などに悪影響を及ぼしている（鳥居・井鷺，1997；鳥居，2003；山本ほか，2004；大野ほか，2004）．

一方で，薪炭林やシイタケ原木林として萌芽更新によって維持管理されてきたコナラ林やクヌギ林は，現在実際にはそのほとんどはかつてのようには利用されていない．北関東のシイタケ生産が比較的盛んな地域での研究結果では，薪炭利用が盛んであった1950～1960年代は広葉樹林の70%以上が薪炭用に利用されていたが，現状での広葉樹林の利用は7～22%と大幅に低下しているとされる（齊藤，2004）．このように，里山の供給サービスは低下したわけではないが，利用されないために供給サービスの利用量が低下している．ただし，コナラ林やクヌギ林は高齢林化すると萌芽力が衰えるほか，暖温帯地域では放置しておくとアラカシ，シラカシなどの常緑樹林に遷移することから，利用せずに放置した場合の潜在的な供給力の扱いについては，地域環境特性に応じて留意する必要がある．いずれにせよ，里山・里海の供給サービスに関しては単に利用量（フロー）から評価するだけではなく，その潜在的な供給力（ストック）の評価とあわせて両者のバランスを考慮する必要がある（第2章，表2.4参照）．

4.2.2 時間的・空間的なスケール間のインターリンケージ

（1）里山・里海における過去の供給サービスの収奪による現在の生態系サービスの劣化

人間の社会経済活動の時間軸と生態系の時間軸とは異なる．哺乳動物のライフサイクルは人間に近い場合もあるが，森林生態系の時間軸は10年から100年単位と長期間に及ぶ．生態系に対する作用や生態系の環境形成作用には，多くの場合に時間差（タイムラグ）がある．そのため，人間の過去の利用による生態系サービスへの影響がある程度の期間を経て顕在化することがある．

里山の森林はかつて薪炭材や建築用材として，ときには持続的な供給能を超えて利用されてきた（タットマン，1998）．建築用材については，第二次世界大戦後の建築需要の急速な拡大に対応するために，スギ・ヒノキ人工林を植林することで国内供給力の増強を図った．温暖湿潤の気候に恵まれた日本

では，過剰な利用ではげ山になっても20～30年も経過すれば森林に回復するところが多いが，全国各地で見られる放置された人工林のように一見すると森林が維持されているように見えて，質的には木材供給機能や洪水緩和機能などの供給サービスや調整サービスが低下していたり，生物多様性が劣化していたりする．

（2）上流の里山生態系と下流の里海生態系のリンケージによる生態系サービスの劣化

農業と畜産の盛んな集水域では，農業で用いられる窒素肥料や畜産における家畜の糞尿が，窒素負荷として河川水質に大きな影響を及ぼすことが知られている．とくに，日本には輸入飼料が大量に輸入されており，それに伴い家畜糞尿が多量の有機性廃棄物として発生している（袴田，1992）．家畜糞尿由来の窒素を農地あたりに換算すると1999年には159 kgN/ha・yと見積もられており（西尾，2002），その33%は廃棄されている（Mishima，2001）．農地へ投入された肥料や家畜排泄物中の窒素は，水に溶けて土壌や地下水中を移動する．作物に利用されない窒素は，地下水を汚染し河川に流出して湖沼や閉鎖性海域の富栄養化の原因となる．そのため，下流域の水質汚濁を改善し里海の生態系サービスを豊かにするには，上流域における農業や畜産業からの汚濁負荷を減らすなど流域全体での取り組みが重要となる（谷内ほか，2009）．

第二次世界大戦後，多くの河川にダムなどの構造物が設置され，回遊性の魚（サケ・マス類，ウナギ，アユなど）の遡上が阻害されている（Murota，2003）．多くの河川で回遊魚の減少が知られていて，琵琶湖産のアユの稚魚放流などで補っているが，供給サービスは明らかに低下している．

このように，里山と里海は水循環，栄養塩循環，回遊性の魚の移動などを通じて流域を単位としてつながっている．また，昔は里山で伐採した木材を川に流して運び，下流の河口域で引きあげてそれを製塩業のための燃料として利用していた．それによって精製された塩は，沿岸域から里山の住民へと還元されるという，塩を介しての上流と下流との関係が存在していた．（BOX 4.1 参照）

（3）都市地域への人口集中による過疎地域の里山・里海の基盤サービスの劣化

1960年の南関東4都県（埼玉，千葉，東京，神奈川）の人口は1,786万人であったが，1985年には3,000万人の大台を超えた．この間，すでにほぼ飽和状態になっていた東京の人口は大きく伸びておらず，1,000万人を超える増加人口のほとんどを周辺3県が受け入れていた（JSSA—関東中部クラスター，2010）．このような歴史的にも類をみない急激な人口集中のために，都市近郊の農村地帯が人口の大きな受け皿になった．その結果，薪炭林，農用林としての経済的な価値が失われたコナラ林やアカマツ林のような都市周辺の里山の樹林地が開発対象となり失われていった（齊藤，2004）．同様の傾向は，名古屋市を中心とした中京圏や大阪市，神戸市，京都市を中心とした関西圏にも見られる．大都市周辺では，このように「都市に飲み込まれる里山」が典型的なパターンといえる（JSSA—西日本クラスター，2010）．

日本では2005年以降人口減少が続いており，その傾向は大都市から離れた中山間地域ほど顕著である．国立社会保障・人口問題研究所（2009）の最新の市町村別推計では，2035年の人口には2005年より人口が多い自治体はわずか8.1%であり，残る91.9%の自治体では2005年の人口を下回り人口が少なくなる．同推計では，単に人口が全体として減少するだけでなく，生産年齢人口（15～64歳人口）の減少と老年人口の大幅な増加が指摘されている．このようななか，青森市などの一部の地方都市では中心市街地の活性化，環境負荷低減，郊外スプロールの回避策として，さまざまな機能を都市の中心部にコンパクトに集中させることで都市の活力を保持するコンパクト化施策を進めているところもある．

その一方で，中山間地域の里山では集落戸数の減少と高齢化によって集落としての従来のような伝統や慣習，共助の機能を維持できない地域が増えている（大野，2005）．このような地域では農林業も弱体化・衰退しており，人々は自家消費分の農産物を細々とつくる程度で，耕作放棄地や放置された人工林が多く，里山特有の多様な生態系タイプのモザイクが失われていることが多い．また，地域によっては耕作放棄地や森林がイノシシやニホンジカ，ニホンザルなどの格好の餌場やねぐらとなり，これらの動物の食害がかろうじて維持されている農地の供給サービスを阻害し，それが過疎化や農業離れを促進するという悪循環が生じている．中山間地域では，

> **BOX 4.1**
>
> 塩の道（宮本，1985より）
>
> ・新潟県の山の中の話
>
> 　冬の間に山に入って木を伐り，それを川のほとりにもってきておく．そして雪解けの頃になると水量が多くなるので，その時期に木を全部川に流す．そのとき，それぞれ一軒一軒の者が，自分の木にその家の印をつけておく．河口には網を張っておいて，流れついた木がひっかかるようにしておく．それをより分けて引き揚げ，その浜で一軒一軒が塩を焼く．そして塩ができるとそれをもって再び山の中に帰っていく．
>
> 　そのうち，これでは不便なので海岸の人に焼いてもらうために山中から木を伐って流すようになった．そのときは，自分の家用の塩を焼くのに必要な分量の倍くらいを伐って流してやる．新潟あたりではこれを「塩木（しょっき）流し」と呼んだらしい．地元の海岸の人たちがその塩木を受けて，山の奥の人たちのものを焼いてやる．残った木で自分たちのものも焼く，ということになっていった．
>
> 　ところが，江戸時代になって，瀬戸内海の塩が船で新潟まで運ばれてくるようになると，その塩を今度は山の中の人たちも買うようになる．そうなると，海岸でいままでやっていたような直煮はやめることになった．塩を買う金を得るため，以前と同じように薪を出して，その薪を海岸で船に積めるかたちにして，その船に乗せて新潟まで行く．そして新潟の町屋の燃料として薪を売り歩き，そこで得た金で塩を買って山に帰るようになった．
>
> 　また，広島県から山口県の山中では，瀬戸内海での入浜塩田の発達に伴って，海岸域では塩が容易に得られることから，海岸に塩を買出しにくる．そのとき，山の木を伐って，生木のままそれをよく燃えるような枯枝などを入れて，焼いて灰にして，その灰を売って金にして，それで塩を買ったという．灰は，麻をさらすために使われた．灰のアクを利用して麻をさらして，麻を白くしたのだという．
>
> ・塩魚
>
> 　かつて山中の人びとにとって塩はとても貴重なものであったため，塩イワシを買ってくると，必ず焼いて，焼いた日はまず舐める．次の日に頭を食べ，その次の日は胴体を食べ，そして次の日はしっぽを食べるというふうに，1尾のイワシを食べるのに4日かけたという．

各地にこのような「森に還る里山」が見られる（JSSA―西日本クラスター，2010）．

4.3　里山・里海は生物多様性を高めるのか

4.3.1　日本の生物多様性と変化の要因

　日本は，先進国のなかで豊かな生物多様性が今でも残っている国の1つである（表4.1）．その要因として，島嶼性の国土は大陸性に比べて固有種の割合が高い傾向にあることに加えて，南北に長く氷期と間氷期の気候変動に対応しやすかったこと，山岳部が多く開発の手をまぬがれてきたこと，工業製品の輸出が優先され食料輸入が拡大して食料自給に必要な耕地開発が少なかったこと，消失した湿原に生息する生物が水田周辺で生き残ってきたこと，草原性の動植物が人間の火入れなどによって維持される半自然草原で生き残ってきたこと，水源地や鎮守の森など意図して保全された場所が存在したことなどがあげられる（湯本，2010）．

　生物多様性喪失の要因は，生態系サービス変化の直接的要因と同じく，①生息地改変，②気候変動，③外来種，④乱獲，⑤環境汚染のほか，⑥利用低減があげられる．図4.2に示すとおりどの分類群においても最も多い要因は生息地改変である．また，植物では利用低減による自然遷移が3位に，両生類や

表4.1 アジアと欧州のおもな国の生物多様性（UNEP, 2000）

国 名	面積（万 km²）（森林率）	哺乳類	鳥 類	両生類	維管束植物
日 本	37（68%）	188（22%）	250（8%）	61（74%）	5,565（36%）
フィリピン	30（23%）	158（65%）	196（95%）	92（79%）	8,931（39%）
イギリス	24（8%）	50（0%）	230（0%）	7（0%）	1,623（1%）
フランス	55（27%）	93（0%）	269（0%）	32（9%）	4,630（3%）
ドイツ	35（31%）	76（0%）	239（0%）	20（0%）	2,632（0%）
イタリア	29（22%）	90（3%）	234（0%）	41（29%）	5,599（13%）
スペイン	50（16%）	82（5%）	278（2%）	28（14%）	5,050（19%）
ベトナム	33（27%）	213（4%）	535（2%）	80（34%）	10,500（12%）

注）各分類群の数値は在来種数，（ ）内は各分類群における固有種の割合

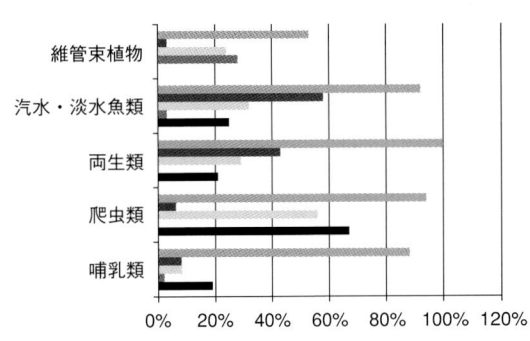

レッドデータブック（Red Data Book：RDB）掲載種の減少要因を大きく「(A) 開発」，「(B) 水質汚濁」，「(C) 捕獲・採取」，「(D) 遷移など」，「(E) 外来種」に区分した．気候変動はどの分類群でも要因として集計されていない

図4.2 生物分類群ごとの絶滅危惧種の減少要因
（環境省生物多様性総合評価検討委員会, 2010 より作成）

淡水魚類では環境汚染が2位に，哺乳類と爬虫類では外来種が2位にあげられている．

気候変動も生物多様性に関係しうる．里山に関していえば，日本では過去には南部に分布が限られていた昆虫，たとえばナガサキアゲハなどの関東地方への北上が報告されている（北原ほか，2001）が，まだ生態系全体に及ぶ大きな影響はみられていない．しかし，日本全国でサクラの開花が早まる（増田，2003），コムクドリの産卵開始日が早まる(Koike et al., 2006) といった生物季節現象にも影響している．この生物季節のズレが，開花と送粉昆虫出現の季節性のズレなどの生物間相互作用を通じて生物の繁殖成功に影響を与える可能性があるが，まだその報告はない．

里山に比べて里海では気候変動の影響を受けやすい．広島県水産海洋技術センターの観測によると瀬戸内海の水温は上昇傾向を示し，1970年から2006年までの期間，年間平均水温を基準とすると1.1℃，年間最低水温を基準とすると1.7℃それぞれ上昇した（JSSA―西日本クラスター・瀬戸内海グループ，2010）．冬季の水温が低いためにこれまで瀬戸内海では越冬できなかったアイゴ，アオブダイ，ゴンズイ，ソウシハギ，ナルトビエイ，ミノカサゴなどの熱帯，亜熱帯性の魚類が頻繁に出現しはじめた．これらのなかには海藻類やアサリなどを食害し有毒な刺を有する有害魚類が含まれ，生態系の変化をもたらすことがある．また，広島湾では南方系のタイワンガザミが繁殖し，在来のガザミより多く漁獲されることがある（JSSA―西日本クラスター・瀬戸内海グループ，2010）．

さらに，化学物質による環境汚染は淡水生物や鳥類などに大きな影響を与えた．内分泌攪乱物質としても危惧されている物質（PCB，DDT）は，それぞれ 1972 年と 1971 年に生産中止・販売禁止された．船底塗料として使われた TBT（トリブチルスズ化合物）も 1989 年に製造が規制されている．ただし，規制の導入などにより検出状況には改善が見られるものの，これらの物質は環境中に放出されると分解されにくいため，依然として多くの魚類で検出されている（環境省，2008）．

生物多様性の変化については，絶滅危惧種による評価と「生きている地球指数」（LPI）のように普通種も含めた評価があるが，LPI については日本国内に関する評価例は少ない．二次メッシュ（日本全国を 10 km×10 km に区分したもの）単位ではさまざまな生物の分布調査のデータがあり，森林性の鳥類については 7 割以上のメッシュで種数は 1980 年代に比べて 2000 年代に減少傾向にある（環境省，2008）．ただし，国内の生息地の劣化だけでなくこれら鳥類の多くが渡り鳥であり，海外の移動先の生息地の劣化などが原因かもしれない．日本全体としては，トキやコウノトリ以降に新たな鳥類の絶滅種はなく，鳥類の生物多様性はほぼ現状維持と考えられる．

維管束植物については，過去の減少傾向と現在の個体数から絶滅リスクを評価している．そのため，過去の減少傾向が将来も続くと仮定すると将来の絶滅種数が推計できる（図 4.3）．過去には，絶滅または存続不明あわせて 10 年あたり 8.6 種が絶滅している．また，今後 100 年間の予想では，7,000 の種または亜種のうち 553 種が絶滅するかもしれないとされている（Fujita *et al.*，未発表）．

4.3.2 里山・里海の生物多様性の変化

里山における森林，農地，ため池，水路などさまざまな生態系が構成するモザイクは，多種多様な野生生物の生育空間であり，豊かな生物相や生物多様性を維持してきた．これらの特性は，里山生態系のもたらす多様な供給，調節，文化的サービスの基盤としてとくに重要である．多様な生態系モザイクによって支えられている生態系の一次生産や栄養塩循環，土壌生成，ハビタット構造などが，さまざまなプロセスやメカニズムを通じて多様な生態系サービスを創出している．

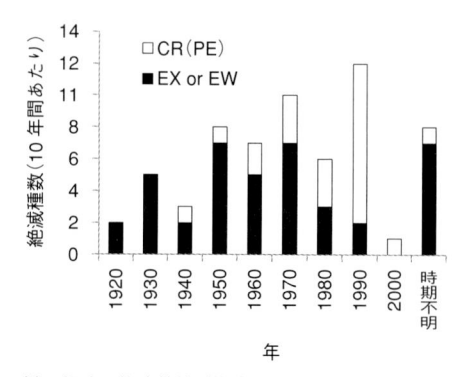

農と自然の研究所が 2009 年 2 月に発表した『田んぼの生き物全種』には，計 6,138 種（動物 3,173 種，植物 2,136 種，原生生物 829 種）が記載されている（桐谷，2009）．とくに，止水性のフナ類やメダカのような淡水魚やゲンゴロウ類などの水生昆虫は，本来の生息地である平地の湖沼などの代替地として水田とその周辺のエコトーンに生息地を見出して生き残ってきた．同様に，日本ではレッドデータブックに掲載されている生物のうち約 50％ が里山を生息域としている．このことから，現状の里山は農林業と暮らしの場であると同時に，生態系サービスの基盤たる生物多様性を育む場として，重要な役割を果たしているといえる．

関東地方のコナラ里山を対象として 1974〜1980 年に行われた植生調査の追跡調査を 2000〜2001 年に行った研究では，追跡調査時にも下刈りなどの管理が行われていたプロットでは平均出現種数が増加し，非管理プロットでは逆に減少する傾向が見られたこと，減少が顕著であった種群には風散布植物が，増加が顕著であった種群には動物散布植物がそれぞれ多く含まれていたことが報告されている（齊藤，2003）．とくに，薪炭利用によって人為的に落葉広葉樹林となっている関東から九州北部にかけての里山が，遷移によって常緑広葉樹林となることによって林床の草本植物の多様性が低下し，それに依存する昆虫相なども変化することが指摘されている（中静・飯田，1996；田端，1997）．

図 4.3 維管束植物の絶滅頻度（Fujita, *et al.*, 未発表）

黒い部分は絶滅種数（絶滅—Extinct：EX，野生絶滅—Extinct in the Wild：EW），白い部分は存続不明となった種数（危機的な絶滅危惧—Critically Endangered：CR，絶滅の可能性あり—Possibly Extinct：PE）を示す

東北地方の阿武隈山地の茨城県北茨城市小川集落，福島県いわき市，棚倉市を含む地域では，生物多様性と森林の形態の関係について詳細に調べられている（JSSA―東北クラスター，2010）．これによると，この地域には原生林のような発達した森林に特有の生物と，草地や伐採直後の若い森林に多い生物（いわゆる里山の生物）の両方が混在すること，スギ・ヒノキなどの針葉樹人工林では落葉広葉樹林とは生物相が異なることだけではなく，さまざまな生物の多様性が低いことや森林の林齢とは明確に反応しない生物群が存在することなどが明らかになっている．同時に，最近十数年の生態系変化による原生林の減少により，原生林に特有な生物の多様性が減少しているだけでなく，半自然草原の減少，二次林および人工林の高齢化により里山の生物も減少しているという傾向が明らかにされている．

近年，全国的な半自然草原の消滅に伴い多くの草原性の動植物が絶滅のおそれのある状況に追い込まれていると指摘されている．『万葉集』にある山上憶良の歌で秋の七草に数えられた植物のうち，フジバカマとキキョウが国のレッドデータブックにいずれも絶滅危惧II類として掲載されて注目を集めたことは記憶に新しい．このレッドデータブックの調査結果では，植物の減少要因として「自然遷移」（全国地域メッシュ数の15％）が「園芸採取」（同24％）に次ぐ第2位であり，「草地開発」も5％を占めている．

チョウ類では，国のレッドデータブックに絶滅危惧I類・絶滅危惧II類・準絶滅危惧に該当するものとして計63種があげられているが，このうち草原性のものが計39種，疎林や林縁部の草原を含む環境に生息するものが計10種を占めており，絶滅の危険度の高いランクにおいてその割合が大きい．これらのチョウのうちとくに衰退の著しいのが，人里に近い草原や牧草地，湿地などをおもな生息環境としていたものである（須賀，2008）．

これらのことから，放牧地や牧草地として火入れなどによって人間に管理されてきた半自然草原が多くの動植物のハビタットであり，人間の管理が弱体化することでハビタットの不適化を招いているといえる．

里山に比較して，里海に関して人間活動が生物多様性を高めているかどうかについては十分な証拠がない．里海におけるパヤオや石干見にみる微小環境の創出は，局所的な環境の多様性を高めることを通じて地域の生物多様性を高めている可能性がある（柳，2007）．

4.4 里山・里海の生態系サービスは人間の福利を高めるのか

4.4.1 生態系サービスと人間の福利とのインターリンケージ

（1）燃料・肥料革命による人間の福利向上に伴う里山の生態系サービスの劣化

燃料・肥料革命後，里山の供給サービスの経済的な価値が相対的に低下し，かつ貿易自由化・市場開放の世界経済の流れのなかで農産物や木材の輸入が拡大したことから，里山の暮らしとそこでの生態系サービスとの関係性の希薄化が進んだ（JSSA―東北クラスター，2010；JSSA―関東中部クラスター，2010；JSSA―西日本クラスター，2010）．燃料・肥料革命に伴い化石燃料や化学肥料の利用が増加し，里山から下草や落ち葉などを肥料や燃料として利用しなくなった（Takeuchi *et al.*, 2003）．その結果，里山生態系の構造や生物相が変化し，さまざまな生態系機能やサービスの劣化が生じている．

MAにおいて人間の福利の構成要素とされている「健全な生活に必要な基本的物資」も「健康」も，里山・里海の生態系サービスの外側の機構（輸入品，技術，社会インフラ，流通・情報システムなど）によって代替されると同時に，生態系を基調としたライフスタイルから利便性や手軽な快適性を志向するライフスタイルに変わり，それこそが現代的なライフスタイルとして選ばれる傾向が強まった．都市化の急速な進展と同時に里山では少子高齢化によって活力の低下が進むなか，生態系サービスと日常の暮らしとの乖離，言い換えれば里山の生態系サービスに依存しない，あるいは里山の生態系サービスを積極的に利用しない暮らしが広がりつつある．一方，自然の恵みである生態系サービスと乖離した生活は，地域集落の人口減少と高齢化と相まって，地震，洪水，土砂崩れなどの自然災害に対する脆弱性を高めている（国土交通省，2007）．すなわち，里山からもたらされる生態系サービスとの文化的および物質的なつながりが失われるなかで，コミュニティー

の回復力（レジリアンス）が崩壊しつつあるといえる．

とくに，山間地や地形的に末端にある集落は，他の集落よりも人口規模が小さく高齢者の割合も高く，人口減少や高齢化，耕作放棄の影響も大きい．このような集落では，災害時に道路が寸断され，集落の外からの物資の流通が滞ることがそのまま食料など基本的な生活物資の不足に直結しかねない．また，海外からの安い飼料に依存した畜産業をしている地域であれば，外部からの断絶は餌不足に直結する可能性がある．これらの国内の生態系サービスを顧みず，国外の生態系サービスに過度に依存する経済活動は，今後に起こる可能性が高い気候変動や国際社会情勢の変化に対する脆弱性を高めている．最近の国際的な食料価格の高騰は，地方のコミュニティーが有する食料へのアクセス権限が低下すれば，貧困や食料不足への脆弱性が高まる危険性をまさに如実に表している．

（2） 沿岸域の埋め立てなど開発による人間の福利向上に伴う里海の基盤サービスの劣化

第二次世界大戦後の高度経済成長は，京浜工業地帯，中京工業地帯，阪神工業地帯，北九州工業地帯など太平洋ベルトと呼ばれる臨海工業地域における開発が牽引するかたちでもたらされた．こうした工業地帯には，鉄道・道路・港湾などの交通機関・施設が整備され，雇用の創出と所得の増加に大きく貢献した．このように，沿岸域の埋め立てにより臨海地域に工業地帯を整備することが高度経済成長の基盤となり，それが直接的・間接的に人間の福利向上をもたらした．しかし，その一方で里海の生態系サービスは十分に顧みられることなく，それが東京湾，伊勢湾，瀬戸内海，洞海湾などにおける半閉鎖性海域における水質汚濁問題をもたらした．

水質汚濁と同時に川底や海底における汚泥の堆積により貧酸素水塊の発生など生物の生息環境が悪化し，魚類や藻類などの種類と個体数が減少した．さらに，臨海部大都市では人口増に伴い生活排水の負荷が増加し，内水面や閉鎖性海域では富栄養化が問題となった．これらの問題は，法規制対応，下水処理インフラ整備，低負荷型製品や技術の導入によって改善しつつあり，現在では東京湾など海の生き物も回復が報告されているところもある．

4.4.2 里山・里海の文化的サービスの変化と人間の福利

（1） 里山・里海でのレクリエーション，環境学習，審美的機能

里山・里海には林産物や水産物を生み出すだけでなく，伝統的な景観の存在効果が高いことから，自然散策，ピクニック，キャンプ，山菜・キノコとり，潮干狩り，磯釣りなど，昔からレクリエーションの場としても利用されている（只木，1982）．また，子どもから大人まで世代を問わないかっこうの自然環境教育の場になることから，学校教育や生涯学習の場としての利用もあり（古南，1996；中川，1996），利用形態の多様化が進んでいる（依光，1996）．

一方で，JSSA—関東・中部クラスター（2010）では，鎮守の森に言及している．鎮守の森は，その立地環境の視点から見ると大きく2つに分けられると考える．1つは「里地および田園の鎮守の森」であり，2つ目は「都市の鎮守の森」である．「里地および田園の鎮守の森」は，周囲が森林あるいは田園といった緑に囲まれた森であり，「都市の鎮守の森」は，周囲が住宅やビルといった市街地に囲まれた森である．

「都市の鎮守の森」は，いわば市街地という人工物の海に浮かぶ「緑の島」として存在している．とくに，都市部では都市の生物多様性・生態系の保全，ヒートアイランド現象の緩和，地域のランドマークなど，都市の中に存在することによりさまざまな機能を果たしている．しかし，都市住民の入れ替わりや世代交代によりそのしくみが途絶え，持続的な保全が困難になりつつあるなど，社会的な関係性が問題となっている．とくに，都市部では夜の暗がり，臭い，外来種の除去の経済的負担，草や木の手入れの必要性が生ずることは，生態系サービスではなく「負のサービス」（Disservice）と考える都市住民が存在することも指摘されている（Lyytimäki et al., 2008）．政策を考えていくうえで，生態系サービスの属性や文脈によっては「負のサービス」，つまり迷惑で負担に感じている都市住民も存在していることに注目すべきである．

このほか，近年は里山の雑木林などを対象とした市民参加型の維持管理などの活動が全国各地で活発化している．これらの活動では雑木林の維持管理活動だけでなく，自然観察，レクリエーション活動，

環境教育などさまざまな活動メニューによる複合的な利用が展開されている（石井ほか，1993；中川，1996；里山委員会，1996；倉本・内城，1997；重松，1999；犬井，2002；日本自然保護協会，2002）．

さらに，近年は里山のさまざまな自然の恵みを生かしたレストラン，カフェ，ワイナリー，牧場，乳製品加工販売，ネット通販など，個々の自然や地域特性を生かした一次産業，二次産業と三次産業を組み合わせた「自然産業」（アミタ持続可能経済研究所，2006），「里山ビジネス」（玉村，2008），「アグリ・コミュニティビジネス」（大和田，2008）が見られるようになった．これらは，農産物の生産にとどまらず食品加工，ツーリズム，農林業体験との融合，都市居住者と地元居住者との交流，ITを活用した新たなマーケティングによる販路確保などを特徴としており，規模は小さいが各地で萌芽的な取り組みが試みられている．中高年者の登山ブーム，アウトドア志向の高まり，グリーン・ツーリズムやエコツーリズムの広がりを踏まえるとこれらは地域の新たな観光資源としても重要であり，今後さらに数が増えると見込まれる．一方で，人気スポットに過度に人が集まることによる廃棄物の増加，貴重な動植物の採取，外来動植物の不用意なもち込みなど新たな問題も懸念されている（JSSA—東北クラスター，2010）．

里山の審美的機能に関しては，おもに欧州諸国との比較のなかで特色を捉えようとする研究が存在する（北村，1995）．たとえば，欧州ではおもに人の気配を感じさせない自然にちかい森林が審美的な題材として写真コンクールに繰り返し登場するのに対し，日本では山村に住む年老いた人々や里山で典型的に見られるような労働や木炭の生産が美しい題材として登場する（Kohsaka and Flitner, 2004）．あるいは，自然な枯損木・倒木と人手による木材伐採に対する認識が日本と欧州で違うことが指摘されるなど，自然と文化との関係に対する意識の違いが示唆されている（Kohsaka and Handoh, 2006）．

（2）精神的な価値

文化的サービスは，人間の福利のなかでも精神面と強く結びついているといえる．第二次世界大戦後，日本はより豊かな生活を求め経済大国とまでいわれるようになったが，都市化に伴い自然とのかかわりの機会が減少することにより健康や安全に影響が生じている．横浜市や川崎市を事例に自然環境と身体や精神との健康との関係を見た田中（2005）は，地域の自然度と身体不健康度との間に負の相関がみられ，とくに精神不健康度との間に強い負の相関がみられたことから，都市の過度な人工化が心身の健康に悪影響を及ぼしていることを指摘している（図4.4）．

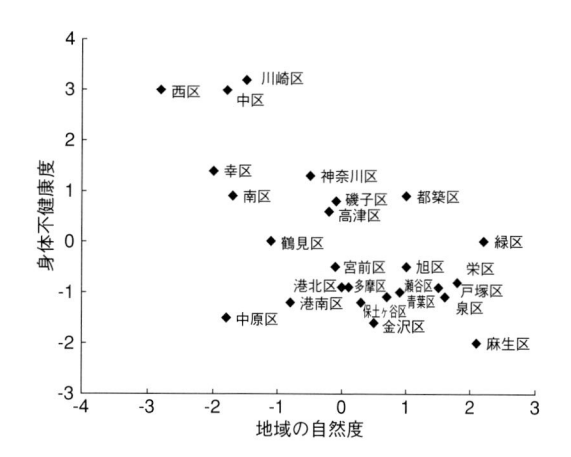

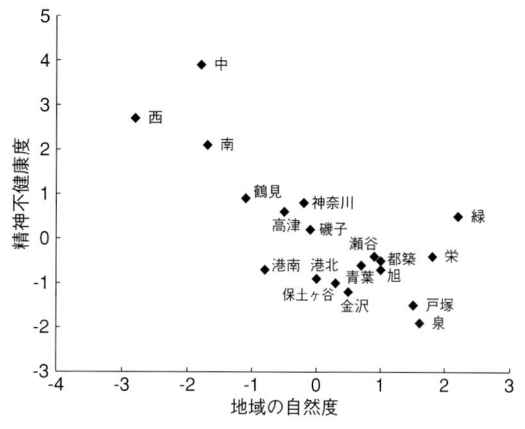

図4.4 地域の自然度と心身の健康との関係（田中，2005）

現在，物質的な豊かさよりも心の豊かさを求める人々が増えてきている．内閣府の世論調査（2008年6月「国民生活に関する世論調査」）では，今後の生活において「これからは心の豊かさ」と答えた割合が60.5％，「まだものの豊かさ」と答えた割合が30.2％となっている．1972年では「まだものの豊かさ」が上回っていたが，1970年後半にはほぼ同じとなり，1980年以降「これからは心の豊かさ」が増加している（図4.5）．

心の豊かさを求める割合が増加している背景に

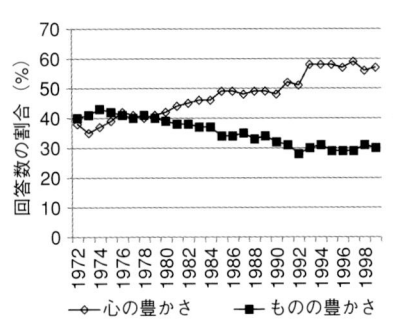

*心の豊かさ：物質的にある程度豊かになったので，これからは心の豊かさやゆとりのある生活をすることに重きを置きたい
*ものの豊かさ：まだまだ物質的な面で生活を豊かにすることに重きを置きたい

図 4.5 「心の豊かさ」「ものの豊かさ」の回答の変遷（1972〜1999年）
（出典：内閣府世論調査結果より作成）

は，ものの豊かさがある程度満たされたことが前提にあるが，近年自殺や精神疾患などの心の健康が問題視され，これまでのものの豊かさを最優先にしてきた社会のあり方に疑問が投げかけられている状況がある．自殺については，戦後の混乱や貧困，価値観の変化などにより1955年前後の自殺率は高く，その後は安定した．しかし，近年では自殺による死亡率が上昇し，とくに男性の自殺が急増している（図4.6）．このような状況を踏まえ，戦後の復興などにより一度高まった精神の健康度も1990年代以降は一貫して低下傾向にある．

（3）里山・里海における慣習が生み出す社会関係資本の弱体化と「ふるさとの喪失」

里山・里海は，その土地に密接に関係した場所であるがゆえに地域の文化，風俗，慣習に影響を与え，それが連なりあって日本文化の底流をなしてきたといえる（只木，2008）．日本の里山には古くから共同体（村）の住民が自らの生活に必要な資源（草，木の下枝，薪炭用雑木，落ち葉，建築用材，屋根材，水など）を得るために山・川・土地を共同で利用・管理する「入会」という制度がある．近隣の山野，川，海の恵みに生活の多くを依存してきた江戸時代までの日本では，共同体の成員がこの入会権をもってはじめて持続的な生活が保障された（室田・三俣，2004）．

しかし，明治時代以降この入会制度は解体され，入会林野や入会地は市町村の財産に編入された．ただし，農民にとって入会地はまさに暮らしに欠かせない生命線だったことから，入会地解体に対して明治政府は強い抵抗にあい，その結果として旧入会地のような集落の財産をその集落が利用・管理・処分する権限を有する制度として財産区が設置されたり，町村制の規定内に公有林野における入会慣行を認める「旧慣使用権の規定」が設けられたりした．

このような入会慣行に基づく里山の利用や管理においては，収奪的な利用を抑制し，相互利益に配慮して利用するための工夫がみられた．地域の多様さに即して環境や資源と持続的に折りあいをつけていくための知恵や技術が蓄積され，それらがしくみとして発展してきたのである（深町，2008）．

また，日本全国の渚は戦後の高度成長期に民間企業，大規模工場，火力発電所などの建設によって埋め立てられ，人びとが入会って貝をとったり小魚を追いかけたりできる砂浜がなくなっただけでなく，海浜へのアクセスそのものが難しくなった．兵庫県高砂市の人々は海辺の浜に立ち入り，自然の恵みを享受する権利が万人の権利であることを主張し，その権利を「入浜権」と呼んだ（高崎・高桑，1976）．

これらの里山・里海の慣行は，直接，資源の過剰利用を避けるためのものだけではなく，共同体の構成員が資源を公平に得られるようにするためのおきてや決まりが結果的に生態系サービスの持続的な享受を導いてきたものもある．里山・里海に依存してきた共同体自体の性質が大きく変化した現在では，資源の公平な分配というインセンティブが失われ，そのことが里山・里海の共同管理を弱体化させることになった．里山・里海の共同管理を通じて培われてきた共同体の求心力が失われたことが，共同体を中心とした社会関係資本の弱体化を引き起こし，これまで里山・里海の維持管理を行ってきた共同体を

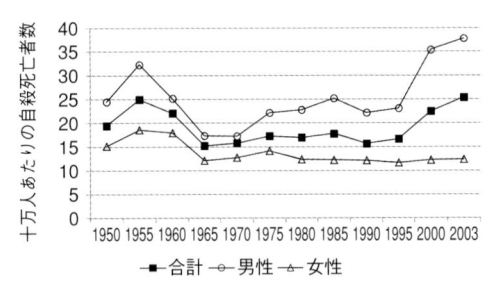

図 4.6 全国にみる自殺死亡者数の推移
（出典：厚生労働省「自殺死亡統計の概況」より作成）

支える旧来の社会関係資本が多くの地域で機能しなくなっている．これまで共同体で育まれてきた祭りや伝統芸能がすたれてきたのも同じ要因であり，「ふるさとの喪失」につながっている．里山・里海のさまざまな生態系サービスを維持し，共同体を支える社会関係資本を回復するために，地方の地域コミュニティーの参加を基本としていたかつてとは違って，都市住民や企業の参画を促進するような新しい管理手法や経済的インセンティブ，法的担保などのガバナンスの構築が必要である．

4.5　経済評価による里山・里海の価値

4.5.1　里山・里海を対象とする経済評価は非常に限定的

他の評価と同様に，里山・里海とその生態系サービスの経済評価の目的は大きく分けると3つある．1つは現状の把握のためであり，2つ目は潜在的な価値の導出であり，最後に施策の履行可能性について検討を行うためである．しかし，モザイク状の里山・里海からもたらされる生態系サービスの相互依存性は複雑であることから，里山・里海の経済価値を完全に導き出すことは非常に困難となっている．

4.5.2　農業・農村の多面的機能と評価額

日本ではWTO交渉とのかかわりから，農業・農村の多面的機能（multi-functionality）の重要性が指摘されるようになり，さまざまな評価が試みられてきた．日本の農林水産業は里山・里海を保全・管理する重要な産業であり，里山・里海の価値を推計するうえでこの評価はきわめて重要な役割を果たしている．一例として，日本学術会議が行った里山が創出する価値の評価額を**表4.2**に示した．

多面的機能そのものは，農林水産業そのものの存続なしには維持し得ない機能である．経済学的には農林水産業の外部経済効果であり，当然のことながら特定の地域で農林水産業の衰退が進めばこの外部経済効果も減退し，国民がそれまで享受していたさまざまな恩恵は失われてしまうことになる．

農業および森林が果たしている多面的機能とその価値額の推計値の一部が表4.2に示されているが，農業の場合，その価値額は約8兆2,000億円にも及ぶ．2007年度時点での日本の農業粗生産額は8兆4,000億円であるから，本来的な機能に匹敵するほどの価値を多面的機能として有していることになる．

森林についてもさまざまな多面的機能が存在するが，その推計価値は合計約74兆円にのぼる．この評価では森林の生物多様性保全のうち鳥獣保護機能のみ推計されており，その価値は約3兆8,000億円と見積もられている（表4.2）．

同様な手法で，里山・里海がもたらす生態系サービスの経済的評価は各地のクラスターでも行われている．たとえば，JSSA—北信越クラスター（2010）では，森林の調整サービスについてその現状と傾向の評価指標として貨幣換算した値を引用している．これは丸山ら（2009）が石川県の森林の機能を貨幣換算したもので，水源の涵養機能が6,800億円，山地災害防止機能が4,180億円，その他の保健文化関連機能と生活環境保全関連の機能をあわせて，合計1兆1,350億円と算出している．

4.5.3　外部経済効果と結合生産

多面的機能を考えるうえで2つの重要な点がある．1つはこの公益的機能は地域住民だけでなく，広く国民全体が享受する機能であるということである．もう1つは，とくに水田など農業活動の存続なしには洪水防止や水分貯留，土壌保全などさまざまな環境機能が十分に発揮できず，里山・里海のもつ環境価値の多くが農林水産業の生産活動とセットで，いわば結合的に供給されるサービスであるという特徴をもっている（嘉田ほか，1995）．経済学で

表4.2　農業および森林の多面的機能とその評価額

項　目		評価額
農業	洪水防止	34,988 億円
	水源涵養	15,170 億円
	気候緩和	87 億円
	保健休養・やすらぎ	23,758 億円
	二酸化炭素吸収	12,391 億円
林業	表面浸食防止	282,565 億円
	水質浄化	146,361 億円
	生物多様性保全	37,792 億円
	保健・レクリエーション	22,546 億円

（出典：農林水産省HP，2010）

はこれを結合生産（joint production）と呼ぶ．

森林の場合は農業の場合と異なり，必ずしも林業などによってすべてが支えられているわけではないが，山林の管理が行き届かず林業が社会経済的に立ち行かなくなれば，山村地域にもたらされるはずの多くのポジティブな外部経済効果が失われることは間違いない．すなわち，多面的機能の社会的・公的な便益は，農林水産業と切り離して得られるものではない．このため，日本の里山・里海は単なる感傷の対象ではなく，国民全体が享受する重要な生態系サービスを提供する貴重な共有財産なのである．

4.5.4 生物多様性の経済評価

生物多様性の経済価値の大部分は，非利用価値に属するという性質をもつと考えられる．もちろん，医薬品利用など遺伝子資源としての利用価値はあるが，それ以上に将来世代に生物多様性を残す価値（遺贈価値），あるいは多種多様な生物が持続的に存続することから生み出される価値（存在価値）という非利用価値の側面がより重要であるからである．

生物多様性のもつ価値とその重要性については，近年国民の間にも広く認識されつつあるが，研究面ではこれまで非常に限られたものであった．その理由として，生物多様性には取り引き可能な市場がわずかであるかあるいは存在しないことが多く，その価値を金銭単位で評価することは容易ではないという点が指摘される．

そこで，CVM（仮想評価法）やコンジョイント分析など非利用価値の評価が可能な表明選好法を用いて生物多様性の価値を評価する研究が近年日本でも増加し，その評価対象は絶滅危惧種，野鳥，動植物など多岐にわたっている（栗山，1998）．CVMは生物多様性を保全するための具体的な対策を回答者に示して，この対策を実施するためにいくら支払う意思があるかについてたずねることによって，生物多様性の価値を金銭単位で評価しようとするものである．

日本でCVMを用いて生物多様性を評価した事例として，世界遺産屋久島の評価事例がある（栗山ほか，2000）．この生物多様性の経済評価では，屋久島の今後の保護と利用を検討することを目的に2種類のシナリオが検討されている．1つは屋久島の生物多様性を維持することを目的とした「強いシナリオ」であり，もう1つは観光利用の促進をめざす「弱いシナリオ」である．支払意思額の算出結果に基づくと，観光利用を促進する弱いシナリオに比べて生物多様性の維持を目的とした強いシナリオでは972億円も価値が高まるという推計が示されている．

里海の経済評価を行った事例は数少ないが，サンゴ礁を含む高知県の海を対象として評価した例がある（新保，2007）．また，大野ら（2009）による干潟・ブナ林の生物多様性維持機能の評価事例などがあり，生態系サービスの評価事例の蓄積が進みつつある．

他方，コンジョイント分析を用いて生物多様性の価値を評価した事例として神奈川県の森林を対象とする研究がある（栗山ほか，2006）．森林は，木材生産のほか水源保全，レクリエーション利用，生態系保全などさまざまな役割があるが，これらの多様な役割は必ずしも両立せず，レクリエーション利用と生態系保全のように両立困難なトレードオフの関係も生じている．上記研究では，水源林保全や生態系保全を単独で重視するよりは，両者のバランスを考慮するほうが森林の価値が高まるという結論を得ている．このように，コンジョイント分析によって代替案の相互比較が可能となることから，より好ましい保全政策についての検討が可能となるのである．

4.5.6 生態系サービスの経済評価と今後の課題

以上のように，生態系や生物多様性の保全の必要性が高まるなか，生態系サービスの経済評価の重要性はますます強く認識されつつある．しかし，他方で生態系サービスの経済評価に対してはさまざまな課題が指摘されているのも事実である．たとえば，気候変動のスターン報告など多くの経済評価が示すように，現在の価値に対し自分たちの孫の世代が将来の生物多様性や生態系から受ける便益が過小評価される問題には道徳的ジレンマがある．

生態系サービスの評価対象に関する問題もある．生態系にはまだ認知されていないと考えられる便益があり，評価可能な便益は生態系サービス全体のほんの一部であるかもしれない．また，貨幣評価できる便益はさらに限定されているため，ほかの定量的な分析や物理的指標も評価に加えることが重要である．生態系サービスの経済評価に際しては非利用価値や存在価値も含めて評価すべきであり，大床

(2009) は「多属性評価」（生態系を複数の側面から評価）と「受動的利用価値」（生物の存在価値等）の双方の検討が重要になるとしている．人間活動と環境の質の調和を最大化させる価値変化に基づいて，里山・里海の多面的機能（とくに，公共的機能）が適切に高められ将来的に再生されるべきである．

4.6 まとめ

4.6.1 里山・里海は生物多様性を高めるのか

里山・里海は，持続的な生態系サービスの利用のための人間の管理によって高い生物多様性を維持してきた．暖温帯の薪炭林における林床植物とそれに依存する昆虫，半自然草原に特異的な草原性植物・昆虫，水田周辺のエコトーンにおける止水性の淡水魚・水生昆虫がその代表的な例である．里海におけるパヤオや石干見にみる微小環境の創出は，局所的な環境の多様性を高めることを通じて，地域の生物多様性を高めている可能性がある．

4.6.2 里山・里海の生態系サービスは人間の福利を高めるのか

（1） 里山の供給サービスの劣化と脆弱性の高まり

燃料・肥料革命や貿易自由化・市場開放などのグローバル経済の拡大により，里山の供給サービスの経済的な価値が相対的に低下し，里山の生態系の構造や生物相が変化してさまざまな生態系機能やサービスが劣化した．この結果，生態系サービスと日常の暮らしとの乖離，言い換えれば里山の生態系サービスに依存しない暮らしが広がり，里山の生態系サービスが低下するなか，地域集落の人口減少と高齢化と相まって地震，洪水，土砂崩れなどの自然災害に対する地域社会・集落の脆弱性が高まっている．国外の生態系サービスに過度に依存する経済活動は，今後に起こる可能性が高い気候変動や国際社会情勢の変化に対する脆弱性を高めている．

（2） 里海の生態系と生態系サービスの変化

第二次世界大戦後の高度経済成長は，沿岸域の埋め立てによる臨海工業地帯を整備することで達成されたが，一方で里海の生態系サービスは十分に顧みられることなく，とくに閉鎖性海域において生物の生息環境の悪化をもたらした．生物の生息環境は，法規制対応，下水処理インフラ整備，低負荷型製品や技術の導入によって改善しつつあり，現在では東京湾など海の生き物も回復が報告されているところもある．

（3） 里山・里海の文化的サービスの低下と社会関係資本の弱体化

里山では自然散策，ピクニック，キャンプ，山菜・キノコとりなど，里海では潮干狩り，磯釣りなど，昔からレクリエーションの場として利用されている．第二次世界大戦後，日本はより豊かな生活を求め経済大国とまでいわれるようになったが，都市化に伴い自然とのかかわりの機会が減少することにより健康や安全に影響が生じている可能性がある．

里山・里海は，その土地に密接に関係した場所であるがゆえに地域の文化，風俗，慣習の源泉である．里山・里海は，人びとの持続的な資源管理によって維持され，祭りや伝統芸能などの文化を育んできた．里山・里海の消失は，それらの資源を持続的に利用してきた伝統的知識や文化的な遺産を失わせ，共同体を支える社会関係資本の弱体化による「ふるさとの喪失」につながっている．

4.6.3 経済的な評価

里山・里海を直接対象とする経済的評価はこれまで非常に限られてきた．しかし，農業の多面的機能とその価値額の推計値，さらにはCVMを用いて推計された生物多様性の潜在価値は決して低いものでなく，また近年増大していると示唆されている．人と自然との共生に向けた国民の価値意識の変化を踏まえれば，今後，里山・里海の多面的機能（とくに，その公益的機能）を維持再生し，さらに発揮させるためのシステム構築が求められる．

引用文献

・アミタ持続可能経済研究所（2006）：自然産業の世紀，211 pp., 創森社．
・犬井正（2002）：里山と人の履歴，361 pp., 新思索社．
・石井実・植田邦彦・重松敏則（1993）：里山の自然をまもる，171 pp., 築地書館．
・大越健嗣（2004）：輸入アサリに混入して移入する生物―食害生物サキグロタマツメタと非意図的移入種．日本ベントス学会誌, 59：74-82.
・大床太郎，吉田謙太郎（2009）：生物多様性と生態系サービスの経済評価の課題．日本生態学会講演要旨集, vol

・56 th：199.
・大野晃（2005）：山村環境社会学序説―現代山村の限界集落化と流域共同管理，298 pp.，農山漁村文化協会.
・大野栄治・林山泰久・森杉壽芳・中嶋一憲（2009）：干潟・ブナ林の生物多様性維持機能の経済評価：CVMによるアプローチ．地球環境，**14**(2)：285-290.
・大野朋子・下村泰彦・前中久行・増田昇（2004）：竹林の動態変化とその拡大予測に関する研究．ランドスケープ研究，**67**(5)：567-572.
・大和田順子（2008）：新・上流社会からの招待状―社会創造マーケティングと農山村．環境情報科学，**37**(4)：28-33.
・嘉田良平・浅野耕太・新保輝幸（1995）：農林業の外部経済効果と環境農業政策，297 pp.，多賀出版.
・環境省生物多様性総合評価検討委員会（2010）：生物多様性総合評価報告書．http：//www.biodic.go.jp/biodiversity/shiraberu/policy/jbo/jbo/files/allin.pdf
・北原正彦・入來正躬・清水剛（2001）：日本におけるナガサキアゲハ（*Papilio memnon* Linnaeus）の分布の拡大と気候温暖化の関係．蝶と蛾，**52**：253-264.
・北村昌美（1995）：森林と日本人―森の心に迫る，413 pp.，小学館.
・桐谷圭治編（2009）：田んぼの生き物全種リスト，296 pp.，農と自然研究所・生物多様性農業支援センター．
・倉本宣・内城道興編（1997）：雑木林をつくる―人の手と自然の対話・里山作業入門，186 pp.，百水社.
・栗山浩一（1998）：環境の価値と評価手法 CVMによる経済評価，279 pp.，北海道大学図書刊行会.
・栗山浩一・北畠能房・大島康行（2000）：世界遺産の経済学―屋久島の環境価値とその評価，254 pp.，勁草書房.
・栗山浩一・寺脇拓・吉田謙太郎・興梠克久（2006）：コンジョイント分析による森林ゾーニング政策の評価．林業経済研究，**52**(2)：17-22.
・厚生労働省：自殺死亡統計の概況．http：//www.mhlw.go.jp/toukei/saikin/hw/jinkou/tokusyu/suicide04/2.html#2（2010年2月16日）
・国土交通省（2007）：国土形成計画策定のための集落の状況に関する現況把握調査（最終報告）．http：//www.mlit.go.jp/kisha/kisha07/02/020817/01.pdf
・国立社会保障・人口問題研究所（2009）：日本の市区町村別将来推計人口（平成20年12月推計）．Available at：http：//www.ipss.go.jp/pp-shicyoson/j/shicyoson08/t-page.asp
・古南幸弘（1996）：雑木林の環境教育．亀山章編，雑木林の植生管理，pp.206-221，ソフトサイエンス社.
・齊藤修（2003）：雑木林保全活動フィールドの地域スケールでの分布特性（On regional-scale distribution of the sites for activities conserving coppice woodlands in Japan）．第12回地理情報システム学会学術研究発表大会講演要旨集：291-294.
・齊藤修（2004）：北関東におけるシイタケ生産のためのコナラ林利用の変遷と今後の見通し．日本林学会誌，**86**(1)：12-19.

・里山委員会（1996）：里山管理ハンドブック，88 pp.，社団法人大阪自然環境保全協会.
・重松敏則（1999）：市民による里山の保全・管理，74 pp.，信山社出版.
・新保輝幸（2007）：サンゴの海の生物多様性の経済評価：高知県柏島の海を事例として．農林業問題研究，**43**(1)：42-47.
・須賀丈（2008）：中部山岳域における半自然草原の変遷史と草原性生物の保全．長野県環境保全研究報告，**4**：17-31.
・高崎裕士・高桑守史（1976）：渚と日本人：入浜権の背景，206 pp.，日本放送出版協会.
・タットマン，C. 著・熊崎実訳（1998）：日本人はどのように森をつくってきたのか，200 pp.，築地書館．（Conrad Totman (1989)：*The Green Archipelago*：*Forestry in Preindustrial Japan*, University of California Press）
・只木良也（1982）：人間生活を守る森林．只木良也・吉良竜夫編著，ヒトと森林，pp.1-21，共立出版.
・只木良也（2008）：里山―その過去・現在・未来．環境情報科学，**37**(4)：6-10.
・田中貴宏（2005）：都市環境の人工化と生活者の健康との関係について．日本生態学会関東地区会会報：15-20.
・田端英雄編（1997）：里山の自然，199 pp.，保育社.
・玉村豊男（2008）：里山ビジネス，185 pp.，集英社.
・鳥居厚志（2003）：周辺二次林に侵入拡大する存在としての竹林．日本緑化工学会誌，**28**(3)：412-416.
・鳥居厚志・井鷺裕司（1997）：京都府南部地域における竹林の分布拡大．日本生態学会誌，**47**(1)：31-41.
・内閣府（2008）：国民生活に関する世論調査．http：//www8.cao.go.jp/survey/h20/h20-life/images/z37.gif（2010年2月17日）．
・中川重年（1996）：再生の雑木林から，205 pp.，創森社.
・中静透・飯田滋生（1996）：雑木林の種多様性．亀山章編，雑木林の植生管理，pp.17-24，ソフトサイエンス社.
・西尾道徳（2002）：土壌微生物と物質循環 1.物質循環に起因した農業・環境問題と土壌微生物．日本土壌肥料化学雑誌，**73**：185-191.
・日本自然保護協会（2002）：里やまにおける自然とのふれあい活動，315 pp.，日本自然保護協会.
・日本の里山・里海評価―関東中部クラスター（2010）：里山・里海：日本の社会生態学的ランドスケープ―関東中部の経験と教訓―，国際連合大学．http：//www.ias.unu.edu/sub_page.aspx?catID=111&ddlID=1485
・日本の里山・里海評価―東北クラスター（2010）：里山・里海：日本の社会生態学的ランドスケープ―東北の経験と教訓―，国際連合大学．http：//www.ias.unu.edu/sub_page.aspx?catID=111&ddlID=1485
・日本の里山・里海評価―西日本クラスター（2010）：里山・里海：日本の社会生態学的ランドスケープ―西日本の経験と教訓―，国際連合大学．http：//www.ias.unu.edu/sub_page.aspx?catID=111&ddlID=1485
・日本の里山・里海評価―西日本クラスター瀬戸内海グループ（2010）：里山・里海：日本の社会生態学的ランドス

- ケープ―瀬戸内海の経験と教訓―, 国際連合大学. http://www.ias.unu.edu/sub_page.aspx?catID=111&ddlID=1485
- 日本の里山・里海評価―北信越クラスター (2010)：里山・里海：日本の社会生態学的ランドスケープ―北信越の経験と教訓―, 国際連合大学. http://www.ias.unu.edu/sub_page.aspx?catID=111&ddlID=1485
- 農林水産省HP：農業・農村の多面的機能「農業及び森林の多面的機能の貨幣評価の比較対照表」. http://www.maff.go.jp/j/nousin/noukan/nougyo_kinou/06_hikaku.html（2010年2月16日）
- 袴田共之 (1992)：バイオエレメントサイクル―各種スケールの生物生産システムにおける窒素の循環. システム農学, **8**：24-34.
- 深町加津枝 (2008)：ローカルコモンズとしての里地里山. 緑の読本, **39**：38-43.
- 増田啓子 (2003)：生物季節への影響. 生物の科学「遺伝」, 別冊17：101-108.
- 丸山利輔・中村史雄・勝山達郎・有川光造 (2009)：いしかわ森林環境税、森林整備と過疎地の雇用創出. 水土の知農業農村工学会誌, **77**(5)：353-357.
- 宮本常一 (1985)：塩の道, 220 pp., 講談社.
- 室田武・三俣学 (2004)：入会林野とコモンズ―持続可能な共有の森, 265 pp., 日本評論社.
- 谷内茂雄・脇田健一・原雄一・中野孝教・陀安一郎・田中拓弥（編著）(2009)：流域環境学―流域ガバナンスの理論と実践, 564 pp., 京都大学学術出版会.
- 山本哲朗・楠木覚士・鈴木素之・島重章 (2004)：現地調査と航空写真に基づく山口県内の竹林分布とその周辺環境への影響. 土木学会論文集, No.776/Ⅶ-33：107-112.
- 柳哲雄 (2007)：里海論, 104 pp., 恒星社厚生閣.
- 湯本貴和 (2010)：日本列島はなぜ生物多様性のホットスポットなのか. 生物科学, **61**(2)：117-125.
- 依光良三 (1996)：森と環境の世紀―住民参加システムを考える, 292 pp., 日本経済評論社.
- Kohsaka, R. and Flitner, M. (2004)：Exploring forest aesthetics using forestry photo contests. *Forest Policy and Economics*, **6**(3/4)：297-308
- Kohsaka, R. and Handoh, C. I. (2006)：Perceptions of "close-to-nature forestry" by German and Japanese groups. *Journal of Forest Research*, **11**(1)：11-19.
- Koike, S., Fujita, G. and Higuchi, H. (2006)：Climate change and the phenology of sympatric birds, insects, and plants in Japan. *Global Environmental Research*, **10**：167-174.
- Lyytimäki, J., Petersen, L. K., Normander, B. and Bezák, P. (2008)：Nature as a nuisance? Ecosystem services and disservices to urban lifestyle. *Environmental Sciences*, **5**：1-12.
- Mishima, S. (2001)：Recent trend of nitrogen flow associated with agricultural production in Japan. *Soil Science and Plant Nutrition*, **47**：157-166.
- Murota, T. (2003)：The marine nutrient shadow：a global comparison of andromous salmon, fishery and guano occurrence. *American Fisheries Society Symposium*, **34**：17-31.
- Takeuchi, K., Brown, R. D., Washitani, I., Tsunekawa, A. and Yokohari, M. (2003)：*SATOYAMA：The Traditional Rural Landscape of Japan*, 229 pp., Springer.
- UNEP (2000)：*World Resources 2000-2001：People and ecosystems：The fraying web of life.*, 276 pp., World Resources Institute.

調整役代表執筆者：湯本貴和
代表執筆者：嘉田良平、香坂玲、齊藤修
協力執筆者：井上真、栗山浩一、児玉剛史、鬼頭秀一、柴田英明、鷲田豊明

5

里山・里海の変化への対応はいかに効果的であったか？

5.1 はじめに：対応評価のための枠組み

5.1.1 本章の目的

本章で扱う対応とは，里山・里海の生態系サービスの劣化を防止したり，生態系を再生して，里山・里海の生態系サービスの持続可能な管理を実現するためにとり得る方策を意味している．日本の里山・里海は，古くから人間の生活の場であるとともに，人間が生きるために必要な多様な恵みを享受するための場でもあったため，生態系を持続的に管理するためのさまざまな対応がなされてきた．

本章では日本の里山・里海にかかわる近年の対応を取り上げ，対応の現状を俯瞰するとともに対応の影響と効果について評価を行う．さらに，どのような対応が日本の里山・里海の生態系サービスの持続的な保全・管理に貢献するのかを検討する．

5.1.2 対応の種類

対応の種類として，議会の議決を経て成立した社会規範としての法律（条例を含む）に基づく対応，物資の生産から消費・蓄積までの全過程における経済的な対応，社会的および行動学的な対応，新たに開発された科学技術などによる技術的対応，環境教育や人的ネットワークの形成などによる認知的対応などがある．また，対応の影響範囲は国際的なレベルから国，県，自治体，社会の構成員個々のレベルまで多様である．対応の意思決定の関係主体としては，国際機関，国，県，市町村，企業，大学，NGO/NPOなどが想定される．

表5.1にミレニアム生態系評価（MA）で提示された対応の類型を示す．本章では，日本における里山・里海にかかわる近年の主要な対応を取り上げ（巻末の付表2を参照），MAの類型に基づいて対応を整理する．

MAでは，生態系や生態系サービスの復元，保全および持続的な利用のためのさまざまな対応の選択肢が，有効性と利用可能性の観点から評価されている．有効性の観点からは，各種の対応それぞれについて生態系変化の直接的，間接的な要因に対する影響と効果を評価することを通じて対応相互の比較が可能となる．また，生態系の管理活動に影響を与えるために，その対応がさまざまな関係者にとってどの程度利用可能となっているかを利用可能性の観点から検討することによっても評価できる．このように対応の有効性と利用可能性を評価することにより，さまざまな人間活動に伴う対応選択の意思決定場面において，生態系や生態系サービスの価値が考慮される効果が期待できる．

5.2 過去および現在の対応

5.2.1 国際法による対応

里山・里海は，地理的には一国の領域内に位置するため，それらの保護および保全については基本的には国内法に委ねられ，国際法が直接的に関与する場面は決して多くはない．ただし，これまで国際社会の動きが国内法制度の確立に一定の影響を及ぼしてきたことも事実である．こうした観点から，日本の里山・里海の保護・保全に関連性があると思われる国際条約や国際文書についてまず概観する（以下，

表 5.1　MA の対応類型

(1) 制度とガバナンスに基づく対応（Legal Responses）		
	L1	国際条約
	L2	国際的な取り決め
	L3	国際的な慣習法
	L4	環境部門外からの国際的合意（WTO，NAFTA など）
	L5	国際的な強制システム（国際裁判など）
	L6	国内の環境規制（環境部門による行政法および憲法）
	L7	国内の環境規制（環境部門外の行政法）
	L8	国内の強制システム（オンブズマン制度など）
	L9	命令とコントロールによる介在（ゾーニングなど）
(2) 経済・インセンティブによる対応（Economic Responses）		
	E1	インセンティブによる介在（課税，利用料，排出権取引など）
	E2	自発的動機を生かした対応（森林保全契約，エコラベルなど）
	E3	財政的，金融的対応（移転支払い，基金）および国際貿易政策に沿った対応
(3) 社会的・行動的対応（Social and Behavioral Responses）		
	S1	家族計画を含む人口政策
	S2	公共教育と自覚に基づく対応
	S3	地域コミュニティー，女性，若者に対するエンパワーメント（NGO/NPO）
	S4	市民社会の規範や抵抗に基づく対応
(4) 技術的対応（Technological Responses）		
	T1	生産物の収穫量の増進
	T2	生態系サービスの回復
	T3	エネルギー効率の向上
(5) 知識に基づく対応（Cognitive Responses）		
	K1	伝統的知識の活用
	K2	知識の獲得（科学研究）と適用

(MA, 2005 を一部改変)

法律の名称（略称を含む）の後ろに表5.1に示したMAによる対応類型を示す）．

陸上の里山の管理については，国際法上，国の領域主権という壁に阻まれ統一的な国際合意が育まれにくい．これに対し，海洋の場合にはいずれの国の管轄権にも属さない海域が広大に残されていること，またその物理的一体性から比較的早い段階から国際条約が重要な役割を果たしてきた．とくに，10年あまりの交渉の末1982年に採択された国連海洋法条約（L1）の海洋環境の保護および保全の諸規定には，1992年のリオ宣言（L2）の10年前という時間的隔たりがありながら，先駆的な規定が多く見られる（栗林，1994）．こうした国連海洋法条約採択のプロセスは，その後の1990年代に入り採択された環境保護にかかわる諸条約の採択過程に影響を及ぼした．

また，陸域から海域へと続く区域を一体と捉え，その環境上の価値の保護および保全と密接なかかわりのある国際条約としては，たとえばラムサール条約（L1），世界遺産条約（特に自然遺産にかかわる部分）（L1），生物多様性条約（L1）をあげることができる．最近は，これらの条約においては伝統的知識や管理手法の再認識のうえに人と自然とのつながり，地元共同体の役割など，新たなコモンズ概念の重要性が示唆されている（磯崎，2000）．これらの諸条約に則った国内施策により，里山・里海の保全が図られたケースも少なくない．

表 5.2 諸法の環境法化の一例

年	法律	内容
1997年	河川法（L7）改正	治水と利水に加え，河川環境の保全を法律の目的に明記（1条），樹林帯を河川管理施設として特定（3条2項）
1999年	海岸法（L7）改正	国土保全や災害防止に加え，「海岸環境の整備と保全」および「公衆の海岸の適正な利用」を，法律の目的に明記（1条）
	食料・農業・農村基本法（L7）制定	農業基本法を改正して，自然環境保全を含めた農地の多面的機能の増進を政策課題に掲げる（3条）
2001年	森林・林業基本法（L7）改正	森林の有する多面的機能として，自然環境の保全や地球温暖化の防止を明記（2条）
	水産基本法（L7）制定	水産漁業関係の法律として初めて，「水産資源が生態系の構成要素である」（2条2項）ことを法律に明記
	土地改良法（L7）改正	目的および原則の部分へ「環境との調和に配慮しつつ」との文言を追加（1条2項）．これをうけた施行令でも「環境との調和に配慮したものであること」を事業の施行に関する基本的要件として追加（2条6号）
2004年	森林法（L7）改正	森林の環境保全機能に着目した要間伐森林の強制的な管理制度の導入（10条の10および11）
	文化財保護法（L7）改正	里山を含んだ文化的景観を新たに保護対象として位置付け（134条以下）

出典：及川，2010

5.2.2 国内法による対応
（1） 里山をめぐる法的対応

現在，ローカルルールとしての里山保全条例（後述の5.2.2（3）を参照）は見られるものの，里山の保全や管理を直接の目的とした総合的な立法，すなわち里山保全法は存在しない．そのため，里山の保全と持続的な利用のための対応は，多種多様な個別法に依拠してきた．これまでの動きをまとめると以下のようになる．

1980年代までは，緑地保全関係の法令（例：都市公園法（L7）や都市緑地法（2004年改正前の都市緑地保全法）（L7））が，おもに都市地域における里山の確保と保全に用いられてきた．しかし，その他の法令の多くは開発促進・産業保護法的な色彩が濃く，地域経済の活性化などへの一定程度の貢献は看取されたものの，生態系・生物多様性の保全や持続可能性の観点からの活用には限界があった．たとえば，土地利用に関する法令群（国土総合開発法（いわゆる全総（全国総合開発計画）の根拠法）（L7）やリゾート法（L7））は，国土の均衡ある発展のスローガンのもとで，里山の開発を後押しするように作用することが多かった．また，都市地域の開発利用や農地・森林の利用に関する法令群（都市計画法（L9），森林法（L7），農地法（L7），農業振興地域の整備に関する法律（L7））もその規制対象となる行為はおもに建築行為や土地の改変などであり，都市地域への人口の流出や高齢化の進展などに伴う里山特有の問題（例：樹林管理の放棄，耕作放棄地の拡大，不在地主の増加，土地の所有放棄）に対応することは困難であった．

1992年の地球サミット以降，生物多様性・生態系保全や里山の重要性などへの認識が高まり，関連する新たな法律（環境基本法（L6），農山漁村滞在型余暇活動のための基盤整備の促進に関する法律（L7））が制定され，初めての生物多様性国家戦略（第一次国家戦略）（1995年策定）も策定された．さらに，表5.2に示すように既存の開発促進・産業保護法に「環境」関連の規定が相次いで挿入され（以下，諸法の「環境法化」という（及川，2010）），1997年には長年の課題であった環境影響評価法（L6）が制定されている．これらの法令のうち「里山」の管理を直接念頭に置いたものは少数にとどまり，その適用が難しい場合も少なくなかった（例：環境影響評価法の対象事業は，空港や高速道路などの大規模な開発事業に限られ，一般的に小規模である里山の開発事業への適用は難しい）が，法的対応のための基盤は大幅に拡大した．

2000年代に入って，新法の制定（自然再生推進法（L6），景観法（L6），エコツーリズム推進法（L7））や諸法の「環境法化」（表5.2）が続いた．こ

BOX 5.1

SATOYAMA イニシアティブ

　SATOYAMA イニシアティブは，「社会生態学的生産ランドスケープ」の価値を国際的に認識し，それらを維持，再活性化，再構築するための取り組みである．2010 年にまとめられた「SATOYAMA イニシアティブに関するパリ宣言」において，「社会生態学的生産ランドスケープ」とは，「生物多様性を維持しながら，人間の福利に必要な物品・サービスを継続的に供給するための人間と自然の相互作用によって時間の経過とともに形成されてきた生息・生育地と土地利用の動的モザイク」とされている．この定義は，本書作成のために開催されてきた「日本の里山・里海評価」における議論を基盤としている．また，こうしたランドスケープは何世紀にもわたって存続できることが証明されており，文化遺産の生きた手本とされる．社会生態学的生産ランドスケープは世界各地に存在し，日本では里山と呼ばれている．

　社会生態学的生産ランドスケープを効果的に管理することによって，幅広い供給サービス，調整サービス，文化的サービス，基盤サービスが保障される効果が期待できる．SATOYAMA イニシアティブでは，社会生態学的生産ランドスケープが人間の生活および生物多様性条約の 3 つの目的（生物多様性の保全，生物多様性の構成要素の持続可能な利用，遺伝子資源の利用から生じる利益の公平で衡平な配分）に与える重要性の理解を促進し，意識を高める活動や社会生態学的生産ランドスケープの支援，拡大を図るために多様な活動を提案しており，このための国際パートナーシップが 2010 年 10 月愛知県名古屋市で開催された生物多様性第 10 回締約国会議の際に発足した．SATOYAMA イニシアティブは，日本政府と国際連合大学高等研究所が，国際的な促進と展開を進めている．

れによって，里山における棚田と集落および隣接樹林地などを景観として一体的に把握するタイプのゾーニング（例：景観法に基づく景観農業振興地域整備計画）や多様な主体の参加に基づく里山管理（例：自然再生推進法に基づく自然再生協議会）など，新たな土地利用規制・管理が可能となりつつある．また，上述した里山特有の問題への対応のための措置も強化された．たとえば，耕作放棄地に対しては農業経営基盤強化促進法（L 7）に行政が耕作放棄地の所在などを調査し，必要に応じて農地の移転を含む勧告を指示するしくみが導入された（2005 年）．なお，このしくみは 2009 年に改正された農地法（L 7）の第 4 章へ移されている．

　生物多様性戦略については，国が第二次国家戦略（2002 年），第三次国家戦略（2007 年）を策定したほか，農林水産省生物多様性戦略（L 7）のように国の機関が独自戦略を策定する場合も現れ始めた．かつての「全総（全国総合開発計画）」にも環境的な視点が入るようになり，その後継者的な存在である国土形成計画（2008 年）には，国土の国民的経営やエコロジカルネットワークなどへの言及が見ら

れる．これらの戦略や計画では，里山関連の施策・しくみの総合化にとどまらず，SATOYAMA イニシアティブ（K 1）のような取り組みも含まれている．

　2008 年には，生物多様性基本法（L 6）が制定された．同法は，里山の保全のために国が当該里山地域を「継続的に保全するための仕組みの構築その他の必要な措置を講ずるものとする」と定めている．今後，この規定に基づき地域や分野を越えた広域的・横断的な管理施策の導入や各種の非規制的なしくみの開発が見込まれる．また，同法の制定によって里山・里海の保全・利用に関する施策・しくみが盛り込まれていた複数の行政計画（環境基本計画，生物多様性国家戦略および国が策定するその他の行政計画）の関係が整理された．すなわち，①生物多様性国家戦略は，環境基本計画を基本として策定するものとし，②森林・林業基本計画などその他の国の計画のうち生物多様性の保全および持続可能な利用に関する事項は，生物多様性国家戦略を基本とすることとなった（生物多様性基本法 12 条）．

　生物多様性基本法制定後の最新の法的対応の 1 つ

が，2009年のバイオマス活用推進基本法（L7）である．この法律は，バイオマスの活用（例：広葉樹資源を製紙用チップやエネルギー利用に提供するシステムを構築）を通じて，エネルギー安全保障や里山の適切・効果的な対応のあり方を検討する基盤となり得る．

なお，地域や分野を越えた広域的・横断的な管理という観点からの施策評価や新しい法的対応の設計を行うための「体制づくり」については，2006年に改定された環境基本計画でもその必要性が指摘されている．海外では，アメリカの大統領府内に設置されたCEQ（環境諮問委員会）など，政府のトップレベルで環境関連の総合的な施策調整を担当する専門機関が存在する．しかし，日本では，通常の省庁よりも上位の行政レベルで，生物多様性や里山・里海関連の施策はもちろん環境保全を専門的に扱うための機関は設けられていない．また，内閣府には総合調整を行う権限が与えられているものの，環境保全は権限行使の対象事項として特定されていない（内閣府設置法4条1・2項）．このため，広域的・横断的な管理をリードする司令塔の設置が望まれる．

（2） 里海をめぐる法的対応

戦後の高度成長期における沿岸域および流域への人口集中が原因となり，多くの里海からなる沿岸の環境は悪化の一途をたどった．この時期，人為的活動から生じる陸起因汚染によって，沿岸域，とくに閉鎖性海域・半閉鎖性海域には深刻な影響が及び，里海では沿岸開発や埋め立てなどによる干潟や藻場の減少，水質汚濁，赤潮や青潮の発生などが恒常化することとなる．

従来，里海を中心とする沿岸域は，港湾区域，漁港区域，農地海岸，その他一般の海岸の4種類に区分され，それぞれ異なる省庁（2001年省庁再編以前は，運輸省港湾局，水産庁，農林水産省構造改善局，建設省河川局，2001年省庁再編後は国土交通省が日本の海岸線の約7割を所管）のもとで所管されてきた．したがって，関連する法制度も個別の管理目的ごとに制定された個別法による部分的管理の集合体であり，里海を含む沿岸域管理の中心的手法はいわゆる「部門別沿岸域管理」に終始した．各分野内においては精緻な管理が行われてきたことを否定しないが，結果として分野横断的・統合的視点に欠けるものであることが従来から指摘されてきた（海洋政策研究財団，2009）．

1982年の国連海洋法条約（L1）の採択および1992年のリオデジャネイロにおける国連環境開発会議以降，急速に国際的広がりを見せた沿岸域管理の基本的考え方は，部門別管理から海洋の物理的一体性を重視した「統合沿岸域管理」（Integrated Coastal Zone Management：ICZM．日本の国内法では「総合沿岸域管理」とされている．以下，国内法に関する記述に関しては「総合沿岸域管理」を用いる）へ移行すべきであるとするものであった（Kusuma-Atmadja, Mensah and Oxman, 1997；Cicin-Sain and Knecht, 1998）．

統合沿岸域管理は，アジェンダ21（第17章），UNEP陸上活動からの海洋環境の保護に関する世界行動計画，ラムサール条約，生物多様性条約などにおいて求められている．以上の文書のうち，ラムサール条約の締約国会議の決議VIII．4「統合沿岸域管理（ICZM）に湿地の問題を組み込むための原則およびガイドライン」には，統合的管理の定義，組み入れられるべき項目や手続き，その実現に対する重大な障害要因などが詳しく記されており，沿岸域に限らず一般的に統合的管理のための原則・ガイドラインとして有用である（京都大学フィールド科学教育研究センター・山下，2007）．

以上を背景に，1990年代以降日本においても同様の管理体制を導入し，部門間の統合化を図ることが多くの里海からなる日本の沿岸域の環境保護および保全にとって急務であるとの声が次第に高まるようになる．こうした要請への対応は，1973年の瀬戸内海環境保全臨時措置法（1978年より瀬戸内海環境保全特別措置法として恒久化）（L6）において限定的なかたちで試みられてはいたものの，国全体としての具体的な法制度として定着するまでには比較的長い時間を要した．

このような国際動向に応えて，日本においても国土総合開発法のもとの第5次全国総合開発計画「21世紀の国土のグランドデザイン」（1998年3月）は，沿岸域における統合的管理を定めている（第2部第1章第4節）．そこでは，「沿岸域の安全の確保，多面的な利用，良好な環境の形成及び魅力ある自立的な地域の形成を図るため，沿岸域圏を自然の系として適切にとらえ，地方公共団体が主体となり，沿岸

域圏の総合的な管理計画を策定し，各種事業，施策，利用等を総合的，計画的に推進する『沿岸域圏管理』に取組む」ことが求められている．なお，グランドデザインでは，地域の選択と責任に基づく主体的な地域づくりを重視して，多様な主体の参加と相互の連携によって国土づくりを進めることを基本的考え方として提示しており，広範な参加を求めている（京都大学フィールド科学教育研究センター・山下，2007）．

このグランドデザインに基づき，沿岸域圏の総合的管理に主体的に取り組む地方公共団体やさまざまな民間主体が計画を策定・推進する際の基本的な方向を示すための策定指針が2000年2月に定められた．同指針は，日本において統合的管理について最も詳しく定めている基本文書ということができる．

近年，こうした動きがいち早く取り入れられたのは，1999年の海岸法（L7）の全面改正である．この改正では，当初の同法の海岸防護という目的に加えて環境，利用の調和のとれた総合的な海岸管理制度が提唱された．同時に，自然環境や公衆利用への配慮といった点も重視され，統合沿岸域管理への道筋を示すこととなる．引き続く2001年には，水産基本法（L7）では水産動植物の生育環境の保全および改善を図るため，国は水質の保全や水産動植物の繁殖地の保護および整備だけでなく，森林の保全および整備その他必要な施策についても講ずるものとされた．また，2002年の有明海・八代海再生特別措置法（L6）においても水質などの保全，干潟などの浄化機能の維持，河川，海岸，港湾および漁港の整備に加えて森林の機能の向上といった側面が強調されている．

そして，2007年に海洋基本法（L7）が制定されたことにより，日本国内において国レベルでの総合沿岸域管理が本格的に始動するようになる（来生，2008；奥脇，2008）．同法の趣旨に則り，同年の21世紀環境立国戦略，瀬戸内海再生方策，第三次生物多様性国家戦略（L6），2008年の海洋基本計画など，現在里海創生へ向けた動きが活発化している．海洋基本計画では，2か所にわたって「里海」という文言が盛り込まれており，水産資源の持続可能な利用を推進する際，沿岸海域において自然生態系と調和しつつ人手を加えることによって生物多様性の確保と生物生産性の維持を図り，豊かで美しい海域をつくるという「里海」の考え方（柳，2006）を具現化することが重要であるとの認識に立っている．環境省は，閉鎖性海域における里海創生活動として全国各地から33件の事例を紹介している（各JSSAクラスター報告書を参照）．

また，里海の機能的な保全管理のために古くから寄与してきた制度として，沿岸漁業における「漁業権」「組合漁業権」の設定といった制度があげられる．これは，海域を区分して財産権を設定することにより責任の所在を明らかにし，漁民による沿岸域の自主的管理を可能とするもので，漁業法（L7）などに規定される日本の沿岸域に特有の制度である．こうした権利は，漁業従事者にのみ認められるがゆえにその排他性がしばしば問題視される一方で，その排他性があるゆえに保護へのフリーライダーが排除され，乱獲を防止し秩序ある沿岸漁業の営みを可能にするといった利点も指摘される．

また，沿岸漁業に関する規律では，漁業法のほか水産資源保護法（L7）（1951）に基づく保護水面の設定などが存在し，これにより漁業のための沿岸域の環境保全が促進された．さらに，環境部門による規制としては自然公園法（L6）に基づく国立公園・国定公園内の海中公園地区や自然環境保全法（L6）に基づく自然環境保全地区内の海中特別地区があり，これらも沿岸域の自然環境などを保全する目的で設置されている．

（3） 地域レベルでの法的対応

国の個別法令では多種多様な施策・手法が用意されているが，たとえば里山については里山や農地が単独で扱われ，全体を一体的に捉える視点が希薄であるといわれる（小寺，2008）．また，そもそも国の法令は各地の自然的，社会的，経済的状況を踏まえて設計されているわけでもない．こうした課題を克服するための法的対応として，地域ごとのルールである条例（L9）や生物多様性地域戦略（L9）の活用が進められている（関東弁護士会連合会編，2005；三瓶・武内，2006；小寺，2008；及川，2010）．

対応のうち，条例は公共性のある事務（＝任務や権限）を遂行するために地方公共団体の議会が自主的に制定する法規の定立形式である．里山の保全・管理について，1980年代までは「緑地推進」「緑化推進」関係の条例を通じて都市緑地の量的確保が進められたが，1990年代以降，丘陵地や斜面林な

どが保全対象とされ，より広範な二次的自然の確保が図られるようになった．また，地方分権推進一括整備法（L7）の成立を受けて，国が法令上保持していた各種権限が地方へおろされ，条例制定の余地はいっそう拡大することとなった．たとえば，鳥獣の保護および狩猟の適正化に関する法律の改正により，鳥獣の捕獲許可権限が国から都道府県（都道府県が条例を定めた場合には市町村）へおろされている．

2000年代に入ってからは，里山保全条例（高知市），里山の保全・整備および活用の促進に関する条例（千葉県），里地里山の保全・再生および活用の促進に関する条例（神奈川県）など，里山の保全・管理を直接の目的とする条例が策定された．これら条例では，保全・管理対象区域の一体化や当該区域指定にあたっての市民・NPOの参画による共治（ガバナンス）の推進規定が見られる．なお，こうした規定は石川県のふるさと石川の環境を守り育てる条例や大阪府の都市農業の推進および農空間の保全と活用に関する条例など，里山・里海の名を冠していない条例にも包含されている（淡路・寺西・西村，2006）．

里海については，漁業法（L7）や水産資源保護法（L7）の実行を確保するために都道府県は漁業調整規則（L7）を定めており，このなかで禁漁区の設定や各種の資源保護措置を規定している．この歴史は古く，19世紀から継続している規制も存在している．

地域レベルで生物多様性の保全に関する戦略を策定する例は，以前から見受けられた（例：2000年の秋田県生物多様性保全構想）が，生態系サービスなどへの言及が見られる本格的な地域戦略の先駆は「生物多様性ちば県戦略」（千葉県）（2008年策定）である．この戦略では，市民・NPOが提言書の作成などに重要な役割を果たし，多くの具体的な施策が取り込まれたほか，体制づくりのための生物多様性センターの設置が実現した．これを皮切りに日本でも地域戦略の策定が始まり，埼玉県，兵庫県，長崎県，流山市（千葉県），名古屋市などで戦略が策定されている．なお，生物多様性地域戦略の名を冠していないが，実質的にそれに相当する行政計画を策定している自治体もある（例：滋賀県の「ビオトープネットワーク長期構想」や愛知県の「あいち自然環境保全戦略」）．地域戦略の策定状況は，生物多様性アジア戦略（Biodiversity Asian Strategy）（http://www.bas.ynu.ac.jp/index.html）で随時情報更新がなされている．

日本の地域戦略は，生物多様性基本法13条に「国家戦略を基本として策定するもの」とされているが，この文言の意味は明らかではない．2009年に国が公表した「生物多様性地域戦略策定の手引き（案）」でも，地域戦略の策定にあたって，国から地方へ「技術的な助言が提供される」と述べるのみである．里山・里海の意味や意義が全国同一ではないことに鑑みれば，今後の地域戦略は地域ごとのやり方を重視する方向となる可能性が高い．

5.2.3　経済的対応

農林水産業の衰退のなかで，里山・里海における経済的・産業的な価値は低下してきた．そのため，里山・里海の対応は経済的インセンティブにより民間主体が主導して実施される場面が少なく，結果として経済的対応の適用場面はそれほど多くない状況にある．しかし，財政赤字のもとで行政に対する過度の依存が不可能になっているとともに，国民の環境に対する関心の高まりのなかで，里山・里海においてもより民間活力や地域住民の自発的な動機を引き出すような対応が重視されている．

（1）　経済的インセンティブに基づく対応（E1）

●外部コストを伴う経済活動の規制のための課税

国レベルでは，温室効果ガスの排出量を削減するため炭素税の導入が検討されているが，現状ではいまだ実現に至っていない．炭素税は，温暖化効果ガスの排出を抑制すると同時に徴収した税金を環境関連の研究や投資に振り向けて技術開発を促進する効果も期待できる．一方，地方レベルでは地方自治体が条例により規定する産業廃棄物税の税収を活用して不法投棄の監視や投棄物の処理が行われ，里山に対する不法投棄の抑制と里山の生態系保全が図られることが期待されている（環境省，2004）．

日本では，温室効果ガスの削減を目的に2003年に「電気事業者による新エネルギー等の利用に関する特別措置法」（RPS法：Renewables Portfolio Standard法）が制定された．これにより，電力会社に一定割合でバイオマスエネルギーなどの再生可能エネルギーの利用が義務づけられ，義務量（quota）を

達成するため電力会社自ら再生可能エネルギーの利用率を高めるか，ほかから電気あるいはRPS相当量を購入する必要が生じている．この制度のもと電力会社は，里山の間伐材を利用したバイオマスエネルギー生産を行う主体に対して，高めの料金でエネルギーを買い取り，その資金が里山の管理に活用される．また，バイオマス利用のための間伐は，里山が人為的攪乱のもとに成立する二次的自然であることから（第2章および第3章参照），適度な人的な関与を確保するうえで有効に機能する．

(2) 自発的動機に基づく対応（E2）

● 生態系サービスに対する支払い

日本においては，上流の水源林整備に要する財源を下流の自治体がその住民から徴収する森林環境税，オフセットクレジット（Japanese Verified Emission Reduction：J-VER），都市住民からの経済的支援を得て棚田の管理を行う棚田のオーナー制，などが生態系サービスに対する支払いに該当するとみなせる．

このうち，オフセットクレジットは市民，企業，NPO/NGO，自治体，政府などの社会の構成員が，自らの温室効果ガスの排出量を主体的に削減する努力を行うとともに，削減が困難な排出量を他の場所で実現した温室効果ガスの排出削減・吸収量の購入で埋め合わせ（オフセット）する制度である．里山関連では，間伐・植林などの森林整備によるCO_2吸収量を認証する森林管理プロジェクトが，環境省の気候変動対策認証センターのオフセットクレジットの認証を受けている例がある．

また，棚田のオーナー制ではオーナーとなるために都市住民が支払う資金と手間が里山の維持・管理活動に充当され，里山の二次的な自然環境や文化的サービス機能の保全に活用されている（山路，2006；JSSA—関東中部クラスター，2010）．また，棚田オーナー制を担う人材を育成するための支援事業も各地で実施されている（JSSA—北信越クラスター，2010）．

● 消費者の嗜好を反映するメカニズムの活用

行政による効果的な調整方法がない場合，消費者からの圧力を活用して生産者がより持続可能性の高い生産方式をとるように促すことが必要となる場面もある．すなわち，里山・里海の生態系サービスの適切な利用に結びつくように，消費者に対する情報の提供や具体的な取り組みに対する認証が重要な鍵となる．

日本の里山に関しては，森林認証制度のもと適正に管理された森林から産出された木材などに対する認証を行って，木材消費者の選択を通じて生産者がより持続可能性の高い生産方式をとるような対応がとられている．現在，森林認証団体として世界的な団体である森林管理協議会（FSC：Forest Stewardship Council）がよく知られているが，2003年からは日本の森林の実情にあわせた日本独自の森林認証制度がSGEC（Sustainable Green Ecosystem Council）によって運用さている．

里海に関しても，同様の認証制度が世界的な団体であるMSC（Marine Stewardship Council）や日本が主導する制度であるMEL（Marine Eco-Label Japan）として開始されている．

また，食の安全に対する国民的な関心の高まりを背景として，「地産地消」「特産品の開発」「有機農業の推進」「地域ブランドの農産品の販売促進」が増加している．

ただし，これらの取り組みにおいて生態系サービスの向上と結びついた農産物のブランド化が可能となれば農林水産物の高付加価値化が図られ，減農薬栽培のように環境に配慮することにより追加的なコストが必要となる場合もある．このため，そうした取り組みへの補助制度の適用やそれらが里山・里海管理手法の活用を促進するために必要であるかを検討することが求められる．

(3) 財政的・金融的対応および国際貿易政策を受けた対応（E3）

里山に対しては，農林業の維持を目的として農林産物の価格支持政策と生産支援のための補助政策が実施されてきた．しかし，1990年代以降農林水産物に関する貿易交渉の動向や農林水産予算の減少を受けて，日本の農林水産業政策は従来の価格支持政策と補助政策からヨーロッパをはじめ世界各国で農業政策の中心となりつつある直接支払い政策へと移行しつつある．

具体的には，里山を対象に2000年から水源涵養などの多面的機能維持と農地の耕作放棄を防止する目的で中山間地域など直接支払いが始まった．また，2007年度から実施されている農地・水・環境保全向上対策では，里山の重要な構成要素である農地や

BOX 5.2

森林環境税

　森林には，林産物の供給のみならず，国土の保全，水源の涵養，自然環境の保全，公衆の保健，地球温暖化の防止などの公益的機能がある．しかしその一方で，他の一次産業と同様に，林業は衰退し，森林への必要な手入れがおろそかになることで，里山を含んだ森林環境の荒廃が進んだ．そこで，森林の公益的機能が持続的に発揮されることを確保するために（税の名称や目的に多少の相違はあるが），森林環境税と呼ばれる制度を導入する都道府県が増えている．森林環境税は，森林の公益的機能の恩恵を享受するすべての市民に対して幅広く負担を求める税制度であり，その税収によってさまざまな森林保全事業を推進しようとするものである．

　2003年における高知県の導入を嚆矢として，現在までに47都道府県のうちの30県が森林環境税を制度化した．制度の構想自体は古くから存在したが，地方分権改革の流れに沿って地方税法が改正され，地方独自の法定外目的税の創出が容易になったことが，近年急速に制度化が進んだ背景事情の1つである．

　課税方式としては，県民税への上乗せ方式（県民税均等割超過課税方式）を採用するものが多く，個人としては，年間500～1,000円程度，法人としては年税額の5～10%程度の加算がなされている．税収額は，1～5億円程度の自治体が多いが，福島県（10億円），茨城県（16億円），福岡県（13億円），兵庫県（21億円），神奈川県（38億円）のようなケースも見受けられる．実施事業は多様であり，たとえば山形県では2008年度の「やまがた緑環境税活用事業」として，環境保全を重視した施策の展開（病害虫で荒廃した里山林の再生など）や21世紀にふさわしい県民と森林のかかわりの構築（県民参加の森づくりの推進）が進められた．

　森林環境税については，里山を含んだ森林環境保全の観点から一定程度評価する声がある一方で，さまざまな課題も指摘されている．課税方式の見直し（例：開発行為や非再生資源利用への課税），税収使途の見直し（例：実施事業の環境保全効果の評価・検証のしくみの導入），環境保全の担保（例：税収によって整備を行う森林の所有者に適切な森林管理の実施を義務づけるしくみの導入）などである．

注）ここで用いた数字については，「青の革命と水のガバナンス」ホームページ（http://www.uf.a.u-tokyo.ac.jp/~kuraji/BR/）の森林環境税データベースを参照している．

水資源を保全する地域組織や，化学肥料・化学合成農薬の低減を目的とした環境保全型農業活動を行うグループなどに対して交付金が支払われている．

　これら直接支払いの施策は，農業生産の農家インセンティブに対する刺激効果が小さいため，生態系サービスの過剰利用（農産物の過剰生産）につながり難く，国際貿易政策を議論するWTO農業協定上で緑の政策（貿易を歪める効果が小さい政策）として位置づけられる持続可能性の高い施策である．

　なお，上記のような日本の直接支払いの特色は，農業従事者に対してのみならず，取り組みを主導するグループ（地域ごとに協定を提携して設立される協議会のような組織）に支払額の一部が支出され，その資金が，関係者が共同して実施する草刈りなどの作業や打合せのような活動に活用されている点である．多くの場合，共同活動には土地所有者である農家のみでなく非農家やNPOのような多様な主体が参加している．

5.2.4　社会的・行動的対応

　里山・里海の管理や保全に向けた取り組みにおいて市民およびNPO（非営利団体）やNGO（非政府組織）の貢献は大きい．そこで，環境省や自治体は里山・里海にかかわる活動を行っているNPO/NGOを対象として支援制度を設けている．

● 市民・NPO/NGO 活動に対する支援

　石川県や千葉県では条例を制定し，土地所有者などと里山活動団体が協定を締結し，これを知事が認定することを通じて市民や NPO/NGO を支援している．国レベルでは生物多様性国家戦略が策定されているが，日本においては地方自治体レベルの戦略を策定する動きも活発であることが特筆に価する．「生物多様性ちば県戦略」のように市民・NPO がタウンミーティングを重ね，提言書をとりまとめるなど，策定に際して市民・NPO が重要な役割を果たしている事例もある．

　里海では，過去の埋め立てにより消失した海の自然を取り戻すため，市民によるアマモ場の再生活動が各地で行われている．瀬戸内海，東京湾，大阪湾では，市民，行政，企業，学校などで構成されるグループによってアマモの播種，移植が行われ，埋め立て開始頃の自然が部分的に復活している．加えて，沿岸漁業者自らが漁場環境を保全する取り組みも盛んになっている．元来，沿岸漁業者は漁場の保全活動を積極的に行う経済的なインセンティブを有している．これは，漁業権によって自らの操業区域が限定され部外者の漁獲が排除されるため，海域の保全で生じた資源増大効果が将来的に自ら享受できる構造，つまり保全に費用負担者と便益享受者が一致している構造になっているためである．さらに，最近ではこのような漁業者の取り組みが，単に漁獲物の増大という私的な効果だけでなく生態系サービスの保全という公的な効果も有しているとの認識も生じ，取り組みに対する公的な補助も一部でなされるようになってきた．

● 企業による取り組み

　企業の社会的責任（Corporate Social Responsibility：CSR）は，企業と企業を取り巻く多様なステークホルダーとの関係を良好なものにするための社会貢献の総称である．その社会貢献の重要な要素には，自然資源の持続可能な利用と管理が含まれている．環境報告書のなかで生物多様性に触れる企業が増えてきており，このなかには企業の森やサンゴの再生など，里山・里海の保全活動に取り組む企業もある．ただし，依然として取組企業は限られており，CSR の基礎となる公衆の関心や関与を高める必要がある．

● エコツーリズム

　環境問題への関心や自然との触れあいを求める声が高まるにつれて，1990 年代頃から各地でエコツーリズムが活発に行われるようになった．こうした動きを背景として，エコツーリズム推進法が制定されている．棚田の維持活動，自然観察会，カヌーなど，里山を直接対象とした活動を行っている団体も多い．

　一方で，農山漁村地域においては自然，文化，人びととの交流を楽しむ滞在型の余暇活動として「グリーンツーリズム」が提唱され，全国 50 か所のモデル地区が選定された．1994 年には，グリーンツーリズムを進めるうえでの根拠法となる「農山漁村滞在型余暇活動のための基盤整備の促進に関する法律」も制定された．同様に，島や沿海部の市町村の活性化を図り国民に余暇活動の場を提供することを目的とした漁村滞在型余暇活動が「ブルーツーリズム」として国土交通省と水産庁により提唱されている．ただし，行政支援を受けたモデル事例は参考になるものの，これら滞在・体験型ツーリズムが一般的に展開しているわけではない．

5.2.5　技術的対応

（1）環境悪化を伴うことなく生産物の収穫量を増大させる技術の開発

　日本においては，政府系や大学などの試験研究機関において環境に優しい農林水産技術の開発が行われている．たとえば，里山に関する技術開発として森林の生育や管理状況を正確に把握するためのモニタリング調査や衛星写真を活用したモニタリング技術の開発，行政機関が研究者との連携のもとに作成する里山林整備技術指針（JSSA—北信越クラスター，2010），マツ材線虫病に抵抗性のあるクロマツ，アカマツの選抜，種子採取，苗生産技術（JSSA—西日本クラスター，2010）などがある．また，里海に関する技術開発としては栽培漁業技術としてニシンの種苗生産技術（JSSA—北海道クラスター，2010），アカガイの海上施設での中間育成技術，養殖技術として休耕田を活用したホンモロコの養殖技術（JSSA—北信越クラスター，2010）などがある．

（2）温室効果ガスの排出を削減する技術の促進

　里山から産出される木質系バイオマスを対象に木

BOX 5.3

有機物リサイクル施設「美土里館（みどりかん）」

　栃木県茂木町（もてぎまち）では，畜産農家からの家畜排泄物，農家からのもみ殻，都市部の一般家庭からの生ごみ，植林地からの間伐材（おが粉），落葉広葉樹二次林からの落ち葉を原料とした有機物リサイクル施設「美土里館」を2003年から運用している．ここで作製された堆肥は販売に回され，町内の60％の農家が使用している．この堆肥を水田に500 kg，畑に1 t以上使用した農産物を「美土里堆肥農産物」として町が認定してブランド化している．農産物は道の駅などの直売所で販売されており，一部は学校給食にも利用されて地産地消を推進している．

　美土里館の設置により，畜産に伴う家畜排泄物，稲作によって排出されるもみ殻の適正処理が図られている．町の試算によると，間伐材の処理で年間に20 haの植林地が整備されていることになる．一方で，都市部からの生ごみを堆肥化することで，ごみ処分場での焼却にかかわる経費や燃料を低減させることに成功している．そして，落ち葉を有機質資源として活用することで，かつては薪炭林や農用林として利用されたが，現在はほとんど放置されている落葉広葉樹二次林の林床管理が行われている．落ち葉は，1袋約20 kgを400円で町が買い取っており，これにおよそ50戸の農家100人が参加している．町では，この取り組みを町民の雇用対策や健康増進のためのしくみにも位置づけている．町の試算では，この手法によって落ち葉採集を行うことで，年間で80 haの落葉広葉樹林が整備されている．

　茂木町の有機物リサイクル施設は，農業廃棄物の資源化による適正処理，植林地の育成管理，落葉広葉樹林の保全管理，地産地消の推進，焼却ごみ削減，住民の雇用対策と健康増進といった複合的な課題に取り組む里山ならではの施設として注目に値する．2010年からは，バイオディーゼル燃料（Bio Diesel Fuel：BDF）施設を併設し，廃食用油から燃料を抽出して美土里館にかかわる車両の燃料とする新たな取り組みも開始されている．

質ペレットの生産技術，バイオエタノール生産技術，熱分解ガス化・液化技術の開発が行われている．また，里海に関してはイカ釣り漁船へのLED灯の導入のような漁法技術の改良が行われている（JSSA―北海道クラスター，2010）．これらの技術は，カーボンニュートラルな性質を有するバイオマス利用を通じて温室効果ガスの排出削減に資する．

（3）　生態系サービスの回復

　この対応は，過去に損なわれた自然環境（たとえば，湿地，森林，草原，河口域，サンゴ礁，マングローブなど）を取り戻すため，再生技術の開発（沿岸域底質の改善や藻場・干潟の再生技術［JSSA―関東中部クラスター，2010］や実証試験［JSSA―西日本クラスター，2010］）とその技術を現地に適用するための事業である．

　日本においては，自然再生推進法に基づいて公共事業として自然再生事業が実施されているとともに，NPOや一般市民が主体となって里山の自然再生・保全が図られている事例もある（たとえば，は

げ山の緑化への取り組み［JSSA―西日本クラスター，2010］）（自然再生を推進する市民団体連絡会，2005；淡路・寺西・西村，2006）．

　また，森林整備事業，土地改良事業，河川整備事業などの公共事業では多自然型河川整備や生態系保全型水田整備のように環境に配慮した工法の開発が積極的に行われている（JSSA―北信越クラスター，2010）．里海に関しても人工海浜などの造成技術や海浜再生工法の改良が行われている（JSSA―関東中部クラスター，2010）．

5.2.6　知識に基づく対応

　里山・里海の生態系や生態系サービスに関して獲得されてきた伝統的知識の提供や科学的な研究を通じて得られる知識の普及は，より良い意思決定に効果的に作用することが期待できる．その際重要なことは，それらの手法が行われていた過去の生活スタイルに戻ることではなく，再評価に基づく現代的な認識のもとに新たな関係・つながりを人と自然との

間に構築することである．

（1） 関連する知識・情報の普及

里山・里海地域の認識向上に向けてさまざまな情報提供がなされている．たとえば，環境省は2008年に里地・里山での保全活動を支援するためのインターネットによる情報提供サイト「里なび」を開設している．

また，中山間地域に分布する棚田のもつ美しい景観や伝統文化の継承をはじめとする多面的機能を評価し，全国134地区の棚田を評価した「日本の棚田百選」や全国の農業用水を対象とした「疎水百選」が公表されている．このほか，朝日新聞と森林文化協会による「にほんの里100選」も実施されている．

一方，健康面の認識向上に関し「森林浴」を推奨する観点から「全国森林浴の森100選」が選定されている．2004年にはこうした試みを科学的に解明することなどを目的として大学医学部，企業，森林総合研究所などによって森林セラピー研究会が組織された．現在，この活動を生かすことを目的とした森林セラピー総合プロジェクトが実施され，全国の森林セラピー基地やロードの認定，普及広報活動などが行われている．

（2） コモンズによる地域共同体の再構築（K2）

近年では，コモンズの考え方が改めて注目されている．コモンズとは，自然資源を共同管理する制度あるいは管理の対象である資源そのものを意味する．地域レベルのコモンズから地球レベルのコモンズまで，多様なレベルで成立することが見込まれる．日本の伝統的な管理法である里山の入会や水利，里海の漁業権などは，地域レベルのコモンズによって維持管理されてきた事例として考えられる．

公でも私でもないコモンズの考え方は，生物学者ハーディンによる「コモンズの悲劇」が発表された1969年以降注目されるようになった．

BOX 5.4

「魚つき林」，海を育てる植林

「魚つき」とは，日本において古来より魚が水面に映った木の影を見て集まると信じられたことから生まれた言葉であり，漁民達はこうした海岸付近にある森や林のことを「魚つき林」と呼び伝統的に保護してきた．実際に，こうした海岸近くの島の森林の周囲には古い鳥居や祠が見られることが多い．

1951年の森林法では，こうした伝承を引き受けるかたちで，保安林に指定する目的の1つとして，第25条1項8号において「魚つき」を掲げた．いわゆる「魚つき保安林」である．そもそも保安林とは，水源の涵養，土砂の崩壊その他の災害の防備，生活環境の保全・形成といった公共の目的を達成するため，農林水産大臣または都道府県知事によって指定される森林のことで，保安林では，それぞれの目的に沿った森林の機能を確保するため，立木の伐採や土地の形質の変更は規制されている．今日，日本全国にある保安林12,606,000 ha（延べ面積）のうち，魚つき保安林は約0.5％にあたる58,000 ha（延べ面積）で（2008年3月現在），それほど多いとはいえないものの，ここ数年は増加傾向にある．

近年ではさらに，森の生態系と沿岸域の生態系との一体性や関連性を意識した，漁業者による植林活動に注目が集まっている．たとえば，宮城県では，1960年代半ば～1970年代半ばの環境悪化による赤潮の被害を受け，カキの大量廃棄処分を行ったが，こうした問題の根本的解決のためには，気仙沼湾に流れ込む河川上流の山に落葉広葉樹の森をつくることが必須であるとして，「森は海の恋人」のスローガンのもとに1989年から「牡蠣の森を慕う会」による植樹活動が開始された．また，兵庫県でも同様に，漁協の協力のもとに植樹活動が開始され，1999～2008年までの間に県下6か所で植樹と下草刈りが行われている．

このように，日本古来の「魚つき林」という風習の意義が，森林と海域との生態系の保護および保全という文脈のなかで現代において再認識されてきている．ここで，海の生態系に好影響をもたらす森林の機能として，土砂の流出の防止，河川水の汚濁化防止，清澄な淡水の供給，栄養物質の河川や海洋の生物への提供などが強く指摘されてきている．

1960年代ハーディンはコモンズを悲観的に捉えていたのに対し，2009年にノーベル経済学賞を受賞したオストロムは，コモンズをむしろ効果的なガバナンスの一形態として肯定的に捉えていた．

日本では2008年に閣議決定された国土形成計画において，今後の地域経営の機軸となるべきものとして「新たな公」として位置づけられている．ここで「新たな公」とは，行政だけでなくNPOなどの多様な民間主体を地域づくりの担い手に位置づけ，その協働によって地域のニーズに応じた社会サービスの提供などを行おうとする考え方とされている．一方で，里山・里海の生態系サービスの提供に関連した公益的機能を持続的に維持していくための社会制度として，「新たなコモンズ」の考え方が提唱されている．

(3) 大学や自治体による科学研究（K2）

里山・里海に関する科学的知見は，その対象が広範囲で地域依存性が高いこともあり，限定的なものにとどまっている．近年では，里山・里海に対する社会的関心の高まりもあり，大学や自治体が地域の里山・里海や生物多様性を対象とした研究教育拠点を形成し，得られた知見を地域に還元しようとする試みも始められている．

金沢大学が北陸地方で展開している里山プロジェクトは，里山の研究教育に加えて里山保全や地域活性化に取り組む人材との連携，研究機関，自治体や企業との連携を含む石川県を中心とした広範な活動を実施している．宇都宮大学では農学部に里山科学センターを設置し，関東地方北部の里山における農林業に際して課題となっている鳥獣害対策を扱う専門的な技術者の養成，流域圏を対象とした里山生態系のモニタリング，里山コミュニティービジネスの創出による農村活性化手法の確立に取り組んでいる．千葉県では，都道府県で初めて2008年に生物多様性地域戦略を策定し，この推進を図るために生物多様性センターを設置し，市民参加による生物多様性モニタリング，外来種対策，学校ビオトープ設置支援，地域活動のための補助事業などを実施している．

とくに地方の大学や自治体を中心に実施されているこれらの活動は，里山・里海における地域的な課題を対象としていることが特徴である．人材の育成や研究による科学的な知見が地域に還元され，地域の里山・里海の持続的な管理に直接的に貢献することが期待される．

5.3 対応の評価

5.3.1 影響度と近接性からみた潜在的効果

生態系サービスの変化要因に対する影響の潜在的効果は，MA（2005）が対応の効果を評価するために開発した手法によって評価した．この手法をここではMA方式ということにする．

この評価法は2つの視点から構成されており，1つはある対応が影響要因を修正する期待度を5段階で示したものである．この値が高いほど対応が要因に与えることができる影響が大きいことが期待される．もう一方は，対応と要因との因果関係における近接性の程度を5段階で示したものである．この値が高いほど対応と要因との間の伝達段階が少ないことを示している．

したがって，MA方式ではある影響要因に対して5/5とされたときに最も潜在的効果が高い手法とみなされ，この逆に1/1とされたときに最も潜在的効果が低いとみなされる．このようにして，生態系サービスへの影響要因に対する対応の潜在的効果を数値的に把握することができるのが特徴である．**表5.3**に本章で取り上げた主要な対応類型のおもな直接影響要因と間接影響要因に対する潜在的効果について，MA方式で示されている値を示した．

5.3.2 効率性の評価

対応を具体的に実施するためには何らかの費用を必要とする．たとえば，自然再生事業を実施する場合は建設費やその後の維持管理費が必要となる．土地利用計画などの法的対応にしても，それを適用することにより開発企業などに取り引き費用を要請することになる．対応の効率性とは対象となる対応が，なるべく少ない費用でより高い効果をもたらすことができるか，あるいは視点を変えて費用を上回る効果を生み出すかを見るものである．

効率性を評価するための定量的な指標としては費用便益指標がよく用いられる．この指標は，対応に要する費用合計（C）と得られる便益の合計（B）を比較し，対応の効率性（B/C）を示すものである．

表5.3 主要な対応類型の影響要因に対する潜在的効果（MA方式による）

おもな対応		直接影響要因						間接影響要因		
	影響要因	都市化・開発	モザイク喪失	地域・地球温暖化	乱獲	利用低減	外来種	汚染	人口	地域経済	生活と文化
L1	国際条約	2/1	5/4	1/1	3/1		2/1		1/4		
L2	国際的取り決め	1/1	3/4	1/1	1/1		1/1	1/3	1/4	2/4	
L3	国際慣習法	1/1	3/4	1/1				1/1	5/5	2/4	
L6	国内規制（環境部門）	4/4	3/3	3/3	3/3	3/3	3/3	3/3	2/3	2/3	
L7	国内規制（環境部門外）	3/4	3/4	3/4	3/4	3/4	3/4	5/5	5/5	5/5	
L9	命令とコントロール	5/5	5/5								
E1	インセンティブ	4/5	4/3	5/5	3/4		3/5	5/5	5/5	3/4	
E2	自発的動機	3/5	2/3	4/3	2/3		2/4	2/4	2/4	4/5	
E3	財政的, 金融的対応	4/5	4/3								3/4
S2	公共教育と自覚	3/5	3/5	3/5	3/5		3/5	4/5	4/5	4/5	
S3	エンパワーメント	4/5	3/4	4/5	4/5		4/5	3/4	4/5		
T2	生態系サービスの回復	3/3	5/3	4/5	2/2					4/5	
K1	伝統的知識の活用	3/5	1/5	3/5	3/5		1/5	2/5	2/5	3/5	
K2	知識の獲得と適用	3/5	3/5	3/5	3/5		3/5	2/5	2/5	2/5	

(MA, 2005を一部改変)

里山・里海における対応では，農林水産物の生産額のような市場の価値のみならず市場で評価されない生態系サービスの価値評価が必要となる場合が多い．そのため，通常の費用便益分析を拡張し，社会・環境面での費用便益を評価する手法が必要となり，便益を計測するためCVM（仮想評価法）のような表明選好法やトラベルコスト法などの顕示選好法による環境経済評価手法が用いられている．

また，対応の目標（便益）は同じであるが，いくつか異なる対応が想定される場合もある．その際，たとえば水質基準を達成するための技術的方策が複数ある場合，それぞれに必要となる全費用を比較して最も費用の安いものを採用することがある．費用を算定するときには，初期費用のみでなく長期的な観点から対応に要する費用をすべて考慮したライフサイクルコストにより評価（LCC分析）する必要がある．

さらに，対応の効果が金銭的に評価できなくとも何らかの定量的な指標の変化で評価できる場合もある．たとえば，水質規制によるBODやCODの改善度合いや地産地消の取り組みへの参加者数の変化で対応の効果を見るのである．複数ある対応策について，それぞれに要する費用を水質指標などの改善量で除して求めた費用有効度比率を算定すれば，どの対応が最も効率的かを判断することができる．

上記の分析法のうち，費用便益分析は複数の代替案の比較のみでなく，それぞれの対応についてどの水準までであれば費用をかけてよいのかといった，個々の対応に関する費用の許容範囲を見ることができるとともに異なる対応ごとの効率性を比較することができる．一方，LCC分析や費用有効度分析は同種の代替案の比較に活用できるが，費用便益分析のように費用の許容範囲のチェックや種類の異なる対応との比較に用いることができないといった限界がある．

5.3.3 有効性の評価

生態系サービスの水準を向上させるための対応は，大きく3つに区分することができる．1つは，生態系の向上や生態系サービスに影響する要因（ド

BOX 5.5

費用便益分析

　費用便益分析では，総便益（B）を総費用（C）で除して求めたB/C指標の大きさによって効率性が評価される．とくに，公的機関が公共事業として実施する場合には，B/Cが1を超えていることが事業実施の必要条件となっている．

　総便益の算定には，農林水産品の販売収入のような市場評価に基づく便益に加え，景観や伝統文化の価値のような非市場価値を含めた便益を算定する必要がある．また，毎年生じる年便益を対応の開始から終了までの期間にわたる総額として定量化する場合に，将来時点に発生する価値をすべて評価時点に直す操作（すなわち，将来時点の価値を一定の割引率で複利計算により割り引く操作）が行われる．しかし，将来の世代が受ける生態系サービスの便益は，現世代の受ける便益と同じくらい重要であることから，生態系サービスの価値を割り引くことに対しては，倫理的な観点から批判もある（TEEB, Chap.3, 2008）．

　Mitani, Shoji and Kuriyama（2008）は，霞ヶ浦に生息するアサザの保全・回復を目的に実施される自然再生事業を対象に，インターネット調査によるCVMの調査を実施し，関東地域の一般世帯の対策に対する支払い意思額の計測を試みている．類似の調査方法を用いて国土交通省は，霞ヶ浦で実施される自然再生事業「霞ヶ浦田村・沖宿地区」について，世帯当たり支払い意思額に関係世帯数を乗じて求めた年便益額をもとにB/Cが2.14（＝43.0億円/20.1億円）であることを示している．

　吉田（2004）は，神奈川県の森林環境税（水源税）の設計時点でCVMを適用し，水源確保のための森林整備（森づくり）に対する県民の支払い意思額の総額（128億円）が森林保全に要する費用（56.5億～75.5億円）を超えて，森林環境税の実施が可能であることを示している．

　田中（2000），渡邊（2004），児玉・竹下（2004）では，里山におけるグリーンツーリズムについて，トラベルコスト法を適用して評価している．たとえば田中（2000）では，京都府美山町におけるグリーンツーリズムの非市場価値が年間57億～110億円になることを示している．

　さらに，玉置（2003）は，里海におけるブルーツーリズムの便益額をTCMで評価し，霞ヶ浦・北浦の伝統的な帆引き網漁の年便益が約350万円で，関係市町村の随行船の運航費800万円の44％に相当することを示している．

ライバー）に直接働きかけることを目的とし，法的な罰則や補助事業の実施のような実効手段を有する対応である．たとえば，水質規制の法的対応では，規制を守らない者に対して罰則規定が定められている．

　2つ目は，生態系サービスの向上を直接目的とするものの具体的な実行手段が備わらず，方向や理念のみを規定する対応である．たとえば，条約，基本法さらには政府が公表する計画の多くがこれに該当する．条約の批准，基本法の制定，計画の策定を受け，実効性のある法律や事業制度が創設されることから生態系サービスの向上に有効に機能する．

　3つ目は，特定の目的のために適用される対応ではあるが，適用のときに副次的に生態系サービスの維持・向上を図ることが制度的にビルトインされているような対応である．たとえば，土地改良法に基づく土地改良事業は直接的には農業生産性の向上を目的に実施されるが，事業を契機に農地や農業用水に生息する動植物の保全に対して住民の関心が高まって生態系サービスのうち教育・文化機能も高まるような場合がこれに相当する．

　上記の3つの対応のうち，1つ目の直接的かつ実効性が担保されているような対応が有効性の高い対応とみなせる．これに対し，2つ目以降の対応は有効ではあるものの，第一の直接的かつ実行手段を備える対応に比べると生態系サービスの向上に対して

> **BOX 5.6**
>
> 費用便益分析以外の効率性・有効性評価の手法（國光，2010）
>
> ・費用有効度分析
>
> 　数量化されているが貨幣評価されていない指標を用いて有効度（E）を定量化し，これと対応に要する総費用を比較する E/C（あるいは C/E）指標も効率性の評価指標として活用できる．有効度としては，対応の目的に応じて，たとえば希少動植物の回復数，二酸化炭素の削減量，改善される水質指標値等が想定される．
>
> 　野村総合研究所（2007）は，バイオマス資源利用としてのバイオ燃料生産について，Well to Wheel（一次エネルギーの採掘から車両走行まで）の CO_2 排出量削減効果（ライフサイクルアセスメント分析結果）を有効度指標とし，燃料生産費用（2002 年時点）との比較により費用有効度を算定している．その結果，ブラジルのサトウキビからのバイオエタノール生産（C/E = 50 ユーロ/CO_2 換算トン）が EU の小麦由来のエタノール（C/E = 340〜700 ユーロ/CO_2 換算トン）よりも効率的であることが示されている．
>
> ・ライフサイクルコスト分析（LCC 分析）
>
> 　生態系サービスの向上をもたらすため，施設などが整備される場合は，施設整備に要する費用を施設建設から老朽化して廃棄するまでの間にわたって評価するのがライフサイクルコスト分析である．いわゆる揺りかごから墓場までのすべての費用を考慮し，最もライフサイクルコストの小さい対応を採用すれば，想定する対応の代替案のなかで最も経済効率性が高い対応を実施したことになる．原子力発電のように施設の廃棄に要するコストが莫大な場合には，施設建設費のみでなく維持管理費や廃棄コストを含めて評価することが重要で，ライフサイクルコスト分析が有効な手段といえる．
>
> 　道路整備や農業水利施設整備のときに，施設の補修や更新計画を LCC 分析により評価し，整備した施設の耐用年数であるライフサイクル期間を延ばして，既存施設をなるべく有効に使う計画策定が行われている．たとえば，ある地区のかんがい施設の更新整備では，施設が壊れる前に本体を生かしつつ部分的な改修を行う工法の LCC（総費用÷耐用年数 = 622 億円/年）と，施設が壊れてから全面的に再建設を行う場合の LCC（634 億円/年）を比較し，前者の工法が効率的であることが示されている．

有効性がやや劣ると考えられる．

　一方，生態系サービスのうちある特定のサービス機能の向上を目的として実施される対応が，他の機能を顕著に低下させる場合も存在する．換言すれば，対応の効果にトレードオフが認められる場合である．したがって，このような対応を実際に適用する場合は対応そのもののもつ効果とトレードオフによる負の効果を比較して総合的に判断する必要がある．

5.3.4　里山・里海における対応の展開方向

　MA 方式による影響度と近接性から見た潜在的効果が高く評価されている対応の類型は，L6（国内の環境規制：環境部門），L7（国内の環境規制：環境部門外），L9（命令とコントロールによる介在），E1（インセンティブによる介在），E3（財政的，金融的対応），S3（地域コミュニティーなどのエンパワーメント），T2（生態系サービスの回復），K2（知識の獲得と適用）である．一方で，効率性，有効性が比較的に高く評価された対応は，中山間地域等直接支払制度，農地・水・環境保全向上対策，森林環境税，森林認証制度，海洋汚染防止制度，水質汚染防止制度，自然再生事業であった．

　以上の評価結果をもとに，近年の対応のなかで里山・里海における効果的とみなされる対応を特定した．これらを生態系サービスの領域別にあげると次の**表 5.4** のようになる．

　効果的とみなされる対応で最も多かったのは，

表 5.4　里山・里海に対して効果的とみなされる対応一覧

1) 里（農村・暮らし，農地・河川）	2) 山	3) 海
土地利用計画（L9） バイオマス利用（E1） 中山間地等直接支払制度（E3） 農地・水・環境保全向上対策（E3）	里山保全条例（L9） 森林環境税（E1） 森林認証制度（E2）	瀬戸内海環境保全特別措置法（L6） 里海保全条例（L9） 海洋汚染防止制度（L6） 水質汚染防止制度（L6, T2）

4) 生物多様性	5) 全領域
生物多様性国家戦略（L6） 生物多様性地域戦略（L9）	環境影響評価法（L6） NPO法（S3） 自然再生事業（T2） 大学・自治体による科学研究（K1） SATOYAMAイニシアティブ（K1） 新たなコモンズ（K2）

　MAによる対応類型における制度とガバナンスに基づく対応（L）であった．日本では，1992年の地球サミット以降，生物多様性や里山・里海の重要性に関する認識が高まり，地方自治体が里山・里海の保全や管理を直接の目的とした条例を策定する動きが広がりつつある（武内・鷲谷・恒川，2001）．また，生物多様性国家戦略を地域レベルで実施するため，都道府県レベルで生物多様性地域戦略が策定されている．近年では，市町村レベルでの自治体が生物多様性地域戦略を策定しようとする動きもみられるようになっている．

　一方，日本では地域レベルで策定されている里山保全条例はみられるものの，里山・里海の保全や管理を直接の目的とした総合的な立法は存在していない．このため，里山の保全と持続的な利用のための対応は多種多様な個別法に依拠してきた．とくに，地球サミット以降，近年では，生物多様性や生態系保全の重要性に対する認識の高まりを背景として里山・里海にかかわる諸法，たとえば河川法，海岸法，食料・農業・農村基本法，森林・林業基本法，水産基本法，土地改良法，森林法，文化財保護法に環境保全関連の規定が挿入されるようになり（いわゆる「諸法の環境法化」），これらが里山・里海に対して一定の役割と機能をもつに至っている．今後も，関連する諸法の改正時に里山・里海の概念が盛り込まれることが期待できる．

　また，里山・里海の生態系や持続可能な利用のために効果的とみなされる対応には，参加型の取り組みを含むものが多く含まれていた．近年では，土地利用計画においても住民参加による土地利用計画づくりを積極的に組み込んだ地区が増えている（国土交通省，2005）．バイオマス利用についても，全国の市町村で策定されるバイオマスタウン構想のなかにNPOや都市住民との連携および土地所有者以外の住民参加が盛り込まれている地区が多い．

　中山間地域等直接支払制度のような日本の直接支払いでは，支払いの一部が集落組織や農家グループの共同活動に対して支出される制度となっていることが特徴である．里山保全条例・里海保全条例については，住民参加により計画を策定することが条項として規定されている条例が多数ある（三瓶・武内，2006）．環境影響評価法に関連して諫早湾の里海の保全が注目されている長崎県では環境影響評価条例を改正し，環境アセスメント手続きの早い段階で事業者への意見提出による住民などの参加機会が拡充されている．NPO法では，住民，企業，行政などさまざまな主体が関与するNPOの活動を促進している．自然再生事業でも，地域の多様な主体の参加・連携により実施することが自然再生事業の基本方針として定められている（草刈，2003）．地方の大学や自治体が，教育や研究のフィールドとして地域の里山・里海を活用することを通じて保全や管理に貢献する動きが活発になっている．

　個人や社会の福利に資するさまざまな生態系サービスをもたらすモザイク構造の生態系を連結させるため，里山・里海の「新たなコモンズ」としての共同管理には多様な主体の参加が重要である．これらの参加型の取り組みを促進するためには，里山・里海の生態系サービスに関する科学的知見の蓄積，知見を国民にわかりやすく説明していくための教育，担い手となる人材の養成などの対応も関連して求められるであろう．

さらに，効果的とみなされる対応には法的な対応に比較して経済的対応の事例が少ない傾向が認められた．この理由として，農林水産業の衰退のなかで人びとの里山・里海に対する経済的関心が低下したことが影響しているものと考えられる．しかし，里山・里海には農林水産物の生産のみでなく景観の維持や文化の醸成，生物多様性の保全のような市場で十分に評価されない価値が存在する．したがって，里山・里海の生態系の保全や生態系サービスの持続可能な利用のためには，市場で評価されない価値を考慮しつつ経済的なインセンティブを生かした対応を適用していくことが重要である．たとえば，森林環境税やバイオマス資源を利用した里山・里海の保全や耕作放棄地の発生防止や農地の多面的機能の確保を目的とした中山間地等直接支払制度のような経済的対応が具体的な事例としてあげられる．いずれも，近年開始されたこれらの経済的対応を定着させ，適用範囲を広げるとともに新たな制度を確立していく試みが期待される．

5.4 まとめ

里山・里海は，人間と自然の相互作用によって長い年月をかけて形成されてきた場所である．現代の里山・里海への人間のかかわり方は，農林水産業をはじめ自然との触れあい活動，生物多様性の保全，バイオマス資源の利用，科学研究などの多岐にわたっている．このため，里山・里海にかかわる対応も多種多様なものとなっている．

里山・里海の保全や管理を一元的に扱う法律は存在していないが，里山・里海にかかわる諸法の環境法化が進展し，これらが里山・里海の保全や管理において適用されている．さらに，地方自治体で策定の動きがみられる里山・里海条例や地域レベルで生物多様性国家戦略を推進するための生物多様性地域戦略のように，里山・里海の保全や管理を直接の対象とした積極的な対応の展開もみられる．

里山・里海に対して効果的な対応には，参加型の取り組みを含むものが多い．里山・里海には多様な価値があることやその地域に暮らす人びとの生活の場となっていることからきめ細かな対応が求められ，行政主導型の方法では限界があり，地域住民に加えて企業，NPO/NGO，行政などの多様な主体が参加可能な新たな共同管理の枠組みを構築する必要がある．

現代社会は，これまで里山・里海に十分な経済価値を見出してこなかった．しかし，里山・里海には生物多様性や生態系の保全，地域文化の醸成など多くの外部経済価値が存在している．これらの里山・里海のもつ外部経済価値を正当に評価するとともに，経済的なインセンティブを付与する取り組みを拡充する必要がある．

高齢化，過疎化が進展し，変化しつつある里山・里海を維持していくためには，多様な主体が参加可能な共同管理のしくみをつくり，経済的なインセンティブの付与によって外部経済価値を正当に評価し，これらを実現するための制度やガバナンスの改革を推進する複合的で新たな対応が求められている．

引用文献

・淡路剛久監修・寺西俊一・西村幸夫編 (2006)：地域再生の環境学，東京大学出版会．
・磯崎博司 (2000)：国際環境法—持続可能な地球社会の国際法，信山社．
・及川敬貴 (2010)：生物多様性というロジック—環境法の静かな革命—，勁草書房．
・奥脇直也 (2008)：海洋基本法制定の意義と課題．ジュリスト，1365号：11-19．
・海洋政策研究財団 (2009)：海洋白書2009, 成山堂．
・環境省 (2004)：産業廃棄物行政と政策手段としての税の在り方に関する検討会最終報告 (座長：小早川光郎)．http://www.env.go.jp/recycle/waste/zei-kento/index.html
・関東弁護士会連合会編 (2005)：里山保全の法制度・政策，創森社．
・来生新 (2008)：海洋基本法・基本計画下での国内法政策の今後の課題．ジュリスト，1365号：20-25．
・京都大学フィールド科学教育研究センター編・山下洋監修 (2007)：森里海連環学—森から海までの統合的管理を目指して，京都大学学術出版会．
・國光洋二 (2010)：マネジメント事業の経済評価 中・高橋編，農業水利施設のマネジメント工学，pp.193-204, 養賢堂．
・草刈秀紀 (2003)：自然再生を総合的に推進するための「自然再生基本方針」とは，鷲谷いづみ編，自然再生事業—生物多様性の回復をめざして—，pp.351-363, 築地書館．
・栗林忠男 (1994)：注解国連海洋法条約，有斐閣．
・国土交通省 (2005)：土地利用調整計画の策定事例．土地総合情報ライブラリー．http://tochi.mlit.go.jp/02_02．

html
・児玉剛史・竹下広宣（2004）：公共事業の事前評価法に関する研究—仮説的トラベルコスト法の応用—．農村計画学会誌，**22**(4)：269-278.
・小寺正一（2008）：里地里山の保全に向けて．レファレンス，686号：53-74.
・三瓶由紀・武内和彦（2006）：里地保全に関連する市町村条例の類型化に関する考察．ランドスケープ研究，**69**(5)：763-766.
・自然再生を推進する市民団体連絡会編(2005)：森，里，川，海をつなぐ自然再生，中央法規出版．
・武内和彦・鷲谷いづみ・恒川篤史編（2001）：里山の環境学，東京大学出版会．
・田中裕人（2000）：トラベルコスト法による農村のレクリエーション機能の評価—京都府美山町を事例として—．農業経済研究，**第71巻**（第4号）：211-218.
・玉置泰司（2003）：漁場整備と都市交流による漁村活性化効果に関する研究．水産総合研究センター研究報告，第8号：22-111.
・日本の里山・里海評価—関東中部クラスター（2010）：里山・里海：日本の社会生態学的ランドスケープ—関東中部の経験と教訓—，国際連合大学．http://www.ias.unu.edu/sub_page.aspx?catID=111&ddlID=1485
・日本の里山・里海評価—西日本クラスター（2010）：里山・里海：日本の社会生態学的ランドスケープ—西日本の経験と教訓—，国際連合大学．http://www.ias.unu.edu/sub_page.aspx?catID=111&ddlID=1485
・日本の里山・里海評価—北信越クラスター（2010）：里山・里海：日本の社会生態学的ランドスケープ—北信越の経験と教訓—，国際連合大学．http://www.ias.unu.edu/sub_page.aspx?catID=111&ddlID=1485
・日本の里山・里海評価—北海道クラスター（2010）：里山・里海：日本の社会生態学的ランドスケープ—北海道の経験と教訓—，国際連合大学．http://www.ias.unu.edu/sub_page.aspx?catID=111&ddlID=1485
・野村総合研究所（2007）：バイオ燃料に関する報告．http://www.paj.gr.jp/paj_info/data_topics/20080110-report.pdf
・柳哲男（2006）：里海論，恒星社厚生閣．
・山路永司（2006）：棚田オーナー制度による農村アメニティの享受．農村計画学会誌，**25**(3)：206-212.
・吉田謙太郎（2004）：環境政策立案のための環境経済分析の役割：地方環境税と湖沼水質保全．家計経済研究（家計経済研究所），No.63：22-31.
・渡邉正英（2004）：トラベルコスト法における代替地価格問題のMultiple Indicatorによる解決—静岡県大井川上流部を事例として—．農業経済研究，**第75巻**（第4号）：177-184.
・Cicin-Sain B. and Knecht, R. W.（1998）：*Integrated Coastal and Ocean Management*：*Concepts and Practices*, Island Press.
・European Commission（2008）：*The Economics of Ecosystems and Biodiversity*：*an Interim Report*, European Communities.
・Kusuma-Atmadja, M., Mensah, T. A. and Oxman, B. H. eds.（1997）：*Sustainable Development and Preservation of the Oceans*：*The Challenges of UNCLOS and Agenda 21*：*Proceedings the Law of the Sea Institute Twenty-Ninth Annual Confrence*：*Denpasar, Bali, Indonesia*. Law of the Sea Institute.
・Millennium Ecosystem Assessment（2005）：Ecosystem and Human Well-being. *Policy Responses*. Volume 3., Island Press.
・Mitani, Y., Shoji, Y. and Kuriyama, K.（2008）：Estimating Economic Values of Vegetation Restoration with Choice Experiments：A Case Study of Endangered Species in Lake Kasumigaura, Japan. *Landscape and Ecological Engineering*, **4**(2)：103-113.

調整役代表執筆者：高橋俊守
代表執筆者：磯崎博司，及川敬貴，小山佳枝，國光洋二

6

里山・里海の将来はどのようであるか？

6.1 はじめに

　日本の里山や里海を取り巻く状況は，今後どのように変化していくだろうか．海外からの食料や水，木材などのさまざまな生態系サービスの供給が現在と変わった場合，それは日本の里山・里海にどのような影響を及ぼすだろうか．さらに，そのもとでの里山や里海の利用や管理の状態，そこで得られる生態系サービスはどのように変わっていくだろうか．日本の里山・里海評価（JSSA）では，このような疑問について考えるために「シナリオ」を用いている．日本は南北に長い国土を有しており，里山や里海を取り巻く自然地理的条件や社会経済的条件は変化に富んでいる．本章のシナリオでは，そのようなミクロな条件の差異の存在を認めつつも全国の里山・里海で想定される全体的な傾向に焦点を当てて検討する．

　JSSAにおけるシナリオとは，里山や里海を取り巻く将来が今後どのように変わり得るかをある一定の仮定やその組合せのもとに想定した複数のもっともらしい将来像である．したがって，これは予測でも予言でもましてやわれわれがとるべき道筋を示したものではない．

6.2 シナリオとは何か？

6.2.1 シナリオ分析

　ミレニアム生態系評価（MA）では，今後起こり得る将来の生態系の変化の可能性やその方向性について議論，検証するためにシナリオによる分析（シナリオ分析）が行われた．また，シナリオ分析はそうした変化への対応について議論する目的でも使われた．ここでは，シナリオとはいくつかの仮定のもとに想定される将来を描いたもっともらしい複数の将来イメージのことである．シナリオ分析は，複雑かつ不確実な将来について検討するための体系的な手法としてさまざまな分野において用いられている．シナリオ分析の過程（たとえば，変化要因の選定やより好ましいシナリオに関する議論）では，生態系サービスの管理方法や諸種の対策を盛り込むこともできる．このような方法をとることで，現在保全すべき生態系やすみやかに講じられるべき対策の内容について検討，検証することが可能になる．

　JSSAでは，MAのシナリオ分析の方法や枠組みに依拠して進める．したがって，JSSAのシナリオは里山・里海の生態系の変化を引き起こす間接的要因や直接的要因ならびにそこでの人びとの里山・里海に対する態度や対応に焦点を当てる．このようにして，JSSAでは2050年に向けた里山・里海の4つのシナリオを描く．本章では，シナリオの内容をストーリーライン（シナリオの概要を簡潔に示した記述）として示した後に，そのもとで想定される生態系や生態系サービスの変化や課題について検討する．なお，将来の里山・里海を表す4つのシナリオを作成するが，これら4つのシナリオうち1つだけが生じるということは起こりにくい．現実の里山・里海の将来は，これらシナリオのうち複数あるいはすべてのシナリオが複雑に組み合わさるなかで展開するであろうことを最初に述べておきたい（MA, 2005 a）．

以下では，まずJSSAにおけるシナリオの作成やその内容について述べる準備として，シナリオにはどのようなものがあるのか？それらは環境や社会の問題を考えるうえでどのように使われてきたか？などの問に対する回答を簡潔に述べたい．シナリオに対する理解を高めることが，JSSAにおけるシナリオの作成や利用の方法を理解するうえで有効と考えられる．

6.2.2 シナリオ分析の射程

図6.1は，将来の状況について検討する際に用いられるさまざまな方法を，それらが対応可能な対象の不確実性と複雑性の度合いと関係づけて示したものである．一般的に，不確実性や複雑性が小さい対象ほどその対象についての科学的な分析が可能である．対象の不確実性や複雑性が増すにつれて，現時点での事実（facts）に基づく将来の予見（predictions）や予測（projections）からいくつかの重要な不確実性要素に関する仮定などを踏まえた探査（explorations）や推測（speculations）という方法へシフトする．事実や予見，予測という方法は，検討対象である社会や環境に対する十分な理解のもとに成り立つ．一方，探査や推測は，現象理解の科学性には限界がある複雑性や不確実性の大きな対象を検討するうえで有用な方法である．シナリオは，両者の間に位置づけられる将来を考えるための方法である．

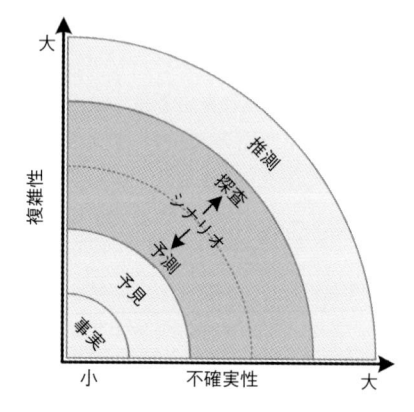

図6.1 将来の不確実性や複雑性を取り扱うツールの射程（Zurek and Henrichs, 2007から訳出）

6.2.3 世界規模でのシナリオ作成の取り組みと日本のシナリオの特徴

シナリオは，いまや地球温暖化・気候変動のみならず水環境や大気環境，生態系を含むあまねく環境問題について作成されており（表6.1），科学者のみならず政策立案者，経営者をはじめとするさまざまな利害関係者が，不確実な要素の多い将来に向けた構想や計画を練るための基本的な道具として認識されている．そのなかでも，とくに著名なのは気候変動に関する政府間パネル（Intergovernmental Panel on Climate Change：IPCC）が2000年に出したSRES（Special Report on Emissions Scenarios）シナリオであろう．IPCCは，今後世界がグローバル化するのか地域化の傾向が強まるのか，また経済重視の発展をするのか環境重視の路線をとるのかにより，世界の人口や経済，技術の開発や普及，エネルギー，土地利用の変化などがどのように変化するかを想定した4つのなりゆきシナリオを作成し，それぞれのシナリオについて2100年までの温室効果ガスの排出量の変化を示した（Nakicenovic and Swart, 2000）．

日本においても，近年国や地方公共団体，研究機関などによるシナリオ作成が活発化している．日本のシナリオは，政策・施策の形成・誘導をねらったシナリオの作成が多いという特徴があり（表6.2），そうしたシナリオの作成に共通する特徴は，バックキャスティングという手法が用いられている点である．シナリオの多くは現状を起点とし，起こり得る複数の将来イメージを探査的に描くのに対し，バックキャスティングによるシナリオは望ましい将来像をエンドポイントとして描き，そこに至る経路をシナリオとして描く（Robinson, 1990）．通常のシナリオにおいてもある特定の政策や対策の導入を想定することはできるが，日本の取り組みではバックキャスティングのように，より直接的に望ましい将来社会の実現を検討する方法が好まれる傾向にある．

6.2.4 シナリオの記述方法と近年のトレンド
（1）シナリオの記述方法

シナリオは，その記述方法により大きく定性シナリオと定量シナリオとに分けられる（表6.3）．定性シナリオとは，シナリオが示す起こり得る将来を

表 6.1　2000 年以降の主要な地球・地域規模での環境シナリオ

シナリオ名称	作成主体	発行年度	期間対象	対象 課題	対象 エリア
Global Biodiversity Outlook 3 (Alkemade et al. 2009；Leadley et al., 2010)	CBD[a]	2010	2050	生物多様性	世界
Global Environmental Outlook 4（UNEP，2007）	UNEP[a]	2007	2050	環境	世界を 6 地域区分
PRELUDE–Land use scenarios for Europe（EEA，2007）	EEA[a]	2007	2035	景観	ヨーロッパ
The Road to 2050：Sustainable Development for the 21 st Century（World Bank，2006）	WB[b]	2006	2050	環境	世界
Air Quality and Ancillary Benefits of Climate Change Policies（EEA，2006）	EEA[a]	2006	2030	大気環境	ヨーロッパ
Millennium Ecosystem Assessment（MA，2005 a）	MA[c]	2005	2050	生態系サービスと人間の福利	世界および 18 の地域や国家，流域等の区域
African Environment Outlook（UNEP，2002）	UNEP[a]	2002	2032	環境	アフリカを 6 地域区分
Global Environmental Outlook 3（UNEP，2002）	UNEP[a]	2002	2032	環境	世界を 6 地域区分
Global Water Outlook to 2025（Rosegrant, M. W., Cai, X. and Cline, S. A., 2002）	Rosegrant, M. W., Cai, X. and Cline, S. A. for IFPRI[e]	2002	2025	水環境・利用	36 地域/国
OECD's Environmental Outlook to 2030（OECD，2001）	OECD[f]	2001	2030	環境	10 か国（OECD 加盟国）
IPCC's Special Report on Emissions Scenarios （Nakicenovic and Swart，2000）	IPCC[g]	2000	2100	気候変動	世界を 4 地域区分
World Water Vision（Cosgrove et al., 2000）	WWC[h]	2000	2025	水環境	世界を 18 地域区分
Global Environmental Outlook 2000（UNEP，1999）	UNEP[a]	1999	2030	環境	世界を 6 地域区分
Global Biodiversity Scenarios for the Year 2100 （Sala et al. 2000）	GCTE[j]	2000	2100	生物多様性	生物相で 10 区分

a：Convention on Biological Diversity, b：United Nations Environmental Programme, c：European Environment Agency, d：World Bank, e：Millennium Ecosystem Assessment, f：International Food Policy Research Institute, g：Organisation for Economic Co-operation and Development, h：Inter-governmental Panel on Climate Change, i：World Water Council, j：Global Change and Terrestrial Ecosystems

言葉や絵など用い叙述的に記したものである．定性シナリオは，数字や表，グラフを用いたシナリオに比べて情報を伝えやすく，また専門家でない多くの人に理解されやすいという利点をもつ．しかしながら，シナリオが記述している将来の社会や経済，環境について具体的な数値情報を提供できない，またシナリオが描写する内容の整合性が確認できないという欠点がある．日本の国土形成計画の作成プロセスで，国土交通省が「目指すべき 2030 年の日本社会像について，全国民的レベルでより具体的な議論が行われることを期待」して作成・公表した「2030 年の日本のあり方を検討するシナリオ」（表 6.2）は定性シナリオの一例である（国土交通省国土計画局，online）．

一方，定量シナリオとは起こり得る将来の変化を数値により定量的に示し，これを表やグラフなどを用いて表したものである．地球変化と陸域生態系研究計画（Global Change and Terrestrial Ecosystems：GCTE）による Global Biodiversity Scenarios for the Year 2100（Sala et al., 2000）は，定量シナリオの好例である（表 6.2）．定量シナリオの作成には，科学的な検証を経た数理モデルが用いられる．シナリオの背景にある仮定や前提条件が，数式や変数，パラメータというかたちで示されており，シナリオの背景にある仮定や前提について明示的に触れることが少ない定性シナリオに比べシナリオ作成の透明性が高い．また，モデルを適切に用いることで定性シナリオでは困難な整合性の評価が可能であ

表 6.2 日本国内での政策・施策の形成に向けたシナリオ作成の取り組み

シナリオ名称	作成主体	発行年度	対象期間	対象 課題	対象 エリア	概要
超長期ビジョン（環境省超長期ビジョン検討会, 2007）	環境省超長期ビジョン検討会	2007	2050	低炭素, 循環型社会, 自然共生社会, 快適生活環境	日本全域	第三次環境基本計画を受けて, 望ましい将来像を描き, 目標時期までに実現するための段階的経路を超長期ビジョンとして整理
2050日本低炭素社会シナリオ：温室効果ガス70%削減可能性検討（西岡, 2008）	「2050日本低炭素社会」シナリオチーム	2007	2050	低炭素社会形成	日本全域	2050年の日本で想定されるサービス需要を満たしつつ, CO_2 排出量を1990年比で70%削減する技術ポテンシャルを評価
持続可能社会の実現に向けた滋賀県シナリオ（滋賀県持続可能社会研究会, 2007）	滋賀県持続可能社会研究会	2007	2030	持続可能社会（温暖化, 資源循環, 琵琶湖環境）	滋賀県	持続可能性を示す環境目標を温室効果ガス排出量, 琵琶湖水質, ヨシ群落面積, 美しい湖辺域面積, 廃棄物最終処分量について設定, 実現手段・方策をシナリオとして整理
技術戦略マップ―超長期エネルギー技術ビジョン―（経済産業省, 2005）	経済産業省	2005	2100	エネルギー分野の技術戦略	日本全域	経済発展を前提に, 2100年における資源・環境の制約条件をシナリオとして仮定, 技術が満たすべき要件および技術確立の時期等を特定
2030年の日本のあり方を検討するシナリオ（国土交通省ホームページ）	国土交通省	2004	2030	国土形成	日本全域	2030年の日本社会が持続可能であることを大前提に, さまざまな外部要因によって変化し得る日本社会の未来像（シナリオ）を作成

表 6.3 定性シナリオと定量シナリオの対比（Alcamo, 2001）

	定性シナリオ	定量シナリオ
特徴	起こり得る未来を言葉や絵を用いて記述.	定量化されたシナリオをもとに, 表やグラフとして必要な情報を提供可能.
長所	さまざまな利害関係者の考えを取り込むことが可能. また, 数字やグラフに基づくシナリオに比べて情報が伝えやすく, また多くの人に理解されやすい.	シナリオ作成に用いられるモデルはさまざまな仮定を含んでいるが, それらは数式やパラメータ, 変数というかたちで明示されている. また, モデルを適切に用いることでシナリオが描く内容の整合性を確認できる.
短所	シナリオが記述している将来の社会や経済, 環境について具体的な数値情報を提供することはできない. また, シナリオが描写する内容の整合性が確認できない.	シナリオの作成プロセスや結果が示すものがわかりにくい.

る．しかしながら，モデルのメカニズムを理解するには高度な専門知識を要することが多く，シナリオがどのようにして作成されたのかがわかりにくいという欠点があり，この複雑性が利害関係者の理解を妨げることが指摘されている（Alcamo, 2001）．

（2） シナリオ作成の近年のトレンド

近年の大規模なシナリオ作成では，両者つまり定性シナリオと定量シナリオの特徴を組み合わせたStory-and-Simulation（SAS）アプローチというシナリオ作成の方法がとられるようになっている．SASアプローチは，シナリオの対象事象が将来どのようなかたちで展開するかをストーリーライン（シナリオの概要を簡潔に示した記述）として記述する一方で，科学的な根拠をもつ数理モデルを用いて叙述的なストーリーラインを定量的情報により補完する方法である（Alcamo, 2001）．SASアプローチは，IPCCのSRESやMAのシナリオ作成（表6.1）や日本での超長期ビジョン（表6.2）におい

ても採用された方法である．ただし，定量化できるのは因果関係や統計的関係が十分に把握されている現象や事象に限られている（MA，2005 b）．定性的に示されたストーリーラインのあらゆる側面を定量化できるわけではない．

　日本では，生態系サービスやそれに影響を与える諸要因の因果関係が十分に解明されておらず，シナリオ作成において SAS アプローチのような定量化の方法をとることができない．このようなことから，JSSA のシナリオは定性的な記述を中心に作成されている．

6.3　JSSA におけるシナリオ作成の方法

6.3.1　MA におけるシナリオ作成プロセス

　MA のシナリオ作成では，2 つの要因についてそれぞれ 2 つの展開方向が想定された．1 つは政治や経済のあり方として今後ますますグローバル化が進行するものと，逆に地域化が進行するというもの（**図 6.2 の縦軸**）．もう 1 つは生態系管理のあり方として問題などに対して事後的な対処が志向されるというものと，逆に事前予防的な対処が志向されるというもの（図 6.2 の横軸）である．MA では，これら 2 つの不確実性の軸を用い，両軸の組合せから探査

的に 4 つの将来シナリオ—世界協調，テクノガーデン，力による秩序，順応的モザイク—がストーリーラインとして描かれた．これら各シナリオの定性的なストーリーラインをもとに，複数の数理モデルにより 2050 年までの人口増加や経済活動，技術の変化，エネルギーおよび資源の消費や土地利用・被覆変化などの変化を仮定し，そうした仮定のもとで生態系サービスと人間の福利が評価された．だたし，ストーリーラインとして記されたすべての要因の情報が定量化されたわけではなく，社会政治，文化や宗教，生物種の導入や除去については定性的な評価にとどまっている（MA，2005 b）．

6.3.2　JSSA におけるシナリオの役割と作成の手順

（1）　シナリオの役割

　JSSA におけるシナリオ作成の目的は，われわれにとって望ましい里山・里海の姿を示すことではない．目的はむしろ，日本において今後起こり得る社会・政治・経済的環境や人びとの生態系管理に対する態度・志向の変化が里山や里海の利用のあり方に与え得る影響やその状況をいくつかの将来像として描き，行政関係者や市民団体や NGO，企業関係者などをはじめとするさまざまな利害関係者の注意を喚起し，彼らの行動や意思決定に役立つ情報を提供

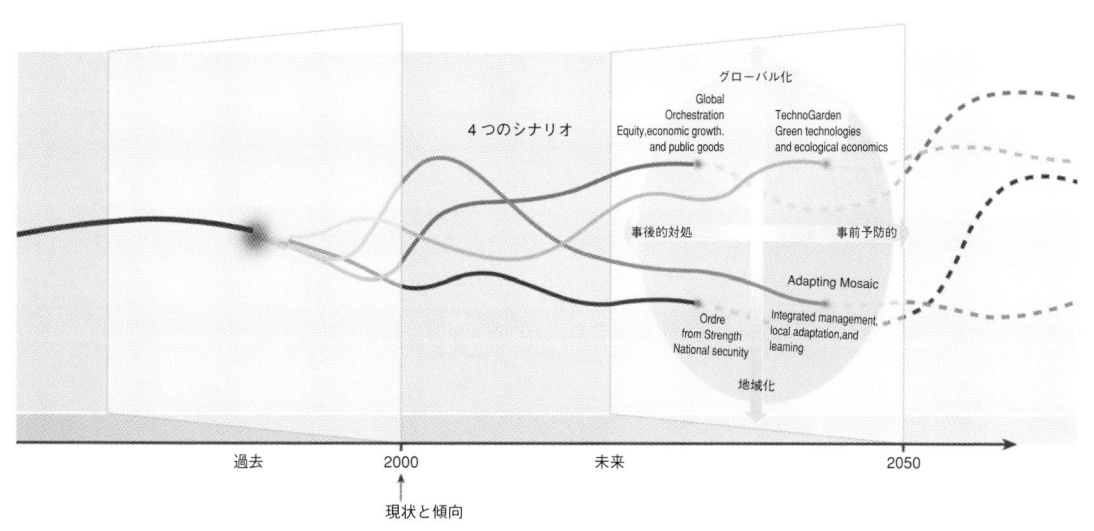

注）本図では，曲線により過去から現在そして未来に至る生態系サービスの状態や傾向を表し，その展開はシナリオにより異なることが示されている．図右方にある 2050 年の断面図は，統治や経済の展開を表す縦軸（グローバル化—地域化）および生態系管理のあり方を表す横軸（事後的対処—事前予防的対処）により構成される 4 つのシナリオを表す．

図 6.2　ミレニアム生態系評価のシナリオの枠組み（MA，2005 b）

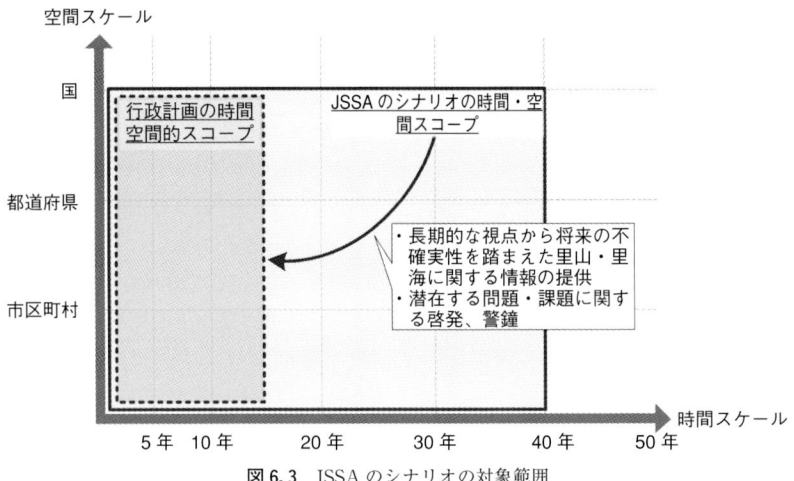

図6.3 JSSAのシナリオの対象範囲

することにある．このような理由から，JSSAのシナリオは将来の里山・里海を取り巻く不確実要素を考慮に入れ，演繹的にそれら不確実性の要素の組合せのもとで，里山・里海に将来どのような変化が生じ得るのかのなりゆきを探査的に示すことを基本姿勢とする．

シナリオの対象期間は2050年に設定した（図6.3）．これは，国や地方自治体が策定する基本計画や総合計画などの計画期間—比較的短いものでは5年，長いものでは10～15年を想定して策定される—を考慮して設定されている．たとえば，2010年から実施に移されるこれら計画は期間の短いものでは2015年ごろ，長いもので2020～2025年ごろを見据えた計画になる．JSSAのシナリオは，シナリオの対象期間をこれよりも長い2050年とすることで計画を立案する政府や地方自治体の行政担当者や専門家，あるいは行政の取り組みと歩調をあわせ（ときには独立に）行動する企業や市民団体，NPO，NGO，市民などに対して，より長期的な視点から将来の里山・里海を取り巻く状況について情報提供し，潜在する問題・課題について啓発し，またときには警鐘を鳴らすことができる．

（2）作成手順

JSSAのシナリオは，MAの枠組みに従って作成されている（第2章，図2.7）．両者の違いは，MAは定性シナリオと定量シナリオの両側面をあわせもつSASアプローチに基づいて作成されたのに対し，JSSAのシナリオでは定性シナリオの作成，分析を行ったことにある．シナリオ作成では，シナリオの軸の設定やストーリーラインの検討をはじめ，すべてのシナリオにおける生態系サービスと人間の福利の評価にわたるまで繰り返し専門家の判断を用いた．Box 6.1にJSSAのシナリオ作成プロセスの概要を示す．

国レベルのシナリオワーキンググループを中心としつつも，国レベルの他の章を担当したワーキンググループおよびクラスターレポートを担当したクラスターワーキンググループにかかわる専門家が連携し，検討・調整を行いながらシナリオの作成を進めた．まず，シナリオワーキンググループがシナリオの基本的な枠組みとして里山や里海を取り巻く将来の基調条件（確実性の高い事象），不確実性要素および対象期間について検討した．本枠組みに基づいて，同ワーキンググループでは将来の里山・里海に起こり得る変化をシナリオとして定性的に記述した．その内容は，国およびクラスターでの評価に関係する専門家が参加する全国会議で報告され，これに対して参加者からさまざまな意見が提示された．その後，シナリオワーキンググループでは，全国会議で得られた意見をもとにシナリオの作成方法や記述内容について改善を行った．

JSSAのシナリオは，このようなやりとりを繰り返すなかで作成されている．このような作業と並行して，インターネットを通じたJSSAの評議会，政府機関アドバイザリー委員会，科学評価パネルおよび国，クラスターのワーキンググループメンバーへのシナリオに関するアンケート調査（計3回），クラスターのユーザーとのシナリオに関する意見交換

BOX 6.1

JSSAにおけるシナリオの作成手順

ステップ1. シナリオ作成の基本的枠組み（対象期間，基調条件，不確実性要素）の検討
ステップ2. 検討結果についての意見の聴取（メール）と対応
ステップ3. 枠組みに基づくシナリオ（第1案）の作成
ステップ4. 第1回クラスター間＆国レベルワーキンググループ会議でシナリオ（第1案）について報告，意見聴取（第1次）
ステップ5. 提示された意見に基づくシナリオ（案）の作成方法および内容の改善
ステップ6. 第2回クラスター間＆国レベルワーキンググループ会議でシナリオ（第2案）について報告，意見聴取（第2次）
ステップ7. 里山・里海に関する情報収集（メール）
ステップ8. 提示された意見への対応および収集した意見に基づくシナリオ（第3案）の作成
ステップ9. 北信越クラスターにてユーザーへのシナリオの利用方法，クラスターシナリオの作成方法について説明（第1回）
ステップ10. 第3回クラスター間＆国レベルワーキンググループ会議でシナリオ（第3案）について報告，意見聴取（第3次）
ステップ11. 提示された意見への対応および収集した意見に基づくシナリオ（第4案）の作成
ステップ12. 北信越クラスターにてユーザーへのシナリオの利用方法，クラスターシナリオの作成方法について説明（第2回）
ステップ13. 生態系サービスおよび人間の福利の評価（案）の内部評価
ステップ14. 提示された意見への対応および内部評価に基づくシナリオ最終案の作成
ステップ15. 第1次レビュー（内部および外部専門家）
ステップ16. 第4回クラスター間＆国レベルワーキンググループ会議でのシナリオ最終ドラフトの報告・意見聴取
ステップ17. 第2次レビュー（外部専門家）

（北信越クラスターで2回実施）を実施している（Box 6.1）．こうしたプロセスの参加者の専門分野は，生態学，景観計画，環境経済，環境法，環境システム分析，地域開発，都市環境工学など多岐にわたる．

6.3.3 シナリオ作成の基本的枠組み
（1） シナリオが前提とする基調条件

シナリオ作成に際して，まず専門家の手により検討対象とする対象期間（2050年）において里山・里海を取り巻き，確実性の高くかつ大きな影響を与える要素として次の2つすなわち①全国的な人口減少と高齢化の進展と②国レベルでの気候変動対策（温暖化対策）が確認された（Box 6.1，ステップ1，2）．これらは，食料の需要量や利用・管理の主体や形態の変化を通じて，将来の里山・里海のあり方に影響を与えることが想定される．

1つ目の基調条件である人口減少と高齢化の進展については，国立社会保障・人口問題研究所の2006年12月推計では，2050年の日本の人口は1億400万～8,800万人程度になることが示されている（国立社会保障・人口問題研究所, online）．出生率・死亡率の仮定の違いにより推計値の幅はあるが，今後約2,000万～4,000万人程度の人口減少が生じ，その一方で人口に占める高齢者（65歳以上人口）の割合は約21%（2005年国勢調査）から2050年には約36～43%になることが推計されている．このように国内人口の減少は確実と目されているが，都市

圏への人口集中が進むのか，一方地方への人口回帰が進むのか，移民や労働者，旅行者を含めた国際的な人口移動については不明瞭な領域として残る．

もう1つの基調条件である国レベルの気候変動への対応については，地球温暖化対策の推進に関する法律をはじめ，電気事業者による新エネルギーなどの利用に関する特別措置法，バイオマス活用推進基本法，太陽光発電の新たな買取り制度など関係法令や制度の整備・施行され，徐々に気候変動への対策がなされつつある．ただし，気候変動への対応において実際にどのような対応策が志向されるか—たとえば，エネルギー供給でバイオマスエネルギーを含めた再生可能エネルギーの利活用に重点が置かれるか，それとも原子力発電や火力発電の高効率化に重点が置かれるか—は，今後の社会の状況に応じて異なる．

（2） シナリオを構成する考慮すべき不確実性要素

シナリオにおける不確実性要素とは，その展開方向について明確な予測や制御はできないが，里山・里海の利用や管理さらにはそこで発揮される生態系サービスのあり方に大きな影響を与えると想定されるものである．JSSAのシナリオでは，生態系サービスの供給を担う里山・里海の将来を左右し得る不確実性要素として，日本の政治・経済のあり方と，自然や生態系サービスに対する人びとの態度や対処のあり方の2つを設定した．

ここで，日本の政治・経済のあり方としては政府の主導により今後ますますグローバル化を進め，貿易や経済の自由化や規制緩和，国際的な人口の流入が進む方向，一方ローカル化が進み，国内の農林水産業の保護や地方分権の拡大が進む2つの方向を想定している．一方，自然や生態系サービスに対する人びとの態度や対処のあり方としては，今後自然の制約を克服する技術の活用や生産・管理の高度化，生態系サービスの人工化などを志向する傾向が強まる方向と，自然への適応を重視し自然再生や近自然・多自然型の技術や工法や順応的管理が志向される傾向が強まるという2つの方向を想定している．

これら2つの軸の組合せにより，次に述べる4つのシナリオ（グローバルテクノトピア，地球環境市民社会，地域自立型技術社会，里山・里海ルネッサンス）が作成された．

シナリオの作成は，まず第6章を担当するシナリオワーキンググループがドラフトを作成し，対象期間や基調条件などを含めこれをクラスター間＆国レベルワーキンググループ会議で報告し，検討するという手順を基本とした．この流れを合計3度繰り返し，シナリオのストーリーライン（6.4.1）の作成および各シナリオの特徴の記述（6.4.2および6.4.3）を進めた（Box 6.1，ステップ3〜12）．また，これとあわせて，E-mailによる関係者からの意見聴取も適宜実施された．

6.4 JSSAにおける4つのシナリオ

6.4.1 シナリオの概要

JSSAにおける4つのシナリオの概要（**図6.4**）は，次のような内容である．

● 地球環境市民社会（グローバル化×自然志向・適応重視）（イラスト1）

このシナリオでは，国際的な人口・労働力の移動，交流の拡大が生じるとともに貿易と経済の自由化，グリーン化に焦点が置かれる．中央集権的な統治体制のもとで，教育や福祉，社会保障，環境への投資・政策的関心が高まる．農林水産業や公共事業，生態系管理においては，低投入型の環境保全型経営，自然再生や伝統的技術，順応的管理，多様な利害関係者の参加による対処が志向される．

● グローバルテクノトピア（グローバル化×技術志向・改変重視）（イラスト2）

このシナリオでは，国際的な人口・労働力の移動，交流が活発化し，貿易と経済の自由化が進展する．中央集権的政府により技術立国が標榜され，国内政策や制度の国際協調が進む一方で，教育や福祉，社会保障への政策的・社会的な関心は低下する．農林水産業や公共事業，生態系管理においては，自然の改変や人工化，生産・管理技術の高度化による効率化，画一的管理が志向される．

● 地域自立型技術社会（ローカル化×技術志向・改変重視）（イラスト3）

このシナリオでは，全国的な人口減少が進むなか，都市への人口集中が進む．貿易と経済では保護主義の志向が強まり，食料や原料の自給率を高めるためにとくに第一次産業においてその傾向が強まる．伝統的あるいは地域の知識よりも科学技術に高い信頼

```
                     グローバル化
                         ↑
┌─────────────────────┐  │  ┌─────────────────────┐
│  グローバルテクノトピア   │  │  │    地球環境市民社会      │
│ ・国際的人口・労働力の移動 │  │  │ ・国際的人口・労働力の移動 │
│ ・大都市圏への人口集中   │  │  │ ・地方回帰、交流人口増加  │
│ ・貿易と経済の自由化、   │  │  │ ・貿易・経済の自由化、規  │
│  規制緩和           │  │  │  制緩和、グリーン化    │
│ ・集積的な統治体制のもと │  │  │ ・集権的な統治体制のもと │
│  での技術立国の推進    │  │  │  での環境立国の推進    │
│ ・環境改変型の技術の活用、│  │  │ ・自然適応、近自然工法・ │
│  人工化の志向        │  │  │  技術活用、順応的管理、  │
│                 │  │  │  伝統的知恵・技術の再評価│
└─────────────────────┘  │  └─────────────────────┘
技術志向・                │                    自然志向・
改変重視 ←───────────────┼───────────────→ 適応重視
┌─────────────────────┐  │  ┌─────────────────────┐
│   地域自立型技術社会     │  │  │   里山・里海ルネッサンス   │
│ ・大都市への人口集中進展 │  │  │ ・人口の地方回帰、交流人口│
│ ・保護主義的な貿易・経済 │  │  │  の増加            │
│ ・技術立国を国家的に推進 │  │  │ ・保護主義的な貿易・経済 │
│ ・地域分権の拡大      │  │  │ ・経済や政策のグリーン化 │
│ ・環境改変型の技術による │  │  │ ・環境立国を国家的に推進 │
│  対処、人工化の志向    │  │  │ ・地方分権の拡大       │
│                 │  │  │ ・自然適応、近自然工法・ │
│                 │  │  │  技術活用、順応的管理、  │
│                 │  │  │  伝統的知恵・技術の再評価│
└─────────────────────┘  │  └─────────────────────┘
                         ↓
                      ローカル化
```

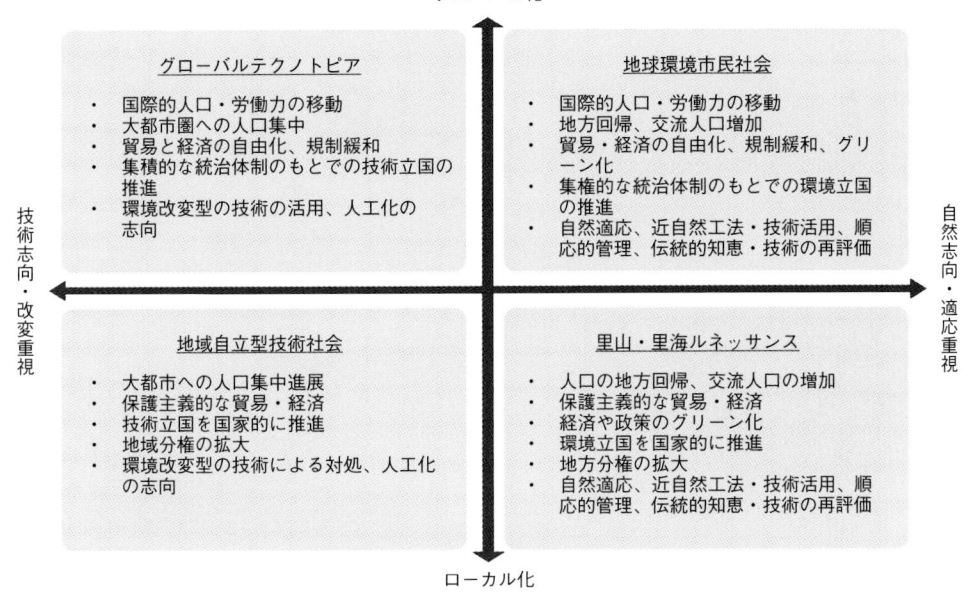

図6.4　JSSAにおける4つのシナリオの位置づけおよび特徴

イラスト1：地球環境市民社会

が置かれる社会となる．地方への権限委譲が進み，ICTを活用した分散型の統治が進む一方，地域社会における人間関係の希薄化が進む．農林水産業や公共事業，生態系管理においては，自然の改変や人工化，生産・管理技術の高度化による効率化，画一的管理が志向される．

イラスト2：グローバルテクノトピア

イラスト3：地域自立型技術社会

イラスト4：里山・里海ルネッサンス

●里山・里海ルネッサンス（ローカル化×自然志向・適応重視）（イラスト4）

このシナリオでは，全国的な人口減少が進むなか，これまでの都市化志向が見直され，地方への人口回帰と権限委譲が進む．貿易と経済では，とくに自給率を高めるため農林水産業について，保護主義の志向が強まるなか，環境立国が標榜され経済や政策のグリーン化に焦点が当てられる．農林水産業や公共事業，生態系管理においては，低投入型の環境保全型経営，自然再生や伝統的技術，順応的管理，多様な利害関係者の参加による対処が志向される．

なお，JSSAのシナリオは前述のように日本の里山・里海をめぐる状況が今後どのように展開し得るかを国全体の傾向として示したものである．個別地域の変化は，具体的にその地域の自然地理条件や社会経済状況の影響を受け差異をもつであろう．つまり，ある地域の将来は4つのシナリオのうちの1つ（たとえば，地球環境市民社会）に近い姿になるかもしれないし，その一方で他の地域は地域自立型技術社会にちかい姿になるかもしれない．このような状況は，日本の里山・里海を取り巻く地域性を前提とすればごく自然のことである．実際の将来は，こ

こで示すシナリオのいくつかあるいは4つすべてが組み合わさって展開するであろうということに留意してほしい（MA，2005b）．

6.4.2 里山・里海の利用や管理に関係する対応の特徴

「対応」とは，生態系サービスを管理し人間の福利を向上させるための機会を得るためにとられる社会の制度・ガバナンスや経済活動，社会的関係，科学技術や知識の利・活用のあり方の総称であり（MA，2005b），間接的要因や直接的要因さらには生態系サービスの変化やその傾向に影響を与えるものである（表6.4）．

「制度とガバナンス」は，国内の制度の枠組みやその国際協調のあり方を規定するものである．これらは日本の政府や地方公共団体によってとられる対応であるが，制度化されることで経済・インセンティブをはじめとする他の対応の方向性にも影響を与える．

「経済・インセンティブ」は，農林水産業を含む国内経済の態様やそこでの生態系管理のための誘導策などのあり方を規定するものであり，おもに企業

表 6.4 それぞれのシナリオのもとでとらえられる里山・里海の利用や管理に関係する対応の特徴

	地球環境市民社会	グローバルテクノトピア	地域自立型技術社会	里山・里海ルネッサンス
制度とガバナンス	自由化、規制緩和 ・経済、貿易の自由化、規制緩和 ・集権的体制のもとでの政府機能の縮小と民間領域の拡大 国際協調のもとでの制度整備 ・政策、制度の国際協調 ・市場形成、誘導政策のための制度整備 ・生態系管理のための国際協調 ・国際的な人口流動や国内での交流人口の増加を支える諸制度の整備	自由化、規制緩和 ・経済、貿易の自由化、規制緩和 ・集権的体制のもとでの政府機能の縮小と民間領域の拡大 国際協調のもとでの制度整備 ・政策、制度のもとでの国際協調 ・市場形成、誘導政策のための制度整備 ・生態系管理のための国際協調 ・国際的な人口流動や国内での交流人口の増加を支える諸制度の整備	保護、安全、規制、誘導 ・保護路線のもとで、農林業への価格・所得支持政策を普及 ・生態系管理のための規制や誘導策の制度整備 分権化、交流拡大のための制度整備 ・分権化の進展、地方独自の政策、制度の普及 ・流域圏での環境管理の普及 ・人口の地方回帰や交流増加を支える諸制度の整備	保護、安全、規制、誘導 ・保護路線のもとで、農林業への価格・所得支持政策を普及 ・生態系管理のための規制や誘導策の制度整備 分権化、交流拡大のための制度整備 ・分権化の進展、地方独自の政策、制度の普及 ・流域圏での環境管理の普及 ・人口の地方回帰や交流増加を支える諸制度の整備
経済・インセンティブ	労働力の外部依存拡大 ・海外からの労働力の活用 市場形成、誘導策の活用 ・環境支払い、生物多様性オフセット、市場アプローチの拡大 ・企業経営における環境配慮の拡大 生態系サービスの市場化 ・エコツーリズムの拡大と国際化 ・生態系サービスの市場的な価値の評価	労働力の外部依存拡大 ・海外からの労働力の活用 重点化、技術の高度化による高付加価値化 ・国際競争力の高い農林水産物の生産への重点化・画一化 ・効率性を重視した、農林漁業の大規模経営、施設の高度化	重点化、技術の高度化による競争強化 ・国際競争力の高い農林水産物の大規模生産への重点化・画一化 ・効率性を重視した、農林漁業の大規模経営、生産基盤・施設の高度化	誘導策の活用 ・日本独自の環境支払いや生物多様性オフセット等の導入 ・企業経営における環境配慮ビジネスの進展 生態系サービス活用型ビジネス、グリーンツーリズムの普及 ・エコツーリズム、グリーンツーリズムの普及 ・国内の生態系サービスの非市場的な価値の認識・評価
社会・行動	地域社会、市民の参加拡大 ・地域社会、市民や NGO、NPO、市民団体の活動、連携拡大、国際化 社会的関係の拡充 ・生産者と消費者との提携、連携、協力関係の拡大 国内の生態系サービスについては地産地消や旬産旬消の考えが定着	専門家・技術者の活動拡大 ・専門的知識、技術を有する市民団体、NPO、NGO などの活動が拡大する一方で、非専門家の活動縮小 社会的関係の希薄化 ・人間関係の希薄化 ・生産者と消費者の関係は希薄化、嗜好の画一化、消費者の嗜好の画一化、旬の喪失	専門家・技術者の活動拡大 ・専門的知識、技術を有する市民団体、NPO、NGO などの活動が拡大する一方で、非専門家の活動縮小 社会的関係の希薄化 ・人間関係の希薄化 ・生産者と消費者の関係は希薄化、嗜好の画一化、消費者の嗜好の画一化、旬の喪失	地域社会、市民の参加拡大 ・地域社会、市民や NGO、NPO、市民団体の活動、連携拡大 社会的関係の拡充 ・生産者と消費者との提携、連携、協力関係 国内の生態系サービスについては地産地消や旬産旬消の考えが定着
技術	人工的な効率化、高機能化から自然への適応 ・魚つき林の再生、沿岸域の自然再生 ・多目的ダム、砂防ダム、大規模な森林整備・管理の建設から、大規模な森林整備への徹底 ・公共事業における順応的な管理や環境配慮の徹底 農林漁業経営に広く生態系サービスの考えの普及・浸透	技術の高度化・効率化による自然制約の克服 ・自然、生態系サービスの人工化、ICT によるサプライチェーン管理、トレーサビリティー確保の拡大 ・養殖、栽培、管理などの機械化 技術者の高度化、低労働負荷の決定論的・画一的な施工管理	技術の高度化・効率化による自然制約の克服 ・自然、生態系サービスの人工化、ICT によるサプライチェーン管理、トレーサビリティー確保の拡大 ・養殖、栽培、管理などの機械化 技術者の高度化、低労働負荷の決定論的・画一的な施工管理	人工的な効率化から自然能化への適応 ・農林漁業経営における生態系管理の普及・浸透 ・魚つき林の再生、沿岸域の自然再生 ・多目的ダム、砂防ダム、大規模な森林整備、建設から、大規模な森林整備への徹底 ・公共事業における順応的な管理や環境配慮の徹底
知識	伝統的な知恵、技術の評価・活用 ・伝統技術、伝統知恵の保存・活用 教育による普及と裾野拡大 ・伝統技術、専門教育の育成重視 ・一般教育、啓蒙普及による裾野拡大より教育を通じて広く生態系サービスに関する啓蒙・普及の拡大	文化の融合、伝統の喪失 ・海外の伝統・文化との融合 ・伝統技術、専門教育の育成重視 ・一般教育、啓蒙普及による裾野拡大より技術者、専門家育成に重点	伝統の喪失 ・伝統の喪失 ・伝統技術、固有文化の喪失 技術革新の信奉 ・一般教育、啓蒙普及による裾野拡大より技術者、専門家育成に重点	伝統的な知恵、技術の評価・活用 ・伝統技術、伝統知恵の保存・活用 環境教育の普及啓発による裾野拡大 ・教育を通じて広く生態系サービスに関する啓蒙・普及の拡大

注) ゴシック体で表記された見出しは、その対応の基本的な特徴であり、その下にある箇条書きがその特徴的な対応のもとでとられる具体的な対応の一例である。

や農林漁業者の行動様式やその相互関係のあり方に影響を与える．

「社会・行動」は，地域社会や市民社会の活動，行政の意思決定への参加領域，人びとの交流などを規定するものであり，社会における人びとの活動領域や社会的関係，行動様式を規定する．

「技術や知識」は，生態系管理や農林水産業における技術利用の嗜好や様式，教育における重点項目，伝統的知恵や技術の活用を規定するものであり，広く人びとによる自然への働きかけ方に影響を与える．

表6.4の対応の記述は，そのシナリオがグローバル化―ローカル化の軸と技術志向・改変重視―自然志向・適応重視の軸で構成される4つの象限（図6.4）のどこに位置するかによって特徴づけられている．なお，表6.4および以下に説明する**表6.5**（p.108～109；間接的要因），**表6.6**（p.110；直接的要因）の記述についてもまず第6章を担当するシナリオワーキンググループがドラフトを作成し，これをクラスター間＆国レベルワーキンググループ会議で報告し，検討するという手順を基本としている（Box 6.1，ステップ11～16）．

6.4.3 シナリオのもとでの間接的要因および直接的要因の態様

（1） 間接的要因の態様

表6.5は，それぞれのシナリオにおいて想定される生態系サービスのあり方に間接的な影響を与える要因，すなわち間接的要因の概要をシナリオごとに以下の5つのカテゴリーに分けて説明したものである．

1) 人口（国内・国際的な人口移動や交流人口の変化など）
2) 経済（グローバル化，貿易，市場，経済政策，政府の介入，消費傾向など）
3) 社会政治（ガバナンス，法的・制度的枠組み，意思決定への参加，政府の介入など）
4) 科学・技術（技術革新，生態系サービスの確保に関する技術など）
5) 文化・宗教（価値意識，社会規範など）

表6.4の対応と同様に間接的要因の態様は，シナリオがグローバル化―ローカル化の軸と技術志向・改変重視―自然志向・適応重視の軸で構成される4つの象限のどこに位置するかにより異なる．対応と間接的要因のカテゴリーには類似するものが多いため，記述にも類似する点が多い．これら間接的要因は，(2)で述べる直接的要因を経由して生態系サービスのあり方に影響を与えるだけでなく，間接的要因相互にも影響を与える．たとえば，社会政治としての制度の整備や市場形成は，国内の経済活動や科学・技術の利用のあり方と密接に関係している．また，文化・宗教のカテゴリーとして示される人びとの価値意識，信念，社会規範は，国内での人口の移動や交流のあり方と密接に関係する．

（2） 直接的要因の態様

JSSAでは，国内の生態系サービスの変化の主要な直接的要因として土地利用および被覆の変化（都市化・スプロール化，モザイク喪失），利用低減，乱獲・過剰利用，気候変動，外来種増加，汚染の6つがあげられている（第3章）．表6.6は，表6.5に示された間接的要因のもとで想定される各シナリオの直接的要因である．表中の記述はいずれも特徴的なもののみを記載している．なお，気候変動は地球規模で生じるものである．このため，国レベルの直接的要因の違いが地球規模の気候変動に大きな影響を与えるとは考えにくい．このような理由から，直接的要因としての気候変動に関する記述はいずれのシナリオにおいても共通する内容とした（農林水産省，2002；農林水産省農林水産技術会議，2007）．

6.4.4 シナリオのもとでの生態系サービス，人間の福利の変化

（1） 評価の方法

作成されたシナリオに基づき，それぞれのシナリオにおいて生態系サービスと人間の福利が今後どのように変化し得るかについての定性評価を行った．シナリオのストーリーライン作成と同様にシナリオワーキンググループが評価案を作成し，これをクラスター間＆国レベルワーキンググループ会議で報告し，検討するという手順をとった．会議で提示されたコメントや提案をもとに適宜，評価の修正を進めた（Box 6.1，ステップ11～17）．以下では，それぞれの評価に用いた前提や仮定について説明する．

（2） 生態系サービスの評価の観点

JSSAでは，MAの評価方法にならい生態系サービスの変化をその「人間による利用の増加・減少」

表 6.5 シナリオにおいて想定される間接的要因の概要 (1)

間接的要因		地球環境市民社会 (グローバル化×自然志向・適応重視)	グローバルテクノトピア (グローバル化×技術志向・改変重視)	地域自立型技術社会 (ローカル化×技術志向・改変重視)	里山・里海ルネッサンス (ローカル化×自然志向・適応重視)
人口		**国際的な人口・労働流入** ・海外からの安価な労働力を活用した農林漁業・地方の競争力強化 ・都市への人口集中 ・利便性と効率性を求め、地方都市から大都市圏への人口移動、交流人口増 ・郊外・地方への人口移動、交流人口の鈍化、大都市圏の人口集中が鈍化、都市圏周辺の比較的自然に恵まれた地域での就業環境充実、人口増加 ・エコツーリズム、グリーンツーリズムなどでの国内・国際交流人口増	**国際的な人口・労働流入** ・海外からの安価な労働力を活用した農林漁業・地方の競争力強化 ・都市への人口集中 ・利便性と効率性を求め、地方都市から大都市圏への人口移動、交流人口の鈍化 ・地方の人口減少・高齢化の深刻化	**都市への人口集中** ・利便性と効率性を求め、地方都市からの人口流入が進展 ・人口減少 ・地方の人口減少・高齢化の深刻化	**人口減少** ・利便性や生産条件、観光資源に恵まれない地方都市や農山漁村では人口減少・高齢化が進展 ・郊外・地方への人口移動、交流人口の鈍化、大都市圏の人口集中が鈍化、都市圏周辺の比較的自然に恵まれた地域での就業環境充実、人口増加 ・エコツーリズム、グリーンツーリズムなどによる国内交流人口増
経済		**貿易および経済の自由化** ・縮小する国内需要を背景に、国産農林水産物の海外展開拡大 ・輸入自由化、関税率引き下げ ・生産の海外移転 ・農林漁業経営の大規模化、六次産業化 ・エコツーリズムなどの拡大 ・固有性、品質、安全性などに基づくミディエーション、吸収源クレジット、生態系サービスへの環境支払いの訴求 **貿易・経済のグリーン化** ・国際的な枠組みに基づくミディエーション、吸収源クレジット、生態系サービスに係る財・サービスの環境支払い・普及	**貿易および経済の自由化** ・縮小する国内需要を背景に、国産農林水産物の海外展開拡大 ・輸入自由化、関税率引き下げ ・生産の海外移転 ・収益性重視の農林漁業経営の大規模化、技術の高度化 ・嗜好の画一化、旬の喪失 ・外食産業・食品加工業での低価格外国産材料の利用拡大	**保護志向の投資・補助** ・食料自給率の向上、食料安全確保のための農林水産業保護 ・価格・所得支持政策や資源確保のための規制・誘導策の活用 ・収益性重視の農林漁業経営の大規模化、技術の高度化 ・嗜好の高度化により財・サービスの供給を拡大・安定化 ・高品質・安全安全の国産品、食品加工品、旬や地産地消に対する嗜好は強い	**保護志向の投資・補助** ・食料安全確保の向上、食料安全確保のための農林水産業保護 ・価格・所得支持政策や資源確保のための規制・誘導策の活用 ・経済のグリーン化と環境支払い普及 ・国内の生態系サービスへの環境支払いや、生物多様性オフセットなどの制度形成 **国産への志向** ・地産地消や旬の産品旬消の向上 ・有機・無農薬栽培、直売所拡大 ・農山漁業の六次産業化などの拡大
社会政治		**中央集権・国際協調の推進** ・中央集権的に政府の機能縮小 ・政治経済の国際協調、民営化拡大 ・地球環境問題解決への国際協調が進むとともに、技術的対処を志向、国内の環境関連の市場制度・市場整備・拡大 ・エコツーリズムやグリーンツーリズム、企業経営・行政運営における環境配慮の拡大	**中央集権・国際協調の推進** ・中央集権的に政府の機能縮小 ・政治経済の国際協調、民営化拡大 ・地球環境問題解決への国際協調が進むが、技術的対処を志向 ・国内の環境関連の市場形成に遅れ ・生態系サービスの人工化のための技術開発と整備拡大	**安全と保護の重視** ・国レベルで食料危機、資源争奪に対処するため自給力向上 ・資源管理・確保のための規制強化、誘導方法の活用 ・国際協調や市場経済の人工化への関心低下 ・生態系サービスの人工化のための技術開発・地方への権限委譲の進展 ・分権化、地方への権限委譲は進むが、より都市部に保全整備よりも都市部の経済振興を選好	**安全と保護の重視** ・国レベルで食料危機、資源争奪に対処するための自給力向上 ・資源管理・確保のための規制強化、誘導方法の活用 ・国際協調や市場経済の人工化への関心低下 ・分権化、地方への権限委譲の進展 ・地方独自の森・川・海を通じた自然再生と保護保全施策展開 ・生態系管理、エコツーリズムを通じた流域人口拡大、環境配慮経営に関する制度の拡充

注）ゴシック体で表記されている見出しは、その対応の基本的な特徴であり、その下にある箇条書きがそこでとられる具体的な対応の一例である。

表 6.5 シナリオにおいて想定される間接的要因の概要 (2)

間接的要因	地球環境市民社会 (グローバル化×自然志向・適応重視)	グローバルテクノトピア (グローバル化×技術志向・改変重視)	地域自立型技術社会 (ローカル化×技術志向・改変重視)	里山・里海ルネッサンス (ローカル化×自然志向・適応重視)
社会政治	制度のもとでの関係者の参加の拡大 ・食育や環境教育を通じた生態系サービスに関する啓発・普及の拡大 ・NGOやNPO、市民団体の活動活発化、国際化 ・消費者や販売者と生産者との提携、協力が国際規模で拡大	識者・専門家の重視、関係の希薄化 ・環境教育・啓発普及よりも、技術者・専門家教育に重点 ・国内・外の専門知識、技術を有するNPO、NGO、市民団体の活動拡大 ・地域住民など非専門家の活動縮小 ・市場が生産者と消費者の唯一の接点	識者・専門家の重視、関係の希薄化 ・環境教育・啓発普及よりも、技術者・専門家教育に重点 ・国内・外の専門知識、技術を有するNPO、NGO、市民団体の活動拡大 ・地域住民など非専門家の活動縮小 ・市場が生産者と消費者の唯一の接点	多様な担い手による自律的取り組み拡大 ・食育や環境教育を通じた生態系サービスに関する啓発・普及の拡大 ・地域社会やNGOやNPO、市民団体の活動、連携拡大 ・消費者や販売者と生産者との提携、協力の拡大
科学・技術	自然適応型技術の開発・利用 ・生態系サービスの人工化や自然制約の技術的克服による生態系サービスの効率的確保よりも自然再生や自然への適応を選好 ・個別技術の高度化から誘導策や資金調達メカニズムなどのソフトシステムの充実へのシフト ・公共事業における順応的管理や環境配慮の浸透、高度化 ・ダムや砂防堰堤の建設から、間伐・植林などの森林整備・管理へのシフト ・魚つき林や沿岸域 (藻場、干潟、港湾など) の再生 ・制度移転による国際協力	自然改変型技術の開発・利用 ・自然の改変・人工化による生態系サービスの効率的確保を選好 ・農林水産業における栽培・養殖・管理技術の高度化、海外移転 ・ICTによる生産・流通管理の高度化 ・生態系サービスの人工化のための投資や技術開発の強化 ・公共事業では効率化のため順応的管理よりも決定論的・画一的管理を志向 ・技術移転による国際協力	自然改変型技術の開発・利用 ・自然の改変・人工化による生態系サービスの効率的確保を選好 ・農林水産業における栽培・養殖・管理技術の高度化 ・ICTによる生産・流通管理の高度化 ・生態系サービスの人工化のための投資や技術開発の強化 ・公共事業では効率化のため順応的管理よりも決定論的・画一的管理を志向	自然適応型技術の開発・利用 ・生態系サービスの人工化や自然制約の技術的克服よりも自然再生や自然への適応を選好 ・個別技術の高度化から誘導策や資金調達メカニズムなどのソフトシステムの充実へのシフト ・公共事業における順応的管理や環境配慮の浸透、高度化 ・ダムや砂防堰堤の建設から、間伐・植林などの森林整備・管理へのシフト ・魚つき林や沿岸域 (藻場、干潟、港湾など) の再生 ・伝統的農林漁業法の評価・技術化
文化・宗教	固有性、質、安全性の志向 ・財・サービスの固有性、質、安全性を志向 ・社会の多様化と再編 ・国際的な人口流動が進むなか、新たな市民社会、地域社会、里山・里海管理の役割分担の模索が進む ・国内・外で日本の食文化や自然と調和した生活様式の尊重 伝統・文化の尊重 ・国際的な交流が進むなかで、伝統・文化の再評価、保存への関心向上	機能性、効率性の志向 ・農林水産物の安全性への関心は高いが、産地の意識は低く、価格を重視 ・食の嗜好の画一化が進む 関係の希薄化 ・地方では人口減少を背景に地域社会の再編と機能縮小が進展 ・大都市では人口流動の進展により人間関係が希薄化 伝統・文化の融合・改変 ・海外の伝統・文化の流入、国内の伝統・文化との融合、改変が進む	機能、効率性の志向 ・国産の農林水産業を志向するが、旬や地産地消の意識は低く、価格を重視 ・食の嗜好の画一化が進む 関係の希薄化 ・地方では、人口回帰や交流人口増加が進むなかで、新たな市民社会、地域社会、里山・里海管理の主役が、地域社会から外部NPOやNGO、市民団体などへ移行	固有性、質、安全性の志向 ・国産の財・サービスの固有性、質、安全性志向 ・農林水産業においては、地産地消、旬や産地の志向が強まる 社会の多様性と再編 ・人口の地方回帰や交流人口増加が進むなかで、新たな市民社会、地域社会、里山管理の役割分担の模索が進む ・地方の独自性や伝統・文化の再評価 伝統・文化の尊重 ・伝統・文化の再評価、保存への関心が向上

注: ゴシック体で表記された見出しは、その対応の基本的な特徴であり、その下にある箇条書きがその特徴のもとでとらえられる具体的な対応の一例である。

表 6.6　シナリオにおいて想定される直接的要因の概要

直接的要因		地球環境市民社会 (グローバル化×自然志向・適応重視)	グローバルテクノトピア (グローバル化×技術志向・改変重視)	地域自立型技術社会 (ローカル化×技術志向・改変重視)	里山・里海ルネッサンス (ローカル化×自然志向・適応重視)
土地利用および被覆の変化	都市化・スプロール化	・地方都市回帰を背景に、農山漁村や大都市周辺での住宅開発、公共施設・社会基盤の整備 ・エコツーリズム、グリーンツーリズムなどによる交流人口の増加による関係施設整備や周辺開発	・大都市への人口集中が続き、都市域の再開発や周辺地域でのスプロール的開発	・大都市への人口集中が続き、都市域の再開発や周辺地域でのスプロール的開発	・地方都市回帰を背景に、農山漁村や都市周辺での住宅開発、公共施設・社会基盤の整備 ・エコツーリズム、グリーンツーリズムなどによる交流人口の増加による関係施設整備や周辺開発
	モザイク喪失	・競争力向上のための生産基盤・施設の大規模化、作目の単一化によるモザイク喪失	・土地利用型の生産から養殖・栽培漁業、植物工場、施設栽培などへのシフトによるモザイク喪失 ・経営の大規模化により、産地での土地利用の単一化によるモザイク喪失 ・都市緑化、壁面・屋上緑化などの人工的自然の創出による大規模なモザイク改変	・土地利用型の生産から養殖・栽培漁業、植物工場、施設栽培などへのシフトによるモザイク喪失 ・経営の大規模化により、産地での土地利用の単一化によるモザイク喪失 ・都市緑化、壁面・屋上緑化などの人工的自然の創出による大規模なモザイク改変	・一部地域では、大規模経営や工場的経営などによるモザイク喪失が発生
利用低減		・収益性の悪い品目の生産拠点の海外移転 ・条件不利地域や基盤整備が遅れた地域での利用低減	・収益性の悪い品目の生産拠点の海外移転 ・条件不利地域や基盤整備が遅れた地域での利用低減	・地方都市や農山漁村では人口減少・高齢化が進展し、利用低減が深刻化 ・このような傾向は、産不利地域や基盤関連施設の整備が遅れた地域で顕著	・利便性や生産条件、観光資源に恵まれない地方都市や農山漁村では人口減少 ・高齢化を背景に、利用低減や条件不利地域、基盤関連施設の整備が遅れた地域で産基盤関連施設の整備が遅れた地域で顕著
乱獲・過剰利用		・海外資本や企業による所有権・利用権などの取得が、農林水産資源の過剰利用につながる事例 ・国際競争への生き残りをかけた集約的な農林漁業経営が、乱獲や過剰利用につながる事例	・海外資本や企業による所有権・利用権などの取得が、農林水産資源の過剰利用につながる事例 ・国際競争への生き残りをかけた集約的な農林漁業経営が、乱獲や過剰利用につながる事例	・行き過ぎた生産や経営の集約化や収益性重視による乱獲・過剰利用	・行き過ぎた生産や経営の集約化や収益性重視による乱獲・過剰利用
気候変動		・気温上昇による米の潜在収量の減少、柑橘類などの栽培適地の変化、温暖化による新規病害虫の侵入、虫害発生などが発生	・気温上昇による米の潜在収量の減少、柑橘類などの栽培適地の変化、温暖化による新規病害虫の侵入、虫害発生などが発生	・気温上昇による米の潜在収量の減少、柑橘類などの栽培適地の変化、温暖化による新規病害虫の侵入、虫害発生などが発生	・気温上昇による米の潜在収量の減少、柑橘類などの栽培適地の変化、温暖化による新規病害虫の侵入、虫害発生などが発生
外来種増加・獣害		・経済・貿易の自由化・規制緩和を背景に、外来種の増加 ・人口減少や管理の放棄・粗放化により、鳥獣害が拡大	・経済・貿易の自由化・規制緩和を背景に、外来種の増加 ・人口減少や管理の放棄・粗放化により、鳥獣害が拡大	・外来種の侵入は見られるが、自由化や規制緩和を志向するシナリオに比べて緩やか ・人口減少や管理の放棄・粗放化により、鳥獣害が拡大	・外来種の侵入は見られるが、自由化や規制緩和を志向するシナリオに比べて緩やか
汚染		・農林漁業に伴う化学肥料や農薬、薬品の投入、利用は、技術志向のシナリオに比べて少ない	・集約的な農林漁業を行う地域での化学肥料や農薬、薬品多投入	・集約的な農林漁業を行う地域での化学肥料や農薬、薬品多投入	・農林漁業に伴う化学肥料や農薬、薬品の投入、利用は、技術志向のシナリオに比べて少ない

表6.7 人間による利用の増加・減少およびサービスの向上・劣化の考え

	人間による利用の増加・減少	向上・劣化
供給サービス	総消費量が増加すれば「増加」，減少すれば「減少」	サービス供給可能面積や単位面積あたりの収量が増加すれば「向上」，生産量が持続可能なレベルを超えた場合は「劣化」
調整サービス 文化的サービス	利用者や受益者の数が増加すれば「増加」，減少すれば「減少」	人びとにより多くの恩恵をもたらせば「向上」，サービスの変化や環境容量を超える負荷によりその恩恵が減少すれば「劣化」

(出典：MA, 2005 a)

および「サービスの向上・劣化」の2つの観点から評価している（表6.7）．これらの評価は，国内の里山・里海で現在発揮されている生態系サービスを基準としている．国外からの生態系サービスの供給（たとえば，食料や木材の輸入，海外でのエコツーリズムなど）は評価に含まれない．また，人びとが直接利用しない土壌形成，光合成，栄養塩循環，水循環などの基盤サービスは，供給・調整・文化的サービスの提供を通じて発現されるものとの理由から評価から除外されている．

(3) 生態系サービス評価の対象と考え方
1) 評価の対象
　限られた知見で，それぞれのシナリオのもとでどのような生態系サービスの変化が起こるかそのすべての側面において評価することは困難である（第3章）．JSSAのシナリオでは，現状やこれまでの変化傾向が把握されている生態系サービスのうち，われわれの生活においてとくに重要と考えられるものを抽出し，次のような方法により定性的評価を行った（次頁表6.8）．
2) 評価の考え方
　人間による利用の「増加・減少」，サービスの「向上・劣化」の評価は，供給サービスと調整・文化的サービスとで評価方法に違いがある（表6.7）．
●人間による利用
　供給サービスの人間による利用は，エネルギーや食料，繊維などの利用量の増・減により評価される．したがって，その増・減は国内の人口や1人あたりの国産品の消費量，輸出量などにより大きく変動する．日本においては人口減少が基調傾向として想定されるため，現在の1人あたりの消費量を前提とする場合，国内での供給サービスの利用量は基本的に減少することになる（たとえば，地域自立型技術社会の米，野菜など，表6.8）．しかしながら，国産食料・資材の嗜好などによる国民1人あたりの供給サービス消費量の増加や，輸出量の増加が生じた場合，利用量の現状維持（たとえば，里山・里海ルネッサンスの米，野菜など）や増加（たとえば地球環境市民社会の水産物，野菜など，表6.8）が可能になる．

　一方，調整サービスや文化的サービスは利用者や受益者の数により利用量の増・減が評価される．したがって，その増・減は国内の流域圏の定住人口や交流人口の増・減に呼応して変動することになる．ここで，調整サービスは定住人口の増減の影響を，文化的サービスは交流人口の増減の影響を大きく受けると考えられる．

●生態系サービスの向上・劣化
　供給サービスの向上・劣化は，エネルギーや食料，繊維などの生産に供される土地（海域を含む）の生産性やその持続性により規定されるものである．持続的な利用の範囲内で生産量や生産面積が増加した場合は「向上」，逆に生産活動が持続可能な水準を超えた場合は「劣化」と評価される．

　調整サービスは，人びとにより多くの便益（たとえば，農地による洪水調節量や山林による水源涵養量）をもたらすようになれば「向上」したと評価される．逆に，調整サービスの変化や環境容量を超えた人間活動により，調整サービスによる便益が低下した場合，サービスは「劣化」したと評価される．

　文化的サービスの向上・劣化は，生態系の変化が文化的サービスによる便益（たとえば，自然豊かなレクリエーションサイト，美しい景観）の増加を引き起こした場合は「向上」，逆に減少を引き起こした場合は「劣化」と評価される．

●生態系サービスのインターリンケージ
　調整サービスや文化的サービスの多くは，里山や里海が持続的に利用・管理されることで発揮される

表 6.8 シナリオにおいて想定される生態系サービスの変化

			地球環境市民社会 (グローバル化×自然志向・適応重視)		グローバルテクノトピア (グローバル化×技術志向・改変重視)		地域自立型技術社会 (ローカル化×技術志向・改変重視)		里山・里海ルネッサンス (ローカル化×自然志向・適応重視)	
			人の利用	向上・劣化	人の利用	向上・劣化	人の利用	向上・劣化	人の利用	向上・劣化
供給	エネルギー	燃料(バイオマス,木炭)	▲	—	▼	—	▲	—	▲	—
		電気(風力,水力)	▲	▼	▼	▼	▲	▲	▲	▲
	食料	水産物(含む養殖)	▲	—	—	▲	▼	—	▼	▼
		米	—	—	▼	▼	▲	—	▲	▲
		野菜	▲	▲	—	—	▲	▲	▲	▲
	繊維	素材(木材)	—	—	▼	▼	▲	▲	▲	—
調整		大気(気候調整,大気浄化等)	—	▲	▼	▼	▼	▲	▼	▲
		水(洪水制御,水源涵養等)	—	▲	▼	▼	▼	▲	▼	▲
		土壌(土砂崩壊防止,土壌浸食防止等)	▲	—	▼	▼	▼	▲	—	—
文化		精神的(寺社,伝統的知恵等)	▲	—	▼	▼	▼	▼	—	—
		審美的(景観)	▼	▲	▼	▼	▼	▼	—	▲
		レクリエーション(祭り,エコツーリズム,各種体験等)								
		芸術(伝統芸能)								

注)
※▲:利用量の増加,サービスの向上, —:利用量およびサービスの現状維持を意味, ▼:利用量の減少,サービスの劣化を意味。

- 地球環境市民社会や里山・里海ルネッサンスでは,バイオマス×自然エネルギーの利活用が進む。一方で,グローバルテクノトピアや地域自立型技術社会では,結果として供給サービス(エネルギー)の利用の低下につながる。
- 地域自立型技術社会を除くすべてのシナリオでは,輸出量の増加(地球環境市民社会,グローバルテクノトピア)や1人あたりの消費量増加(里山・里海ルネッサンス)により,米の利用(消費)が維持される。これは,大気の調整サービス(向上・劣化)の維持に貢献する。ただし,地球環境市民社会や里山・里海ルネッサンスでは,田畑の転換により水の調整サービスの低下が引き起こされる。
- 地球環境市民社会では,祭りや美しい自然を求めての交流人口の国内外からの交流人口が増加する。しかしながら,比較的知名度の低い地方の伝統芸能や,目に見えない伝統的な知恵に対する関心は低く,グローバルテクノトピアや地域自立型技術社会においては,利用量の減少やサービスの劣化が生じる。
- グローバルテクノトピアや地域自立型技術社会においては,交流人口の増加や人口の地方回帰に支えられ,調整サービスや文化的サービスの利用の維持が促進される。
- 里山・里海ルネッサンスにおいては,都市への人口集中とその一方での農山漁村人口減少の拡大により,調整サービスの利用が低下する。一方,地球環境市民社会や里山・里海ルネッサンスでは,交流人口の増加や人口の地方回帰に支えられ,調整サービスや文化的サービスの利用の維持が促される。

ものである（第3, 4章）．したがって，その向上・劣化は供給サービスの生産様式と密接に関係している．たとえば，施設栽培や養殖，植物工場などの拡大が単位面積あたりの生産量の増加につながる場合，供給サービスは向上したと評価される（たとえば，グローバルテクノトピアや地域自立型技術社会の野菜，表6.8）．しかしながら，このような変化が里山や里海の利用や管理の低下を引き起こした場合，土地の利用や管理を通じて発揮されてきた調整サービスは劣化したと評価される（たとえば，グローバルテクノトピアや地域自立型技術社会の調整サービス，表6.8）．同様に，里山や里海の利用低減や地域コミュニティーの改廃は，里山や里海の利用・管理を通じて形成・維持されてきた社会的関係を弱め，たとえば伝統芸能や祭事などの文化的サービスの劣化を引き起こすことになる（たとえば，グローバルテクノトピアや地域自立型技術社会の文化的サービス）．

なお，農林水産省が行った試算では，関税を含めた国境措置の撤廃により国内外の価格差が大きい品目や品質差が小さい品目の生産や加工において外国産品の流入が生じ，国内の農業生産に壊滅的な打撃を及ぼすことが示されている（農林水産省，2007）．つまり，輸入自由化は少なくとも短期的には供給サービスの利用量の減少や供給サービスの劣化を通じ，里山での農耕などに伴いもたらされていた調整サービス（気候調節，洪水制御，土壌侵食制御など）の劣化につながることが想定されている．一方，JSSAのシナリオでは農産物および水産物の貿易自由化が行われた場合においても，国内の農水産業は中・長期的には品質の高さや食味を売りに輸出に転じ，戦略的に販路を確保することで人口減少・高齢化が進んでも利用量の現状維持ないしは増加が図られることを想定している（たとえば，地球環境市民社会の食料・水の供給やグローバルテクノトピアの米・野菜の供給，表6.8）．

（4）それぞれのシナリオのもとで想定される生態系サービスの状態

以上のような考え方により，それぞれのシナリオのもとで想定される生態系サービスの変化を取りまとめたものが表6.8である．それぞれのシナリオのもとで想定される生態系サービスの状態は，おおむね次のように叙述できる．

● 地球環境市民社会

このシナリオでは，人口減少を背景とする国内消費の縮小はあるものの，貿易・経済の自由化による食料の海外輸出の増加，その一方での国産品の見直しから供給サービスの利用量の増加が想定される．また，エネルギー供給や温暖化対策においてバイオマスや再生可能エネルギーなどの利用量が増加するが，その一方で一部の供給サービス（水力エネルギーなど）の劣化が進む．供給サービスの需要拡大を背景に里山・里海の持続的な利用・管理が進み，調整サービスの多くが現状維持される．海外からの人口流入や交流人口の増加により調整サービス（たとえば，洪水制御，気候制御）や文化的サービス（たとえば，景観，レクリエーション）の利用量の維持が実現される．

● グローバルテクノトピア

このシナリオでは，貿易・経済の自由化を背景に食料生産，とくに農業部門に大きな変化が生じることになる．生き残りをかけて，経営の大規模化や施設栽培などによる生産効率の向上が志向されるが，供給サービスの確保と引き換えに土地利用の単一化や低下が引き起こされる．これは，洪水制御などの調整サービスや農村景観といった文化的サービスの低下を引き起こす．エネルギー供給ならびに温暖化対策においては，原子力発電や火力発電施設の高効率化などによる対応が優先され，バイオマスや再生可能エネルギーの利用は低下する．また，都市への人口集中は農山漁村における文化的サービスの利用の減少や劣化につながる．

● 地域自立型技術社会

このシナリオでは，食料自給率の向上や食料安全保障の観点から国内の農林水産業の保護，育成が推進される．輸出による消費拡大は見込めないが，一人あたりの国産の食料の消費量が増加するため供給サービスの利用の維持が可能となる．これを支えるのは，経営の大規模化や施設栽培や養殖などへのシフトによる供給サービスの向上である．しかし，農水産業における施設利用型の生産の拡大は里山や里海の利用・管理の低下を引き起こし，調整サービスの低下が引き起こされる．エネルギー供給ならびに温暖化対策においては，原子力発電や火力発電施設の高効率化などによる対応が優先され，バイオマスや再生可能エネルギーの利用は低下する．このほか，

表6.9　人間の福祉の構成要素

構成要素	把握の方法
セキュリティー	資源アクセスの確保，身の安全の確保，財産の安全性確保，将来の見通しの良さなど
基本的物質	食料，水，住居，繊維，衣服，医薬などの充足，収入，財産等への適切なアクセス
健康	身体的・精神的に望ましい状態にあること
社会的関係	個人や組織間の影響関係や尊敬，協力，衝突の程度
選択・行動の自由	生態系サービスをはじめ，物的・非物的ニーズの確保や選択，行動・参加の自由

（出典：MA, 2005 a）

都市への人口集中は農山漁村における伝統・文化の改廃を引き起こし，文化的サービスの利用の減少や劣化が引き起こされる．

●里山・里海ルネッサンス

このシナリオでは，国内の農林水産業の保護，育成が推進される．輸出による消費拡大は見込めないが，国産品への志向が強まり1人あたりの国産の食料の消費量が増加するため供給サービスの利用の維持や増加が実現される．また，エネルギー供給や温暖化対策においてバイオマスや再生可能エネルギーなどの利用量が増加するが，その一方で一部の供給サービス（水力エネルギーなど）の劣化が進む．これにより，持続的な里山・里海の利用・管理が推進され調整サービスの向上が図られる．ただし，人口の減少により調整サービスの利用量そのものは減少することになる．一方，地方回帰や交流人口の増加に後押しされ，文化的サービスの利用量の維持やサービスの向上が実現される．

（5）生物多様性の状況

生物多様性に関してはいまだ十分に定量評価の方法が確立されておらず，それぞれのシナリオにおける状況を分析することは困難であるが，以下のような仮定に基づけば，どのシナリオ間の生物多様性の状況も定性的に評価できる．

1) グローバル化は，海外の製品やサービスへのアクセス向上の一方で外来種の侵入を生じ，生物多様性が損なわれる傾向にある．
2) 供給サービスや調整サービスの効率的確保のために里山や里海の人為的な改変を進める改変重視のシナリオは，開発やモザイク喪失などを通して生物多様性の低下を引き起こす傾向にある．
3) より効率的な経済や生活のために都市への人口集中が促される改善重視のシナリオは，農山漁村の人口減少を加速させ，里山や里海の利用低下や放棄を引き起こし，これは結果として生物多様性の低下につながる傾向にある．
4) 国産品が志向されるローカル化のシナリオでは，食料やエネルギーの需要を満たすために里山・里海の利用が進むことにより，モザイク構造の里山・里海によって生物多様性が向上する傾向にある．

これら仮定に基づくと，それぞれのシナリオにおける生物多様性は，里山・里海ルネッサンス＞地球環境市民社会＞地域自立型技術社会＞グローバルテクノトピア，の順に低くなると評価できる．1990年代までの生物多様性の喪失の主因の1つとして開発があげられるが（第4章），シナリオに基づく評価では，グローバル化や技術志向の社会の形成が将来の里山・里海の生物多様性の喪失の引き金になると考えられる．

（6）人間の福利への影響

MAでは，人間の福利を「セキュリティー」「健全な生活に必要な基本的物質」「健康」「社会的関係」「選択，行動の自由」という5つの側面（**表6.9**）から捉え，生態系サービスとの関係について整理している（第2章図2.8）．日本の取り組みでもシナリオにおける人間の福利に関する評価は，本枠組みに基づいて検討されている．しかしながら，現在の限られた知見ではどのシナリオで人間の福利にどのような変化が起こるかを一義的に評価することは難しい．このような事情から，JSSAでは，それぞれのシナリオのもとで想定される人間の福利への影響を肯定的側面と否定的側面の2つの側面から整理することにした（**表6.10**）．

●地球環境市民社会

このシナリオにおいては，経済および貿易のグローバル化により供給サービスの多様化やコストの削

表 6.10 シナリオにおいて想定される人間の福利への影響

	長所・短所	地球環境市民社会 (グローバル化×自然志向・適応重視)	グローバルテクノトピア (グローバル化×技術志向・改変重視)	地域自立型技術社会 (ローカル化×技術志向・改変重視)	里山・里海ルネッサンス (ローカル化×自然志向・適応重視)
肯定的側面	基本的物質	・国外の農林水産物の供給拡大 ・資源・サービス需給国際化	・国外の農林水産物の供給拡大 ・技術の高度化による食料生産の供給安定化・季節制約の克服 ・施設の高度化	・生産技術・施設の高度化 ・技術の高度化により食料生産の供給安定化・季節制約の克服	・国産の農林水産物の供給拡大 ・第一次産業の国内雇用拡大
	健康	・医療技術や新薬などの開発進展	・医療技術や新薬などの開発進展	・医療技術や新薬などの開発、国内の財・サービス供給拡大による、省エネ・低環境負荷化、安全性・安心感向上	・景観や伝統、観光資源、財・サービス供給の内部化拡大による、安全性・安心感向上
	セキュリティー	・気候調整や洪水抑制などの維持 ・景観やなつかしさの伝統・文化の保持	・生産技術・施設の高度化による、省エネ・低環境負荷化、ICTによるサプライチェーンマネジメント、トレーサビリティ向上	・生産技術・施設の高度化、省エネ・低環境負荷化、ICTによるサプライチェーンマネジメント、トレーサビリティ向上	・気候調整や洪水抑制などのサービスへの調整 ・国内の自然・文化資源へのアクセス ・伝統・文化の保存・向上
	社会的関係	・市民社会、地域コミュニティーの多様化・国際化	・ICTを活用した仮想コミュニティーの創出・拡大 ・海外資産・文化の紹介・流入	・ICTを活用した仮想コミュニティーの創出・拡大	・地域コミュニティーのソーシャルキャピタルの強化 ・市民社会の活動領域の拡大
	選択と自由	・外国産の安価な財・サービスへのアクセス拡大	・外国産の安価な財・サービスへのアクセス拡大	・国産食料の選択拡大	・地場産品や旬の食品の選択拡大
否定的側面	基本的物質	・食料・資源供給の外部依存拡大 ・海外労働力の流入による失業増加	・食料・資源供給の外部依存拡大 ・生態系の悪化・均一化、外国人労働力による失業 ・生産・流通の機械化による失業増加	・生産・流通の機械化による失業増加 ・保護主義的経済の価格上昇	・保護主義的経済による農林水産物の価格上昇
	健康	・技術革新や医療技術や新薬などの開発の遅れ ・財・サービスの外部依存の拡大による、安全性・安心感低下 ・海外資本による生態系サービス囲い込み	・サービスの地域間格差拡大 ・サービス・土地利用の均一化、景観の改悪	・サービスの地域間格差拡大 ・サービス・土地利用の均一化 ・景観の改悪	・技術革新や医療技術や新薬開発などの遅れ
	セキュリティー	・農林水産物の買い負けや国外有事による国内経済への影響 ・治安の悪化や社会不安、権利関係問題などの深刻化 ・ハイテク犯罪の増加	・農林水産物の買い負けや国外有事による国内経済への影響拡大 ・治安の悪化や社会不安、権利関係問題の深刻化 ・ハイテク犯罪の増加	・経済・流通の効率低下による農林水産物の価格上昇 ・経営の大規模化・単一化の拡大 ・病害リスクによる食料・資源供給の不安定化の増加	・経済・流通の効率低下による農林水産物の価格上昇 ・予期不能な病害虫および異常気象による国内供給の不安定化 ・国際協調による資源供給の安定性の低下
	社会的関係	・過度の外国人労働者・資本への依存による国内経済の影響による文化の改変 ・言語・文化の相違による労働現場や地域コミュニティーでの衝突	・言語・文化の相違による労働現場や地域コミュニティーでの衝突 ・伝統的知恵や技術、文化の改廃 ・地域コミュニティーの希薄化 ・人間関係の希薄化・信頼の低下	・地域コミュニティーの改廃、文化の喪失 ・伝統的知恵や技術、信頼の低下 ・人間関係の希薄化・信頼の低下	・人口減少・高齢化による地域コミュニティーの改廃、伝統的知恵や技術、文化の喪失 ・地域コミュニティーの紐帯強化がもたらす排他性の増大
	選択と自由	・国際協調のための制度・対応の制約拡大	・国際協調のための制度・対応の制約拡大	・国外の多様な財・サービスへのアクセス・選択の低下	・国外の多様な財・サービスへのアクセス・選択の低下

減，供給の効率化が図られる．これにより，人びとは外国産の安価な財・サービスへのアクセスが拡大し，基本的物質の充足は向上する．国内の農林水産物の海外輸出や国際交流人口の拡大の恩恵を受ける地域では里山・里海の有効活用が図られ，調整サービスや文化的サービスの利用維持に寄与する．ただし，国際競争のなかでの生産活動や土地利用の転換は，ときとして水質汚濁や洪水調整機能などの劣化を引き起こすこともある．

一方，そのような恩恵にあずかれなかった地域は国際的な競争・淘汰のなかで土地利用の低下が進み，調整サービスや文化的サービスの劣化が生じることになる．これは，そこでの人びとの生活にネガティブな影響を及ぼす．また，グローバル化は人びとの選択・行動の自由や基本的物質の充足の拡大と引き換えに，生態系サービスの外部依存の増大を招き，供給サービスの安全性や安心感の低下，買い負けや国外有事による国内経済の不安の拡大，外国人労働者の増加による治安の悪化や社会不安の拡大などを引き起こし，セキュリティーを低下させることになる．また，過度の外国人労働者・資本への依存は，国内の従業者減少を引き起こし伝統や文化の改廃，労働現場や地域コミュニティにおける衝突を引き起こし，社会的関係を劣化させることにつながることもある．

● グローバルテクノトピア

このシナリオにおいても，地球環境市民社会と同様に経済および貿易のグローバル化を通じた供給サービスの多様化やコストの削減，供給の効率化が図られる．また，生産技術や生産・栽培施設の高度化を通じた供給サービスの安定供給が図られる．これにより，基本的物質の充足や健康の維持あるいは向上が進む．しかしながら，生産基盤の人工化は食料生産の効率化と引き換えに国土利用や管理の低下を引き起こし，調整サービスや文化的サービスの低下を引き起こす．

地方から大都市への人口や資本の流出は，都市と地方の公共サービス格差の拡大，地域コミュニティーの改廃や伝統・文化の喪失による健康や社会的関係の低下が生じる．また，生産や栽培，管理における過度の機械化や外国人労働への依存は，失業の増加や社会的関係やセキュリティーの低下を引き起こすことになる．また，グローバル化は，供給サービスの安全性や安心感に対する低下，買い負けや国外有事による国内経済の不安の拡大，外国人労働者の増加による治安の悪化や社会不安の拡大などを引き起こし，セキュリティーの低下につながる．

● 地域自立型技術社会

このシナリオにおいては，保護主義の経済，貿易のもとで生産技術や施設の高度化を通じた食料供給の拡大が図られる．生産・流通技術の高度化は食料生産の安定化や効率化，季節制約の克服をもたらす．また，国産の財やサービス供給の拡大は安全性や安心感が向上する．これらは基本的物質の充足やセキュリティーの向上に寄与する．しかしながら，生産基盤の人工化は，国土利用や管理の低下を引き起こし，調整サービスや文化的サービスの低下を引き起こす．また，生産や流通現場の機械化の拡大は一次産業における失業の増加を引き起こし，関係者の基本的物質の充足の低下を引き起こすことにもつながる．また，都市への人口集中は公共サービスの効率化をもたらすが，地方での地域コミュニティーの改廃や伝統，文化の喪失を引き起こす．これは社会的関係や健康の低下にもつながる．また，保護主義の経済は，経済・流通の効率低下を引き起こし，農林水産物の価格上昇を引き起こす．これは所得格差と相まって，基本的物質の充足や健康の低下を引き起こす．

● 里山・里海ルネッサンス

このシナリオにおいては，保護主義の経済，貿易のもとで食料供給の拡大が図られる．地域自立型技術社会とは異なり，生産基盤の人工化や施設の高度化よりも土地利用型の生産が志向されることで，第一次産業の雇用の拡大や供給サービスと同時に調整サービス，文化的サービスの維持あるいは向上をもたらす．人びとの里山や里海がもたらす文化的サービスに対する関心は高く，エコツーリズムなどを通じた利用や管理の促進を促す．また，都市と農山漁村の交流拡大や利用・管理における新たな管理主体の登場は，社会的関係の強化や再構築に寄与する．国産の財やサービス供給の拡大により，安全性や安心感が向上するが，保護主義の志向は農林水産物の価格上昇やそれに伴う国民負担の増加を引き起こすことになる．これらは基本的物質の充足や健康，セキュリティーの低下を引き起こすことがある．また，地方回帰や交流人口の拡大の恩恵にあずかれなかっ

た地域では，人口減少や高齢化による社会的関係，健康の低下が問題となる．

6.5 国レベルシナリオをどう利用すればよいのか？：シナリオのユーザーへの助言

6.5.1 国レベルの政策や施策，計画を考えるうえでのシナリオの利用方法

JSSA における国レベルの4つのシナリオは，おおむね2050年を視野に入れた日本の里山・里海を取り巻く社会・政治・経済的枠組みの変化や自然に対する人びとの態度や価値観の変化とその状況を叙述的に記したものである．国レベルのシナリオは，これらのうちどれか1つを「望ましい将来」として選択する，あるいは実現するために作成されたわけではない．国レベルのシナリオは，日本の里山や里海を取り巻く将来の状況について重要と考えられる不確実性要因とその組合せがもたらす帰結を叙述したものである．シナリオはいわば起こり得る未来をわれわれが疑似体験し，里山や里海を取り巻く将来の不確実性に備えるためにある．

では，計画立案や制度設計に携わる者は，われわれが示したシナリオにどう向きあえばよいか？ 最も重要なことは，どのシナリオが実現した場合においても所定の目的をとげられる政策の立案や制度設計を行うこと，あるいは現在ある政策や制度の有効性や限界を見出すことである．たとえば，日本の里山における生態系サービスを一定程度確保するためには，直接的には土地利用計画やそれと連動する農業政策が重要な役割を果たすことが考えられる．この場合，政策立案者はそれぞれのシナリオを参照しつつグローバル化が進んだ場合においてもローカル化が進んだ場合においても（あるいは自然や生態系サービスに対する人びとの態度や対処において技術志向の社会になっても逆に自然志向の社会になっても），機能し得るあるいはそのような変化に柔軟に対処し得る土地利用計画や農業政策の具体的仕様について吟味すればよい．吟味した結果，「どのシナリオにおいても柔軟に対処できる政策や計画は存在しない」という結論にたどり着くかもしれない．しかし，そのような知見が得られることも，実は将来の不確実性に備えるうえでは有益である．このような場合，どのシナリオにおいてどのような政策が有効に機能し得るのかを吟味すればよい．

6.5.2 地方自治体の政策や施策，計画を考えるうえで国レベルシナリオはどう貢献できるか

（1） 国レベルシナリオの含意

国レベルのシナリオは，あくまでも日本における里山・里海を取り巻く全体的な傾向を記したものにすぎない．将来的な社会・政治・経済的枠組みの変化や自然に対する人びとの態度や価値観の変化がもたらす影響の内容やその程度は，里山・里海が存在する地域や近隣の人口規模や自然環境，地理的条件などによって異なり得ることに注意しなければならない．

たとえば，グローバル化により地球規模の市場統合が進むと国内の農業は大きな打撃を受けるだろうが，たとえば稲作の場合，その影響は大規模経営が可能な平野部と経営の大規模化が困難な中山間地域とでは大きく異なるだろう．中山間地域の農業でも，比較的市場に近い地域では収穫後に鮮度が落ちやすいほうれん草や水菜などの軟弱野菜の栽培により経営を持続させることができるかもしれない．高原地域であれば，促成栽培や抑制栽培により他産地との差別化を図ることによる生き残りも可能であろう．また，里山・里海を舞台とするルーラルツーリズムやエコツーリズムは，潜在的市場の大きな大都市近郊のほうが産業として成立しやすいだろう．もちろん例外もある．屋久島や八丈島のように大都市の近郊には位置しないが，全国的に見てまれな自然環境や自然生態系ゆえに大きな観光市場をもつ地域もある．このように，全国シナリオといってもそれぞれの地域において，その変化が具体的に里山や里海にどのような影響をどの程度もつのかは異なる．したがって，それら変化に対する対応策も地域により異なる．

MAは，このような空間スケールの違いが，問題の定義や評価の結果に大きな影響を与えることを指摘している．MAのサブグローバル評価は，利害関係者の意思決定ニーズに応えるためさまざまなスケールでの評価が実施されている．

（2） 国レベルシナリオのダウンスケール

したがって，地方自治体の政策や施策を考えるためにはこのような国レベルシナリオの多様な含意に

ついて十分に理解する必要がある．そのうえで，6.5.1 に示したような考え方で頑健性の高いと考えられる政策や施策，計画のあり方を検討すればよい．

国レベルのシナリオから直接にそのような検討を行うことが難しい場合は，国レベルのシナリオに示される不確実性を踏まえつつ，地方自治体の里山や里海の実情を踏まえたローカルなシナリオを作成することも考えられる．ここでは，このような手続きをシナリオのダウンスケールと呼ぶことにする．これは MA において，世界規模での生態系サービスの評価と同時に国や流域，地域レベルでのサブグローバル評価が行われたことと同様の考え方であり，国レベルでのシナリオのマルチスケール化の取り組みと表現することもできる．

シナリオのダウンスケールでは，基本的に 6.3.2 に示した国レベルシナリオの作成手続きにならってシナリオを作成する．このダウンスケールの手続きでは，ダウンスケールを行うそれぞれの地方自治体や地域において社会・政治・経済的枠組みの変化や自然に対する人びとの態度や価値観の変化が進んだ際に，里山・里海を取り巻く間接的要因や直接的要因がどのように変化し，その結果として生態系サービスや人間の福利にどのような変化が生じるかを検討し，それをシナリオとして整理すればよい．そして，でき上がった地方自治体レベルの里山・里海シナリオをもとにその地域の政策や施策，計画のあり方を検討すればよいのである．この際に，次のような事項について考えてみるとよいだろう．

- それぞれのシナリオのもとで，どの地域でどのような変化が生じるだろうか？
- その状況は県民や住民にとって望ましいだろうか？望ましくないだろうか？
- その状況に至らないために，現在ある行政施策は有効に機能するだろうか？
- その状況を改善するために，現在ある行政施策は有効に機能するだろうか？
- 新たにどのような対応が必要になるだろうか？

なお，ここで提案したダウンスケールの方法はあくまでも定性的なシナリオの作成を前提としている．すでに述べたように，定性シナリオは関係者のさまざまな意見や視点を取り込むことを可能にする一方で，それそのものではその地域の将来の里山・里海がどう変化し得るかを定量的に示すことはできない（表 6.3）．そのような情報が意思決定や計画策定に必要とされる場合は，シミュレーションなどによりシナリオの定量化を進める必要がある．

6.5.3 クラスターレベルでのシナリオ作成の取り組み

地方自治体よりも大きなスケールであるが，JSSA のなかでは一部のクラスターでは国レベルシナリオを構成する二軸を踏まえ，シナリオの各象限において当該地域の里山・里海にどのような変化が生じるのかシナリオとしてまとめる試みが進みつつある．

たとえば，関東中部クラスターでは国レベルシナリオの枠組みを援用し，クラスターレベルで次のようなシナリオを作成している（JSSA―関東中部クラスター，2010）．

● メガシティー社会

これまでの都市化の進行をそのまま継続した場合に到達する社会．グローバル化および人工化を進めることによって各地に巨大化した都市における「メガシティー社会」が成立する．そこでは高いエネルギーコストをまかなうため，科学技術を駆使した生産活動が行われ，大量の資源を他の地域から取り込む対策がとられる．したがって，この巨大都市では大量の資源が消費され，その過程で資源供給を担う各地の環境を破壊するとともに，都市からの廃棄物が環境の汚染源となって世界の生態系に大きな負荷を強いる可能性が高まる．

● ビオトープ復元社会

これまでの都市化に対し，より自然的な社会に移行することによって自然・半自然生態系を再生し，それに基づく生産活動を軸とした「ビオトープ復元社会」が成立する．この社会では，自然の保全・再生を徹底させるとともにその生態系機能を高め，自然のリズムを尊重した生態系管理を行う．しかし，グローバル化の状態を前提としており生態系管理の手法は地域に根ざしたものではなく画一的な状況が想定される．そのために，必ずしも地域本来の生態系機能が発揮される条件にはなりにくく，外来生物の増大が予想される．

● コンパクト循環社会

これまでの都市化に対し，ローカル化を進めるとともに科学技術を駆使することにより地域の資源を最大限に活用した「コンパクト循環社会」が成立する．この社会は，他地域からの資源の大量移入に頼

らずに可能な限り資源・エネルギーの自立を目指していく．したがって，資源利用の節約や再利用が徹底されるとともに近代的な科学技術を駆使し，地域の伝統技術や特産品などを尊重した生活や生産活動が展開される．ただし，科学技術を駆使するも，限られた範囲の人工的環境下での生態系ではそこからもたらされる資源および生活環境には限界がある．

● 里山里海再興社会

これまでの都市化に対し，自然環境の保全・再生とローカル化を進めることによって，より地域の自然環境に根ざした「里山里海再興社会」が成立する．そこでは資源・エネルギーの自立を高め，地域の自然環境や歴史性に根ざした自然・半自然の生態系を復元し，その本来の機能を回復させていく．したがって，この社会では地域の特性および容量に見あった環境に負荷をかけない生活・生業が営まれる．このような里山里海社会へのシナリオは，これまでの人間社会の方向性とは正反対であり，人びとの価値観およびそのライフスタイルに対しては大きなパラダイムシフトが求められる．

関東中部クラスターでは，当面の間これら4つのシナリオの領域が空間的，時間的なモザイク構造をとりつつ展開することが想定されている．また，「ビオトープ復元社会」および「コンパクト循環社会」はいずれも長期的には「里山里海再興社会」への移行段階として位置づけることができると考えられている．

6.6 まとめ

シナリオは，われわれが将来の不確実性に備えるための有効なツールであり，これまで多くの地球規模の環境問題や日本の政策形成において用いられてきた．JSSAでは，日本の里山や里海を取り巻く経済や社会の状況の変化やそれが里山・里海の利用や管理，ひいてはそこで発揮される生態系サービスに与える影響やそれによる人間の福利の変化を評価するためにシナリオを用いた．JSSAの4つのシナリオはおおむね2050年を対象期間とし，社会・政治・経済的枠組みの変化（グローバル化―ローカル化）や自然や生態系サービスに対する人びとの態度や対処のあり方と（技術志向・改変重視―自然志向・適応重視）を将来の不確実性要素として演繹的かつ定性的に導き出された．実際には，これら4つのシナリオのうちどれか1つが生じることは想定しにくい．現実の将来は，われわれが提示する4つのシナリオのすべてあるいはいくつかのシナリオが混ざりあうかたちで展開することになるであろう．

JSSAにおいて作成された国レベルシナリオの第一の役割は，政策や施策，計画の立案に携わる政府や地方自治体の行政担当者，それにかかわる専門家や研究者あるいは行政の取り組みと歩調をあわせ，あるいは独立に行動する市民やNPO，NGOなどに対し，より長期的な視点から将来の不確実性を踏まえた里山・里海を取り巻く状況について提供を行い，潜在する問題・課題について啓発し，またときには警鐘を鳴らす役割を果たすことにある．

ただし，シナリオの役割はこれだけに尽きるわけではない．国レベルのシナリオは，日本の里山や里海を取り巻く将来の変化やその影響についてわれわれが疑似体験し，将来の不確実性に備えより頑健性の高い政策や施策の形成，計画立案のあり方を見出すうえで有益である．国レベルのシナリオは，国や地方自治体，市民社会での対応策を検討するための道具なのであり，そのように利用されてこそ初めて価値のあるものとなる．そのための第一歩として，本章6.5に述べたようなシナリオのダウンスケールの取り組みが有効と考えられる．

今後の課題としては，さまざまな関係者の視点や政策を考慮しつつ，将来のシナリオのもとで里山・里海の変化を空間的かつ定量的に評価・分析する方法論の確立をあげることができる．そのような方法が確立されれば，里山や里海の将来の変化に関して地域性を考慮したより詳細な評価が可能になる．

引用文献

・環境省超長期ビジョン検討会（2007）：超長期ビジョンの検討について（報告），環境省．http：//www.env.go.jp/policy/info/ult_vision/rep/main.pdf
・経済産業省（2005）：技術戦略マップ―超長期エネルギー技術ビジョン―，経済産業省．
・国立社会保障・人口問題研究所：日本の将来推計人口（平成18年12月推計）．http：//www.ipss.go.jp/syoushika/tohkei/suikei07/index.asp（2010年6月10日参照）
・国土交通省国土計画局（2005）：2030年の日本のあり方を検討するシナリオ作成に関する調査概要．http：//www.

- mlit.go.jp/kokudokeikaku/futurevision/（2010年1月31日参照）.
- 滋賀県持続可能社会研究会（2007）：持続可能社会の実現に向けた滋賀シナリオ，滋賀県．
- 西岡秀三（編）（2008）：日本低炭素社会のシナリオ—二酸化炭素70％削減の道筋，日刊工業新聞社．
- 日本の里山・里海評価—関東中部クラスター（2010）：里山・里海：日本の社会生態学的ランドスケープ—関東中部の経験と教訓—，国際連合大学. http://www.ias.unu.edu/sub_page.aspx?catID=111&ddlID=1485
- 農林水産省（2002）：近年の気候変動の状況と気候変動が農作物の生育等に及ぼす影響に関する資料集，農林水産省. http://www.maff.go.jp/j/kanbo/kihyo03/gityo/g_kiko_hendo/eikyo/pdf/zenyo_1.pdf
- 農林水産省（2007）：国境措置を撤廃した場合の国内農業等への影響（試算），農林水産省．
- 農林水産省農林水産技術会議（2007）：地球温暖化が農林水産業に与える影響と対策．農林水産研究開発レポート，No.23，農林水産省農林水産技術会議事務局．
- Alcamo, J.（2001）：Scenarios as tools for international environmental assessment,. *Environmental Issue report. No 24*, European Environment Agency.
- Alkemade, R., Van Oorschot, M., Miles, L., Nellemann, C., Bakkenes, M. and Ten Brink, B.（2009）：GLOBIO 3：A framework to investigate options for reducing global terrestrial biodiversity loss. *Ecosystems*, **12**：374–390.
- Cosgrove, W. J., Rijsberman, F. R. and World Water Council（2000）：*World Water Vision*：*Making Water Everybody's Business*, Earthscan.
- EEA（2006）：*Air quality and ancillary benefits of climate change policies. EEA. Technical report. No 4/2006.*, EEA.
- EEA（2007）：*Land-use scenarios for Europe*：*Qualitative and quantitative analysis on a European scale*（PRELUDE）. *Technical report. No 9/2007.*, EEA.
- Leadley, P., Pereira, H. M., Alkemade, R., Fernandez-Manjarres, J. F., Proenca, V., Scharlemann, J. P. W., Walpole, M. J.（2010）：*Biodiversity Scenarios*：*Projections of 21 st Century Change in Biodiversity and Associated Ecosystem Services. Technical Series no. 50*, Secretariat of the Convention on Biological Diversity.
- Rosegrant, M. W., Cai, X. and Cline, S. A.（2002）：*Global water outlook to 2025*：*Averting an Impending Crisis*, IFPRI.
- Millennium Ecosystem Assessment（2005 a）：*Ecosystems and Human Well-Being*：*Synthesis*, Island Press.
- Millennium Ecosystem Assessment（2005 b）：*Ecosystems and Human Well-Being*：*Scenarios Findings of the Scenarios Working Group*, Island Press.
- Nakicenovic, N. and Swart, R., eds.（2000）：*Special Report on Emissions Scenarios*：*A Special Report of Working Group III of the Intergovernmental Panel on Climate Change*, Cambridge University Press.
- OECD（2001）：*OECD Environmental Outlook to 2030*, OECD.
- Robinson, J.（1990）：Futures under glass：a recipe for people who hate to predict. *Futures*, October, 1990.
- Sala, O. E, Chapin III, F. S., Armesto, J. J., Berlow, R., Bloomfield, J., Dirzo, R., Huber-Sanwald, E., Huenneke, L. F., Jackson, R. B., Kinzig, A., Leemans, R., Lodge, D., Mooney, H. A., Oesterheld, M., Poff, N. L., Sykes, M. T., Walker, B. H., Walker, M., Wall, D. H.（2000）：Global biodiversity scenarios for the year 2100. *Science*, **287**：1770–1774.
- UNEP（1999）：*Global Environmental Outlook 2000*, Earthscan.
- UNEP（2002）：*African Environment Outlook*：*Past, Present and Future Perspectives*, UNEP.
- UNEP（2002）：*Global Environmental Outlook 3*：*Past, Present and Future Perspectives*, Earthscan.
- UNEP（2007）：*Global Environmental Outlook 4*：*Environment for Development*, Progress Press.
- World Bank（2006）：*The Road to 2050. Sustainable Development for the 21 st Century*, World Bank.
- Zurek, M. B. and Henrichs, T.（2007）：Linking scenarios across geographical scales in international environmental assessments. *Technological Forecasting and Social Change*, **74**（8）：1282–1295.

調整役代表執筆者：橋本禅
代表執筆者：明日香壽川，西岡秀三
協力執筆者：林縝治，中村俊彦，松田治

7 結論

7.1 はじめに

　本章では，評価で到達できたこと，また十分に達成できなかったことを整理し，関係者にとって有用な情報を提示すると同時に今後検討されるべき課題を提案する．本評価の全体目標は，里山・里海によってもたらされる生態系サービスの重要性とそれらの経済および人間開発への寄与について，科学的な根拠に基づいた政策関連情報を政策立案者に提供することにある．したがって，本章ではこれまでの章に基づき主要な評価結果を示し，評価結果を利用するユーザーのニーズや質問が反映されたか，またユーザーからの質問に対し，評価はどの程度，回答することができたかを検証する．これらの評価結果を整理するため，読者が関心をもつであろういくつかの主要な質問と課題に沿ってまとめた．

　また，JSSA は関係者が評価を実施しその結果に基づいて行動する能力を，評価プロセスを通して向上させることを目的としていることから，本章では JSSA の評価プロセスを再考し，評価作業の経過において得られた経験と教訓について考察する．そして，今後の研究やデータ収集のためのニーズを特定するため，当初の目標と実際の評価結果とのギャップを考察する．加えて，本評価の主要な目的の1つが国内外の政策プロセスに貢献することであるため，本章では環境と開発に関連する国内プロセスおよび国際プロセスへの寄与についても検討する．最後に，多様な関係者の行動に効果的な影響を与えるための示唆や提言をまとめる．

7.2 評価結果のまとめ

7.2.1 里山・里海の概念の再考

　とくに，生物多様性の保全や文化・地域活動において里山・里海の相互作用のメカニズムが役割を果たし得るという観点から，日本では身近な環境やその保全と持続可能な利用に対する意識の向上とあいまって，近年，里山・里海にきわめて高い関心が寄せられるようになってきた．しかし，多くの団体や個人がそれぞれの専門領域や関心に基づいて里山・里海を定義しており，その定義や概念について国内の科学者，関係者，団体および組織の間で全体的な合意があるとはいえない．

　本評価では，里山・里海の科学的な定義を提供するため，科学者，研究者，専門家，関係者を含む200人以上の JSSA の参画者が過去3年間に及んで議論し，その結果として一定の合意に達した里山・里海の科学的な定義を提供することを試みた．ミレニアム生態系評価（MA）で考案された生態系サービスのアプローチに基づき，JSSA では里山・里海を国際的な科学的な言語を用いて簡潔かつ包括的に定義することを目指した．同時に，広範な文献レビューを通してできるだけ多くの要素や側面を組み込むことが試みられ，これにより異なる時間・空間スケールの検討だけでなく，地域の文脈に沿ったかたちで里山・里海の特性や多様性を取り入れることが可能となった．里山・里海の最大の特徴の1つが多様性（例：生態系タイプの多様性，多様な生態系サービス，地域特有の管理システム，生物多様性）であることから，定義に対するこうした包括的なアプロ

ーチは里山・里海の概念の過剰な一般化を避ける点からも重要であるといえよう．

第2章で述べたように，JSSAでは関係者の合意に基づき里山・里海ランドスケープを，動的な空間モザイクであり人間の福利に資するさまざまな生態系サービスをもたらす，管理された社会生態学的システムと定義した．里山・里海はともに陸上生態系と水界生態系のモザイクであるが，里山が平面的なモザイク構造の土地利用で構成される森林と農地の生態系に焦点を当てているのに対し，里海は漁業を含む異なる沿岸生態系の立体的なモザイクで構成される．しかし，里山・里海はともに伝統的知識が統合された自然資源管理システムであり，このシステムを通してこれらランドスケープの機能とレジリアンスにとって重要な生物多様性が維持されている．また，里山と里海は特定の地域において連続し相互に作用していることから，これら2つのタイプのランドスケープを統合的に捉えることはランドスケープの持続可能な管理に重要な意味をもつと考えられる．

JSSAでは，里山・里海の概念化について合意したもののその分布については特定が困難である点も明確にした．しかし，過去の研究による異なる定義や境界の不明瞭さ，適切な情報の欠如により，里山の土地面積の積算が困難であるにもかかわらず複数の研究が日本の国土の20%が二次林であり，里山は一般的に日本の国土の約40%を占めると示している．一方で，里海の土地面積を推定する取り組みは行われていない．これは，里海の空間的な要素あるいは範囲が明確に定義されていないことによる．したがって，里海の保全や持続可能な管理に向け，今後，評価，モニタリング，長期的な調査・研究が可能なよう里海の定量的に測定可能な定義や類型化を確立させることが重要である．

里山・里海の特徴に焦点を当ててMAの概念的枠組みを適用するなかで，JSSAでは，里山・里海の評価のためにMAの枠組みを多少修正した概念的枠組みを開発した．里山・里海には異なるタイプの生態系がモザイク状に集まり，さまざまな生態系サービスを提供していることから，本評価の枠組みでは里山・里海を生態系サービスの源として主要な役割を果たす独立したものとして捉えた．また，人間の福利へ最終的に与える影響は里山・里海のなかの異なる要素間のインターリンケージのプロセスに依存することから，里山・里海にかかわるインターリンケージにも焦点を当てた．概念的枠組みで4つのタイプのインターリンケージを明示しており，これらインターリンケージには異なる生態系サービス間のインターリンケージ，生態系サービスと人間の福利の構成要素との間のインターリンケージ，異なる時間・空間スケール間のインターリンケージ，異なる政策オプション間のインターリンケージが含まれる．

こうして開発された概念の適用例の1つとして，SATOYAMAイニシアティブの概念の開発がある．このSATOYAMAイニシアティブは，人と自然のより良い関係を通じて自然共生社会を築くため，日本の里山・里海を含む社会生態学的生産ランドスケープの維持および再生を推進することを目的に，環境省と国際連合大学高等研究所によって促進されてきた国際的な取り組みである．このイニシアティブを通して，同様のランドスケープの保全，管理，持続的利用に取り組むさまざまな組織や団体からなる国際パートナーシップが，2010年10月の生物多様性条約第10回締約国会議（CBD/COP 10）において創設された．

この国際パートナーシップでは，SATOYAMAイニシアティブにより特定されたさまざまな活動を実施し，パートナー間の情報共有や交流を通して活動の強化と協調を図ることが目的とされている．SATOYAMAイニシアティブは国際的な取り組みとして，世界各地のさまざまなタイプの社会生態学的ランドスケープを取り扱うが，JSSAではその基盤として役立つよう里山・里海の科学定義を提供している．しかし，この概念が日本のランドスケープについて開発されたものであり，世界各地の科学者や専門家，関係者との議論がまだ幅広くなされていないことから，日本の里山・里海の定義および概念が，今後SATOYAMAイニシアティブなどの国際的なプロセスや協力を通してより発展していくことが期待される．

7.2.2 里山・里海の変化は人間の福利にどのような影響を与えてきたか？

里山・里海が人間の福利に提供する生態系サービスは，過去50年間で質および量の両面で劇的に変

化した．第4章で述べた変化は，とくに里山・里海が存在する地域における地域コミュニティーの人間の福利に直接的な負の影響を与えることを示している．こうした影響には，たとえば地域コミュニティーにおける健康の低下（公害などによる）や良好な社会関係の減退などがある．一方，日本全体では国際的な貿易を通して海外からの生態系サービスの恩恵を得るようになってきた．人間の福利の地方と都市との格差に加え，里山・里海で生じている現在の変化は，将来世代の人間の福利を脅かす可能性があるといえる．

里山の森林は，1960年代まで木炭と薪の供給を通じて日本の人びとにエネルギーを供給する役割を担ってきた．エネルギーは多くの人間活動や生活を支える基盤であり，里山はかつて人間の福利の「基本的物資」に寄与していた．しかし，1930年代から1950年代にかけて里山の薪が過剰利用されたことにより，洪水制御や土壌浸食抑制などの調整サービスが低下するようになった．とくに，近隣の大都市域に大量のエネルギーを供給する関東地域，東海地域，近畿地域，中国地域の都市に隣接する地域でははげ山が出現する地域もあり，その結果こうした地域で洪水制御や土砂流出抑制などの調整サービスが大きく低下した（第4章）．

また，里山における農業生態系は日本国内の人口に対し米や野菜などの食料を供給しているが，その生産性は農業インフラの整備や化学肥料および農薬の使用で向上し，都市住民を含む全体的な人間の福利を向上させてきた．しかし，同時にこれは生物多様性や調整サービス，基盤サービスに負の影響を及ぼした．たとえば，農地に投入された肥料や家畜の排泄物に含まれる窒素が，水に溶け出し土壌や地下水に運ばれて地域の自然を劣化させたり，ときには下流域の環境へも影響を及ぼしたりする．農業ではこれまで経済市場に対する生産性が重視されてきたため，こうした傾向は近年まで続いていた．その一方，1990年代以降は環境保全型農業により生産された農産物の質と付加価値が評価され推奨されるようになってきた．

1960年代以降，日本では，里山の供給サービスに対する需要は，エネルギー革命や肥料革命，国際貿易によって減少し，里山の生態系サービスは石油や化学肥料，より安価な輸入製品に取って代わられた．このため，資源へのアクセスの安全性，基本的物資，健康といった人間の福利は，海外の他の地域からもたらされる生態系サービスや向上した科学技術，人工的なシステムによって維持されてきたといえる．しかし，生態系サービスに対する人間の利用（下草や落ち葉の肥料としての利用，薪のエネルギー利用など）の減少は，生態系の機能や生物相に変化をもたらした．さらに，人口減少や高齢化により地域コミュニティーの管理能力が低下し，そうしたコミュニティーではランドスケープのモザイク消失に伴い生息域を拡大した野生動物による農作物への被害が増加している．

このような生態系の変化やコミュニティーの相互扶助能力の低下により，放棄された里山では洪水や土壌浸食などとくに地域住民に影響を与える自然災害に対し高いリスクを負っている．また，こうした継続的な変化とそうした生態系変化が将来に与える影響との間には時差があるため，将来世代の人間の福利は，現代の世代の行動によってより大きな影響を受ける可能性がある．

里海では，とくに高度経済成長期（1950年代半ばから1970年代初頭まで）沿岸地域の埋め立てにより工業化に必要な土地が提供され，このことは人間の福利の向上に貢献した．しかし，こうした沿岸域の工業化は水質汚染やデッドゾーン（とくに，瀬戸内海や東京湾のような閉鎖性海域でみられた貧酸素海域）の出現を招いた．その結果，魚類や藻類の個体数が減少しとくに地域コミュニティーの人間の福利に負の影響がもたらされた．また，過剰漁獲から養殖への転換は国内の漁業生産を安定させたが，一方でヘドロの堆積や赤潮の増加を招くことになった．

さらに，上で述べた里山と里海における変化は里山・里海の文化的サービスの低下を招き，さらにそれが地域の人びとに影響を及ぼして地域コミュニティーの崩壊につながっている．まず，高度経済成長期を中心に都市化によって里山・里海が消失し，その地域における人びとの身体的・精神的健康が低下した（第4章）．また，「入会」に代表される地域コミュニティーの伝統的管理の慣行によって，かつては地域コミュニティーでそのメンバーが生活に必要な自然資源を公平に，また適切に利用することが可能となっていた（第4章）．しかし，近年人びと

の居住地域への依存度が低くなるとともに人びとは地域の環境から分離し，資源をコミュニティー内で共有して維持しようというインセンティブを失いつつある．

一方で，過去10年ほどのうちに，ますます多くの人びととくに都市住民の間で，手間隙をかけた労働集約型の農林水産業によって里山・里海で生産された高付加価値の生産物を好む傾向がみられるようになってきた．また，そうした都市住民を含む多くの人びとが，自然観察や環境教育，エコツーリズム，保全活動へ積極的に参加するようになってきている．しかし，こうした傾向に伴い地域外からの里山への訪問者が増えるにつれ，ゴミの増加や希少種の採取，外来種の侵入などの問題も生じている．

7.2.3 里山・里海に影響を与えるおもな変化の要因は何か？

本評価は，森林生態系を例外として里山・里海におけるすべての生態系が過去50年間にわたって減退の傾向にあることを示した．生態系消失のおもな直接的要因は，都市化や管理放棄を含む土地利用変化であるが，沿岸生態系の劣化はとくにサンゴ礁に影響を与える気候変動によっても引き起こされている．また，草地はとくに利用低減による自然遷移によって減少している．

MAにならい，JSSAでは第3章において生態系サービスについて「人間による利用の増加と減少」と「生態系サービスの向上と劣化」という2つの側面から現状と傾向を検証した．これにより，たとえば里山の供給サービスである木材については，人間の利用（薪炭林としての利用を含め）が「減少」した一方で「向上」したことがわかる．この木材の向上は，おもに海外からの安価な木材の輸入と日本の拡大造林政策によって過剰伐採が減ったことに起因している．

木材の生態系サービス向上の例として，統計によると日本における立木蓄積量は1966年に18億8,700万m²であったが，2007年には44億3,200万m²になっている（第3章）．里山からの農産物供給は，化学肥料や農薬による生産性の向上と土地利用変化による農業生態系の面積の減少があいまって，「向上」あるいは「劣化」の視点では変化がない．しかし，こうした傾向にもかかわらず里山の供給サービスとしての農産物は，おもに海外からの安価な農産物の輸入の影響により人間の利用についてはわずかに「減少」した．

里山の多くの生態系で，過少利用により供給サービス，調整サービス，文化的サービスの多くの生態系サービスの質が低下した．たとえば，シカ生息域の分布が過去20～30年間で顕著に拡大した．これは，狩猟者人口の減少に代表されるように人間の介入が減少したことと軌を一にしており，その結果植生の破壊や生物多様性の消失が招かれた（第3章）．また，耕作放棄や広大な植林地の管理不足が深刻な土壌浸食につながっていることが明らかにされている（第3章）．したがって，木材の増加は気候調整や大気浄化といった機能の増強につながるかもしれないが，木材の増加の実質的な調整サービスへの貢献については疑問の余地がある．

また，文化的サービスも都市化，技術革新，地域コミュニティーの崩壊，土地利用変化，利用低減などのさまざまな要因によって減少している．たとえば，伝統工芸や地域コミュニティーの水路管理，伝統的な草地管理などの伝統的・文化的慣習に携わる人口の減少によって伝統的な生態系学的知識の世代間の継承が困難になっている．しかし，ごく近年になって人びとは，里山・里海から得られる文化的サービスが日本に特有なものであり，ほかの人工的システムや海外からの輸入によって代替できるものではないと認識するようになってきた．このように，里山・里海の文化的サービスは，とくに自然の精神的な恩恵を希求する都市住民により再評価されつつある．

日本の生物多様性は，種の多様性という点で過去数十年にわたって減少している．そのおもな要因は，土地利用変化，外来種の移入，気候変動などである．それでも，日本の生物多様性は，おもに島嶼性の国土の地理的特徴により他の多くの先進工業国に比べて高く，全国にわたって固有種が豊富で手つかずの山岳生態系も残っている．とくに，里山・里海では継続的な管理によって高い生物多様性が維持されてきた．暖温帯の薪炭林における林床植物とそれに依存する昆虫，半自然草原に特異な草原性植物・昆虫，水田周辺のエコトーンにおける止水性の淡水魚・水生昆虫がその代表的な例である．しかし，これらの里山における水田や半自然草原，広葉樹林に特

有の生物種の多くは，モザイク構造の消失と繁茂によって絶滅の危機にさらされている．このことは，生物多様性の高さがとくに水田環境や湿地依存型の固有の生物種にかかわる管理レベルと関連することを示唆している．気候変動の影響を受けやすい里海では，生物多様性の高さの変化は明確でないものの，観測される生物種の変化が認められる．

7.2.4 現在の対応は役立っているか？

第5章の対応分析では，近年の日本における対応の発展が里山・里海の問題へ対処するうえで大きく貢献したことを示した．また，その一方で里山・里海の管理に対する経済的インセンティブ，異なる関係者間のガバナンス（統治），トレードオフの管理など，対応の影響が十分に及んでいない部分についても明確にした．

1980年代まで多くの法制度の焦点は開発と工業化に当てられてきたため，その結果ときに里山の都市化が招かれた．都市域のランドスケープの保護を目的とする法制度もなかには制定されたが（例：都市公園法，都市緑地法），地方から都市への人口流出，耕作放棄，土地所有放棄といった里山に特有の問題に十分対処するには至らなかった．しかし，1992年の国連環境開発会議（地球サミット）以降，生物多様性条約（CBD）などの国際条約の影響を受け，多くの新たな法的対応（例：環境影響評価法，自然再生推進法，景観法など）が制定され，生態系の保全と持続可能な利用が推進，強化された．同時に，過去30年間で法的対応の焦点は開発から生態系と生物多様の保全と持続可能な利用に移行してきた．とくに，生物多様性基本法（2008年）では里山を長期的保全の対象として明確に示している．これまで，個別の法律で特定の分野や特定の生態系の問題に対応していたが，この新しい法律はさまざまなタイプの生態系を包含する里山について分野横断的な管理を強化するのに貢献している．

また，同様に海洋基本法（2007年）の制定は統合的な沿岸管理を推進し，里海を生物多様性の保全と持続的管理の対象として指定することにより，里海の保全と持続可能な管理を促進した．とはいえ，2006年に改定された環境基本計画で指摘されているとおり地域や分野を越えた広域的・横断的な管理という観点からの施策評価や法的対応の設計を行うための体制がなく，また省庁よりも上位の行政レベルで，環境保全のための総合的な施策調整を担当する専門機関も存在しない．

これまで，里山・里海の統合的管理を明確に目的とした法律はなかったが，里山・里海の問題に地域レベルで取り組むため地方自治体が条例や戦略を策定する例が増えてきた．地方分権推進法（1995年）により地方自治体が権限を強め，地域に即した政策，戦略，条例を策定できるようになった．これにより地方自治体が特定の問題（獣害など）に対し，よりいっそう地域関係者へ配慮を払いつつ，また地域関係者の参加を伴いながら取り組むことが可能になった．とくに，2000年以降いくつかの地方自治体（例：高知市，千葉県，神奈川県など）で分野横断的な統合的アプローチで参加型の管理を推進する里山条例が策定された．また，生物多様性基本法（2008年）に基づいて，近年では地域の特性やニーズを反映するために参加型アプローチをとり，生物多様性戦略の地域版を策定する自治体が増加している．

経済的対応の評価からは，近年多くの経済的対応が取り組まれているものの法的対応に比べて成功事例が少ないことがわかった．これは，おもに国内の農林水産業の衰退により里山・里海の経済的価値が現在の社会のなかで見出されていないことが原因となっている．しかし，里山・里海が非物資的なサービスも提供することから，今後里山・里海の問題により大きな効果をもたらす経済的対応を発展させられる可能性もまだあるだろう．実際，人びとのニーズに呼応して里山・里海からもたらされる生態系サービスへの支払いを奨励するインセンティブメカニズムが実施されつつある．たとえば，棚田管理について都市住民による財政的支援を促す棚田オーナーシップ制度を通して都市住民が里山の管理に貢献したり，上流の水源林整備のための財源として下流域の住民から森林環境税を徴収したりするほか，温室効果ガス排出量の自主的削減努力とともに削減困難な排出量については他の場所で実現した温室効果ガスの排出削減・吸収量の購入で埋めあわせるオフセットクレジットシステムがある．また，生態系サービスの過剰利用を促さず，貿易歪曲的な影響が少ない直接支払制度は，農林業生産の競争力が発揮できない里山を管理するのに適切といえる．こうした経済的対応の発展と主流化が期待される．加えて，

JSSAにおける経済評価ではたとえば認証制度などによって生態系サービスのユーザーと生産者を適切に結びつけるためには，正確で十分な情報と知識が重要である点を指摘している．

以上のように近年の政策的対応の展開で，異なる生態系，関連する活動，数多くの関係者へと対象を広げてきたが，シナジーを創出し異なる対応オプション間のトレードオフを避けるため，これらさまざまな要素が最適なかたちで結びつく必要がある．また，地域の特性やニーズに配慮しながら政策立案において参加型のプロセスを組み込むことが重要である．参加型アプローチをより有益なものとするには関係者の能力開発が必要であり，そのためには指導者育成，地域リーダー研修，課題についての教育や意識向上が重要となる．また，現在の科学技術の進展に基づき対応の技術的側面の革新（技術の向上，コミュニケーションの向上，インセンティブメカニズムの開発など）にいっそう力を入れることが有効といえる．

7.2.5 里山・里海の将来はどのようであるか？

第6章では，2050年の里山・里海と人間の福利の将来像を模索するため4つのシナリオを描いた．里山・里海に影響を及ぼす基調条件を人口減少と高齢化の進展および国レベルでの気候変動への対応とし，2つのおもな不確実性を①社会経済的な発展の方向性と②里山・里海に対する人びとのアプローチとした．さらに，シナリオでは社会経済的な発展の方向性として，1つは日本の経済と社会のグローバル化が進展する方向性，もう1つは逆に地域化が進行する方向性という2つを検討した．また，里山・里海に対する人びとのアプローチについても，人びとの態度や行動が自然志向・適応重視である場合と技術志向・改変重視である場合の2つのアプローチを検討した．シナリオは，里山・里海の将来予測を示すものではなく，起こり得るもっともらしい将来における政策オプションを検討するためのツールとして活用されることを期待したものである．将来的な発展の方向性と人びとのアプローチをおもな不確実性とすることにより，以下の4つのシナリオが演繹的および定性的な手法で作成された．

（1） 地球環境市民社会

このシナリオでは，国際貿易，国際的な労働市場，経済の自由化，グリーン経済に重点を置いたグローバル化により連結した社会のもとで里山・里海の持続可能な利用と管理が強化される．人口減少に伴い国内消費が多少減少するものの，食料の輸出拡大とバイオマスおよび再生可能エネルギーの利用増加に伴い供給サービスの利用が増加する．その結果，里山・里海の多くの調整サービスが現状維持され，文化的サービスの利用も維持される．教育や福祉，社会保障，自然環境への投資が増加する一方で，生態系管理には参加型のアプローチが適用される．

（2） グローバルテクノトピア

このシナリオでは，高度な技術による生態系管理や人工的な生態系の開発など，技術開発に高度に依存した里山・里海が描かれる．国際貿易と経済の自由化により農林水産業の生産性向上と管理の拡大が促進され，生態系への圧力の増加に伴って調整サービスと文化的サービスが減少する．中央集権的な政府により技術開発に重心が置かれ，教育や福祉，社会保障への関心は低下する．

（3） 地域自立型技術社会

このシナリオでは，里山・里海は，人口，モノ，サービスの移動という点で都市部から分離され，国内の都市域を結ぶ情報通信技術などの科学技術に依存するようになる．国内の農林水産業の保護政策のもと，人工栽培や人工養殖によって生産性が向上する．しかし，その結果，里山・里海の生態系の利用は低減し，調整サービスと文化的サービスの劣化につながる．

（4） 里山・里海ルネッサンス

このシナリオでは，里山・里海が，政治，経済，社会的活動の中心となる．政策立案における参加型プロセスがいっそう推進され，環境やグリーン経済への関心の高まりを受けて地域の制度・組織が強化される．国内の農林水産業を保護，促進する政策のもと，里山・里海の供給サービスは地域における消費，バイオマスおよび再生可能エネルギーの利用の増加を受けて持続可能なかたちで強化される．その結果，調整サービスと文化的サービスが地域人口の増加により管理され，維持あるいは向上する．ただし，このシナリオでは補助金政策に依存するため，高い経済的コストを伴い物質的豊かさのレベルは低くなる．

以上の各シナリオにおける生物多様性の現状と傾向を分析することは，分析方法が十分に開発されていないため困難である．しかし，グローバル化に伴う外来種の増加や生態系サービスの搾取，都市への人口集中による生態系変化に伴う生物多様性の減少などいくつかの仮定に基づくと，生物多様性のレベルは，里山・里海ルネッサンスで最も高く，続いて地球環境市民社会，地域自立型技術社会，グローバルテクノトピアの順となる．

これらのシナリオは，不確実性を考慮したうえで将来の里山・里海の脅威，機会，課題についての意識を高め，関係者が将来に備えて政策や計画，戦略を検討し策定するのに役立てられると期待されている．また，国レベルのシナリオ作成を通して確立された枠組みは，地域の特徴やニーズを重視した地域の政策オプションを提供する地域レベルのシナリオ作成に適用することもできる．

7.3 得られた教訓

MAのアプローチに基づく評価プロセスにより，本評価では生態系サービスの現状と傾向，シナリオ，対応の選択肢について，地球規模の評価結果と比較可能な総合的な評価結果を日本国内の政策立案者および意思決定者に対し提供している．また，日本の地域における動的な評価プロセスを通じて，サブグローバル評価（SGA）としての内容的な考察と実用的な教訓が得られたことはさらに重要な点といえるだろう．以下に，地域のランドスケープを扱ううえで他のSGAにも適用し得る考察を示す．

- 1つのランドスケープ内および複数のランドスケープ間には重視すべきインターリンケージが存在する（さらに，政策の選択肢のトレードオフにも関連する）ことから，社会，文化，生態，経済，政策的な異なる多様な要素について理解を深めるため，里山・里海のようなランドスケープは，人と環境の複合システムとして扱われる必要がある．
- 里山・里海の文化的側面は，社会において独特かつ重要な役割を果たすことが明らかになったように，里山・里海の文化的価値の評価が地域コミュニティーにその利益を還元し保障するとともに，さらにより広い社会に付加価値を提供するうえで必要である．
- 地域の里山・里海の問題の原因と結果は，日本国内にとどまらないことから（例：海外からの安価な輸入品への依存が日本の里山・里海の利用低減を招くなど），生態系サービスの国際的な移動を考慮する必要があり，またこうした問題に対処するには国際的な行動が必要である．
- 複合的な社会生態的システムは，動的に進化し相互に結びついているので，異なる要素間のインターリンケージ（すなわちトレードオフとシナジー）を理解できるよう，持続可能性の検討では複合的な社会生態的システムの社会，経済，文化，生態的な要素をあわせて検討する必要がある．
- SGAはMAの概念的枠組みを適用する試みであり，JSSAの評価プロセスは参加した関係者に学習的な経験をもたらした．MAのマルチスケール（多段階規模）評価の取り組みで，その価値が実証されたように（MA, 2005），JSSAでも評価プロセスにおいてユーザーのニーズや里山・里海の動的な特性に応じて随時修正や変更を加えることを通じ，こうした反復的でボトムアップのアプローチが関係者の評価実施能力の向上に寄与した．実際に，トップダウン型の指針に従いたいという要望と，多様なユーザーのニーズや地域特性を反映するという使命との間でしばしば綱引きがあった．しかし，こうしたプロセスにより今後の評価実施にあたり実務的な教訓がもたらされた．その1つは，意思決定や政策立案に対し評価結果をより影響力のある，有用なものとするためには，ユーザーや関係者に意味をもつスケールを特定することが重要であるということである．もう1つは，科学的な評価を実施するうえでは自然・気候条件に沿った評価スケールを明らかにすることが必要であるという点である．本評価では，社会・経済的要素と生態・気候要素に基づいたクラスターに区分して評価を実施するプロセスを採用したが，クラスターによっては評価スケールが社会的なスケールあるいは生態的なスケールに必ずしも適合していないものもあった．評価スケールを特定するうえで社会的スケールと生態的スケールの相違を考慮する必要がある．
- 西洋科学や日本の地域・伝統的知識といった異な

る知識システムの利用によって，有益な科学者の知識共同体をつくり出すことができた．ここでは，さまざまな知識システムを有する異なる関係者と十分なコミュニケーションをとることも重要となる．その点で，MAの概念的枠組みはこうしたコミュニケーションにとって有用な基盤を提供した．MAのような評価の取り組みの前例がない日本において，MAに参加した経験をもつ専門家の経験が，JSSAの評価を設計するうえで重要な役割を果たした．実際，JSSAでは生態系サービス，評価，人間の福利などの基本的概念を関係者およびユーザーが理解するのに多くの努力が払われた．結果として，評価プロセスを通じて関係者の理解が深まり，そのことが評価作業を進めるうえで根本的に重要であった．

- MAのSGAでも示されたように，SGAの取り組みの気運を維持し評価を完了させるうえで，十分な資金と時間，人材を確保することは不可欠である（MA, 2005）．一方で，評価プロセスそのものについては日本国内での幅広い関係者との話し合いに基づいて修正が加えられる必要があった．JSSAでは，その初期段階において対象範囲を1つの県レベルから国および地域レベルを含めたマルチスケール評価へと拡大させた．しかし，初動段階で十分な資金を確保することは難しく，それによって評価に必要とされる時間や人材の供給に影響が及び，最終的には評価の質にも影響が及んだ．

- 異なるバックグラウンド，専門分野，セクターから集まった多様な関係者が交流し，意見交換する相互作用のプロセスは有用なネットワークを提供し，その過程で新たな担い手や取り組みをもたらすこともあった．ユーザーや関係者の評価への参画を促進するには多くの努力と時間を要するが，生態系サービスのアプローチについて新たな気運や考え方を生み出すためには必要不可欠なステップであった．

7.4 情報の不足と今後の研究ニーズ

JSSAは，里山・里海とその生態系サービスの現状と傾向について最新の科学的評価を行い，里山・里海の保全と持続可能な利用に向けた行動の科学的基盤を提供することを目的として，里山・里海の生態系サービスに関する知識を入手可能な範囲で最大限に評価するにあたり，多くの疑問に解答を与えた．しかし，それと同時にこの評価プロセスにより情報とデータの不足，今後の研究に対するニーズも特定された．本評価で特定された情報とデータの不足について以下に示す．

- 本評価では，とくに里山の生態系サービスおよび生物多様性の劣化のおもな要因の1つは利用低減であることを明らかにし，里山・里海の生態系を維持管理しそこから得られる恩恵を人間の福利のために持続させるうえで，人と自然の相互作用が重要な役割を果たしていることを示した．しかし，自然遷移が進み得る里山・里海で生物多様性を維持し，生態系サービスを最大化させるには，どの程度まで人が介入すればよいのかはいまだに不明確である．既存の知識ではこの問題に応えることができないため，新たな知識やさらなる情報とデータが必要とされる．里山・里海における生物多様性の持続可能な利用と管理に必要な人間の介入レベルを特定するうえで有用な定量的手法もあるだろう．また，順応的管理は継続的なモニタリングとフィードバックにより，不確実性を減らしつつ生態系サービスを最大化しながらランドスケープを管理できるようにする学習プロセスを促進するうえで有効なツールであるといえるだろう．

- 本評価の概念的枠組みでは，生態系サービス，人間の福利，時間とスケール，政策に関する里山・里海のインターリンケージを捉えている．しかし，里山の生態系サービスと里海の生態系サービスが，互いにどの程度つながっているのかは明らかになっていない．本評価では，里山に比べて里海の情報が少なかったが，将来の評価では里海についてまた里山と里海のつながりにも焦点を当て，里山と里海の科学的な関係性をより明らかにすることが期待される．

- 本評価では，里山・里海を連結した社会生態的システムとして概念化することができたが，定量的に測定可能な里山・里海の定義やその類型化が確立していないことから，里山・里海の分布を十分に特定することができなかった．将来的にこのような連結したシステムの保全と管理に向けてモニ

タリングや長期的研究を実施していくためには，地域スケール（より細かなスケールに実質的に適合）や社会的・生物物理学的な要素に適した，より空間的に明確な評価を行う必要がある．

● 里山・里海の生態系サービスに関する経済的評価などの経済分析は，本評価のなかできわめて限られた範囲で扱われた．この理由としては，とくに里山・里海に関する経済分析に必要なデータや情報が限られていること，経済分析を実施するうえでの専門性や能力，資源（財源と人材など）が不足していたことがあげられる．経済分析は，里山・里海の経済的価値について意思決定者や政策立案者の理解を促すと同時に，従来型の開発戦略とのトレードオフを評価し，開発・経済の意思決定において生態系サービスの考え方を主流化するうえで強力なツールである．そのため，将来の評価では調整サービスと文化的サービスの評価をはじめ，より多くの経済分析が盛り込まれることが期待される．

● 本評価では，社会科学分野の文献の引用が比較的少なく，評価の内容に社会科学と自然科学の間の不均衡があるといえる．その理由の1つに，評価に参加した科学者のなかで社会科学分野の研究者や専門家が少なく，多くが生態学者であったことがあげられる．しかし，里山・里海の問題において社会，文化，政治的な側面は重要であり，異なる社会グループがどのように里山・里海を捉え理解するか，都市住民と地方住民の間でどのような意識の違いがあるか，生態系および生態系サービスの変化に伴い，地域コミュニティーでどのように適応が進むかといった点を評価することはきわめて重要である．

● 本評価のシナリオ分析では，関係者がそれぞれのニーズに基づいて政策の選択肢を検討できるよう定性的なストーリーを展開したが，純粋に定性的なシナリオであったため生態系サービスや生物多様性，人間の福利の将来的な変化を十分かつ具体的に表現することができなかった．データ収集やモデリングにより多くの時間と資源を割くことができれば，本評価の定性的シナリオに基づいて定量的シナリオを開発することが望まれる．そうすれば，生態系サービスと人間の福利の変化をより詳細に表現することができるだろう．また，クラスター評価がベースラインとして詳細なデータと情報を提供していることから，里山・里海の将来をより具体的に探索する長期的研究を実施することが重要であり，そうすることにより地域，地方，国レベルの関係者へより適当な政策オプションを提供することができるであろう．

● 本評価において，政策オプションに関する考察は対応の類型分析によって導き出された．しかし，こうした対応評価の結果はユーザーに政策オプションとして提供できるよう，シナリオを通じて検証される必要がある．定量的シナリオは，異なるシナリオのもとでそれぞれの政策オプションがどのような影響をもたらすかを具体的に検証することができるため，政策オプションの提案にも役立つ．

● JSSAは，クラスター評価と国レベル評価を含むマルチスケール評価に発展した．各クラスター独自のクラスターレポートと，クラスター評価の結果に基づいた国レポートが作成されたものの，時間や人材，資金の制約からクラスター間や異なるスケール間の比較検討がほとんど行われなかった．また，JSSAを展開するうえで公開性をもったプロセスとボトムアップのアプローチによりさまざまな評価対象サイトが選定されクラスターとしてまとめられたが，日本の里山・里海について国レベルですべての生態系のタイプや地理的エリアを総合的に網羅するには至らなかった．したがって，今後の評価でより総合的なマルチスケール評価のための手法とアプローチを検討することが重要である．

以上のような情報と知識の不足に基づき，そうした不足点のいくつかを解消するため2009年4月より環境省の環境研究総合推進費の支援により新しい研究プロジェクトが開始された．この3年間のプロジェクト（2009～2011年度）は，JSSAに基づき里山・里海の生態系サービスを定量的に評価し，日本における持続可能な社会の形成に向けた具体的な政策オプションを提供するために主要な定量的データおよび情報を含むシナリオを作成することを目的としており，JSSAと同様に日本の里山・里海の生態系サービスの管理に焦点を当てる一方，土地利用，生態系保全，バイオマス，資源循環に重点を置いている．また，この研究ではMAの概念的枠組みを

適用して生態系サービスの変化の要因とその人間の福利への影響を評価し，さらに生物多様性を損なわずに生態系サービスを最適化するには，どの程度の人間の介入が必要であるかを実証しようとしている．ここでは，地域社会の定性的な類型化と土地利用や人口，産業に関する主要な定量的データおよび情報を用いて日本の将来像を模索するためのシナリオを作成している．さらに，既存の所有権や利用権の境界条件を越えた自然資源利用のシステムあるいは制度である「新たなコモンズ」として里山・里海の役割を定義し，日本政府が低炭素社会，循環型社会，自然共生社会という3つの社会像の統合による持続可能な社会の達成を標榜する21世紀環境立国戦略の実施に寄与するための政策オプションを提示しようとしている．

7.5 国内および国際プロセスへの貢献

　本評価は，日本の里山・里海に焦点を当てた科学的な信頼性をもつ情報を提示することにより，環境と開発に関する意思決定および政策立案へ情報提供するものである．したがって，評価の結果は，あらゆるレベルの意思決定に影響を及ぼし，国内および国際的なプロセスに示唆を与えることが期待されている．また，関係者の意思決定や行動に与える影響を最大化させるため，評価結果が効果的に発信，伝達されるような関係者とのコミュニケーションの方法やメカニズムを特定することが重要である．本節では，国レベルおよび国際的なレベルで，環境と開発に関する政策プロセスに対しJSSAがいかに貢献できるかを検討する．

　国内プロセスへ貢献し得る点は，以下のとおりである．

- 日本政府は，低炭素社会，循環型社会，自然共生社会の統合により，持続可能な社会の形成を推進する21世紀環境立国戦略を2007年に発表した．日本は，循環型社会の実現に向けて大きな進展をとげており，気候変動枠組条約（UNFCCC）とR3イニシアティブを背景に低炭素社会に関し多くの議論を経てきた．しかし，自然共生社会の創造については十分な取り組みが行われておらず，現在の取り組みは特定の自然保護・再生事業に限定されている．JSSAでは，里山・里海の事例を用いて人と自然の連結したシステムを評価しており，科学的な根拠を提供し，循環型社会と低炭素社会の両方と関連させながら自然共生社会についての議論を推進することによって21世紀環境立国戦略に寄与し得ると考えられる．

- 生物多様性条約に基づき2010年に発表された最新の日本の生物多様性国家戦略では，生物多様性の4つの危機の1つとして，管理不足による里山の劣化を引き続き強調しており，持続可能なかたちで生物多様性を豊かにしつつ，生態系サービスを最大化させることを推進している．JSSAのおもな成果（すなわち，生物多様性，生態系サービス，人間の福利と里山・里海との関係性についての理解の向上，里山・里海の主要な生態系サービスについて信頼性のあるベースラインの作成，里山・里海の生態系サービスについてのシナリオなど）は，生物多様性戦略の科学的根拠を提供するとともに戦略の推進と実施に寄与し得るものといえる．

- JSSAのシナリオは，定量的な傾向や詳細なスケールの傾向を示すことができなかったものの，国レベルにおいて4つのタイプの将来像のもとでの里山・里海の生態系サービスや人間の福利の将来的な傾向をある程度示すことができた．こうして，里山・里海の将来像を探索するための枠組みを提供することにより国土計画の策定に貢献し得るといえる．

　国際的プロセスへの貢献し得る点は，以下のとおりである．

- 前述のようにSATOYAMAイニシアティブは，国際的な文脈における自然共生社会の実現に向けた取り組みを展開しており，その国際パートナーシップが生物多様性条約の目標達成に貢献するものとしてCBD/COP 10の場で発足した．JSSAで検討した里山・里海の概念と定義がSATOYAMAイニシアティブの概念形成の中で勘案されたように，JSSAの評価結果がSATOYAMAイニシアティブの推進においても活用され，生物多様性条約の目標の達成に寄与することが期待される．同時に，里山・里海の概念がそうした世界各地の関係者のネットワークや議論を通じてさらに検証され，精査されることが望まれる．さまざま

なレベルにおける JSSA の結果の活用においては，同様なランドスケープの情報と知識を共有し，あらゆる関連する活動や取り組みの間で連携や相乗効果を促進していくことが重要である．この意味で，SATOYAMA イニシアティブの国際パートナーシップが多様な関係者の共通の戦略策定に向けて結束し，研修や能力開発活動を実施するプラットフォームとなることが期待される．

- MA のサブグローバル評価（SGA）で開発されたアプローチと手法を JSSA で適用しているため，他の地域，国，国を超えた地域レベルの評価や地球規模の評価と比較され，地球規模の評価に貢献することが期待される．2005 年に MA が完了して以来，多くのフォローアップ活動が行われてきたが，その 1 つに SGA のフォローアップがある．このフォローアップは，MA から得られた教訓がより広い文脈で適用され，さまざまなサブグローバル評価の取り組みが協調し相乗効果をもたらすようにすると同時に，とくに MA で網羅されなかった領域における新たな評価の取り組みを触発し，これらの実現のために資源を動員し，能力向上を図ることを目的としたものである．MA の SGA に加え，JSSA のような新しい SGA を組み込みながら，SGA のネットワークが展開してきており，JSSA から得られた教訓と経験が世界の他の地域の評価とも共有され，活用されることが望まれる．
- さらに，MA をふまえ気候変動に関する政府間パネル（IPCC）と同様な生物多様性と生態系サービスに関する政府間科学政策プラットフォーム（IPBES）の設立が国際レベルでさまざまな関係者により協議されてきた．2010 年 6 月に韓国の釜山で開催された IPBES に関する最終の政府間マルチステークホルダー会合で「釜山成果文書」が採択された．この成果文書は，参加した各国代表者らが生物多様性および生態系サービスに関する科学と政策のインターフェースを強化するとともに科学的に独立し，政策的に意義のある情報を提供するために IPBES が設立されるべきであると合意したものである．JSSA を通じて形成され培われた評価結果，キャパシティ，専門性が IPBES により実施される将来の評価あるいは新たなかたちの評価に，直接的あるいは間接的に貢献することが望まれる．
- 2002 年以降，国連食糧農業機関（FAO）は世界各地における世界重要農業遺産システム（GIAHS）およびその農業生物多様性，知識システム，食料と生活の安全保障，文化についての国際的な認識，動的な保全，順応的管理の基盤を構築するため，GIAHS の保全および順応的管理の取り組みを推進している．JSSA では，人間の生態系サービスへの依存度が空間および時間的スケールによって異なる人と自然との動的な関係性を促進するものとして里山・里海を評価したが，GIAHS の指定地域でも同様に農業生態系の動的な保全と順応的管理を重視している．したがって，JSSA による日本における同様なシステムの最新の評価は，GIAHS に情報提供する意味で貢献するとともに SATOYAMA イニシアティブと GIAHS の間で情報共有と協力が行われれば，JSSA の評価結果がそうした国際的な取り組みで活用されることになる．

また，生態系サービスと生物多様性の保全と持続可能な利用は，持続可能な開発と人間の福利を実現するための重要な鍵となっており，JSSA は日本の里山・里海の評価を通じてそのための行動の科学的基盤を提供しようとした．したがって，地域に即した JSSA の成果は里山・里海にみられる保全や持続的利用のさまざまな要素にかかわる多くの多国間協定にも幅広く貢献できるものである．そのため，JSSA は持続可能な開発のプロセス（リオ宣言，持続可能な開発に関する世界首脳会議（WSSD），リオ＋20 など），多国間環境協定（生物多様性条約，ラムサール条約，ボン条約など），文化の保護に関する取り組み（UNESCO 世界遺産条約など）に示唆を与えることができるといえよう．

7.6 まとめ

JSSA は，地域の科学者や政策立案者，実務者などの協働による，日本社会での実験的な取り組みであった．科学的知識を地域および国レベルの政策や活動に転換するプラットフォームを提供することで，本評価は情報に対するニーズにある程度応え，また評価を実施する関係者のキャパシティの向上に

寄与したといえる．2006年の評価開始当初に比べ，MAの概念的枠組み，生態系サービスや人間の福利といった用語についての理解が，幅広い関係者の間で深まり，共有されるようになった．とくに，JSSAでは多くの地域レベルの評価が実施され，それらを統合したクラスター評価を包含したため，こうしたクラスター評価のプロセスのなかで多くの新しい取り組みや活動の担い手が登場し，一例として宇都宮大学に2009年に設立された里山科学センターなどがあげられる．また，千葉や横浜などではサイトレベルの評価報告書が発行された．

本書を通じて，JSSAの評価結果が持続可能な開発を推進するため多くの関係者に活用されることを期待する．また，JSSAの成果が将来の科学的研究活動の基盤となり，生態系と人間の福利に影響を及ぼす意思決定や行動を改善し，将来世代による再建の取り組みを支援するうえで役立てられることを期待したい．

引用文献

・Millennium Ecosystem Assessment（2005）：*Ecosystems and Human Well-being*：*Multiscale Assessments,* Island Press.

調整役代表執筆者：武内和彦，渡邉正孝，西麻衣子

第Ⅱ編

各論編

8

北海道クラスター
―北の大地の新しい里山

8.1 概要

　北海道は，日本列島のなかで最も高緯度に位置する．そのため，本州に比べて年間を通じて気温が低く，高山・亜高山帯に残された原生的自然と，低標高帯の平坦地に広がる湿地と森林が，本州とは大きく異なる北海道の自然と景観を特徴づけている．

　1800年代まではアイヌ民族と本州からの少数の和人による狩猟，漁労，農耕，交易による生活が主であったため，北海道の広大な自然に及ぼす人間活動の影響は，自然の復元力の範囲内に収まっていたであろう．北海道開拓使が設けられた1869（明治2）年の人口は5万8,000人であった．開拓初期の移住者達は，居住地周辺の森林を切り開くことによって建築用木材，新たな農耕地そして厳しい冬に備えて大量の薪炭を確保した．すなわち，北海道では開拓初期には本州ほどていねいな里山管理を行わなくとも，十分な生態系サービスを得ることができたと推測される．しかし，1880年代以降，移住者の急増に伴ってさらに大面積の森林が伐採された．同時に，北海道の自然資源を守ろうとする動きもみられ，現在でも北海道では本州に比べれば豊かな自然が残されている．1959（昭和34）年に人口が500万人に達したころには，石油，ガス，電気そして化学肥料の普及と農業の機械化が始まり，急速に薪炭を使用しない生活様式に変化した．

　このように，北海道では本州と気候，地形，歴史が異なるとともに開発のスピードが格段に早かったために，本州のようなさまざまな景観要素がモザイク状に集約された里山を見ることは少ない．北海道クラスターでは，「里山」という言葉を広義に捉えて，天然林と人工林を含む身近な森林（薪炭林・農用林＋都市近郊林＋残存樹林＋都市林＋防風林）として用いた（図8.1）．

8.2 歴史的・叙述的文脈

　本州の縄文文化以降から江戸時代までに相当する時期は，おもに続縄文文化，擦文文化，アイヌ文化に区分される．7世紀頃に土師器が伝わり，縄文土器に代わって擦文土器が使われるようになる．同時期に，北海道東部にはオホーツク文化と呼ばれる北方民族由来の文化が栄えるが，9世紀頃に擦文文化に吸収される．中央で鎌倉幕府が開かれた頃には，アイヌ民族と本州との間で交易が盛んに行われ，擦文土器に代わって鉄鍋が普及しアイヌの文化が栄える．

　1869年に北海道開拓使が設置されると同時に蝦夷地から北海道へと改められ，アイヌ民族は日本国

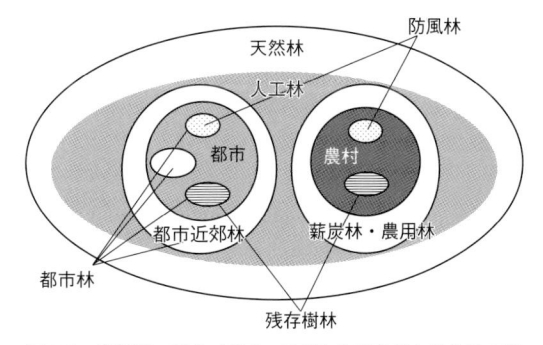

図8.1　北海道の里山（都市，農村および多様な樹林地の概念図）

家へと編入される．1886年には北海道庁が設置され，北海道の開拓は明治から大正にかけて急速に進んだ．太平洋戦争後の1950年には北海道開発法が制定され，北海道開発庁が設置された．

8.3 現状と傾向

表8.1に北海道の代表的な生態系から得られる生態系サービスの最近50年間の変遷を，向上・劣化（生態系サービスのトレンド）の欄に示した．どの生態系サービスについても，人の利用（人による生態系サービス利用のトレンド）とは逆の傾向を示している．指標・基準の欄には，生態系サービスの評価に用いた統計値や事象が記されている．

8.3.1 森林

1980年代前半まで活発に行われた天然林伐採ならびに森林から農地への転用により，森林資源と面積の減少が生じたが，その後の伐採量減少と人工林の育成によって資源量は回復しつつある．森林伐採量は，とくに1950年代のエネルギー革命以降，薪炭材需要の低下によって急減している．一方，調整サービスを供給する保安林面積は増大しているが，実際にその機能がどう変化しているかは不明である．

8.3.2 都市近郊林

北海道全体では，森林はおもに農用地へ転用されたのに対して，札幌市では工場・事業場用地などへの転用が中心となっている．一方，野幌森林公園は明治開拓期には植林地や農地として利用されてきたものの，1895年には水源涵養林として保護された．藻岩山，円山のように開拓期からすでに風致，自然保護の目的のために保護されてきた都市近郊林もあった．このように，かつて都市近郊林は水源涵養林や気候調整，木材・薪炭の供給という調整サービスや供給サービスをおもに提供していたが，近年では文化的サービス（風致，環境教育，レクリエーション，エコツーリズム）への比重が急速に高まりつつあり，この傾向は今後も増加が見込まれる．また，都市近郊林の保全機能としての生物多様性の維持機能は昔に比べて低下したといわざるを得ないが，それでもなお生物にとっては重要な地域であり，一部では里山管理によって生物多様性機能や文化的サービスを維持・向上するための実践も増加している．

8.3.3 防風林

開拓期には，防風，薪炭採取，風致の維持，すなわち調整，供給，文化的サービスの機能が期待された．しかし，戦後の食料難を解消するために支線となる耕地防風林を伐採除去し，幹線となる防風保安林の林帯幅をも削って農地開発をしたこともあったため，耕作土の飛散や劣化を招き農作物の収量が低下してきた．また，野生動物の移動経路や餌場としての役割としても重要である．全体として，防風林の延長や幅は減少しているものの，短歌や俳句，風景写真の題材としてあるいは観光資源としての価値は維持している．これらより，調整サービス（気象の制御，土壌保持）の劣化と供給サービスの劣化（薪炭）が認められるが，文化的サービスは変わらないかそれに対する期待は増加していると考えられる．

8.3.4 農地

1950年代以降の化学肥料・化学農薬の投入で面積あたりの収量は増加・安定したが，土壌生態系の破壊，人体への悪影響が深刻になった．1970年代以降も，大規模経営やバイオテクノロジーによる生産性の向上が図られている．これより，農地から得られる供給サービス（植物性食料）は格段に向上したが，調整サービス（水資源の制御，土壌の保持）は減少したといえる．

8.3.5 森林と農地のエコトーン（ヒグマ，エゾシカ）

森林と農地のエコトーンでは，エコトーンの生態系から提供される生態系サービスにヒグマやエゾシカが大きな影響を与えてきた．里山的管理の衰退（狩猟の減退，低標高域での農地の拡大による餌の供給，針葉樹植林地の拡大による冬期の死亡率の低下など）により，ヒグマやエゾシカの個体数が増加した．このため，ヒグマやエゾシカから得られる供給の生態系サービス（食肉，皮革，薬品，角などの潜在的供給力）は増大しているものの，それらの実際の供給は低下している．

森林と農地のエコトーンにおける里山管理の低下

表 8.1　北海道クラスターの最近 50 年間の生態系サービスの変遷と要因、そして人間福利への影響

北海道クラスターレポートで取り上げた生態系サービス		人の利用	向上・劣化	指標・基準	生態系サービスに変化をもたらした直接的要因								福利への影響			
					開発			利用低減				安全	基本資材	健康	社会関係
					農地開発（圃場・水路整備）	造林	治水工事（河道改修・ダム建設）	乱獲・過剰利用（盗掘含む）	汚染（大気・水質・土壌）	植生遷移	退行遷移	外部化	地域・地球温暖化	個人や財産の安全、資源利用の確実性の確保、災害からの安全	快適な暮らしを支える所得・資産・雇用、食料、住居、エネルギー、商品の入手しやすさ	十分な栄養、疾病管理、きれいな空気、上質な水や土壌、適切な温度管理を保つエネルギー	社会的つながり、相互の尊重、他者・子孫への供給能力
供給	エネルギー	燃料（薪炭）	3.1	↗ 3.1	薪炭林の伐採量	4.1											
		電力（水力、風力）	1.3	NA	電力需要量												
	食料	陸生動物（ヒグマ、エゾシカ）	3.5, 3.6	↗ 3.5, 3.6	狩猟頭数						4.1	4.1	4.1				
		水生動物（水産養殖）	3.8, 3.9, 3.10 +/−	↗ 3.8, 3.9, 3.10 +/−	漁獲量			4.8	4.8, 4.10	4.11				4.10		+	
		植物（農作物）	3.3, 3.4, 3.7	↗ 3.3, 3.4, 3.7	耕地面積、農家戸数、面積あたりの収量	4.7, 4.4										−	
	繊維	植物（木材）	3.1	↗ 3.1	森林蓄積、人工林面積、林地開発許可、伐採量、林業従事者数	4.1	4.1		4.1			4.1	4.1			−	
	装飾	動物（皮革）	3.5	↗ 3.5	狩猟頭数				4.5	4.5						+	
調整	土砂食害制御		3.3, 3.9	↗ 3.3, 3.9	土砂供給量、海浜植生の被覆面積、海岸線変化量、防風林の延長、飛砂量	4.3, 4.9		4.9	4.9						−	−	
文化	精神	景観（景色・町並み）	NA	NA	北海道遺産		4.9	4.9									
		教育（環境教育・野外観察会・野外遊び）	3.2 +/−	NA	公園利用者数											+/−	
	レクリエーション	遊魚・潮干狩り・山菜取り・ハンティング	3.2, 3.8, 3.9, 5.8	NA	釣り人口、意識調査、レジャー施設数											+	+
		登山・観光・グリーンツーリズム	3.2, 3.9	NA	公園利用者数											+	+

※人の利用／向上・劣化：矢印の大きさは Probability（確からしさ）、データによる裏づけがある場合は太い矢印、ない場合は細い矢印。
※生態系サービスに変化をもたらした直接的要因：「日本の里山・里海評価（2010）：日本の社会生態学的生産ランドスケープ─北海道の経験と教訓」国際連合大学、その章の番号を記入した。記述されていない場合は表記していない。
※福利への影響：最近のトレンドとして増大（＋）、減少（−）、増大・減少のどちらも含む（年齢層や地域により受け止め方が異なる）（＋／−）。

は，野生動物と人の軋れきの一因となっている．たとえばヒグマやエゾシカが農地へ出没し農作物被害をもたらし，さらに人びとの精神的負担の増大・身体的な安全性の低下を招いている．

8.3.6 草地

高度経済成長期以降，自然草地から人工草地への転換が著しく，栄養価の高い飼料を効率よく生産できるようになったため，面積あたりの収量や家畜の飼育頭数が増加した．しかし，一方で草地への施肥や家畜の糞尿による水質の悪化，また家畜の踏圧による土壌の固結化が原因となって，本来生育していた草原性希少植物の生育地が減少している．これより，草地から得られる供給サービスは増加（飼料，動物性食料）したが，水質維持としての制御サービス，在来草原性植物により景観を向上させる文化的サービスは低下していると考えられる．

8.3.7 河川

河川工作物の造成により流域が分断化され，サケ科魚類の生息環境は悪化している．とくに，産卵場所を中下流域の汽水域にもつシロザケに比べ，淡水環境を必要とするサクラマスへの影響が大きい．1970年代以降の人工孵化放流などによってシロザケの漁業資源量は急激に増加したが，その一方サクラマスの資源量は低迷を続けている．このように，調整サービス（治山・治水）は増加しているが，河川（と海）から得られる供給サービス（動物性食料）は，種によって増加または減少しているといえる．近年では，サケ科魚類を水産資源＝食料としての供給サービスのみではなく，遡上の観察や稚魚放流などの環境教育とともに釣りなどに代表されるレクリエーションやエコツーリズム対象としてのシロザケの利用促進，すなわち文化的サービスの向上にも注目が集まっている．

8.3.8 海（海岸線）

河川工作物の造成や埋め立てなどの人間活動に起因する海岸での土砂供給バランスの崩壊により，高度経済成長期以降，急速に海岸線の侵食や砂浜景観の変化が起こっている．また，海岸は古くからレクリエーションの場として利用されてきたが，近年は利用形態の多様化に伴い，海岸への車両の乗入れなどによる海浜植生の破壊という問題が生じている．このように，海岸線から得られる土壌保持などの調整サービス，生物多様性維持の基盤サービスは低下している．一方，文化的サービスのうちの景観的機能は低下し，レクリエーション機能は変わっていないと考えられる．

8.3.9 海

水温の上昇やえさとなるプランクトンの出現時期の変化など，海洋生態系の変化により北海道周辺の春ニシン（北海道・サハリン系ニシン）資源は，衰退・消滅・回復を繰り返している．春ニシンが北海道沿岸から消えた1958年以降のニシン漁業は，沖合あるいは外国水域へと移った．ニシンの利用の方法も時代とともに変化している．江戸から明治時代は，鰊粕が肥料として利用されていたが，1940年代後半からはほとんどが食用に振り向けられた．身欠き鰊や塩数の子としての利用はいまもなお重要であるが，近年多くの冷凍ニシンが輸入されるようになり，国産のニシンはそのほとんどが鮮魚としての利用となっている．このように，ニシンとして海から得られる供給サービスのうち肥料としてのサービスは減少しているが，鮮魚や身欠き鰊，数の子などの動物性食料としてのサービスは増加している．

トドは，1910〜1940年代には食肉，皮革，胆嚢を目的とした商業的捕獲が行われてきたが，1959年よりおもに漁業被害を及ぼすとして有害動物として採捕（駆除）されている．1994年以降は採捕頭数に制限が設けられた．漁業被害には直接的被害（底建網や刺網の破損）と間接的被害（漁獲の損失や漁獲物の損傷など）がある．北海道周辺のトドの上陸場や回遊経路には年代ごとに消長がみられ，1920年代には太平洋側に多かったが，近年は日本海側に偏っている．その背景には餌となるニシンなどの生物量の変化，長期的な海況変動，来遊起源と考えられるロシアの繁殖場での個体数の変動，上陸岩礁での集中的な駆除などがあると思われる．トドとして海から得られる供給サービス（動物性食料，皮革，医薬品）は，採捕頭数の上限設定や需要の減少により大きく低下している．

8.4 変化の要因

1920年代から1990年代の北海道の土地利用の変遷をみると，森林の農地・市街地への変化が顕著である．その傾向は，宗谷支庁，根室支庁，日高支庁でとくに目立っている．各地域でのおもな農地開発は，国家主導で進められたものである．宗谷では，1982年から1995年にかけて国営農地開発事業の一環として酪農業の経営規模の拡大が行われている．牧草地の拡大，飼育乳牛頭数・生乳生産量の増大による経営の安定化が図られた．根室では，第一期北海道総合開発計画に沿って1955年度から根釧パイロットファーム事業および根釧原野の大規模な農地開発が始められた．その後も，1973年から新酪農村建設事業により酪農・畑作の経営規模の拡大が積極的に図られた．日高では，新生地区が1990年から1996年にわたり国営農地再編パイロット事業のモデル地域に採択され，飼料作物の栽培を目的とした農地開発による地域の活性化が図られた．このように，日本の食料庫としての政府による森林の大規模な開発と農地転用が，北海道の陸上の生態系を変容させてきたおもな要因である．

また，1920年代から1990年代の針葉樹林の増加も顕著である．1920年代では，北海道全体としては広葉樹林の割合が多く，針葉樹林は上川，十勝，網走にまたがる北海道中央部の大雪山を中心として北海道北部に分布していた．しかし，戦後の拡大造林の結果，後志を除く北海道のほぼすべての地域で広葉樹林の割合が減少して，針葉樹または農地・市街地の割合が増加した．

海洋や沿岸の生態系の変容については，比較的狭い地域スケールでの人為的な攪乱，すなわちダムの造成，埋め立て，乱獲などによるだけではなく，より大きな地球規模での環境変化も生態系の変容にかかわっているようである．

表8.1に生態系サービスに変化をもたらしたおもな直接的要因をあげた．大きく分けて，開発（農地開発，造林，治水工事，乱獲，過剰利用，汚染），利用低減（植生遷移，退行遷移，外部化），地域・地球温暖化が生態系サービスに変化をもたらしたと考えられる．

8.5 変化への対応

上述したような生態系サービスの変化に対して，法律や条例などの制定による政策対応や制度・組織の見直しとともに，新たな手法の開発による技術的対応が進められている．それらを今後の課題とともに，以下に例を示す．

8.5.1 森林
- 政策：間伐補助制度，間伐材の利用促進制度，道産材の利用促進制度，人工林の資源管理方針の策定，伐採届出制度を活用した資源管理
- 技術：新たな主体の参加，たとえば漁業者の森林管理保全への取り組み，里山地域での市民ボランティア，FSCなどの森林認証，森林療法
- 課題：道，市町村，森林組合，地域住民が協力し，持続的管理に向けた連携・ネットワークを形成することが不可欠

8.5.2 都市近郊林
- 政策：円山・藻岩山の天然記念物指定（国），「札幌市緑の保全と創出に関する条例」の緑保全創出地域制度，都市環境林制度による都市環境緑地整備事業，特別緑地保全地区，史跡名勝天然記念物野幌原始林，各種保安林の指定，鳥獣保護地区の指定
- 技術：市民団体による林内整備活動．都市公園，都市近郊林における，市民，行政，専門家の協働による希少植物の回復，植生管理および帰化植物の除去
- 課題：各地において，さまざまな団体が都市近郊林を保全し利用することを推進しているが，自治体所有の土地である場合には市民団体の活動を制限せざるを得ない場合もある．利用者の目的が多様化してきており，将来は異なる目的をもつ利用者間で不満が生じる可能性がある．北海道は豊かな自然が残されているとはいえ，それらのもつ生態系サービスを認識し，保全するための啓発活動や引き続いての政策による誘導が必要である．

札幌市をはじめとする北海道の各都市は，周辺に大規模な都市近郊林を有している場合が多く，本州の都市に比べて豊かな自然に恵まれている．これら

の都市近郊林を生物多様性を維持する場として確保しつつ，人びとの利用や環境への啓発を行う場所として計画していく必要がある．

8.5.3 防風林
- 政策：十勝支庁による防風林対策検討会の設置，空知支庁による「空知型田園空間形成推進事業」防風林部会の設置，根釧・十勝・石狩の3地域による防風林整備事業
- 技術：モモンガ用道路横断構造物の建設，コウモリ類の利用が確認されているボックスカルバートの設置，「とかち大平原田園空間博物館」での防風林に関する教育・観光資源化
- 課題：防風林が地域全体の生物多様性に果たす役割についての定量的な研究の促進，防風林がもつ農地保全以外の多面的な機能を対象とした財政的援助が必要

8.5.4 農地
- 政策：北海道農業農村整備方針，景観法，北のクリーン農産物表示制度，家畜排泄物の管理の適正化および利用の促進に関する法律，中山間地域等直接支払制度，農地・水・環境保全向上対策
- 課題：後継者や新規就農者など多様な担い手の育成・確保に向けて，農地の利用集積など生産基盤の整備が必要

8.5.5 森林と農地のエコトーン
(1) ヒグマ
- 政策：ヒグマ捕獲奨励事業，春グマ駆除制度，渡島半島地域ヒグマ保護管理計画
- 技術：電気牧柵の設置や，農地周辺の林における下草の刈払い
- 課題：高齢化の進むハンター数の確保

(2) エゾシカ
- 政策：道東地域エゾシカ保護管理計画，第9次鳥獣保護管理事業計画，第10次鳥獣保護管理事業計画，鳥獣被害防止特措法
- 技術：エゾシカの保護管理計画に基づくフィードバック管理，エゾシカの侵入防止のための電気柵やネットフェンス
- 課題：エゾシカの過剰増加に対応するためのハンター数の確保．エゾシカから得られるシカ肉，角，皮革の加工方法，流通経路の工夫と新規開拓

8.5.6 草地
- 政策：家畜排泄物法（家畜排せつ物の管理の適正化および利用の促進に関する法律）
- 技術：「小清水原生花園」における火入れの再開が海岸草原の植生維持（外来牧草抑制）に及ぼす効果の調査，「道東・厚岸町あやめヶ原」の馬の放牧地に禁牧区・刈払い区を設ける効果（ヒオウギアヤメの生育，単位面積あたりの種の豊かさ）の調査
- 課題：河畔林の保全・再生や草地における緩衝帯の設置など，流域全体として水質保全に関しての取り組みが必要であるとともに，多投入（肥料）・集約型（高い放牧密度）の人工草地を利用した畜産から，低投入・粗放型の半自然草地を利用する畜産への回帰を図る必要がある．また，それに伴う生産性の低下をどう担保するかということも課題である．

8.5.7 河川
- 政策：流域全体の生態系に配慮するかたちでの自然再生事業，水産資源保護法（昭和26年施行）
- 技術：標津町忠類川（ちゅうるい）でサケ・マス有効利用調査
- 課題：本州で一般的に見られるように，レクリエーションとしての釣りに対する制約を定めること，さらに利用者の意識向上と生態系保全・再生活動の2つの面が融合すること

8.5.8 海岸線
- 政策：改正海岸法
- 課題：石狩海岸に見られるように，周辺の至るところから海岸へのアクセスが可能であり，さまざまな利用形態が混在している海岸では，海岸植生への影響とともに人びとの安全性の確保という点からも早急な対策が求められる．海岸保全基本方針に示された利用と環境保全の適正な管理が望まれる．

8.5.9 海
(1) ニシン
- 政策：厚岸漁業協同組合が主体となった放流事業
- 技術：人工種苗生産および放流，ニシンの産卵場

となっている藻場の造成技術，資源管理対策
- 課題：順応的管理，資源評価

（2）トド
- 政策：有害生物駆除としての採捕や漁具への強化繊維の導入，トドの生態調査，科学的根拠に基づくトドの資源管理を目的とした調査体制の整備，北海道への来遊状況や食性分析，水産資源への影響などの調査
- 技術：来遊頭数の推定，採捕頭数の制限，被害防除技術の開発
- 課題：長期的な来遊動態を把握するモニタリング体制の確立，トレーサビリティーの整備，トドの摂餌生態や被害発生メカニズムの解明，トドに関する情報の公開と問題の共有化

8.6 結論

　最近50年間の生態系サービスの「人の利用」に関しては評価できても，「生態系サービス」の供給の向上・劣化は評価できない場合もあった．それは，生態系サービスの供給を評価する適切な指標が見当たらないためであった（とくに，文化的サービスの場合）．表8.1には，北海道クラスターレポート内に記述されている事象についてのみ表記しており，レポートに記述されていない場合は，一般的に考えられている生態系サービスの変化の傾向や直接的要因であっても表記していない．また，適当な直接的要因が項目立てされていない場合も評価されていない．このような制約のなかではあるが，生態系サービスの劣化が明らかになったのは，調整サービス（土壌侵食制御）についてであった．急速な森林の農地開発，防風林の撤去，河川工作物の設置による土砂供給バランスの崩壊などが土壌侵食制御サービスを劣化させていると考えられる．また，劣化・向上の双方の変化がみられたのは，供給サービス（食料）であった．化学肥料・化学農薬の投入による農業生産の安定性は高まったが，エゾシカやヒグマなどの野生動物の農業被害が深刻になっている．

　北海道クラスターレポートでは，各種の生態系別に個別に記述してきたが，それぞれの生態系は別々に切り離されているわけではなく互いに密接な関係をもっている．たとえば，陸域でいえば農地，森林，草地，河川などは，水や栄養塩の移動を介して相互に関係性をもち，さらに個々の生態系の配置は野生生物の生育・生息とも密接なかかわりをもつ．また流域土砂生産が海岸域保全とかかわりをもつなど，陸域と海域の関係もある．そして，これらの関係性は各地域によって異なっている．以上からいえることは，地域ごとに生態系を総合的に捉えて保全の対策を講じることが必要ということである．また，北海道クラスターレポートでは，生態系別にあるいは生態系サービス別に機能を評価し変化や対策を示した．このような見方は問題の所在を明確にするために役立つかも知れないが，それぞれの生態系はさまざまな連関をもち，地域社会・経済とも複雑な関係性をもっているので，社会経済との関係性を考えつつ総合的に保全し，持続可能なかたちで利用することが必要である．

　北海道クラスターの評価は，地域社会との協働で生態系を総合的に評価し，社会と生態系のかかわりを考えていく第一歩であり，この評価の結果を独り歩きさせることがあってはならない．

クラスター共同議長：近藤哲也，宮内泰介
執筆者：愛甲哲也，濱田誠一，服部薫，梶光一，柿澤宏昭，亀山哲，金子正美，近藤哲也，紺野康夫，間野勉，松島肇，森本淳子，大崎満，桟敷孝浩，瀬川拓郎，庄子康，小路敦，高柳志朗，辻修，柳只久，吉田裕介

9

東北クラスター
—山〜里〜海の連携から

9.1 概要

東北地方は，とくに里山という居住地域周辺の自然環境を生態系サービスとして活用する方法が古くから取り入れられてきた．森林地域では，居住地域周辺の森林を伐採し，さらに植林しながら更新するという方法で森林を「里山」として利用してきた．伐採した木材は，化石燃料エネルギーが大量に使用される以前は，薪または炭といった貴重な燃料源として利用された．東北地方の山林地域では，ほぼ400年前から炭焼きの跡が見つかり，古くから炭焼きが行われてきた．また，林地の落ち葉は堆肥とし，水田や畑の肥料として活用されてきた．河川の上流域や沢筋にはため池がつくられ，水田農業の拡大を支えてきた．丘陵地域や高原地域では，林地を牧野として利用するところも多く，馬産をはじめとして畜産地域が広がってきた．南東北の丘陵地の傾斜地域では桑畑が開墾され，第二次大戦以前の東北の主力産業である養蚕業を支えてきた．

東北地方の森林地域では，燃料源，農林資源（農畜産物），肥料，水源として活用される「里山」利用と呼ばれる自然環境の総合的管理が行われてきた．また平野部では，湿地や氾濫原の開拓，新田開発の過程で人工林がつくられ，居住地域の防風，治水，燃料源，生活資材の資源として活用され，「いぐね」「えぐね」と呼ばれる自然環境の総合的管理方法も生み出されてきた．

こうした，「里山」から生態系サービスを享受しながら自然環境を管理する方法は，第二次大戦前までは，東北地方の至るところで行われてきた．しかし，戦後の工業化や農林業の地位の低下，さらに農林地域の人口の減少や農林業従事者の減少に伴い，生態系サービスを享受しながら自然環境を管理する方法は後退し，「里山」は住宅地，ゴルフ場などの新たな土地利用に転換され，残された「里山」でも生態系サービスを活用しない化学肥料や用水路の造成，農業機械の導入などの方法が定着していった．その結果，森林地域の管理不足，担い手不足による耕作放棄地の増大，農薬・化学肥料の大量使用による生態系への負荷拡大，河川の水質悪化などの問題が生まれてきた．

東北クラスターの報告では，里山の減少・劣化およびそれによる里山からの多くの生態系サービスの劣化の要因を分析し，持続可能な地域社会への展望を整理する．具体的には，里山の生態系サービスを活用しながら自然環境を管理する方式の見直しと再利用のあり方を検討し，現代社会への適用の具体的方策を提案する．

9.2 歴史的・叙述的文脈

江戸時代，東北地方の山間地域では鉱山開発などの利用がみられたが，400年以前から本格的な里山方式での生態系サービスの活用が始まる．また，河川改修などの大規模な水利事業の実施により平地における新田開発が進み，これに伴う「里地」方式による生態系サービスの活用も始まってくる．同時に，牧野開発（馬産地域）で東北各地に牧がつくられ，馬の生産が盛んになる．東北諸藩では，畜産技術をもって甲斐の国から移動してきた豪族南部氏の岩手

図 9.1 東北地方の里山の土地利用模式図（仙台市提供）

県域やまた福島県の阿武隈山地では，牧を活用した馬の生産が盛んに行われるようになった．また，木材資源の需要も増大し，用材，薪炭材の伐採，植林を繰り返すようになる．とくに，青森のヒバ，秋田のスギは特産化してきた．燃料林としての活用も開始され，東北地方の山間地域に炭焼窯が築かれ，木炭の生産が始まった．

林地利用の方式としては，集落単位の共有林も生まれ，生態系サービスを活用する社会集団による共同管理方式が定着してくる．また，水田開発が平地と丘陵地域の境界付近まで進むと水源としてのため池が造成され，その共同管理も行われるようになった．「里山」による里山方式とは異なった土地利用としては，点的に院内（秋田県），尾花沢（山形県），細倉（宮城県）で鉱山開発が進んだ．

明治時代以降，軍馬需要や役畜としての馬の需要が増大して牧野開発（馬産地域）の重要性が増し，北上山地，阿武隈山地などで馬の生産が盛んになった．木材資源の需要に関しては，ほとんどの山間地域での国有林の伐採事業や開発事業が進み，人工林への更新が進んでいった．また，燃料源としての炭焼きも貴重な山村経済の収入源として東北地方全域で拡大していった．また，里山地域の主力産業として養蚕業が南東北全域に拡大し，桑畑が林地から転換していった．この桑畑の拡大は，南東北の里山周辺の土地利用に大きな影響を与えることとなった．鉱山開発では，鉱山技術の発展とともに大規模な鉱山経営が行われるようになり，官営で行われてきた阿仁，院内，釜石の鉱山はその後民間に払い下げられ大規模化した．また，小坂，花岡，松尾，細倉の鉱山開発が進み，大規模な森林伐採も発生した．

東北地方における第二次大戦以降の人口の特徴としては，戦後開拓で山林・原野に開拓地が造成され，未利用地の開発が急速に進み人口が増えた．しかし，高度経済成長期になると出稼ぎや若年齢層の首都圏への集団就職などで人口の転出が進んだ．それでも1970年頃までは，食料増産の時期であったため農山村地域の農林業従事者はまだ多かったが，それ以降急速な兼業化から農林業からの離脱が進んでいった．

東北地方の生態系サービスの資源利用の特徴を以下に示す．

①木材需要を背景とした用材としてのスギの植林が進んだ．しかし，高度経済成長期以降木材資源の輸入により森林利用が減少し，多くのスギ林が管理不十分のまま放置される状況が生まれた．

②東北地方の山村経済を支えていた薪炭業は，1950年代に本格化するエネルギー革命以降急速に衰退し，都市周辺地域の里山は大規模な住宅地の転換が進んだ．開発対象にならない薪炭林は管理不足となっていった．

③南東北の里山の主要な土地利用であった桑畑は，養蚕業の衰退とともに姿を消し，果樹に転換された後放置された．また，里山の畑作として広く分布していた葉たばこ生産は，1980年以降衰退し，畑地の耕作放棄が進んだ．

④大規模な生態系サービスの活用として，1950年代に東北地方では発電，農業用水源としてダム開発が進展した．また，1970年代から観光レジャー開発として，奥羽山脈の積雪地帯に大規模なスキー場開発や，降雪の少ない太平洋側にゴルフ場の開発が進んだ．しかし，これらの開発も2000年代に入るとブームが後退し，不景気の影響も受けて，減退してきた．

9.3 現状と傾向

東北地方に占める山林面積は71%，耕地面積は13%，都市的土地利用が16%という土地利用構成である．広大な山林は，森林生態系サービスを提供する意味で貴重な資源であるが，近年その活用と保全が不十分なままになっているのが現状である．山林地域のなかで里山として人間が活用してきた場所の維持管理も，住民の高齢化や減少によって十分に行えない状況となっている．都市住民の身近にある耕地の生態系についても，農業の販路である農産物市場の競争が進み，農業の担い手の高齢化ならびに減少や省力化に伴う農業の機械化・化学化によって，十分活用されず放棄されつつある（図9.2）．

東北地方は，広大な山林に支えられて水資源の涵養サービス，CO_2の削減，農業用水への栄養分の供給サービスを享受している．しかし，住民の居住地域の近くで営まれてきた里山の人間の営みが後退し，人工的な生態系サービスの代替活動（農業基盤整備，農薬や化学肥料の活用）が優位になると，こうした生態系サービスに変化が生じてきた．表9.1に東北地方のおもな生態系サービスにみられる傾向の概要を示した．

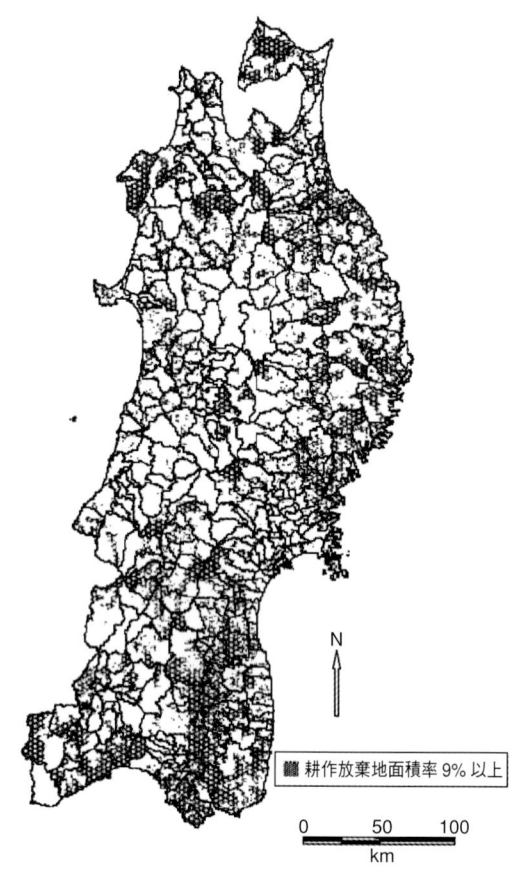

図9.2 東北地方の耕作放棄地分布（2005）
（出典：農林業センサス，農業集落カード）

9.3.1 供給サービス

1970年代から，農業の機械化・省力化，化学肥料や除草・いもち病に対する農薬使用の普及によって東北地方における米の生産地域が広範に維持されてきた．同時に，栽培技術の改良によって単位面積あたりの収量の増加が生産意欲を高めてきた．こうした機械化段階における栽培体系は，米の栽培に関する労働時間を短縮し，兼業労働に従事する時間的余裕を生産者に提供していった．また，1995年までは政府米価の存在が自主流通米価格の下支え機能として働き，1等米価格で玄米60kgあたり20,000

表 9.1 生態系サービスの現状・傾向の概要（東北クラスター）

生態系サービス	下位区分	人間の利用	向上/劣化	備考
供給サービス				
食料	農作物	▼	▼	農産物の需要は大きいが，輸入農産物が増え，国内の供給は減少している．また，複合的な農業が減少し，単一作物に特化した農業が増加．担い手も高齢化し，減少している．また山間地域の農地で耕作放棄が増加．
	家畜	▲	▼	食肉への需要は大きくなっているが，輸入が増加している．輸入飼料での飼育が増え，放牧地や草地利用と結合した畜産が後退している．
	漁獲	NA	NA	
	水産養殖	NA	NA	
	野生動・植物産品	+/−	▼	きのこや山菜の需要も大きいが，輸入や養殖が増え，山林活用は減少．
エネルギー	木材	+/−	▼	安価な輸入材が増加し，国内材の価格も下落したため，伐採〜植林のサイクルが滞っている．リゾート目的で山林地域の開発が進んだが需要が後退し，管理が不十分となった．
	薪炭	▼	▼	エネルギー革命で，木炭需要が減少し，広葉樹の萌芽更新が行われず，森林の管理が後退した．
調整サービス				
大気の調整		▲	▼	CO_2 の吸収，気温上昇の防止で林地や農地の保全の需要は大きいが，森林や農地の管理は社会構造の変化で後退している．
気候の調整	地球規模	▲	▼	地球温暖化の防止から，この需要は大きいが，森林・農地管理が不十分．
	地域，地方レベル	▲	▼	地域の温度上昇の防止から森林・農地面積は不可欠だが，管理が不十分．
災害防止の調整	水	▲	▼	水の涵養や土石流防止から森林の適切な管理が要請されているが，担い手や担い手組織が減少し，災害が増加．
	土壌	▲	▼	有機物の補填による土壌の創造が化学物質に代替され，土壌が劣化している．水害による土壌流出も増加．
文化的サービス				
文化的多様性	文化	▲	▲	里山の供給する文化価値への憧れや需要は大きく，自然との接触や交流活動は増加している．しかし，自ら管理するという意識は弱く，人任せ思考．
精神的宗教的価値	信仰	▼	▼	一部に信仰的価値への需要はあるものの，減少傾向にある．
知的体系	教育	▲	▲	自然・環境への教育的需要は大きくなっている．環境と人間の相互関係をきちんと伝える教育内容が課題．
景観的価値	景観	▲	▼	景観への需要も，写真や動画の商業的需要で大きいが，管理意識は弱い．
基盤サービス				
土壌形成		†	†	
光合成		†	†	

凡例：
▲＝増加（人間の利用の例）あるいは向上（向上／劣化の例）
▼＝減少（人間の利用の例）あるいは劣化（向上／劣化の例）
+/−＝混合（傾向は，過去 50 年にわたって増加および減少している．あるいは，いくつかの項目/地域では増加し，他では減少している．）
NA＝本評価では評価されなかった．サービスはまったく検討されなかった場合もあれば，そのサービスについて検討されたが，利用可能な情報やデータでは，人間の利用の傾向や状態を評価できなかった場合もある．
†＝「人間の利用」と「向上／劣化」の区分は，基盤サービスには適用していない．これは，基盤サービスは，人びとによって直接利用されないと定義されているためである（間接的な影響が含まれるとすると，費用や便益はダブルカウントされてしまう）．基盤サービスの変化は，供給・調整・文化的サービスの提供に影響を及ぼし，それらのサービスは人びとによって利用され，向上することも劣化することもある．

円前後の価格を生産者に提供していた．この生産の特徴と米の流通システムが東北地方の稲作地域を支え，兼業農家層が米生産を担うことも可能にしてきたのである．1995年の食糧管理法廃止以降，米流通の経路は多様化し，価格は絶えず下落傾向にあり，現在60kgあたり15,000円前後で推移している．こうした米の流通形態の変化により，米の生産のあり方，里山を維持してきた米産地形成の特徴も大きく変化してきた．

東北地方の畜産は，飼料畑や造成草地によって飼育されてきたため，畜産の動向は里山の維持管理と連動していた．しかし，現在の東北地方の畜産は，農家戸数を減少させながら大型化・専作化の方向をたどっている．いまだに畜産に特化する地域は存在するが，東北地方に1960年以降広く導入され分布していた有畜複合経営は衰退し，耕種部門と畜産部門が乖離しつつある．東北地方の畜産経営は，循環型の農業経営が衰退する道をたどり，その転換点が1991年の牛肉輸入自由化であった．

東北各地域に広く分布していた木炭生産は，エネルギー革命以降激減した．広葉樹の萌芽更新を活用して循環型の再生可能なエネルギー源として利用された木炭生産が減少したことによって，山林の日常的管理が後退していった．木炭生産に代わって森林利用の林産物として原木シイタケの生産が一時増加したが，近年普及している菌床シイタケと比べて手がかかり重労働な作業を伴うため，農村の過疎・高齢化に伴って生産が後退し，ほだ木の利用といった森林利用もまた後退している．

里山の生態系サービスへの需要の低下によって，耕地利用の放棄が山間部，中山間地域さらには平地農村まで広がっている．耕作放棄の増加は，東北地方の畑作の動向を正確に反映している．1980年の耕作放棄面積の分布では，とくに耕作放棄が顕著に現れているところはほとんどなかった．1990年になると岩手県北部，山形県東部，福島県の阿武隈山系で耕作放棄面積が増え始めてきた．これは，山間地域の沢沿いの水田で農業機械の導入が難しいところが生産調整の対象になりそのまま放棄された場合や，購入飼料依存の畜産の増加で飼料畑の放棄が進んできたことによる．2000年になると山間地域・下北半島，津軽地域の山間地域で耕作放棄面積が急増している．高齢化による労働力不足で水田や畑の放棄が進んでいった．そのなかでも，阿武隈山地の耕作放棄面積は顕著である．この地域では，従来主力作物であった在来種のタバコ栽培が急減したことや畜産の衰退が耕作放棄地へとつながっている．

9.3.2 調整サービス

東北地方は，広大な山林面積が存在していること自体が大気質の調節，CO_2吸着機能，清浄な水の供給，水源涵養などを果たしており，調整サービスは維持されている．東北地方の山林のうち46%が国有林で占められ，樹林地の種類では広葉樹林が65%を占めている．国有林面積が全国平均の30%と比べ高いのも森林の保全を可能にしている．しかし，黄砂や酸性雨の影響ならびにマツ枯れ病，ナラ枯れ病などの病害も増加し，自然的要因による森林生態系への負荷も生まれている．また，中山間地域の民有林管理については，農林業従事者の減少や森林利用機会の減少により不十分な状態が生まれている．

森林は，水源涵養機能や水質調整機能といった流域の調整機能をもたらし，河川や湖沼はそうした流域の調整機能に依存している．水の効率的な利用・調整のために堰や用水路，ため池が建設され調整機能を果たしてきた．戦後は上水用ダム，農業用ダムが建設され，水利用が効率化された．ダム建設とともに農業用水路が効率よく整備され水田の生産力を高め，水争いのような事態は減少した．しかし，効率的な水の供給システムはU字溝や三面ブロックのような構造物を増加させ，水路や水田の生態系に負荷を与え，農地生態系における生物多様性を後退させてきた．

9.3.3 文化的サービス

東北地方の景観は，奥羽山脈や鳥海山，岩木山などの独立峰の火山などにかたちづくられた山岳景観とそれを被覆する森林植生から構成されている．古くから出羽三山に代表される山岳信仰も盛んであり，景観と信仰さらには祭典などの文化的行事が組み込まれた生活様式が定着してきた．また，青森県，秋田県境の白神山地は世界遺産に指定され，ブナの自然林が保全されている．こうした森林景観を背景に，里山では棚田や放牧地，桑畑などの農業景観が発達し，いぐねやえぐねと呼ばれる屋敷林・防風林が自然豊かな景観を生み出していた．

しかし，里山の農地景観では，農業の機械化に対応できない山間の農地が耕作放棄地に転換し，平坦地の農地では他の土地利用が入り組み農村景観を後退させ，屋敷林も生活様式の変化でその姿を減らしつつある．また，地域コミュニティーの後退は，景観維持（池さらい，下草刈り，水路清掃など）とレクリエーション（ため池の鯉ふるまいなど）が一体となった行事の開催を中止させてきた．

現在，こうした生態系サービスの文化機能が再評価され，池さらいの復活，ホタル鑑賞会の復活も行われ，こうした生態系サービスの再生はまだ可能性をもっている．地域住民によるツアーガイドや廃校になった小学校を拠点にしたグリーン・エコツーリズムが徐々に進み，地域住民と都市住民との交流の芽が育ってきた．小中学校を中心とする学校教育現場での環境教育・食教育の普及も，生態系サービスの文化機能や生物多様性に関心をもたせる重要な機会となってきた．

9.3.4　基盤サービスおよび生物多様性

おもに林業地帯からの木材搬出経路として，山間地域に林道や国道が建設されてきた．こうした道路建設は，交通上の利便性は提供するものの自然生態系の基盤サービスを脆弱にする可能性ももっていた．自然災害による土石流の発生や地すべりも，人間の活動領域が山間地域に広がるに従って頻繁に発生するようになった．自然生態系による基盤サービスに支えられた災害防止の調整サービス機能を補完するために，砂防ダムが山間地域，河川上流地域に建設された．一部では，自然生態系との共生を考慮した木製の砂防ダムや堰堤もつくられている．東北地方は，前述したように全面積の70％に及ぶ山林面積によって水源涵養機能が維持されている．水源地域の森林保全と，上流地域での産業廃棄物の不法投棄防止などが課題となっている．

東北地方の里山の森林には，カモシカ，ニホンザル，ツキノワグマ，イノシシが多く生息している．近年ツキノワグマ，ニホンザル，イノシシの行動領域が住宅地域まで広がり，農作物への被害や人間への被害も増加している．東北地方には，多くの渡り鳥の帰来地が多く分布している．宮城県には，ラムサール条約に指定されている伊豆沼・長沼・内沼，蕪栗沼，化女沼にハクチョウやガンが飛来する．

里山地域での外来生物の事例としては，ブラックバスの増加が顕著である．里山のため池や湖沼にブラックバスが人為的に放流され，既存のコイやフナ，沼エビなどが生息するため池の生態系が破壊されている．森林においては，病害虫として松くい虫やカシノナガキクイムシの被害が広がっている．カシノナガキクイムシを媒介にするナラ菌によるミズナラなどの枯損は，東北地方でも日本海側に広がっており，現在奥羽山脈を越えて太平洋側に広がる様相を示している．これらは，広葉樹林の伐採による活用が行われなくなったことに起因している．

9.4　変化の要因

前節で指摘したとおり，東北地方の生態系サービスは十分活用されておらず，逆に人工的な代替サービスや生態系サービスを過剰に引き出そうとする人為的取り組みによって概して劣化しているのが現状である．間接的要因と直接的要因の相互関係は，**表9.2**に示すとおりである．主要な間接的要因は，戦後の日本経済社会の効率主義への移行，便利万能の生活スタイルの創出にある．

9.4.1　社会構造の変化

東北地方の人口の動向は，1995年から減少に転じ2005年で約982万人である．今後の人口動向の推計値をみると20年後の2025年には約869万人に減少し，高齢化率も2005年の21％が2025年には32％まで上昇すると予測されている．東北地方に分布する農家戸数をみると1985年から2005年までの20年間で66万戸から46万戸へと約20万戸が減少し，農家人口も1985年から2005年までに320万人から201万人へと約120万人が減少している．また，農家人口に占める65歳以上の農家人口は，1985年に16％であったものが2005年には31％に上昇し，農家人口の減少と高齢化が深刻になっている．人口分布や高齢化人口の分布をみても人口が集中しているのは平地農村部や都市部に限定され，中山間地域の人口分布が後退している．市町村単位ではなく集落単位で高齢化率，とりわけ農家の65歳以上の従事者の構成比をみると，中山間地域だけでなく平地農村まで高齢化率が高くなり，農業従事者の高

表 9.2　生態系劣化の間接的要因と直接的要因との関係

間接的要因	直接的要因	
	農地生態系	森林生態系
社会構造の変化	人口の変化 高齢化（限界集落の増加） 地域コミュニティー機能の低下	人口の変化（山村人口の減少） エネルギー革命 病害虫の増加 獣害の増加
生活様式の変化	食生活の変化 農村の兼業化・少子化 都市住民の自然志向	住宅需要の変化 アウトドア・レクリエーションの増加
グローバリゼーション	輸入農産物の増加 農産物価格の低下 農家の収入減	木材輸入の増加 国産材価格の低下
科学技術の発達	農業従事者・農業後継者の減少 圃場整備 機械化 化学肥料・農薬の使用量増加 品種改良 環境保全型農業技術の再編	
社会政策	米の価格支持制度の廃止 生産調整の実施	
気候変動		気温上昇 降雪量の減少

齢化が深刻となっている．宮城県の農業従事者の高齢化率も，男性女性ともに50％を超える集落が増加している．

東北地方の農村集落調査で地域コミュニティーの動向を調べると，祭りの開催を行っている集落は全体の約75％（2005年）で，10年前（1995年で約78％）よりやや減少している．伝統文化・芸能の保全を行っている集落は約33％（2005年）で少なくなっているが，10年前（1995年で約35％）と比較すると大きく減少はしていない．集落機能として，景観保全・形成の活動を行っている集落は約73％（2005年）と増加し（1995年で約70％），高齢者福祉に取り組んでいる集落は約35％と少ないが10年前より増加している（1995年で約29％）．地域コミュニティーの機能も高齢化が進んでも対応できるものはまだ残っているものの，世代間の継承が必要なものは後退傾向にある．

9.4.2　生活様式の変化

国民の食料消費のスタイルが多様化し，輸入農水産物・食料が増加している．国内生産量が不足するというより，より安価な農水産物や食料を求めている．大量に供給されている食料が十分に摂取されてはおらず，世帯単位でみた食品のロス率（可食食品の食べ残し，廃棄など）は全国，東北ともに3.7％になっている．食品産業や小売業のロス率を加えればその値は大きくなっている．

より安価で多種類の食料をより便利に入手しようとする消費者行動ならびにそれを促進する食品産業・小売業の行動は，食の国内自給率を引き下げており，カロリーベースで39％に至っている．食料生産基地東北地方の自給率は，カロリーベースで107％を示しているが，米を除いた自給率は32％で，全国値の22％と比べても高いとはいえない．東北地方は米の自給率は高いものの，他の農産物の自給率は野菜と果実を除いて全国と同様に低い．そのため，米と一部産地の野菜・果実だけが東北地方の農業生産を支えるといった，かたよった構造を示している．地域農業を豊かにする複合的な農業経営は後退し，兼業による米生産，果実・野菜の専作によって食料が供給されているのが実態である．

1970年代からの工場の地方進出は東北地方にも及び，多くの就業機会を男性から女性，高校新卒の若年層から中高年齢層まで幅広い労働力に提供した．1960年代東北地方の農家労働力は，首都圏方面へ季節的出稼ぎを行っていた．農家の兼業化は季

節的出稼ぎから始まったが，地方への工場進出は通年で農業以外に就業する状況を生み出した．

こうした就業機会の増加は，農家の女性たちの自立を所得の面で可能にし，家族全体の総働き兼業の進展で世帯全体の所得を引き上げた．所得の上昇は，生活スタイルにも大きな変化を与えた．東北地方の第二種兼業農家率（農業外収入が農業収入を上回る世帯）の分布をみると，第二種兼業農家率が70%を超える地域が，1980年から東北地方全域に拡大しているのが顕著になった．都市周辺，平地農村部だけでなく山間地域まで拡大している．兼業化の進展のもと，農村地域の三世代居住に大きな変化はないものの，衣食住のライフスタイルは自給自足的なものから購入依存の都市部のそれと大きな違いはなくなった．農家においても少子化が進み，教育機会も増加し，大学進学率も高まった．そのため，農家自体の農業後継者の供給機能が弱まることになった．長男層の農家の継承は維持しているものの，農業への就業は減少している．

外国材を使った住宅の需要の増加によって，国内産の木材の需要が急速に減少した．日本全体の用材自給率は，1960年で80%を占めていたが1970年には40%に減少し，1990年以降は20%台で停滞している．また，集合住宅やマンションでの居住といった生活様式の変化が木材需要の減少を引き起こしてきた．従来，木材は建築用だけでなく鉄道の枕木などの需要もあったが，コンクリートの枕木に代替されその需要を失っている．また，間伐材の需要とされていたキノコ栽培用のほだ木も，近年菌床栽培のシイタケが普及し原木キノコの栽培が後退していることで需要が減少している．森林浴やアウトドアブームによる森林の生態系サービスが見直されているが，マナー違反のごみの廃棄や野生植物の採取など生態系に負荷を与える一因ともなっている．

9.4.3 グローバル化

食料基地東北地方は，農産物の輸入に伴って主力作物の品目を減らしてきた．輸入農産物との価格競争が，多様な作物生産を後退させた．地域労働市場の拡大も農業従事者の減少に大きな影響を与えたが，農業所得を引き上げる作物の選択肢が減少したことも，後継者に農業の魅力を感じさせなくなった要因である．

米については，価格の低下があるものの広い面積で栽培が維持されており，生態系サービスの供給機能だけでなく調整機能でも役割を何とか果たしている．山村地域に広がっていた牧野や公共育成牧場では，畜産物・乳製品の輸入増加に伴う肉牛放牧の減少により，土地利用が後退していった．また，山間地域の主要な現金収入として維持されていた養蚕や葉タバコ生産も，輸入の増加や嗜好の変化に伴い衰退した．果樹は，山間地域から平地でも転作水田を活用して増大していったが，激しい産地間競争の結果，主力産地しか残っていないのが現状である．野菜についても，輸入野菜の増加と国内の産地間競争の結果，市場流通に対応できる産地は限定されていった．

輸入農産物の増加，農産物価格の低下は，農業従事者の減少ならびに兼業化の進展を促し，農村地域での生態系サービスを維持する人材が減少してしまっている．農業人口の減少とともに深刻化しているのは，前述したように農業従事者の高齢化である．宮城県でも65歳以上の農業従事者の分布をみるとほぼ全域で70%を超えている．とくに，2005年になって女性の高齢化率が高まっている．こうした農業従事者の減少と高齢化は，耕地の利用率に大きく影響している．耕地面積に対する延べ作付面積は，東北地方で畑作において1990年ごろから100%を切り，2005年で89%に減少し，田畑合計では87%となっている．現在利用可能な耕地そのものを十分活用できていないのが現状である．

国産材の価格が輸入材よりも高価格であるにしても実勢価格は低く設定されており，生産費を確保するのが困難な状況に置かれている．このため，木材利用が十分行われずに放置され，手入れの行き届かない状況にある．国産材による地産地消の住宅建設の取り組みも行われているが，価格が高いため増加する傾向にない．

9.4.4 科学技術の発達

東北地方の水田の大規模な圃場整備は1960年代に進んだ地域もあるため，地域差をもって進んでいる．東北地方の水田圃場の整備は2006年現在で全体の61%が整備され，そのうち大型圃場の整備率は10%である．地域別では山形県（71.7%），福島県（66.6%），秋田県（61.5%），青森県（61.4%），

宮城県（58%），岩手県（48%）の順となっている．圃場整備は，担い手への農地集積へ大きな効果を果たしているが，他方で多様な農業の担い手の育成を阻害する要因となるため，地域の状況にあったソフト事業が課題となっている．また，未整備の水田・農地は耕作放棄地となる可能性があるため，その対応が課題である．

農業機械化が進展し，大型トラクター，乗用田植え機，コンバイン，乾燥機の導入が進んでいる．農作業が格段に効率化した反面，集落での共同作業は激減した．農業機械の共同利用も行われているが，兼業化の進展に伴い作業委託や全面委託を希望する農家が増加し，農作業を行う農家と行わない農家とに分化した．農業機械の導入は生産性を上昇させたものの農業の担い手を選別していった．農業の担い手となった農業専業従事者が大面積の農地を引き受けて経営を行っている．また，生産法人による農業が推進され，地域ぐるみでの農業生産体制は，新たな施策（農地・水・環境保全向上対策，集落営農）で対応しているものの後退している．化学肥料ならびに農薬の使用量は増大しているが，過剰な農薬の投入が環境保全や生態系に負荷を与えることについても生産者・消費者の関心が高まりつつある．

宮城県では，地元紙河北新報社が1991年に「考えよう農薬」キャンペーンを行い，日常的に行われていたヘリコプターによる農薬の空中散布を減少させた．その後も，環境保全米実験キャンペーンを行うなかで減農薬減化学肥料の意識が生産者や農協に定着していった．2009年現在では，宮城県の全水田面積の40%で減農薬減化学肥料の特別栽培米「宮城の環境保全米」が栽培されるようになった．東北地方の米づくりでは，宮城の「ササニシキ」，秋田の「あきたこまち」に代表される銘柄が集中的に栽培されている．しかし，栽培体系や防除体系が画一化され，不適地まで銘柄米が栽培されたりする傾向があり，米価の下落のなかでこの傾向は強まっている．とくに，防除体系が画一化されると同一の化学成分が広範囲に投入され，除草剤では耐性がついてしまうものも現れ，品種の適地適作が生態系サービスの維持には課題となっている．

9.4.5 社会政策

東北地方農業が米に依存するなかで大きな影響を与えた農業政策は，1995年の食糧管理法の廃止，新食糧法の施行である．この政策によって米価は，市場原理のもとで推移する結果となり，米価は下落し続けている．1970年代後半に東北地方で広がった米＋兼業（製造業，サービス業）の農業経営スタイルに米価の下落は大きな影響を与えた．1990年代初め米1俵あたり20,000円台の水準が，2005年現在で15,000円水準まで下落した．1969年の減反政策から現在まで米の生産調整が実施され，水田面積の30%が転作されてきた．野菜や果樹に転作されたものも多いが，中山間地域の水田の多くは転作→不耕作→耕作放棄の道をたどった．近年は，転作田の放牧地利用やビオトープによる水田機能の維持などが試みられており，生態系サービスを高揚させる施策も打ち出されつつある．

9.4.6 気候変動

東北地方における気温上昇により，虫害の増加や高温障害による米の品質の劣化が報告されている．まだ顕著ではないが，今後気温上昇による虫害の増加が懸念されている．また，登熟期の高温により，白濁米など米の等級を下げる品質劣化の被害が生じ始めている．気温上昇による降雪量の減少も，水源涵養などの生態系サービスの機能を阻害する要因として指摘できる．最近の気候変動で，山間地域での集中豪雨が頻発する傾向が出ており，集中豪雨による土石流の発生や斜面崩壊も発生している．森林管理の不十分さが，これらの問題を深刻化する傾向が生まれている．また，気温の上昇によって森林への病害虫の被害の拡大も予想される．

9.5 対応

9.5.1 経済的対応

里山地域の生態系サービスを保全する取り組みとしては，里山地域での就業機会の拡大が求められるが，里山地域の林業にしても農業にしても，世界貿易機構（WTO）ルールのもと，輸入林産物や輸入農産物の増加でその展望を失いつつあるのが実情である．こうしたなかで効果をあげているものとして，行政主導型の地域政策と民間レベルの地域づくりによる経済的対応がある．前者の行政主導型の地域政

策としては，農業面での中山間地域などの直接支払い制度や農地・水・環境保全向上対策がある．すべての地域への対応となっていないものの，直接所得保障や農地・水・環境保全向上対策の環境保全型栽培への支払いは，里山地域の耕作放棄防止に一定の効果をあげている．林業面では，人工林の伐採への助成制度はあるが，植林への助成が不十分となっている課題がある．

後者の民間活力による地域づくりでは，米価の下落で兼業化が進む結果となっているが，有機JAS認証制度や特別栽培農産物表示ガイドラインを活用した付加価値農業を推進するビジネスモデルが一定の成果をあげている．また，農産物・林産物の直売所も行政の支援や道の駅の展開によって大きな成果をあげてきている．地産地消や食品加工の技術の活用によって，規模は小さいものの着実な現金収入の機会を増やしている．

9.5.2 法的対応

里山の生態系サービスを維持する法的な施策としては，東北地方では国の環境基本法に基づいて県レベルで環境基本条例を策定している．また，地方自治体レベルでも環境基本条例を作成し，環境基本計画に基づいて環境保全を行っている．環境基本計画の策定にあたっては，地域環境のアセスメントや各コミュニティー（行政区）の住民アンケートを行い，各地域の環境保全の実態を明らかにするところまでは，各自治体で地域差はあるものの実施されている．しかし，環境基本計画を立案し，各課題に応じて活動を実施する段階で予算不足に陥り，既存の各部局の事業で対応する状態に陥りやすい．地域環境保全の独自財源の確保が必要となっている．宮城県が実施した環境税の導入などは，財源確保によって環境基本計画を具体化する有効な方法となっている．

9.5.3 社会的・行動的対応

環境教育基本法や食育基本法の具体化による支援策によって，環境教育，食育，野外活動の推進，エコツーリズム，グリーンツーリズムの活動が各地域で根づいて実施されるようになった．環境教育では，学校教育の現場で地域の環境保全や地域資源を活用した環境教育の実践が積み上げられている．地域の湿地や水田の生き物調査や水質調査など多様な実践が生み出され，学校教育現場で，環境への関心を高める効果をあげている．最近では，学校教育における環境教育の取り組みが持続発展教育のなかに位置づけられ，「持続発展教育」を進めるユネスコスクールの実践として広がっている．東北地方でも50校近くが登録している．

市民レベルでも循環型社会の実現を目指す市民の学習活動が組織されつつある．仙台市を事例にすると，「杜の都の市民環境教育・学習推進会議」が組織され，市民団体主導型の環境保全活動が前進している．食教育においても，食育基本法の制定以降各学校での食育が普及し，健康教育・栄養教育のレベルから食と農林水産業とのつながりや地域の環境とのつながりにも目を向ける実践も生まれている．具体的には，宮城県大崎市田尻地区蕪栗沼の湿地での「ふゆみずたんぼ」の体験学習・渡り鳥の観察学習，仙台平野の屋敷林を活用した「いぐねの学校」，宮城県七ヶ宿町の水源の森保全体験プログラムなどがある．

9.5.4 技術的対応

農業面では，有機農業や環境保全農業を推進するうえで欠かせない農業技術の開発が進んでいる．農薬や化学肥料を減らし，環境への負荷を減らす技術は，多岐にわたっている．具体的には，温湯消毒による籾消毒，合鴨除草や効率的な機械除草の開発，深水管理，地域環境に適合し，米の品質を向上させる田植え時期の選定などが取り組まれている．こうした技術開発は，東北地方では有機農業推進法によるモデルタウンの実践事例や環境保全米での取り組みを通して生まれている．

林業においては，従来から指摘されている広葉樹林の萌芽更新を促す，樹木の伐採実践が組織的に行われ始めている．宮城県川崎町での広葉樹の伐採は，広葉樹の再生にとって重要な技術普及の実践となっている．また，木材チップのバイオマス利用やキューブの暖房用エネルギーの開発も東北大学環境科学研究科で推進されている．林業資源や農業資源の有効活用技術としてバイオマスが実践されており，東北地方では岩手県葛巻町で町ぐるみの実践を行っている．東北地方の各地域で実践されているこうした里山を保全する技術開発も点的に生み出されているが，データバンクのような技術の共有と実践するた

めの財政的根拠が課題となっている．

9.5.5　知識および認知的対応

　生態系サービスを保全する取り組みを社会的に認知される地域レベルの活動としては，宮城県気仙沼市の「森は海の恋人運動」と，宮城県全域で展開している「環境保全米運動」が事例としてあげられる．前者は気仙沼市（旧唐桑町）のカキ養殖漁師たちが始めた養殖を行っている湾の上流の山に木を植えて豊かな森の恵みを海に供給する取り組みである．そのネーミングの良さもあり，森と海をつなぐ環境保全の原点といえる考え方が支持されて全国的にこの運動の考え方が広がり，小学校の社会科の教科書にも掲載されるようになった．後者の環境保全米運動は地元の河北新報社が中心となって始まった環境保全キャンペーンである．10年以上継続された運動は，現在宮城県全体の水田面積の約40％に広がる展開をみせた．この2つの事例においては，ITなどを活用した情報発信の工夫も，知識および認知的対応に不可欠な役割を果たした．

9.6　結論

　東北地方の多くの地域では，これらの生態系サービスを沿岸の里海，都市近郊の里山，広大な農地としての里地，奥山・里山の林業と炭焼きなどによって保全してきた．たとえば仙台では，循環型の植林，森林伐採による木材の活用，植林といった伊達政宗以来の植林思想が受け継がれてきた．周辺には新田開発でいぐねがつくられ，人工的な里山が生みだされた．丘陵地には炭焼きを活用した里山が広く保全され，奥山では放牧による馬産や薪炭林の活用で保全されてきた．しかし，現状では農地の保全で供給サービスはある程度確保されているが，調整サービスは耕作放棄地の拡大で低下し，文化的サービスも農山村のコミュニティーの衰退により低下が続いており，基盤サービスも森林管理能力の低下で危機にひんしている．害獣の被害増加や外来生物の進出も進んでいる．こうした生態系サービスの低下が進むなかでこれを回復し，地域の環境を保全する取り組みが東北地方各地で行政の努力や地域の活力のなかから生まれている．ここでは，里山を維持管理して生態系サービスを再生する具体的な取り組み事例を紹介する．

　1つは，前節で紹介した宮城県の環境保全米運動である．この運動は，農薬や化学肥料を減らして安全安心な米づくり，地域の生物多様性の保障，低エネルギー農業でCO_2を削減し，水や土壌の地域環境を丸ごと保全する取り組みである．この環境を保全する米づくりを，消費者が環境保全の価値を納得して応援し，生産者が持続可能な環境保全農業を行うことによって維持するしくみづくりが課題となっている．これは，地域の環境を保全するビジネスモデルの提案である．現在，宮城県，宮城県の全農協，第三者認証を行う認定機関が連携して宮城県内の水田面積の40％で行われるまでに拡大してきた．環境保全の生産基準を守って生産される地域が面的に広がり，生き物調査の結果でも多様な生き物が復活していることが示されている．全県的な生き物調査も行い，環境の保全を可視化し，宮城県全体で環境保全の米づくりを行っていくことをめざしている．

　2つ目は，東北地方や宮城県内の各地域で取り組まれている持続可能な地域づくりや学校づくりの活動を連携して，大きな世論に育てていく取り組みである．これは，地域の環境保全・創造の活動を連携するネットワークモデルの提案であり，国連が提唱している持続可能な開発のための教育（ESD）の取り組みである．ESDは，地域づくり，学校づくりを通じて未来をつくる人材を育成する取り組みである．この取り組みの主要課題に生態系サービスの再生を設定することによって，里山・里海の保全が可能になっている．里山・里海の生態系サービスは，本論の分析のように大きな課題を抱えているのが現実である．この現実を克服するためには，地域の一人ひとりの取り組みとそれをつなぐネットワークの力である．一人ひとりが地域の環境をつくる取り組みをいっしょに行い，連携・ネットワークで大きな世論をつくる．この道程を具体的な課題に結びつけて行動していくことが，生態系サービスを再生することにつながっていくであろう．

クラスター共同議長：小金澤孝昭，中静透
執筆者：小金澤孝昭，中静透，平吹喜彦
協力研究者：西城潔，佐々木達，佐々木哲也，三宅良尚

10

北信越クラスター
──過疎・高齢化を克服し，豊かな自然と伝統を活かす

10.1 概要

10.1.1 北信越クラスターの特徴

　北信越クラスターは，北陸と呼ばれる中部日本の日本海側（福井県，石川県，富山県，新潟県）と内陸部（長野県）から構成され，総面積は388万haである．日本海岸を対馬暖流が北上し，アジア大陸からの季節風が海岸の背後を走る3,000m級の高山にぶつかり多雨・多雪がもたらされる．暖温帯（低地）から寒帯（高山）まで幅広い気候区分が存在し，暖温帯から冷温帯への移行帯をなす．北陸の気候は温暖で年間降水量が多く，とくに冬の多雪が特徴である．

　1960年代の高度経済成長期以降，太平洋側の大都市圏へ人口・資本が集中し，大都市圏と北信越との地域格差が拡大し，本地域では過疎・高齢化が深刻に進行中である．全国の高齢化率は22.7%，北信越は25.3%（人口760万5千人），石川県は23.4%，能登地域は33.5%である（2009年）．

　本クラスターの里山の農地生態系は，扇状地では大規模水田，丘陵地では段々畑や棚田，中山間地の谷筋は「谷地田」から構成され，山地ではかつて焼畑が行われていた．森林生態系は，防風林や魚付き林などの機能をもった海岸林，屋敷林，コナラなどを主体とする雑木林，竹林，スギやアテ（ヒノキアスナロ）の針葉樹の人工林から構成される．陸水生態系は，河川，湧水，丘陵地や中山間地にみられるため池から構成される．

　里海のおもな構成要素には，湾が砂州や砂丘で堰き止められ湖沼になった「潟湖」，岩からなる「岩礁海岸」，砂が堆積した「砂浜海岸」，浅海域に広がる「藻場」があげられる．

10.1.2 目的

　本クラスター報告では，北信越の里山・里海の過去50年間の変化をとりまとめ，その現状と問題点，現状をもたらした直接的および間接的要因を明らかにし，今後の変化の方向（トレンド）と21世紀の里山・里海の保全・活用に向けたシナリオを検討し，政策提言へつなげることを目的とする．本クラスターの里山・里海評価には，大学・研究機関や地方行政機関から立場の異なる関係者（ステークホルダー）が参加し，議論を重ねながら大量の情報を収集し分析した．とくに，本クラスターでは県市町などの地方行政機関が作業に参加したことが特徴である．

10.2 歴史的・叙述的文脈

　北陸では，縄文中期以降，人間生活の場が丘陵地から扇状地末端や平地へと拡大し，石川県の河北潟周辺では約2,600年前（縄文晩期から弥生中期頃）にはイネが栽培されていた．

　江戸期の封建制度（1603〜1868年）のもとでは，北陸には福井藩，加賀藩，長岡藩などの大藩のほか，多数の中小藩があった．信濃国（長野）には松代藩ほか，大小あわせて19藩があった．加賀藩（119万石）では，江戸期に約33万石の新田開発が行われた．17世紀後半には「改作法」施行による農政改革が行われ，農村に百姓代官を置き，藩による農民の直接支配が図られた．改作法により貨幣経済が

発展し，農民の積極的な増産意欲を刺激した．農業技術の高度化が求められるなかで，地域の指導的農民が技術書「農書」を記した．江戸期には築城用材や製塩の燃料材（塩木）が多く必要とされ，山林は濫伐傾向にあった．山林保護策として，加賀藩は「御林山」「御林」を設置し，マツやクリなどの一定樹種の無断伐採を禁止する「七木の制」を制定した．海産物でしか納税できない村には漁業権を付与し，漁業をいとなませた．江戸期には地域ごとに漁具，漁法が定められ，それに違反すると社会的制裁が厳しく課された．さらに，各漁村は一定の漁場を占有していたことなどから漁業秩序はよく守られていた．富山湾の定置網漁や，七尾湾のボラ待ち櫓など魚の習性・生態にあわせた漁がみられた．

明治期に入り，19世紀後半から工業化が進んだ．豊富な降水量を背景に富山県などで水力電源開発が盛んに行われた．電力を動力とする近代的工場が次々に建設され，北陸工業地域を形成するようになった．20世紀には，急速な工業化・産業化により北信越でも産業公害や環境汚染が発生した（例：神通川のイタイイタイ病，阿賀野川の新潟水俣病）．20世紀後半になると，アジア大陸の経済発展による環境汚染の影響を受けるようになり，酸性雨や黄砂，有害エアロゾルによる越境汚染問題が起こるようになった．海洋では，ロシアのナホトカ号による日本海沿岸の重油流出事故（1997年），長江河口域で発生したエチゼンクラゲの大量漂着による漁業不振（2002年頃から），漂着ゴミ問題など，国境を超えた問題が発生し，年々深刻化している．

このように北陸は，大陸アジアからの越境汚染の最前線に位置しており，里山・里海生態系への影響が懸念される．また，1960年代に起こった燃料革命と高度経済成長により北信越の過疎・高齢化にいっそう拍車がかかり，農山漁村を取り巻く環境はますます厳しくなり，限界集落から集落崩壊へ向かいつつあるところが多く出ている．

10.3 現状と傾向

10.3.1 供給サービス

（1） 農地生態系

北陸は，温暖で雨量が多く水が豊富でありイネづくりに適すること，一方冬の積雪のためにイネ以外の農作物の生産に適さないことから「米どころ」といわれる．北陸全体の農地面積は，1978年から2008年までの30年間で水田は352,400 haから287,100 haに，畑地は43,200 haから33,100 haに減少した．石川県では，1960年から2006年の間に水田面積は57,400 haから37,100 haに減少（35.4％減）し，畑地面積は13,600 haから7,180 haに減少（47.2％減）した．石川県の耕作放棄地は，1995年の2,321 ha（5.4％）から2005年には3,131 ha（8.7％）と10年間で34.9％増加した．石川県の米の収穫量は1960年の230,000 tから増加し，1968年にはピークを迎えた（264,700 t）．その後，生産技術の向上により反収が増加したが，水田面積の減少により収穫量は減少の一途をたどり，2005年には142,000 tとなった．さらに，2008年には139,100 t（1968年からの減少率47.4％）へと減少は続いている．

（2） 森林生態系

過去50年間にわたる木材の価格低迷，安い外材の輸入，過疎・高齢化による人手不足により，森林からの木材やエネルギー資源，林野副産物などの利用量は減少傾向にある．一方，蓄積量（木材やそのほか林産物のストック量）は増加傾向にある．

石川県の森林面積は，1970年の294,000 haから，2006年には286,456 haへと36年間で7,544 ha減少した．とくに，1970年代前半の5年間には住宅用地や農用地，レジャー用地などへの転換により4,400 ha減少した．県土に占める森林の割合は，1975年は69.1％，2006年は68.4％と0.7％減少した．

森林からのおもな生態系供給サービスは木材であり，それ以外では1950年代までは木炭，その後は広葉樹を利用した原木シイタケ栽培であった．石川県の木材生産量は，495,000 m³（1961年）から94,000 m³（2003年）まで減少し，その後増加に転じた．これは，おもに国産材による合板用材の生産量増加による．

（3） 海洋生態系

北陸は水産資源に恵まれた海域をもち，魚介類，海藻類が提供される．北陸の魚種別の漁獲量では，イカ類の占める割合が全国的にみても高いことが特徴である．2002年から漁獲量は減少傾向にある．

漁業部門別の漁獲量（石川県）では，遠洋漁業は

1970年に過去最高（約36,000 t）を記録した後，減少した．国際的な200海里体制の定着に伴い遠洋漁業が総漁獲量に占める比率は減少している．沖合漁業は1968年から増加傾向を示し，1990年に過去最高（約166,000 t）を記録した後，やはり減少した．1990年までの増加の要因は，機械などの漁船装備の充実，沖合・遠洋漁業の漁船大型化，1983～1990年のマイワシの漁獲量の大幅増加などによる．沿岸漁業の総漁獲量に占める比率は20～30%の間で推移してきたが，2005年以降は40%前後に達し，沿岸漁業は重要度を増している．

石川県でとれる代表的貝類には，アワビ，サザエ，イワガキがある．閉鎖性水域である七尾湾ではナマコ生産やカキ養殖も行われている．ナマコ類（おもにマナマコ）と養殖カキの生産量は，最近は減少傾向にある．

10.3.2　調整サービス
（1）　水

多雪地帯である北陸では，降雨の一部は森林に吸収されて地下水となり，扇状地を伏流水となって流れ扇端で湧出し，人びとの日常生活を潤してきた．地下水はまた工業用水，飲料水などにも利用され，下流域の生物の多様性を高めてきた．しかし，地下水の過剰利用は湧水量を低下させるとともに地盤を沈下させている．河川水は，ダム建設や灌漑施設整備などにより発電，農業，飲用などに利用されてきた．とくに，農地では農業基盤整備とともに水管理が向上して利用は飛躍的に向上した．一方，水路のコンクリート化やパイプライン化などにより，生き物にとっての河川→水路→圃場をつなぐ水域ネットワークは分断された．長年利用されてきたため池は灌漑施設整備と過疎・高齢化による営農活動の低下に伴い管理放棄されつつあり，石川県ではため池数が1985年から2007年の約20年で3,220から2,286へと約3割減少した．

（2）　土壌

石川県の針葉樹人工林（スギ，ヒノキ，アテ）において実施された土壌流出量調査の結果，手入れ不足により下層植生が少なくなった森林では，管理され下層植生が十分に存在する同樹種の人工林に比べ，約3～65倍の土壌が流出することがわかった．このように，手入れ不足林では土壌浸食を抑制する調整サービス（水源涵養機能や土壌の流出防止機能など）の低下が懸念されている．

砂浜海岸では，たとえば石川県かほく市白尾から羽咋市千里浜にかけて，近年砂浜の後退が進行しつつある．河川上流に多目的ダムが建設されたことによる，河川からの土砂供給量の減少が原因である可能性が指摘されている．

10.3.3　文化的サービス

北陸沿岸を北上する対馬暖流の影響を受けて，海岸線に沿って原植生である照葉樹林が点在し，その多くは神社の社叢林として保護されており，地域住民の信仰や郷土愛のよりどころとなっている（なかには「入らずの森」もある）．このような森は，原植生を示す森林として学術的価値が高い．また，石川県では社寺，個人宅の庭先に菊桜（全国屈指の品種数）や能登キリシマツツジが栽培され，風土に育てられた文化的サービスを提供している．

里山・里海の農林水産業のいとなみのなかで，豊作祈願や豊漁祈願から発した各地の伝統的祭事などが地域の文化を形成してきた．キリコ祭りは古くから続く奥能登地域の代表的な祭りであり，地域の人びとにとって最大の精神宗教的行事であり，もてなし料理である「ヨバレ」が振る舞われる．しかし，集落の担い手不足と高齢化からキリコ祭りを実施できる集落数が年々減少している．石川県の里山では，キノコ狩り（コケとり）が昔ながらのレクリエーションのひとつである．キノコは地方名をもち，キシメジ類をはじめとした多くの種類が採取される．

近年，石川県では都市や地域外の人びとが農村・山村・漁村に滞在して，祭りやキノコ狩りなど地域の行事に参加するグリーンツーリズムが盛んになりつつある．地域再生に向けた里山・里海資源を活用したエコツーリズム，グリーンツーリズムの振興は，農林水産業の供給サービスの提供を文化的サービスの再評価の拡大へと振り向ける動きであり，成果が注目される．里山・里海を活用した次世代への環境教育も盛んになりつつある．

10.3.4　生物多様性

石川県の森林では，間伐など必要な手入れが不足している人工林や伐採されず高齢化した人工林が増加し，生物多様性が劣化している可能性が高い．こ

表10.1 生態系サービスの現状・傾向の概要（北信越クラスター）

生態系サービス	下位区分	人の利用	向上/劣化	備考
供給サービス				
食料	米	▼	▲	生産技術の向上により反収・全収量は一時増加したが，最近は耕作放棄地が増加し，全収量は減少傾向にある．
	魚介類	+/−	NA	魚種により漁獲の増減は異なるが，全体的な漁獲量は減少傾向にある．
住	木材	▼	▲	木材の生産量（利用量）は減少傾向にあるが，外材依存により森林蓄積量は増加傾向にある．
エネルギー	薪炭	▼	▼	燃料革命により生産量は減少傾向にある．
	電力	▲	▲	豊富な山地の水資源により水力発電が増加．太平洋側の大都市圏に供給している．
調整サービス				
大気	気候	▲	NA	平均気温が上昇傾向にある．
	大気成分	▲	NA	工業化・都市化により，CO_2排出量が増加している．
	越境汚染物	▲	NA	アジア大陸からの越境汚染物，黄砂の飛来量が増加している．
水	農業水管理	+/−	NA	圃場整備により水路の整備率は向上したが，ため池の利用や森林保水力は減少している．
	洪水防止	+/−	NA	ダム建設や河川の護岸整備により洪水調節容力は上昇したが，土地利用の変化や管理不足により，森林や農地の洪水防止機能が低下している．
土壌	森林	▲	▼	手入れ不足による人工林の土壌流出機能や水源涵養機能の低下が懸念される．
	海岸（砂浜）	▲	▼	河川上流のダム建設による土砂供給量の減少などにより，砂浜が後退しつつある．
文化的サービス				
芸術的価値	伝統的工芸品	▼	NA	漆器など工芸品の生産量が減少し，技術の伝承が困難になっている．
精神宗教的価値	社寺林（神聖な森）	▼	NA	林道や宅地開発により社寺林が破壊されたり，氏子減少による管理不足が起きたりしている．
	伝統的な祭	▼	NA	過疎・高齢化により祭りが衰退しつつある．
レクリエーション	環境教育	▲	NA	里山・里海を活用した次世代への環境教育が，行政・学校を中心に盛んになっている．
	グリーンツーリズム	▲	NA	施設と利用者の数が増加している．
基盤サービス				
森林	水源涵養			基盤サービスは，他のすべての生態系サービスの生産に必要なものである．生態系に変化をもたらした要因は，供給・調整・文化的サービスに直接的な影響を及ぼすが，基盤サービスには間接的で長期的な影響を与える．さらに，基盤サービスにおける変化は，人びとへの影響が間接的で，非常に長い期間にわたって現れる．
	山地災害防止			
水循環				
栄養塩循環				
一次生産				

凡例
　▲：増加，▼：減少（劣化），+/−：混合（過去50年間にわたって増加および減少．あるいは，いくつかの項目/地域では増加し，他では減少），NA：評価不能（データの不足，未検討）

のため，石川県内で大型哺乳類（カモシカ，ニホンザル，ツキノワグマ，ニホンジカ，イノシシ）の生息域が拡大するとともに個体数が増え，農林業への経済的被害が増加しつつある．これら在来の大型哺乳類の個体数増加に加え，石川県の有害外来哺乳類であるアライグマとハクビシンも増加し，農林業へ被害が及んでいる．ハクビシンは，石川県の加賀や金沢の丘陵地帯から山間部にかけて生息していたが，近年は能登半島へも侵入しており，農作物への被害が発生している．一方，水田放棄域の増大につれ，スズメやツバメなど，人が多く居住し水田の多い集落を選んで繁殖する鳥類が減少している．これらの減少が，周囲の生態系に及ぼす影響が懸念される．

陸水生態系（河川，潟，水田，ため池など地表水や地下水のある場所での生態系）は，人びとの生活圏に近いので，その生物多様性は人の影響を受けやすく脆弱であり，適切な管理が必要である．石川県のレッドデータブックには，合計10種の絶滅のおそれのある淡水魚類が記載されている．その危機の主原因は，「第三次生物多様性国家戦略」（2008年）が述べる「第1の危機：人間活動や開発による危機」である．水路のコンクリート化，落差工による移動障害，地下水位低下，潟の淡水化，ため池の改修などが，直接に生物の生息環境の破壊・分断・劣化をもたらしている．外来種の影響は大きく，石川県の場合オオクチバス，コクチバス，ブルーギルなどの特定外来種が生息地を拡大している．これらは，ダムや潟，ため池などに人為的にもち込まれたものであり，県内への移入時期はオオクチバスは1975年頃，コクチバスは1999年以前，ブルーギルは1975年頃とされている．また，ミシシッピアカミミガメ，ウシガエル，アメリカザリガニなども広く分布を広げつつある．ウシガエルとアメリカザリガニは，従来空白地帯であった奥能登地域にも分布を広げつつある．

石川県内の海浜植物群落には，北方系の植物（ハマナス-ハマニンニク群落）と南方系の植物（ハマゴウ-ハマグルマ群落）とがモザイク的に自生している．しかし，近年海浜植物の生育地が減少しているところがある．たとえば，内灘砂丘（石川県内灘町）は1966年にはコウボウムギやコウボウシバ，ハマゴウ，ハマナスなどの群落が1km近くも広がっていたが，現在は非常に限られている．現在，海岸性の希少植物にはウミミドリ，イソスミレ，動物にはイカリモンハンミョウ，イソコモリグモなどがある．

能登半島のホンダワラ類やアマモ類の藻場は，沿岸域の生物多様性を支える礎である．外浦海岸（能登半島の西海岸）の岩礁帯ではツルアラメ（能登地域ではカジメと呼ばれる）が優占し，内浦海岸（東海岸）の岩礁地帯にはヤツマタモク，フシスジモク，ノコギリモクなどが主体となったホンダワラ類からなる「ガラモ場」が形成されている．これらの藻場の面積に大きな変化はないが，生育量低下が指摘されている．

10.4　変化の要因

北信越の生態系サービスの変化のおもな間接的要因は，「グローバル化」「生活様式の変化（ガス・石油の利用による燃料革命，化学製品の使用）」「工業化，都市化」である．直接的要因は，「過疎・高齢化による管理放棄」「土木工事による生息地改変（ダム建設，圃場整備，潟湖干拓，港湾建設）」である．とくに，過疎・高齢化を引き起こした主要因は，1960年代以降の全国的な産業構造や生活様式の変化である．すなわち，1960年代の高度経済成長期に第一次産業から第二次，三次産業へと産業構造が変化し，エネルギーは石炭，木炭，薪から石油，天然ガスへ変化した．それに伴い農山村から都市へと人口が流出し大都市が過密化する一方，農山漁村の過疎・高齢化が著しくなった．北信越の高齢化は，全国（22.7％）より先行し高率（2009年，25.3％）である．

10.4.1　過疎・高齢化による管理放棄
（1）　農地生態系

農業従事者数は，1960年代の高度経済成長による都市部への流出，近年の大規模農家育成などによる農業集約化などにより減少し続けている．石川県全体の農業従事者数（農業に従事した世帯員数）は，233,614人（1960年）から94,914人（2006年）へと59.4％減少した．基幹的農業従事者のうち60歳以上の割合は30.5％（1983年）から79.8％（2004

年）へ増加し，高齢者により現在の石川県農業は支えられていることがわかる．北陸全体でも65歳以上の割合は増加しつつあり，全国（57.4％，2005年）よりも高率（66％，2005年）である．

北陸の農業は兼業主体であり，高齢化が全国に先駆けて進み農家人口が減少している．これらは，耕地利用率の低下や耕作放棄地の増加などの深刻な問題につながっている．また，非農家との混住化の進行や中山間地域での過疎化などで，用排水路やため池などの農業用施設の維持管理に支障をきたし，里山のモザイク喪失につながっている．

(2) 森林生態系

石川県の林業労働人口（森林組合作業班員数）は，1,192人（1988年）から600～700人前後（1993～2003年），500人以下（2005年），358人（2006年）まで減少した．この減少の原因には，造林・育林作業の減少や材価の低迷とともに森林組合の合併などがあげられる．

(3) 海洋生態系

石川県の漁業就業者数は，9,647人（1963年）からその約44％の4,282人（2003年）まで減少した．漁業部門別には，遠洋漁業の475人（1988年）から6.5％の31人（2003年）に，沖合漁業は989人（1988年）がその45.4％の449人（2003年）に減少した．一方，沿岸漁業は5,437人から3,802人（69.9％）に減少した．これには国際的な漁業規制が反映している．

漁業就業者（男性）に占める比率の高い年齢層は，1963年と1968年には30～39歳，1973年と1978年では40～49歳，1983年と1988年は50～59歳であった（各約27～29％）．1993年は60歳以上が約40％，1998年と2003年は60～69歳が約30～32％を占めた．これは1960年代の主力であった30歳代が，そのまま高齢化したことを示す．60歳以上の割合は1963年から1983年までは20％以下であったが，2003年には53.6％（70歳以上の23.4％を含む）を占めた．一方，29歳以下の若年就業者は1963年には約25％（2,094人）であったが，2003年は約5％（192人）まで減少した．

10.4.2 生息地改変

(1) 農地生態系

圃場整備事業（国では1963年開始）は，石川県では1965年に加賀市で開始された．農業機械の導入や畑作化のために乾田化，暗渠化し，地下水位を低下させるため排水路を深く（70 cm以上）掘り下げた．さらに，維持管理コストを低減し，水資源を有効活用するために用排水路はコンクリートライニングやパイプライン化された．これらにより水路と田が分断され，水田で産卵していたフナ，ナマズなどは産卵場所を奪われた．1994年から2001年にかけて，「新しい食料・農業・農村政策の方向」に関連してウルグアイラウンド対策費が投入され，能登地域を中心に1筆1ha区画の大型圃場整備が進められた．30a区画以上の整備面積は22,995 ha（石川県内の水田の約62％）となり，2008年の圃場整備率（整備必要区域に対する30a程度区画の比率）は76.1％である．

畑地整備も，1960年代からの農地開発により進められた．石川県では，奥能登地域を中心に1960年代から1990年代にかけて国営農地開発事業によって7地区合計2,559 haが農地造成された．奥能登地域で大規模な農地開発が行われた理由は，開発しやすい広大な丘陵地が交通不便な半島先端部にあったので，道路網を整備して僻地性を解消し，労働力を定着させ，都市部との所得格差を是正して地域振興を図ろうとしたのである．

(2) 森林生態系

石川県の森林面積は，1970年はじめから1980年頃にかけて農地，道路，宅地，レジャー用地などへの森林開発転用により減少した．1960年代は，奥能登地域での国営農地開発（1961年開始）や能登有料道路（1971年起工）などの道路整備事業が，比較的地価の低い山間部に集中した．1970年代に入ると，列島改造論（1972年）に刺激されたゴルフ場（1957年に石川県で初のゴルフ場がオープン，1973～1974年に建設ラッシュ），別荘地（1972年頃から）などのレジャー施設開発が始められた．1990年代には，都市近郊山林の住宅団地への開発が目立つようになった．

(3) 陸水生態系

石川県の加賀三湖，邑知潟，河北潟に代表される多くの潟湖では，戦後，食料増産を目的として国営干拓事業による干拓と水田造成が進み，最大湖沼である河北潟（2,248 ha）が約60％（1,359 ha），羽咋市の邑知潟（456 ha）は約80％（374 ha），加賀

市の柴山潟（576.2 ha）が約60％（343.2 ha），小松市の今江潟（238 ha）は全湖が干拓された．残された潟湖は淡水化され，防潮水門が設置され，閉鎖性水域となり水質が悪化した．

（4）海洋生態系

1960年頃から高度経済成長期にかけて，生活の安全と利便性を目的に道路が舗装・拡張され，海岸埋め立てと護岸整備が急速に進んだ．能登地域の砂浜海岸では，護岸整備や離岸堤などの設置による人工海岸化，車両の乗り入れなどが要因となり，イカリモンハンミョウやイソコモリグモなどの個体数が減少した．漁船の大型化とともに港湾域の拡大と防波堤の延長が進んだ．とくに，能登地域では漁港が多くの集落で整備された．

10.5 変化への対応

北信越では，里山・里海を取り巻く社会情勢や生態系の変化に対応するため，農林水産業，環境，観光，文化などの側面からさまざまな対応がとられてきた．それらの取り組み主体は，従来国，地方自治体などの行政であったが，近年は地域，NPO，企業などによる取り組みも始まり，主体も内容も多様化してきている．

10.5.1 法的対応

政府は，過疎地域の振興と国土の均衡発展のため，「離島振興法」（1953年），「山村振興法」（1965年），「過疎法」（1970年制定，2000年に「過疎地域自立促進法」へ継承），「半島振興法」（1985年），「特定農山村法」（1993年）のいわゆる地域振興5法を順次整備してきた．しかし，太平洋側の大都市圏と北信越などの過疎地域との経済的格差，不均衡は，さらに拡大しつつある．石川県は，過疎地域が多い中山間地支援の重要性をいち早く認識し，1996年に全国に先駆けて県独自に「中山間地域」を定め，「中山間地域対策総合室」を農林水産部に設置し，包括的，先駆的な取り組みを試みている．

● 農地

「食料・農業・農村基本法」（1999年制定）により，石川県でも農業・農村のもつ「多面的機能」を重視し，担い手支援や農村活性化を図るために「いしかわたんぼの学校」「いしかわ圃場整備環境配慮指針」の制定，「中山間地域等直接支払交付金制度」「田園空間整備事業（のとやすらぎの郷整備事業）」「広域自然環境整備事業」などの事業が実施された．

● 森林

木材価格の下落により手入れ不足人工林が全国的に拡大し，水源涵養，国土保全などの森林の公益的機能の低下が指摘されはじめ，2003年から森林整備・保全を目的とした地方税を導入する自治体が増えはじめた．石川県でも2007年に「いしかわ森林環境基金条例」が制定され，「いしかわ森林環境税」が導入された．

● 漁業

「水産基本法」（2001年制定）により新たな漁業管理制度「資源回復計画」が創設され，2003年からはあらかじめ漁獲努力量の上限を「漁獲可能努力量」として定め，管理する制度（TAE制度）が導入された．2002年には日本海中西部（石川県から島根県）を対象としたアカガレイとズワイガニの管理計画が策定され，これをもとに石川県ではズワイガニ保護区が設定され改良網が導入された．2007年には，ヒラメと沿岸性カレイ類を対象とした計画が石川県単独で策定された．

石川県初の総合環境条例は，2004年に制定された「ふるさと石川の環境を守り育てる条例」であり，新たに「里山の保全等の推進」や「生物の多様性の確保（希少野生動植物種，外来種等）」などの規定が盛り込まれた．

自然保護区の指定では，1968年国は能登半島（石川県と富山県の一部を含む）の海岸部を主体とした能登半島国定公園，福井県の若狭湾と石川県加賀市海岸を含む越前加賀国定公園を指定した．1971年には富山湾の能登町に内浦海中公園，珠洲市の外浦海岸に木ノ浦海中公園を指定した．1993年には加賀市の片野鴨池がラムサール条約の登録湿地に指定され，1997年には環境庁により河北潟と河北海岸が「シギ・チドリ類重要渡来地」に指定された．

さらに，石川県は2000年石川県の絶滅のおそれのある野生生物（動物編・植物編）を公表し，希少種や保護種を指定するとともに「ふるさと石川の環境を守り育てる条例」に基づき，とくに保護の必要性が高い動物8種，植物7種の計15種を「石川県指定希少野生生物種」に指定し，捕獲・採取を規制

している．

　生物多様性に関しては，2008年7月に石川県内の里山・里海の総合的な利用・保全を図るため，自然環境の保全や農林水産業をはじめとした産業の振興，里山・里海景観の保全などを所管する関係部局（環境部，企画振興部，農林水産部，土木部，観光交流局，商工労働部）が結集し，新たな施策を横断的に検討・実施する「里山利用・保全プロジェクトチーム（里山PT）」が設置された．2011年3月に地域版の生物多様性戦略として，「石川県生物多様性戦略ビジョン」が策定された．さらに，2011年4月には石川県庁のなかに里山創生室が設置された．

10.5.2　経済的対応

　農地では「中山間地域等直接支払制度」が，石川県では2000年に開始され，2007年には県全体で422協定，3,456 haに対して5億1,219万円が支払われた．

　森林では「いしかわ森林環境基金条例」に基づき，手入れ不足人工林や里山林の整備などを行うため「いしかわ森林環境税」（2007年開始，2011年終了予定）を導入した．間伐施業など森林整備のほか，県民に対する啓発活動やNPOとの協働事業への補助が行われている．

10.5.3　社会的，行動的および知識に基づく対応

　石川県において，里山・里海に対する認識の向上を促し，実際の社会行動や消費行動に影響を与える取り組みとして，「エコ農産物マーク」表示制度，エコ農業者認定制度，有機JAS（日本農林規格）認定などがある．森林の認証制度は，石川県においては，かが森林組合が2005年にFSC（森林管理協議会）グループ認証を取得した．

　企業の社会的責任（CSR）活動の一環としての森林整備活動は，石川県では2000年代前半頃から始まり，2009年までに15事業体が17か所で実施した．社団法人石川の森づくり推進協会（1996年設立）により，市民に対する普及啓発活動や企業の森林整備活動へのサポートが行われている．

　里山・里海での環境教育，エコツーリズムなどを推進する対応として，「いしかわ自然学校」（2001年開始）があり，行政から民間まで多岐にわたる主体が提供する自然体験プログラムをネットワーク化するとともに指導者養成にも取り組んでいる．

　教育機関の取り組みとしては，金沢大学が1999年に「角間の里山自然学校」を設立し，キャンパス内の里山ゾーンを大学の教育研究のみならず市民の生涯学習や子どもたちの環境学習に提供している．過疎・高齢化が深刻な能登半島でも2006年から廃校を利用して「能登半島・里山里海自然学校」（石川県珠洲市）を設立し，2008年には「NPO法人能登半島おらっちゃの里山里海」が設立され，地域と大学の協働による里山保全をめざしている．2007年からは，環境配慮型農林水産業を基盤とした里山再生のための若手担い手養成のための「能登里山マイスター養成プログラム」を実施中である．

　里海に対する対応は近年始まったばかりであるが，環境省の「里海創生支援モデル事業」（2008年）の一環として石川県では行政と研究機関による「七尾湾里海創生プロジェクト」（2008～2009年度）が行われ，行政や住民意識の向上にも寄与している．

10.5.4　技術的な対応

　森林生態系では，「いしかわ森林環境基金事業」による里山の維持管理の向上として，「環境林整備事業施工地のモニタリング」（2007年開始），最近増加してきた地域住民，NPO，一般企業などによる里山林整備活動の指針とするための「里山の森づくりガイド」の作成（2007年作成）があげられる．

　海洋生態系における技術的対応には，栽培漁業や養殖，沿岸漁場の整備などがある．石川県では，1968年から石川県の試験場がクロダイ，ヒラメ，サザエ，アワビ，アカガイの種苗を漁業者に提供する取り組みをしている．このうちアカガイは，1994，1998年にそれぞれ約17 t（3,000万円）の漁獲をあげており，全国的にも評価されている．沿岸漁場の整備は，国の沿岸漁場整備開発事業（1976年）によって開始され，石川県各地で人工魚礁の設置，ナマコやサザエの着生基盤の設置，マダイやクロダイの餌場となる藻場造成などが行われ，資源増大に寄与している．そのほか，定置網の急潮対策やいか釣り漁船へのLED灯の導入（省エネ対策）などがある．

　陸水生態系では，「多自然型の河川整備」やヨシ原の自然再生の取り組みがある．

10.6 結論

本クラスターにおける里山・里海の生態系サービスの現状と変化に関する評価を以下にまとめる.

● 供給サービス

農地生態系では米生産が重要な位置を占め,過去50年で農法,品種改良,圃場整備などにより,米生産量は一時的に向上した.しかし,過疎・高齢化や米価の低下により,耕作放棄地が増加し,水田面積と全収量は減少している.森林生態系では,木材や林産物などの生産量が,安価な外材の輸入や価格低下により減少傾向にある.一方,利用されないために木材資源の蓄積量は増加し続けている.海洋生態系では,魚介類の生産が漁場の開拓や漁労機械類の発達により,一時的に増加した.1970年代後半からの国際的な漁業規制により,漁業の主体は遠洋漁業から沿岸・沖合漁業へ移行した.資源水準の低下により生産量は減少しつつある.

● 調整サービス

農地では水の管理向上のために圃場整備が実施されてきた.その反面,過疎・高齢化により,長年利用されていたため池・水路の管理ができなくなりつつある.最近では,アジア大陸からの越境汚染物や黄砂の飛来が増加しており,生態系と社会への影響解析が必要である.

● 文化的サービス

地域住民による伝統的な祭りが過疎・高齢化により衰退・減少する一方で,地域再生に向けて里山・里海資源を活用したエコツーリズム,グリーンツーリズムが推進されており,農林水産業の供給サービスを文化的サービスの再評価へ拡大する動きとして成果が注目される.里山・里海を活用した次世代への環境教育も盛んになりつつある.

● 生物多様性

過疎・高齢化による人手不足により農地生態系が管理不足となり,森林生態系でも手入れ不足の人工林,雑木林が増加している.里山では,手入れ不足により生物多様性がかえって低化している.森林の手入れ不足により大型哺乳類(ツキノワグマ,ニホンザル,ニホンジカ,イノシシ)が人里に侵入し,獣害問題が深刻化している.さらに,農業生産を向上させるためため池の改修や水路のコンクリート化やパイプライン化などを行ったことにより,多くの種の生息域を破壊し,それによる生物多様性の損失が農地生態系のレジリアンスの低下を引き起こしている.陸水生態系では,オオクチバス,コクチバス,ブルーギルなどの特定外来種が生息地を拡大している.海洋生態系では,海岸開発や砂浜減少などにより在来の動植物の生息地が減少している.

● 変化の要因

生態系と生態系サービスへ影響を及ぼしている直接的要因は,「過疎・高齢化による管理放棄」と「土木工事による生息地の改変」であり,それをもたらす間接的要因は,「グローバル化」「生活様式変化(ガス・石油の利用による燃料革命,化学肥料,プラスチック,ビニールなどの使用)」「工業化・都市化」であった.

土木工事による生息地の改変は,山地ではダム建設(ダムを治山・砂防・農業用水・多目的型などに分類したうえで,それぞれの必要性と問題点を検討する必要がある),農地の圃場整備,河川・潟・湖沼の干拓事業,海岸の港湾建設,護岸堤の建設などであり,供給サービスと調整サービスを向上させた反面,生態系や生物多様性への負の影響が大きかった.大型ダム工事は,河川流量を減少・断流させ,海岸への砂供給を減少させている.

● 変化への対応

北信越では,国や地方自治体など行政による事業や対策が中心であったが,最近,NPOや企業,大学などによる里山・里海の保全活動,地域活性化に向けた取り組みが現れている.これらの対応の効果を今後,検証する必要がある.

● 里山・里海の将来シナリオ

本クラスターの評価では,シナリオ作成に十分に取り組むことができなかったが,今後MAと国レベルでのシナリオ作成過程を参照しつつ,北信越クラスターに適した要因を選定し作業を進めたい.その際には,地域の異なるレベル(北信越,県,市町,集落など)で作業し,その結果を各地域の将来計画へと活用する.地域レベルのシナリオ作成には,グローバル,国,地域レベルの各シナリオの相互関係の理解が不可欠である.また,逆に地域レベルの里山・里海の将来動向についての情報の積み上げがなければ,上位レベル(クラスターレベル,国レベル)のシナリオ作成も成功しないであろう.今後,これ

までの活動により集積された科学的情報，関係者の経験を総動員して，（クラスター，県レベルのみならず，市町，それ以下の単位を含め）シナリオ作成に取り組む予定である．

● 今後の課題

今回の評価の過程で大量の科学的情報が蓄積され，関係者のネットワークが形成されてきた．これからも情報を補い，共有化し，今回できなかった将来シナリオの検討を加え，各地域レベル（北信越，県，市町，集落など）で多様な関係者（ステークホルダー）が，さらに協議を重ねる必要がある．成果を地域の政策へと具体化し，里山・里海の生物多様性の保全・活用と地域の再活性化に生かすことを目指したい．

クラスター共同議長：中村浩二，山本茂行
代表執筆者：菊沢喜八郎
協力執筆者：千葉祐子，藤則雄，堀内美緒，稲村修，川畠平一，小山耕平，熊澤栄二，草光紀子，又野康男，あん・まくどなるど，御影雅幸，三橋俊一，永野昌博，大門哲，大脇淳，佐藤哲，塩口直樹，橘禮吉，髙木政喜，竹村信一，種本博，寺内元基，辻本良，野紫木洋，米田満，吉田洋

11

関東中部クラスター
―里山里海と都市，その将来に向けて

11.1 概要

　都市が発展・拡大し各地で自然環境が人工化され，また流通経済のグローバル化が進むなか，JSSA関東中部クラスターでは地域の人・自然・文化が一体となって互いに調和・共存する里山里海の領域を持続可能な生態系のモデルとして据え，その里山里海および都市の生態系の現状を評価し，それに基づく里山里海を生かす新たな価値観や持続可能な社会のあり様について検討した．

　日本列島の中央に位置する関東中部地域は，暖流の黒潮と寒流の親潮の影響を受け，常緑広葉樹林域と落葉広葉樹林域の移行部にあたる（**図11.1**）．また，温暖湿潤な気候や豊かな土壌，海からの多様な恵みにも支えられてきた関東中部地域は，世界屈指の大都市域でもある．したがって，これに隣接あるいは近接する里山里海は，さまざまな面で都市との

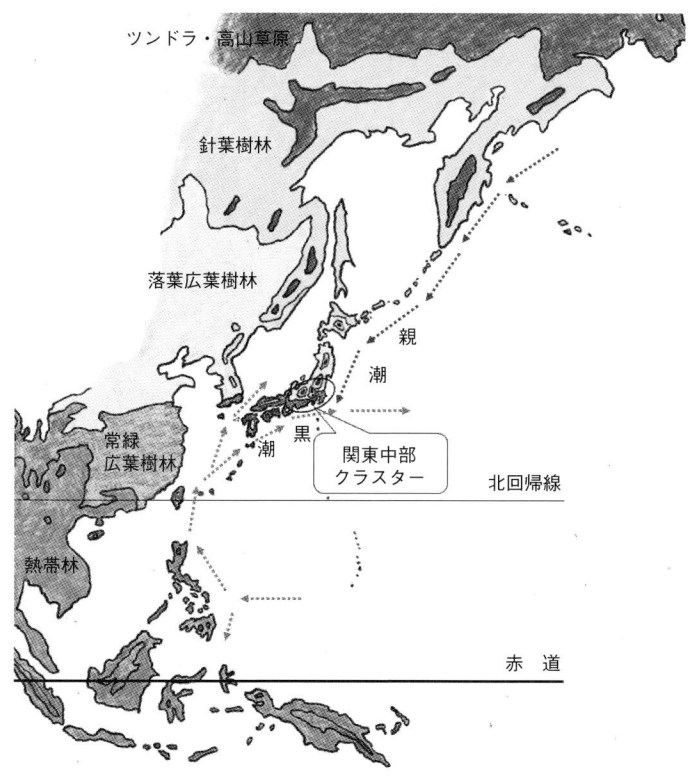

図11.1　東アジアにおける関東中部クラスターの位置（**巻頭カラー口絵6参照**）

関係が大きく，またその影響を受けてきた．

関東地方の東京首都圏は，人口約3,520万人を有する世界最大の都市である．生物多様性条約第10回締約国会議（CBD/COP 10）開催地の名古屋市は，中部地方の中核を担う人口225万人の大都市である．関東地方と中部地方には，それぞれ東京湾と伊勢・三河湾があり，その豊かな海産資源が人間活動を支えるとともに流域生態系の循環システムに大きな役割を果たしてきた．

11.2　歴史的・叙述的文脈

関東中部クラスターで用いた「里山里海」は，単に「里山」と「里海」を並べ示した概念ではない．これは「里」の語源が「田と土」であり，かつては行政単位また自然村を意味していたという原点に戻り，里山里海を「人々の住まう集落としての里と，その生活・生業でかかわる周辺の山や海，すなわち田畑や森林さらに川沼から海岸・海域に至るさまざまな人と自然，そして文化とが一体となった複合領域」とした．

里山里海を生態系評価の対象とした意義のひとつに，生物多様性の豊かさがあげられる．人間が自然を改変し，長くその恵みを利用してきたにもかかわらず，里山里海が高い生物多様性を有するおもな理由として，「水田など人による多様かつ連続的な水環境の創出」また「林地など，多様な遷移段階の群落・群集を空間軸に転換したモザイク構造」そして「節度ある資源利用と自然を守る文化の存在」があげられた．

人間が認識する自然環境の単位としては，島や流域の地形条件があげられる．これに人間社会の要素を加えた里山里海の基本的な空間領域としては，かつての「村」が相当し，これを里山里海の基本単位とすることができる．さらに，流域においても物流や交易の社会的要素が加わり，里山里海の概念が反映される空間領域の単位が認識される．この流域レベルの単位性に基づき，関東中部地域では里山里海を里川，里沼も含めその立地条件および構造的特徴から9タイプに分類した（図11.2）．

自然と人のかかわりの歴史を「狩猟・採集の時代」「里山里海の時代」「開発・都市化の時代」の3時代

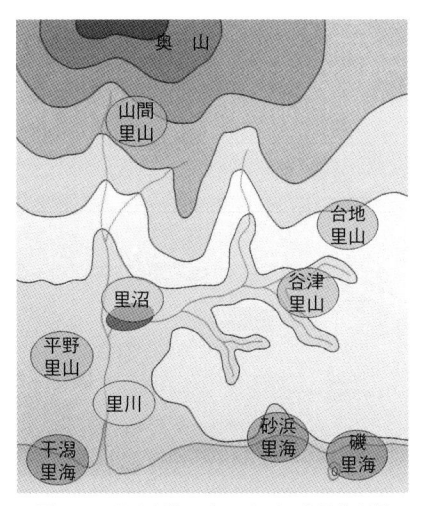

図11.2　里山里海の各タイプの空間的配置

に大別し，さらに11の時期に細分した．

里山里海の時代では，自然の恵みを最大限に利用した生活・生業がいとなまれていた．田畑での食物生産のために周辺の林地や草地から刈敷や堆肥が導入され，当時の必要なエネルギーのほとんどを領域内でまかなう資源循環のシステムが存在した（図11.3）．「市」を拠点とした地域外からの物資の流出入はあったものの，基本的には自立・循環の半閉鎖的な生態系が成り立っていた．しかし，科学技術や流通経済の発展・充実に伴い，域外から資源・エネルギーを取り込み，市は周辺の里山里海を吸収しつつ「まち」から「都市」へと発展・拡大していった．さらに，人口増加と物流の拡大により自然改変とグローバル化が進められた．そして，資源・エネルギーの供給は近隣の里山里海より，むしろ外国などの域外に大きく依存していった．また，大量生産・大量消費の生活スタイルはゴミや廃物を増加させ，各地で自然破壊と環境汚染をもたらし，その影響は全地球レベルの資源の枯渇や温暖化をもたらしつつある（図11.3）．

里山里海は，都市域（4,000人/km²以上）と陸の奥山域（100人/km²以下），また海の大灘域との間に位置づけられる．里山里海の課題は都市との関係において都市に飲み込まれ，自然破壊や環境汚染が進む「都市化進行地域」と，都市に見放され後継者不足により耕作放棄地が増え山林も荒れ，産廃の不法投棄や鳥獣による農林業被害が急増する「過疎高齢化地域」とに区分される（次々頁図11.4）．

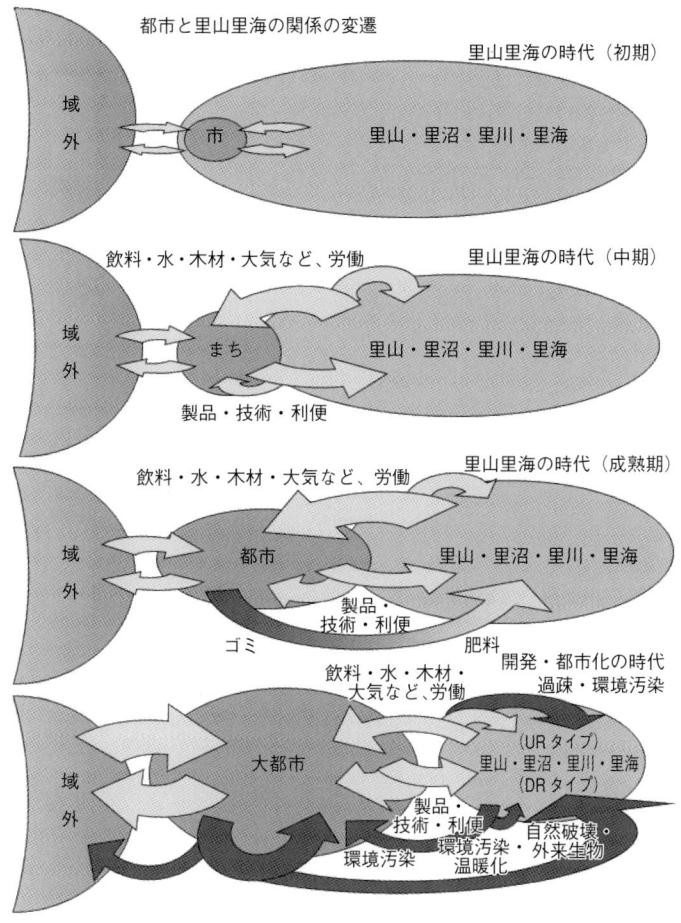

図11.3 都市と里山里海における資源循環の変遷

11.3 現状と傾向

11.3.1 基盤となる生態系

都市域では，戦後から1990年にかけて土地利用の変化が著しく，農地や森林が市街地などの人工環境へと急速に置き換わり，自然改変が大きく進んだ．自然改変は海域でも進み，浅海域の埋め立てによって干潟や藻場が縮小した．1990年以降，人口増加が頭打ちになるに従って，土地利用の変化は抑えられつつある．都市化進行地域では，1970年以降多摩や千葉のニュータウンに見られるような大規模な自然改変が進んだが，現在は頭打ちになっている．過疎高齢化地域では，戦後からの土地利用の変化はさほど大きくはない．

生物相は，都市化の進んだ地域を中心として哺乳類や両生類，海洋性の貝類などの在来生物が貧弱であり，都市化が進んだ地域ではほぼすべての分類群において外来生物が大きく増加している．絶滅の危機に瀕した在来生物の個体数の減少要因としては，自然改変，土地管理の低下などが大きな原因であった．

11.3.2 生態系サービス

表11.1におもな生態系サービスの概要をまとめた．

供給サービス（食料）については，戦後は農地面積が増加したが，1970年以降減少に転じた．一方，単位面積あたりの収量は一貫して増加した．穀類や豆類などの生産量が減少する一方，レタスや花卉などは増加し，水稲などは1970年頃にピークを示した後，減少に転じた．都市域や都市化進行地域では，野菜や果樹の生産が中心となっている．干潟面積の減少が進んだ1960年以降東京湾の漁獲量は貝類を

図11.4 関東地方の市町村別社会的地域区分（巻頭カラー口絵7参照）

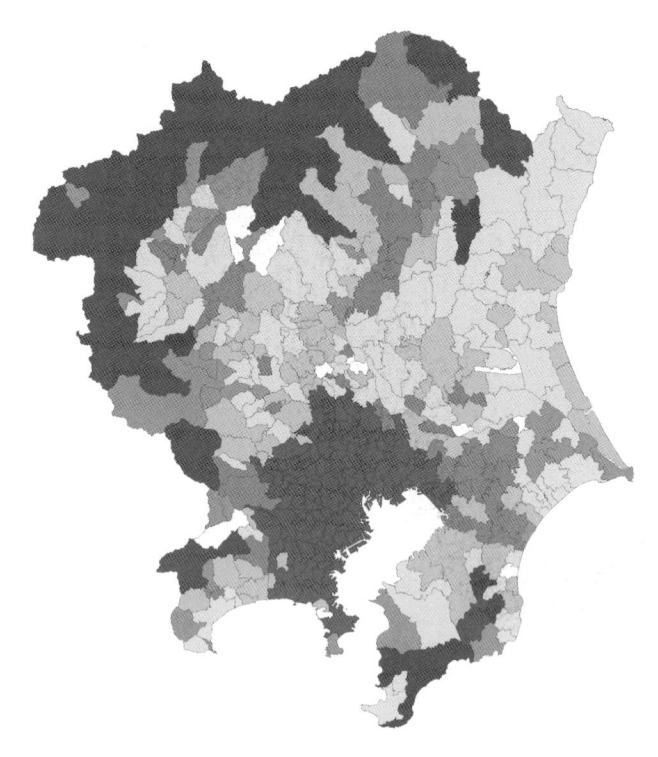

凡　例	人口密度 (人/km^2)	人口増減率 (%)	高齢者率 (%)
奥山	100未満		
過疎高齢化	100〜4,000	−5未満	30以上
人口減少高齢化	100〜4,000	0〜−5	30以上
人口減少	100〜4,000	0〜−5	
人口増加	100〜4,000	5〜0	
都市化進行	100〜4,000	5以上	2未満
都市	4,000以上		

人口密度および高齢者率は2005年の値を使用
人口増減率は1995年と2005年の人口より算出

中心に大きく減少した．食料自給率は大きく低下し，都市化の進んだ地域を中心に9割以上の食料を外部依存している．

供給サービス（木材）については，素材生産量は1960年頃に生産量がピークとなったが，その後減少している．現在も，生産量が多い北関東に対し都市化した南関東では生産量は大きく減少した．

供給サービス（水）については，水の供給源が井戸水や自流水といった地域内で得られる水から，水道の普及に伴って1970年以降はダム水へと移行して外部依存が進んでいる．この傾向は，東京都や千葉県などの都市化が進んだ地域において高い．一方，東京では地下水の利用は大きく低下している．

調整サービスについては，とくに都市域を中心に気温が上昇し，また東京湾の表層水温も上昇している．浅海域や河川・湖沼の水質は，都市域では1950年代から悪化し，1960年代から1970年代前半にピークを示した後，現在は改善傾向にある．都市化進行地域では水質の悪化時期は遅く，1980年代にピークがある．過疎高齢化地域では水質悪化は生じていない．水質悪化はその後改善されたものの改善理由は下水道の普及などであり，浄化を担っていた干潟生態系や水生植物群落の回復は進んでいない．

文化的サービスについては，潮干狩や海水浴など自然を利用するレクリエーション者数が減少し，子どもの遊びについては野外から家の中や公園へと移

表11.1 生態系サービスの現状・傾向の概要（関東中部クラスター）

生態系サービス	下位区分	人間の利用	向上/劣化	備考
供給サービス				
食料	農作物	▼	+/−	食料の国内消費仕向量は1990年頃まで増加し，その後頭打ちとなった．米に見られるように，農作物の単位面積あたりの収量は増加を続けてきた．一方，1960年以降，開発によって畑を中心に農地面積は減少し，近年は耕作放棄地も増加している．
	漁獲	+/−	▼	魚介類の国内消費仕向量は1980年代後半までは増加したが，その後は減少傾向にある．東京湾における海面漁業生産量は，1960年代以降に激減した．これは干潟の縮小に伴いアサリなどの貝類の漁獲量が大きく減少したためである．また，内水面漁業も規模縮小が著しい．
	水産養殖	+/−	+/−	東京湾の海面養殖はその大半がノリ養殖である．養殖ノリ生産量は年次変動はあるものの，ほぼ横ばいで推移してきた．
	野生動植物産品	NA	+/−	シイタケ生産量は1980年代まで増加したものの，輸入品との競争などにより減少に転じた．
繊維	木材	▼	▲	木材利用量は1990年代まで増加し，その後頭打ちとなった．拡大造林に伴い人工林面積は増加し，人工林のスギやヒノキの蓄積量も増大を続けており，木材に関する生態系サービスは向上している．一方，素材生産量は年々減少している．
	薪炭	▼	▲	木炭や薪の利用量は，化石燃料の浸透に伴って激減した．千葉県を例に見ると，天然林における雑木の蓄積量は増加しており，薪炭の生態系サービスは向上している．しかし，木炭生産量はエネルギー革命に伴う需要の低下により，1950年代から激減した．
淡水		▲	▼	人口増加に伴い水の利用人口は増加してきた．しかし，その水はダム由来の表流水に依存しており，地域資源である地下水や自流水への依存度は低くなっている．
調整サービス				
気候の調整	地域，地方レベル	▲	▼	大都市における年平均気温の上昇や熱帯夜日数の増加は，ヒートアイランド現象によるものであり，市街化に伴う気候調整サービスの劣化を示している．
水温の調整	海水	▲	▼	東京湾では夏季の底層水低温化と冬季の上昇がみられる．これは流域の人口増加に伴う流入淡水量の増加，水温の高い淡水の流入などが原因とされる．
水質浄化	海水	▲	▼	人口増加に伴って海水の水質が影響を受けている．干潟や浅海域の面積は埋め立てによって減少し，水質浄化能（調整サービス）は低下した．東京湾のCOD濃度は1970年代に改善が見られるものの，その後は横ばいである．窒素やリンの流入負荷量は，近年，減少傾向にあるが，50年前と比較すると増大しており，その負荷量は干潟の浄化能力を大きく超えている．
	淡水	▲	▼	護岸などの河川改修によって水生植物群落が減少し，水質浄化機能は低下した．河川湖沼の水質は1960～1980年代に悪化したが，その後は改善されている．これは下水道の整備などの人工施設による代替の調整サービスであるが，特に湖沼の浄化においては人為的施設による代替には限界がある．
文化的サービス				
精神的価値		▲	▼	地域の自然度と身体および精神の不健康度との間に負の相関が見られたことから，都市化に伴う自然の喪失が進むにつれて，身体と精神の健康に悪影響が及んだことが指摘される．
社会的関係		▼	▼	集落の協同による農業用水の維持管理は，里山の地域資源を持続的に利用するための慣習であるが，現在では集落全体で行う作業が減少し，農家のみが作業に参加するなど，共同管理の取り組みが衰退している．特に都市域や都市化進行地域でその傾向が強い．
レクリエーション		+/−	▼	潮干狩り客数や海水浴客数など，干潟・海辺のレクリエーション利用者数が減っている．これは干潟面積の縮小の影響などもあるが，レクリエーションの多様化なども関連する．ただし，都市住民の一部では，里山に出向いて里山整備や農業体験を行うなど新しいレクリエーションの場として里山里海の価値が高まっている．
基盤サービス				
（略）				

凡例：
▲＝増加（人間の利用の例）あるいは向上（向上／劣化の例）
▼＝減少（人間の利用の例）あるいは劣化（向上／劣化の例）
+/−＝混合（傾向は，過去50年にわたって増加および減少している．あるいは，いくつかの項目／地域では増加し，他では減少している）
NA＝本評価では評価されなかった．サービスはまったく検討されなかった場合もあれば，そのサービスについて検討されたが，利用可能な情報やデータでは，人間の利用の傾向や状態を評価できなかった場合もある．
†＝「人間の利用」と「向上／劣化」の区分は，基盤サービスには適用していない．これは，基盤サービスは，人びとによって直接利用されないと定義されているためである（間接的な影響が含まれるとすると，費用や便益はダブルカウントされてしまう）．基盤サービスの変化は，供給・調整・文化的サービスの提供に影響を及ぼし，それらのサービスは人びとによって利用され，向上することも劣化することもある．

行した．そのため，自然とのかかわりをもつ機会が減少し，文化的サービスの利用が低下している．横浜市や川崎市では地域自然度の減少に伴う身体と精神の健康度の低下がみられ，都市の過度な人工化が心身の健康に悪影響を及ぼすことが指摘されている．また，都市域では犯罪率が増加している．いやしや憩いの場としての自然認識の高まりなどの傾向がみられる．

11.3.3 人間の福利の変化

生態系サービスにかかわりの深い人間の福利として，「物の充足度」「環境の快適度」「精神の健康度」を指標とし，その変化を概括した．

ものの充足度の指標とした国民1人あたりのGDPは，戦後一貫して増加を続けた．このもうひとつの指標とした消費仕向量は1970年頃に頭打ちとなり，1990年以降は漸減傾向にある．人間にとって必要不可欠なサービスである食料を主とすれば，日本人は1970年代以降は満ち足りた生活を送れるようになったといえる（図11.5）．

環境の快適度の指標とした水質汚濁と大気汚染にかかわる公害苦情件数は1970年代にピークを示し，大気汚染ではダイオキシン騒動を契機に1990年代後半にもピークがあった．水質汚染と大気汚染では近年のパターンが異なるものの，1960年代からの変遷はかなり類似している．すなわち，環境の快適度という人間の福利は，1960年代後半から急激に悪化して1970年代前半に最も悪い時期を迎えた．ただし，1980年代までには一定レベルまで回復したといえる（図11.5）．

精神の充実度では，1970年代後半以降物質的な豊かさよりも心の豊かさを求める人びとが多くな

り，心の豊かさを求める人は現在も増加している．自殺については，戦後の混乱や貧困，価値観の変化などにより1955年前後の自殺率が高かったものの，その後は安定した．しかし，近年では自殺による死亡率が上昇し，とくに男性の自殺が急増している．このような状況を踏まえ，戦後の復興などにより一度高まった精神の健康度も1970年代以降は一貫して低下傾向にある（図11.5）．

11.4 変化の要因

本節では入手データの関係で関東圏についてのみ記述する．近現代の関東圏では，国際都市東京の動向が最大の間接的・直接的要因である．日本は1955年GATTに加盟し国際経済社会に復帰後，貿易規模と内需を急拡大しながら高度経済成長を実現していったが，それを最大規模で展開しながら牽引したのが東京首都圏である．その急膨張が，関東圏の生態系に対する最大の変化要因として作用して，それがまさに里山破壊となった．

しかし，1990年の冷戦終結と同時に起こった経済バブル崩壊を契機に，産業構造が工業から知識集約・サービス産業主体に一変し，東京首都圏の都市構造も都心回帰へと転じた．全国の人口減少を受けて，知識集約産業の都心立地による東京一極集中の度を強めながら，国際金融経済一体化によるグローバル化を背景として，さらに国際都市化しつつ東京首都圏は収縮へ転じようとしている．それは，関東圏内でも都心アクセス性に劣る地域から第一次，第二次産業の空洞化と縮小が始まり，首都圏辺縁部で人口が顕著に減少し，工場跡地・空き家や空地・耕

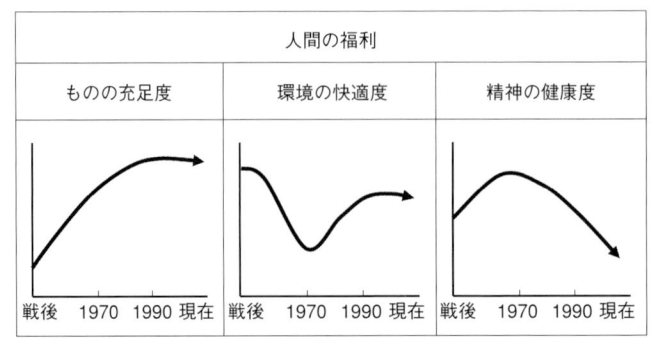

図11.5 人間の福利の全体的傾向

作放棄地がまだらに発生することを意味するが，この新たに発生してくる国土のすきまを再生活用して生態系サービスの多面性を引き出す必要がある．

本節では，間接的変化要因として政治，経済・産業，人口，科学技術・技術革新，社会・文化を，直接的変化要因として自然破壊，人為管理，環境汚染，外来生物，気候変動にかかわる要因を記述したが，以下にそのなかのおもなものだけを取り上げて概説する．

11.4.1　間接的要因
（1）　国際政治経済社会
第二次世界大戦後の時代は1945～1989年の「冷戦の時代」と1990年以降の「冷戦後の時代」に大別される．また，世界経済的には1945～1970年の固定為替制の時期と1971～1989年の変動為替制の時期，さらには1985年プラザ合意を契機とした為替協調管理の影響が顕在化する1990年以降のグローバル経済の時期に大別され，東京首都圏は国際政治経済社会の影響を直接に受け，また関与してきた．

（2）　経済と産業構造
関東圏は大きく東京首都圏の南関東と北関東に大別され，1955～1989年の高度経済成長期の前期1970年まで重化学工業主導で東京首都圏が形成され，1971年変動為替制移行，1973年石油危機を転機に首都圏の高度技術産業・サービス経済化と経済圏の拡大が進行して北関東への第二次産業オーバーフローが始まる．1990年以降東京はグローバル経済に対応した国際都市としての知識集約・サービス経済化が急進し，これに牽引されて産業構造が大転換する（図11.6，11.7）．

（3）　就業構造と人口変動
産業構造の変化を反映して南関東は極端に第三次産業就業者が多く，北関東はまだ第二次産業就業者のウエイトが大きい（図11.8）．1990年以降は北関東の人口が横ばいで，知識集約・サービス産業就業者の多い南関東首都圏は人口増を続け，とくに都心回帰による国際都市東京の人口増が近年目立つ（図11.9）．これは，全国規模での東京一極集中を反映しており，東京首都圏の都心集約縮退が始まっていることを示している．

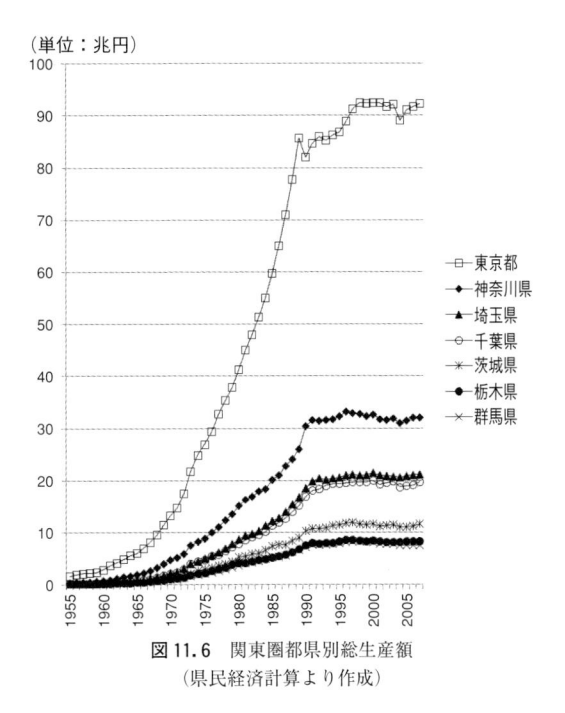

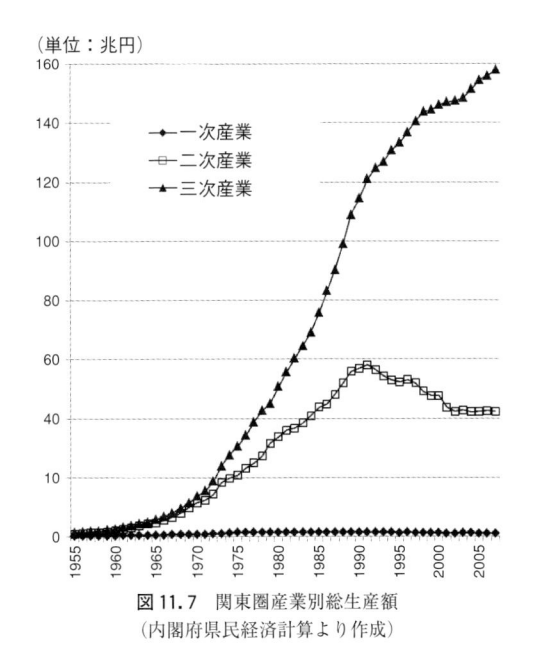

図11.6　関東圏都県別総生産額
（県民経済計算より作成）

図11.7　関東圏産業別総生産額
（内閣府県民経済計算より作成）

11.4.2　直接的要因
（1）　土地利用改変
東京首都圏産業経済の膨張は，里山里海空間を消滅させていくことを代償とした．戦前から開発が進んだ東京・神奈川の農地と東京湾は1970年代前半には開発されつくされ，1970年代は北関東の農地

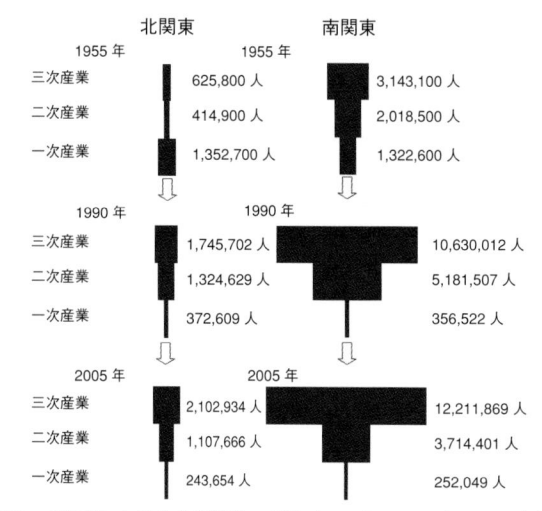

図11.8　北関東・南関東における産業構造の変遷（1955年・1990年・2005年）（本田，2010）
資料：「国勢調査」（産業別就業者数で作成）

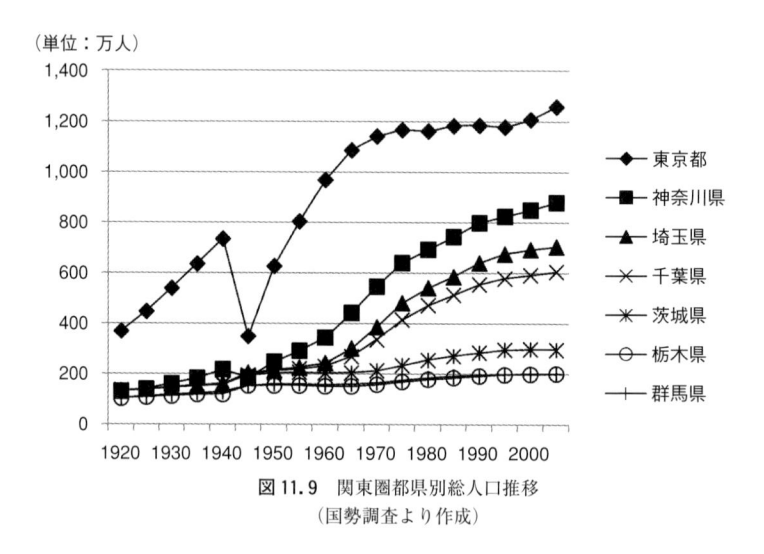

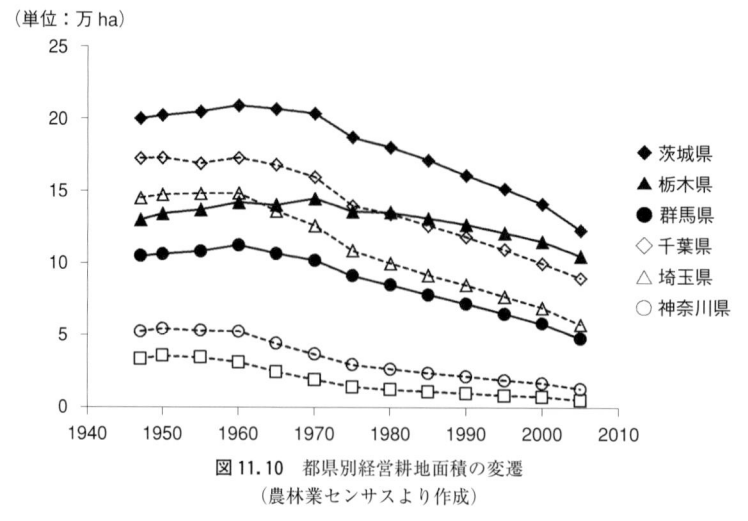

図11.9　関東圏都県別総人口推移
（国勢調査より作成）

図11.10　都県別経営耕地面積の変遷
（農林業センサスより作成）

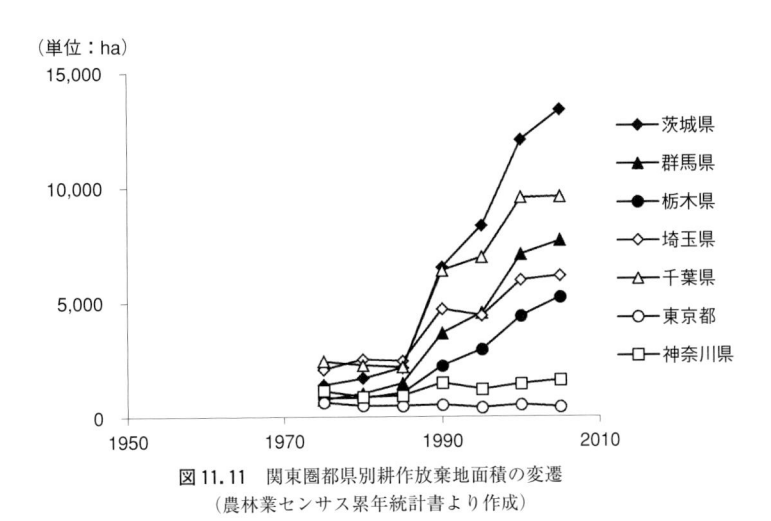

図11.11 関東圏都県別耕作放棄地面積の変遷
（農林業センサス累年統計書より作成）

も減少している（図11.10）．

(2) 人為管理改変

関東周辺の人工林は，輸入材自由化により1960年から管理放棄が始まり，それによる奥山荒廃が鳥獣被害の原因ともなっている．1985年のプラザ合意後の円高と1990年代の米自由化を契機として，耕作放棄地が急増している（図11.11）．都心遠隔地では空き家が急増しており，奥山・里山・郊外でも担い手がなく未管理の国土空間が拡大している．

11.5 対応

里山里海のもたらす生態系サービスを劣化させることなく，持続可能に管理するには今後どのように対処すればよいだろうか．

11.5.1 対応の種類と概要

(1) 制度とガバナンスによる対応

1990年代になると，地球サミットを契機として環境保全や生物多様性の維持への関心が高まり，環境基本法や環境影響評価法などの新たな法律が策定されるようになった．さらに，河川法，森林・林業基本法などの法律が次々と改正され，それぞれの法律において里山を含む環境への配慮が法文において明確に示されるようになった．2000年代には，自然再生推進法，エコツーリズム推進法，景観法などが制定され，新たな観点からの土地利用規制も可能となりつつある．近年では，生物多様性の保全に関する総合的な施策を実施するための基本法として，2009年に生物多様性基本法が策定されている．同法は，生物多様性の深刻な危機のひとつとして，社会経済情勢の変化に伴う人間活動の縮小による里山などの劣化をあげている．里山里海の保全や管理において同法の活用が期待できる．

一方で，地方自治法をはじめとする関係法令が改正されたことを受けて，千葉県，神奈川県のように里山里海の保全を直接の目的とした条例なども策定され始めている．

(2) 経済・インセンティブによる対応

森林のもつ公益的機能を維持することを目的とした，地方自治体による法定外目的税である森林環境税などの導入が全国で進んでいる．神奈川県は，水源環境の保全・再生にかかわる財源を確保するため県税条例を改正し，「水源環境を保全・再生するための個人県民税超過課税」を2007年度から実施している．都市域の市町村レベルでは全国で初めて横浜市が，「横浜みどり税条例」を2009年度から実施している．

2000年から「中山間地等直接支払い制度」が実施されており，里山の維持管理に一定の効果をあげている．2007年からは農地や農業用水などの適切な保全管理や環境保全型農業への転換を目的とした「農地・水・環境保全向上対策」が開始されている．

(3) 社会的・行動的対応

里山里海の管理や保全の担い手として，市民，NGO，NPOの貢献は大きい．千葉県では，土地所有者などと里山活動団体が協定を締結し，これを知

事が認定する「千葉県里山の保全，整備及び活用の促進に関する条例」を制定している．横浜市では，市民によるアマモ場の再生活動を実施している．

（4） 技術的対応

印旛沼，霞ヶ浦などの湖沼における水生植物再生やヨシ原の造成などの自然再生技術，間伐材や林地残材などの木質バイオマスの利用技術などがあげられる．里海においては，アマモ場などの藻場の再生にみられるような自然再生技術がある．金沢人工海浜，船橋海浜公園などのように人工海浜を造成する技術や三番瀬再生事業などの工法の改良・開発も進展している．

（5） 知識および認知的対応

インターネットは，里山里海に関する情報の開示や市民・NPO/NGO の活動支援に幅広く活用されている．千葉県では，2005 年より里山情報バンク制度を運用しており，情報公開の手段としてインターネットが積極的に活用されている．一方で，里山里海の維持管理に大学などが参画する事例が増えている．宇都宮大学は「里山科学センター」を設置し，大学周辺の里山をフィールドとした教育研究・地域貢献活動に取り組んでいる．

（6） 総合的対応（横断的対応）

千葉県では，2008 年に全国初の地域戦略として「生物多様性ちば県戦略」を策定している．一方で，生態系の健全性の回復を目的とした自然再生事業も各地で行われている．

2002 年に，バイオマスの利活用推進に関する具体的取り組みや行動計画を定めた「バイオマス・ニッポン総合戦略」が策定された．バイオマスタウン構想が普及する過程で，里山における木質バイオマスなどの有機資源が活用されることが期待される．

多様な主体が協働・連携し，コウノトリ・トキを指標とした河川および周辺地域における水辺環境の保全・再生方策の実施を通じて，将来のコウノトリ・トキの復帰に向けた魅力ある地域づくりを目指す南関東エコロジカル・ネットワーク形成事業が開始されている．

11.5.2 里山里海をめぐる対応の展望

本クラスターでは，都市中心部においては失われた里山里海の再生が求められる一方で，都市郊外においては拡大する都市に飲み込まれるように姿を消しつつある里山里海の保全や維持管理が求められている．地方自治体では，里山里海を第一義的な目的とした条例などを制定する動きが広がりつつある．

里山里海を対象とした対応は，国際的な取り組みの流れと市民や行政による地域レベルにおける取り組みよって積み重ねられてきた．地球サミットを契機として策定されている生物多様性戦略が，国レベルに加えて自治体レベルでも進められていることはその一例である．生物多様性戦略では，里山里海の保全や再生に関する方向性や具体的な取り組み内容が定められ，これらを地域で積極的に運用することで対応が進むことが期待できる．

一方で，地球温暖化問題への対応を契機として，日本のめざすべき方向性として低炭素社会の構築が位置づけられている．安価な外材の輸入やエネルギー革命によって，里山における森林は木材や燃料源としての価値が低下しているが，今後は再生可能エネルギーとして利用することが期待できる．

また，日本の食料安定供給の観点からも里山里海における農林水産業の振興は重要な課題であり，中山間地域直接支払い制度などを通じて耕作放棄地の拡大抑止，地域振興などを目的とした経済的な対応を推進することが求められる．食料供給に加えて，水源地としての里山に期待される役割も大きい．

大きな人口を抱え経済活動も活発な関東中部クラスターは，さまざまなレベルで里山里海に対する対応への期待も高く，今後も新たな対応がより積極的に生み出され実践されていくことであろう．

11.6 結論（将来シナリオと里山里海イニシアティブ）

人間は，人類誕生直後の原初的社会から地域の自然で生きる村的社会，そして科学技術を発達させ，都市化，文明化したグローバルな都市的社会へ変化した．この過程において，人間社会は人・もの・金融・情報を拡大させるとともに自然を人工的環境へ改変し，生態系の基盤サービスを大きく衰退させた．その結果，里山里海の生態系がもたらしていた食料などの自然資源の「供給サービス」，また大気や水環境などの「調整サービス」，さらに人びとの心と精神を支える「文化的サービス」など，いずれも大きく衰退している．

図11.12 人間の福利と生態系サービスの変遷

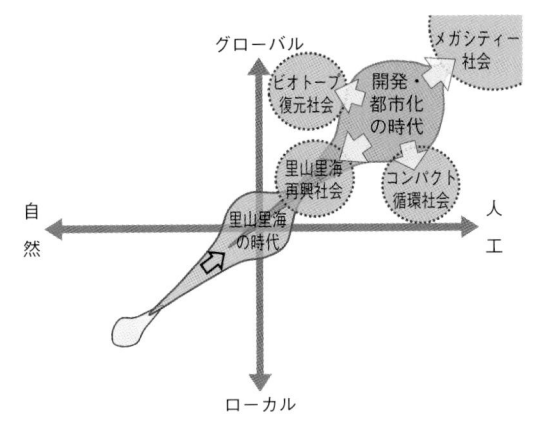

図11.13 人間社会のあゆみを踏まえた都市社会の将来のシナリオ

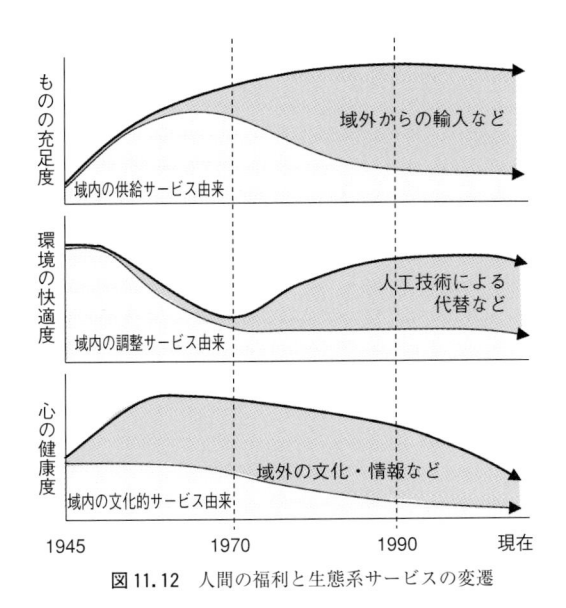

　現在の日本人の福利は，かろうじて外部依存の生態系サービスに支えられている（図11.12）．しかし，食料やエネルギーなど膨大な資源を海外に依存する日本では，今後は人口減少が予測されているとはいえ，足元で放棄された農地や林地が増大していくという現状は，世界的視野においては異常であり，明らかにこれは持続可能な状態ではない．

　里山里海の社会を経て都市および大都市に至る道筋をたどる人間社会のあゆみに対し，将来社会の取り得るシナリオとして「メガシティー社会」「ビオトープ復元社会」「コンパクト循環社会」「里山里海再興社会」の4つが想定された（図11.13）．なお，「ビオトープ復元社会」と「コンパクト循環社会」については「里山里海再興社会」への移行的段階としても位置づけられる．また，これら4つのシナリオの領域については空間的，時間的なモザイクおよびゾーニング構造をとりつつ，全体として持続可能な社会の構築に向けた対策が進むことも想定される．

　さらに4つのシナリオのなかで「里山里海再興社会」のシナリオを選択する場合においても，その現場では都市化進行地域や過疎高齢化地域など多くの課題を抱えている．里山里海の現場課題およびそのポテンシャルを生かした対応の方向性として，近代技術と自然文化，またグローバルとローカルの選択を踏まえ，「テクノタウン里山里海（近代技術・グローバル）」「ガーデニングむら里山里海（自然文化・グローバル）」「ふるさとタウン里山里海（近代技術・ローカル）」「故郷のいなか里山里海（自然文化・ローカル）」の4つの方向性が示された．いずれにしろ，これらの方向性の選択は，各里山里海の現状を踏まえつつそれにかかわる人びと（市民・政策決定者・行政など）に委ねられることになる．

　どのようなシナリオまた方向性においても，持続可能な社会の構築のためにとるべき対応としては，「生物多様性と生態系の把握とモニタリング体制の構築」「地域固有の生物多様性と生態系の保全・再生」「地域の伝統文化や固有技術の保存・活用」「環境負荷および生態系インパクトの低減」「資源・エネルギーの外部依存の縮減」「環境コストの外部経済を内部化するシステムの構築」「自由かつ公正な物流と情報の確保」「生物・生命・いのちの体験・教育」といった基本的な柱が考えられる．

　人間は自然の一員であり，閉鎖地球の生態系サービスは無尽蔵ではない．「経済合理性の価値観ではなく，地域の生物多様性や生態系を守り人びとの文化を尊重し，さらに地球環境の持続性を基本軸とする価値観」，この新たな価値観へのパラダイムシフトを私たちは「里山里海イニシアティブ」として提案する．

クラスター共同議長：大久保達弘，佐土原聡
調整役代表執筆者：長谷川泰洋，林縛治，本田裕子，井上祥一郎，石崎晶子，北澤哲弥，香坂玲，野村英明，小倉久子，大黒俊哉，三瓶由紀，佐藤裕一，高橋俊守，田中貴宏，山口和子，山本美穂，吉田正彦

12

西日本クラスター
―人と自然の影響の深さと洗練された文化

12.1 概要

　過去50年間の日本全体に共通する社会の変化によって，里山をめぐる2つの変化が生じた．1つは，都市化とアンダーユース（使われなくなったこと）であり，もう1つは，生態系サービスの供給と享受の間の地理的距離の拡大である．人間が利用する生態系サービスの供給と享受は，過去にはほとんど集落の範囲内に限られていたものが，現在は海外で供給されるサービスを享受している．これら社会的な変化が，生態系と生態系サービスに変化を生じさせた．そうした変化への社会的対応をレビューしてその効果を評価し，再生可能な自然資源を活用した持続可能社会のシナリオづくりのための資料とする．

　また，里山が持続可能であったことの特徴は，そのモザイクのランドスケープにあるため，生態系や生態系サービスの変化を評価するうえでランドスケープの変化に注目した．

　西日本の府県別人口密度は，全国2位の大阪府から44位の島根県まで幅広く，全国の縮図だといえる．気候は大部分が暖温帯に属すが，冷温帯域とごく一部に亜高山帯を有する．文化的な特徴には，朝鮮半島と近いことや弥生時代以降日本の政治的経済的中心であったことがあげられる．そのため，西日本には原生的な自然植生はきわめてまれであり，大部分が二次林など人為的に改変された履歴をもつ植生である．1986年の植生図（環境省第3回自然環境保全基礎調査）では，総面積の55.3%が二次林で，28.9%が田畑と人工林，自然林の冷温帯落葉広葉樹林，照葉樹林がそれぞれ2.1%，6.3%である．

12.2 歴史的・叙述的文脈

　過去50年の変化は，1950年代後半からの高度経済成長期，1974年の石油ショック以後の成長が鈍化した時期，さらには1992～1993年以降のバブル崩壊後に分けられる．高度経済成長期は，第二次世界大戦後の農地改革や近代化政策の延長線上に，拡大造林や干拓，圃場整備などによって供給サービスの拡大を積極的に推進した．戦後の経済発展は，都市への労働力の集中と一体となってなされた．1955年から1960年までの5年間で，人口3万人を境としてそれより大きな市町村では人口が増加し，小さな市町村では減少している．また，農地改革によって地主・小作の関係が解消され，農地が多数の小規模農家によって所有されることになった．同時に，共有地として利用されていた森林も個人所有や国有林とされた．

　大都市圏では都市拡大やゴルフ場建設による農地転用が著しく，一方過疎地では労働力不足による耕作放棄による農地の山野化が進んだ．過疎化は高標高の山間部でとくに顕著であった．低成長期には，生産物の価格低下や減反政策によって人工林や農地が放棄された．その後，食料輸入の自由化と自給率の低下，そして2000年代以後は人口が減少へと転化した．その結果，耕作放棄は山間部だけでなく低地や都市近郊の農地に及ぶ．同時に，林業など森林の利用も減少した．

　過去50年間に自然保護運動も大きく発展した．1980年代までは，原生自然の保護をおもな目的としたが，1980年代後半になって里山の自然への関

心が高まり，多くの市民が里山保全活動に参加し始めた．また，行政も自然再生推進法や中山間地農業への直接支払いなどによって里山の保全再生を支援している．しかし，こうした努力によって保全活用される地域はごくわずかに限られており，国土全体をどう利用し地域をどう持続させるか課題が残されている．

12.3 現状と変化

12.3.1 生態系の変化

西日本の生態系は，1955年以後の50年間に大きく変化した．大きな変化がみられるのは，草地（荒地）の減少，都市拡大，森林の質的変化，水田の圃場整備，湿地の消失である．

12.3.2 農地

西日本の耕地面積は，1955年から2000年の間に1,642,246 haから984,844 haに減少した．農業生産性を高めるために農地の基盤整備が進められた．基盤整備によって水田の区画が大きくされるとともに，非耕作期に水田から完全に排水して乾田化することや，用排水路の分離とコンクリート化あるいはパイプライン化がなされた．ダムが建設され，用水路が整備された．その結果，灌漑施設としてのため池の役割が低下し，管理されずに放置されたり埋め立てられた．これらは，水田を生息場所とする両生類や魚類，水生昆虫，さらにそれらを餌とする鳥類の生息に大きな影響を及ぼした．大阪府では1960〜2006年の期間に農地全体で68.2%減少した．1975年の耕作放棄地面積は291 haで，府下の農地面積のわずか1.2%にすぎなかったが，その後増加の傾向をたどり2005年には1975年の2.7倍の798 haにも達した．これは府下の農地面積の5.4%を占める．

12.3.3 森林

1960年から2005年までに森林面積は，8,100,071 haから8,175,603 haへと微増した．面積に変化はないものの内容は大きく変化した．アカマツなどの二次林が減少し，スギ・ヒノキの人工林面積が増加した．宮崎県全体で1962年には37%だった人工林率は1973年には60%を超え，現在では61%となっており，照葉樹林天然林は減少した．宮崎市高岡町では，広葉樹林の被覆割合が20%から14%に減少した一方，針葉樹林は6%から35%へ増加しており，そのほとんどは拡大造林政策による人工林化に伴う変化であると考えられた．

都市近郊では，丘陵地を中心に宅地化が進み里山林が消失した．里山林の資源利用が減少し質的な変化を招いた．マツ林を含む薪炭林では，1980年代にマツ枯れ（マツ材線虫病）が著しく増加した．次に，1990年代以降福井県，滋賀県北部からナラ枯れ（菌による伝染病）が増加した．モウソウチク林の増加も顕著である．

12.3.4 草地

草地面積は1960年には243,835 haであったが2005年には58,211 haと4分の1に減少した．中山間地では草地（荒地）の減少が顕著であり，鳥取県千代川流域では荒地の面積は1900（明治33）年では25,392 ha（占有率21.3%）であったが，現在では1,120 ha（占有率0.9%），宮崎市高岡町内の低地丘陵では被覆割合は1952年には20%であったが，1999年には8%に，丹後半島では1900年から1990年の間に約1/6に減少した．荒地の面積が著しく減少した時期は1995（昭和30）年以降であった．千代川流域内の智頭町において荒地であった場所は，現在ではその69%が針葉樹林へと変化した．

12.3.5 陸水

陸水にも大きな変化がみられ，琵琶湖の内湖や氾濫原の干拓，護岸の整備が進んだ．琵琶湖の内湖の面積は，1900年に103個3,515 haであったものが，干拓によって2003年までに23個429 haに減少した．また，淀川三川合流付近にあった巨椋池（800 ha）も1941年までに干拓された．淀川の直線化と河床の掘り下げが進み，堰による水位安定化がなされた．

12.3.6 里山ランドスケープ

里山の特徴は，それを構成する自然的，社会的要素が時間と空間のなかでパッチ，モザイク状に分布する点にある．1900年頃の京都府上世屋・五十河地区の里山景観は，集落を中心に耕作地が位置し，

水源の得られる緩傾斜地は可能な限り水田として利用され，その周辺の緩傾斜地は畑地や採草地や陰伐地として利用された．その周辺には茅場などの半共有地があり，その外側に日常に利用する薪炭林や人工林が位置していた．最も遠い位置には共有林となる森林があった．

しかし，1950年代以降になると伝統的な土地利用形態に目立った変化が見られるようになった．焼畑は完全に消失した．化学肥料の普及に伴い，有機肥料を供給してきた採草地や陰伐地が激減した．化石燃料の普及により薪炭林の需要が激減し，利用されない里山林が増加した．アカマツ林は，パルプチップ材として大面積の皆伐や深刻なマツ枯れにより面積が減少した．その結果，景観の重要な構成要素であった境界地は消失し，わずかな耕作地と人工林率が急速に高くなった森林とが直接隣接するようになった．

12.3.7 生物多様性

近畿地方の絶滅のおそれのある維管束植物は940種にのぼる．生育環境別に分けた内訳をみると二次林に生育する種が354種と最も多く，里草地の種も95種と多い．

一方，日本国内に残存する照葉樹林は10 ha以下の小さな面積の群落が75%を占めており，保護状態が悪いと判定されている場所も少なくない．宮崎県では，1970年代，1980年代に調査された照葉樹林の約半数が人工林化や開発により改変されていることがわかった．

里山は，森や水田，草地など異なる生態系が狭い範囲でモザイクを形成していることによって，独特の生物多様性を支えている．両生類やサシバのような猛禽類などは，森林と水田どちらか片方しかない場所には生息せず，両者のエッジ長の長い場所で生息率が高い．森林と農地や草地との境界付近では，チョウ，寄生バチ，訪花昆虫，鳥などで種数が増加することが報告されている．こうした種は，モザイク景観の減少によって，個体数を減少させた．

一方，哺乳類について，環境省自然環境保全基礎調査によると，1978年から2003年の間にニホンジカやカモシカなどいくつかの哺乳類の分布は，増加傾向にあった．

12.3.8 供給サービス

近畿地方の林業産出額は，1980年をピークに減少し続けている．しかし，宮崎県ではスギは拡大造林によって資源基盤が拡大し，生産量は1980年から2000年にかけてほぼ2倍に増えた．広葉樹は，製紙会社が海外原料への依存を強め，1980年頃は盛んであったシイタケのほだ木としてのクヌギの生産が低下し生産は減少した．マツについては，1965年には広島県の全素材生産量1,306,000 m^3 のうち約51%にあたる671,000 m^3 がマツ材であったのが，1970年には383,000 m^3 と半減し，2006年には74,000 m^3 に落ち込んだ．

炭生産量は，宮崎県では1945年の25,000 tから1957年には62,000 tに増加した．しかし，その後1962年には13,000 tに減少した．1970年代以降竹材生産量も激減した．タケノコは1990年代半ばに水煮タケノコの中国などからの輸入量が過半を超え，現在の日本のタケノコ自給率は10%程度まで落ち込んでいる．

主食である米の生産量（全国）は，1960年以来下降し続けている．イモ類の生産量は1962年をピークに1970年代前半までに半減し，以後400万 t前後を維持している．野菜類は1960年代に増加したものの1990年代に低下，果実は1980年代に低下した．肉類は1980年代まで増加し続け1990年代にやや低下した．

草地を利用した放牧などは衰退している．島根県の三瓶牧野の放牧頭数は1950年に1,200頭だったのが，2000年には100頭に減少した．カヤ刈り場は，茅葺き屋根資材の供給場として集落に不可欠であり，また堆肥や厩肥原料，マルチ資材（畑作地や茶畑）として農業生産活動にも不可欠であった．これらは，瓦やビニールによって置き換えられた．

琵琶湖では，水産物の総漁獲量は1950年代に10,000 tあったものが，2006年には1,837 tへと減少が著しい．とくにフナ類，ホンモロコなど湖岸や内湖の水草帯で産卵する魚類の減少が著しく，アユ・ビワマスなど河川で産卵し，かつ沖合で生活する魚では減少がみられない．主要漁獲対象魚であるニゴロブナ，ゲンゴロウブナ，ホンモロコ，イサザなどの固有種も環境省レッドリストにおいて絶滅危惧種に指定されている．

飲料水を含む生活用水の使用量は増加している．

その増加分はダムによって確保されている．水道便覧によると，1965年の年間取水量は665,400万 m^3 であったのが，1994年には1,679,600万 m^3 に増加し，そのうちダムを供給源とする割合は11%から36%に増加した．

12.3.9 調整サービス

宮崎県綾南川が綾北川と合流する少し上流（綾南橋）で，平水流量（185日水位）および低水流量（275日水位）が，1970年代から現在に至る約40年間に3分の1ほどに減少した．この期間の気象庁国富観測所の雨量データは減少傾向を示さないことから，何らかの流域の要因が平水時の流量を減少させていると考えられる．山地からの水の流出量は，森林を伐採すると増加することが知られている．樹木の蒸散による大気中への水の放出がなくなり，そのぶんが表面水あるいは地下水として流出するためである．1950年代から1960年代にかけての拡大造林政策により，綾南川流域も自然林が伐採されて人工林の植樹が行われてきた．流量の減少傾向は，この期間に綾南川流域の植林地の樹木が成長して蒸散量が増えた結果，河川への流出量が減少してきたためではないかと推定される．

日本における海岸林または海岸保安林面積は，1990年において飛砂防備林（16,244 ha），防風林（54,770 ha），潮害防備林（13,113 ha），防霧林（51,317 ha），魚つき林（27,808 ha），航行目標林（1,101 ha）の合計164,353 haとなっている．これらは調整サービスを期待した森林である．一方，川から海への土砂の輸送が減少し，海岸侵食速度が明治時代から1988年頃までは年間72 haであったものが，1988年以後は年間160 haに増加した．

大阪周辺では市街化に伴う土地被覆の変化が進んだ．大阪市の中心部では1960年代には都市化による気温上昇効果が1℃を越えた．都市効果を示す範囲は1990年代には平野部のほぼ全域にまで広がった．また，1990年代の都心部の都市効果は2℃を上回った．その結果，都市において開花や萌芽など春の植物季節現象が早く現れることによって昆虫などの個体数も早く増加し，渡り鳥が周辺地域より大都市に早く渡来する現象へとつながる．また，大都市の中心ではより南方の温暖な地域で生育する植物が生存可能になるなど，都市域の植生への影響が

実際に報告されている．

12.3.10 文化的サービス

文化的サービスとしては，生産のための里山利用を通じた地域コミュニティーの形成，文化の創造などがあり，それらが人間の福利につながっている．

地域コミュニティーによる入会的なアカマツ林の利用・管理によって，結果的に生物多様性や生態系サービス，人間の福利の向上につながるような事例がいくつか報告されている．たとえば，高齢者コミュニティー組織による生きがい対策事業としてのマツタケ山整備活動がアカマツ林の保全だけでなく林床植生の多様性を高め，またコミュニティー内部の連携を深めることにつながった事例があげられる．

半自然草原は，絶えず人手が加えられることでほぼ一定した環境が保たれる文化的景観である．つまり，農業や生活のために草を利用することで，森林へと進むはずの植生遷移が途中の状態（半自然草原）にとどめられてきた．このような伝統的な草原管理の歴史は，草原に付随する技術，農具，慣習の伝承，持続的な草利用を図るための集落の決まりごとなどを通じてつむがれ，また一方では，地域の自然に根ざした生活文化や風景を生み出してきた．たとえば，草原に咲く秋の七草は万葉の時代より歌に詠まれるなど愛でられてきたし，お盆の時期に墓前に供える花を野でとる「盆花採り」は，8月の農家の仕事の1つであった．また，阿蘇地方では秋に採草地近くで野営するためにススキで小屋（草泊まり）をつくるといった光景もみられた．しかし，過去50年間に草地の利用が減少し，それとともに草地とその文化が失われつつある．

京都近郊の里山では，伝統行事に欠かせない自然資源が収穫されてきた．たとえば，大文字山の送り火では，地元の保存会が数百年にわたり共有林を管理し，山の斜面の火床で灯すアカマツの薪材を確保している．しかし，保存会による2007年の調査では，大文字山の送り火の薪材を供給している共有林では，80～100年生のマツはほぼすべてが枯れており，大文字山を含む五山の送り火に必要な材料の確保が難しくなっている．町中から眺めた東山の美しい風景は，江戸時代の与謝蕪村の『夜色楼台図』などの絵画に描かれてきた．日本庭園では，周辺の風景を庭園に取り込む借景と呼ばれる手法が古くから

あり，東山を借景とする庭園が多くあった．しかし，長い間京都の人びとにイメージとして共有されていた東山のアカマツ林は，現在は大部分が常緑広葉樹林へと遷移が進行し，景観の質が変化してしまった．

林，川，水田，草原といったさまざまな自然要素を含んだ里山は，子供の多様な自然体験の場として重要である．子供時代の遊びを通した自然体験は，動植物やその生息空間の認識を促すだけではなく感性を発達させることに寄与し，さらに成長後の自然観や環境価値観に影響を及ぼすことが指摘されている．子供の遊び環境は1965年前後を境に急激に悪化し，1955年頃から1975年頃の遊び環境を比較したとき，遊び時間・空間の減少，遊び方法の貧困化，遊び集団の縮小が著しいことが報告されている．1975年頃と1995年頃を比較しても，遊び時間・空間の減少，外遊びの貧困化，遊び集団の同年齢化が指摘されている．このうち，林や川などの自然スペースでの遊びは，時間，空間ともに減少している．

里山管理や農業体験を組み入れたエコツーリズムは拡大している．照葉樹林をキーワードとした綾町への観光客数は，1996年以後に1980年の5倍に達している．また，草地である阿蘇地域の観光客数も増加している．

12.3.11　人間の福利とのつながり

全国生産農業所得は，1955年に1兆1,411億円から増加し，1978年に最高額5兆4,206億円に達した後減少し，2005年には3兆3,066億円となった．近年の農業所得の減少は過疎県と大都市圏で大きく，島根県では最高年と比較して35%の金額に低下した．人口10万人あたりの自殺率は1955年には25人であったが，1965年には15人に減少した．しかし，1988年以降再び約25人の高い水準が維持されている．都道府県別では，島根，宮崎，高知，和歌山，佐賀が高く，高齢化や経済問題が影響している．里山の生態系サービスの低下は，おもに過疎地の高齢者層の福利に強い影響を与えているが，都市におけるアメニティーの低下や調整機能を補完するための費用やエネルギー消費を通じて，国民全体の福利に影響を与えている．

このように中山間地では過疎化が進み，人口減少と高齢化のためにコミュニティー機能が維持できなくなったり廃村に至っている．農家数が5戸以下の農業集落の数は，1980年に全国で4,932であったのが，2000年には12,135に増加した．逆に，里山を消失させて発達した都市では，多くの生態系サービスは域外から得ている．たとえば，大阪府の2006年度食料自給率（カロリーベース）は2%にすぎない．大阪府の2000年のエコロジカルフットプリントは約1,900万haと土地面積の100倍に達する．こうした変化により，地域の持続可能性が損なわれている．

12.4　変化の要因

12.4.1　概況

西日本では，都市化と過疎化に伴い里山生態系が「都市に飲み込まれる」タイプと「森に還る」タイプに大きく分岐することになった．「都市に飲み込まれる」タイプの里山では，里山が宅地開発などで生態系自体が消失し，生態系サービスも失われた．一方，「森に還る」タイプの里山では，燃料革命や材料革命によって供給サービスが十分に活用されず，二次林や竹林が管理放棄されるとともにイノシシやシカによる農作物への獣害が著しくなっている．

その要因は，戦後復興に伴った日本の産業構造の変化であり，第一次産業から第二次，第三次産業へと就業人口比率が変化するとともに，農山村から都市圏へと人口の大規模な移動が起こった．また，木炭や薪から石油や天然ガスへのエネルギーの変換である燃料革命と，タケや木製品からプラスチック製品への日用品の変換である材料革命，あるいは安い外材やタケ製品などの輸入というグローバル化の進行によって，里山の供給サービスが利用されなくなったことである．現在，都市近郊の里山では行政や市民ボランティア活動として，また過疎地の一部の里山ではグリーンツーリズムや環境教育，農産物直販所などを通じた都市と農山村の交流の場として，文化的サービスを里山に求める里山復権の動きがみられるようになった．

12.4.2　農地生態系

西日本の農地生態系の変化のおもな間接的要因には，①社会構造の変化，②科学技術の発達，③生活

表 12.1 生態系サービスの現状と傾向の概要（西日本クラスター）

生態系サービス	下位区分	人間の利用	向上/劣化	備考
供給サービス				
食料	穀物・いも	▼	＋/−	穀物・いもの生産量が減少したおもな要因は，消費量減少に伴う生産面積の減少である．農地の生産力は低下しておらず，基盤整備により向上したところが多い．
	野菜・果実	＝	＋/−	野菜・果実の生産量は50年前と比較して大きな違いはない．品種改良や生産方法の改善によって，生産効率は向上した．
	畜産	▲	＋/−	肉，卵，牛乳の生産量は増加したが，狭い場所での集中的な養鶏，養豚，牛の飼育の増加がおもな要因である．生産量の増加は輸入飼料の増加によるものであり，里山の生態系サービスとはいえない．
	漁獲	▼	▼	琵琶湖や綾町河川における漁獲量は減少した．
	野生動植物産品	▼	＋/−	食料としての野鳥の捕獲は減少した．おもに法律の厳格化による．キノコ山菜の採取も減少したものが多い．マツタケのように発生量が減少した種もあるが，発生量は減少していなくて，食生活の変化によって利用されなくなった種もある．
	シカ・イノシシ	NA	▲	シカ，イノシシの捕獲数と個体数は増加した．ただし有害鳥獣としての捕獲を含み，利用について，定量的なデータは得られなかった．
繊維	木材	▼	＋/−	木材の生産量は減少した．森林の蓄積量は増加したが，植林後管理されずに木材としての質が劣化した森林も見られる．ただし，木材の利用は増加している．これは輸入材によってまかなわれている．
	綿・麻・絹	▼	▼	綿花，麻，カイコの栽培・飼育は減少した．しかし，これらの繊維の利用は増加している．海外からの輸入によってまかなわれている．
	カヤ	▼	▼	屋根材としてのカヤの利用はほとんどなくなった．カヤを採取する草地も著しく減少した．
非木材林産物	炭	▼	＋/−	薪炭の利用は著しく減少した．化石燃料に置き換わったためである．かつて利用されていたアカマツは病害による枯死や遷移によって減少した．コナラなどは大きく成長したが，萌芽更新に適さない．また，アカマツ同様，病害虫による枯死や遷移による減少の兆しがある．
	タケ	▼	＋/−	タケ材の利用は著しく減少した．タケ材によってつくられていた製品はプラスチックに置き換わった．食用タケノコの生産も減少したが，消費の減少のためでなく，輸入は増加している．利用されないことによってモウソウチク林が拡大して，森林を圧迫していることが問題となっている．
水		▲	＋/−	水の供給量は増加した．大部分はダム建設によるものである．森林の樹木が生長したことによる流量への影響は複雑である．
調整サービス				
大気の調整		NA	NA	
気候の調整	地球規模	▲	NA	西日本での二酸化炭素の排出は増加し，その一部は域内の生態系によって吸収されていると考えられる．
	地域，地方レベル	▼	▼	都市ではヒートアイランド現象が拡大している．過去50年間に，緑化の努力はなされているものの，都市化による緑地の減少よりはるかに少ない．
斜面固定		▲	▲	山地緑化により土砂崩れが防がれている．
洪水緩和		NA	NA	洪水は減少した．また，洪水によって利用できなかった土地を治水によって利用している．これらはダムや堤防，排水路による成果であり，生態系サービスとしての洪水緩和機能の変化は不明．
養浜		▼	▼	ダム建設などによって，河川から砂泥が供給されなくなり，ほとんどの海浜が浸食されている．
獣害		▲	▼	負のサービスが増加したとしている．シカ，イノシシ，サルなどによる獣害が増加している．

文化的サービス				
伝統文化に用いる自然資源		▼	▼	盆花，敷き松葉，ササの葉，マツの薪，ツツジの柴などがとれなくなった．
環境教育		▲	▼	環境教育による利用は増加した（50年前には環境教育という言葉はなかった）．
景観		▲	＋／−	景観の利用を定量的に評価できないが，景観法の制定にみるように利用が増加していると考えられる．樹木の生長や保全活動などにより自然景観の向上した場所もあるが，開発，耕作放棄，遷移などによって劣化した場所もある．
レクリエーション		▲	＋／−	自然公園等の利用者は増加した．保護管理により向上した場所もあるが，道路やリゾート建設によって劣化した場所もある．

凡例：
 ▲＝増加（人間の利用の例）あるいは向上（向上／劣化の例）
 ▼＝減少（人間の利用の例）あるいは劣化（向上／劣化の例）
 ＝＝ほとんど変化していない
 ＋／−＝混合（傾向は，過去50年にわたって増加および減少している．あるいは，いくつかの項目/地域では増加し，他では減少している．）
 NA＝本評価では評価されなかった．サービスはまったく検討されなかった場合もあれば，そのサービスについて検討されたが，利用可能な情報やデータでは，人間の利用の傾向や状態を評価できなかった場合もある．

様式の変化，④社会制度，がある．

(1) 社会構造の変化

1955年以後の50年間は高度経済成長期と1974年の石油ショック以後の中成長期，1992〜1993年のバブル崩壊後の低成長期に分けられる．人口増加率も1975年以後に低下した．しかし，人口の推移は地域によって大きく異なり，近畿圏や大都市を抱える県では前半期の人口急増期と後半の停滞期に分かれるが，島根県などは都市への人口移動によって前半期から一貫した人口減少がみられる．農地減少や耕作放棄地増加の背景には，農業の担い手問題（高齢化・後継者不足・兼業化など）が存在する．大阪府下の総農家数は，1950年の9万2,090戸から2005年には2万7,893戸へと大きく減少した．

(2) 科学技術の発達

1955（昭和30）年以降の各地の総合開発計画でダムの建設や河川堤防の築堤が行われ，農業生産の安定化が図られた．同時に農地保全事業や区画整備事業が実施され，農業用の整地面積が増大するとともに排水路や農道の整備が進められた．大型トラクター，乗用田植機，コンバイン，乾燥機などの動力機械の導入が進み，農作業の効率化が図られたため，かつて「結い」のようなかたちで行われた集落での共同作業は激減した．

(3) 生活様式の変化

1965年には国民1人あたりの年間米消費量は112 kgであったが，2005年には59 kgとほぼ半減した．

(4) 社会政度

1969年の減反政策から現在まで米の生産調整が実施され，水田面積の30％が転作されてきた．野菜や果樹に転作されたものも多いが，中山間地の水田の多くは転作から不耕作，耕作放棄への道をたどり，「森に還る」里山の増加の原因となった．

12.4.3 森林生態系

森林生態系の変化のおもな間接的要因には，①社会構造の変化，②生活様式の変化，③社会制度，がある．

(1) 社会構造の変化

山村では深刻な過疎化が進んでおり，高齢化を伴って，林業に従事する人材の不足を招いている．その要因は，都市化や高度産業化を促進する政策にもあるが，安い外材の輸入，エネルギーの変換である燃料革命と材料革命，外国産の繊維輸入による養蚕や麻栽培の衰退などによって山村の観光以外の産業がほぼ壊滅したからである．1990年代半ばに中国などから輸入された水煮タケノコがシェアの半分を超えた段階で，モウソウチク林の多くも放置されることになった．現在の日本のタケノコ自給率は10％程度にまで落ち込んでいる．現在の竹林拡大は，モウソウチク林の放置が主因である．

(2) 生活様式の変化

木炭や薪から石油や天然ガスへのエネルギーの変換である燃料革命が起こり，山村の大きな産業の1

つである製炭業が壊滅した．また，日用品のうちタケ製品や木製品，つる製品の大部分はプラスティック製品へ転換し,タケや木の加工,つる編み物といった手工芸が衰退した．外国産の綿や絹を輸入することで養蚕や麻栽培が衰退し，洋紙の普及でコウゾやミツマタを利用した和紙製造が衰退した．

（3）社会政度

戦後復興の過程で木材需要が高まり1960年頃から木材価格が急騰し，国民経済に深刻な影響を与えたため「木材価格安定緊急対策」が策定され，宮崎県では県内の国有林で1955年頃の6億m³の収穫量を1963年には12億m³に倍加する伐採を行い，人工造林も1966年には3,810 haへと拡大していった．しかし，国産材を使った純日本家屋の需要が減少し，国内産の木材が急速に使われなくなった．価格が安く，規格がそろった外材の輸入増加により国内の木材自給率は停滞した．森林所有者の収入となるスギの山元立木価格が，1980年には約18,000円/m³だったのが，2000年には2,000円/m³という価格低迷で，伐採しても搬出することもできず間伐も進まない状況である．

12.4.4 草地生態系

草地生態系の変化のおもな間接的要因には，①社会構造の変化，②科学技術の発達，③生活様式の変化，④社会制度，がある．

（1）社会構造の変化

農業生態系，森林生態系と同様，農山村地域では人口が減少し過疎化が進んだ．高齢化も並行して進行し，農畜産業従事者の減少と高齢化が生じた．耕作地の放棄は，周辺の草刈り場の管理放棄なども引き起こした．また，各地で行われている火入れ作業では過疎化・高齢化による担い手不足が大きな課題になっており，火入れの中止や規模の縮小が生じている．

（2）科学技術の発達

化学肥料が普及するまでは水田など耕作地に用いる肥料は，周辺から供給・投入されていた．水田1反に対して草地5反分の草が必要ともいわれた．化学肥料の普及に伴い，これらのような草資源を肥料として利用する機会は著しく減少した．牛馬は，かつては農耕や運搬のための労働力として不可欠な存在であった．島根県三瓶山麓のある集落では，昭和のはじめ頃は約840戸のうち実に670戸の家が牛を飼っており，頭数は1,700頭を越えていた．耕耘機などが普及するにつれ，労役としての牛馬は不要なものになっていった．集落から家畜が消えると飼料を得るための採草は減り，また放牧地は利用されなくなった．採草は，牛馬の飼料や敷草のほか茅葺き家屋の材料としても不可欠であった．

（3）生活様式の変化

屋根瓦が普及すると茅葺き屋根のための採草は不要となり，採草や火入れといった管理は減少していった．牛馬の飼料は，かつては畦畔や採草地から得られた草，水田のわらなどが中心であった．牛馬の飼育目的が労役から酪農などへ移ると，飼料としての草資源は野草から牧草へとシフトしていき，草地改良により人工草地化が進んだ．

（4）社会制度

1960年頃から拡大造林政策が進められた．上記のような理由で管理放棄された草地は，多くが造林地へと変えられた．

12.4.5 陸水生態系

琵琶湖の変化のおもな間接的要因には，①科学技術の発達，②生活様式の変化，③社会制度，がある．

（1）科学技術の発達

網材料や漁船の性能の向上は，おのずと魚類の漁獲効率を上げ，ひいては知らず知らずのうちに魚類の乱獲を招いていると考えられる．

（2）生活様式の変化

琵琶湖地域は，京阪神のベッドタウンとして戦後は人口が増加傾向にあり，それとあいまって流域から多くの汚染負荷が流入した．その結果，富栄養化が進行した．

（3）社会政度

ヨシ帯や内湖の面積が著しく減少し，また湖岸の人工護岸化により自然湖岸が減少している．また，最近では1992年に制定された瀬田川洗堰操作規則の運用によって水位が操作されており，コイ，フナ類，ホンモロコなどの卵が干上がる事態も生じている．フナ類，コイ，ナマズなどが，過去数十年間に平野部一帯で行われた基盤整備事業により，水田と水路間の落差が増大することによって水田内へ入れなくなってしまったことも，在来魚を減少させた原因の1つと考えられている．北アメリカ原産のオオ

クチバスとブルーギルによる在来魚への捕食圧，生態的競合などによって，生活史の全般を湖岸域でおくる魚類ならびに沖合性魚類のうちでも初期生活の場を沿岸域とする魚類の多くが減少，または絶滅に瀕するようになっている．

12.5 対応

12.5.1 土地利用計画等

大阪府では1970年に全域を都市計画区域に指定．当時の市街化区域の農地は府下農地総面積の48.2％にも達していた．市街化調整区域も1995～2006年の農地転用のうち34.2％を占め，大幅な都市化政策の歯止めである線引きという対応すら有効に農地保全に機能しなかった．生産緑地法（1974年），改正生産緑地法（1992年）は市街地に緑を確保する対応といえるが，1995～2006年の期間に市街化区域内農地のうち生産緑地地区の農地減少が8.7％であったのに対し，それ以外で宅地化する農地面積は27.4％と，一定の都市化抑制効果はあった．農業振興地域（2006年において農地9,687 ha（29.8％），農業用施設用地17 ha，山林原野9,527 ha（29.3％），その他13,330 ha（40.9％））が都市化へのささやかな歯止めとなっている．里山自然の生物相保全対応は，三草山（1992年で14.48 ha）や地黄湿地（1998年で17.70 ha）の「緑地環境保全地域」指定などごく限られたものとなっている．

一方，京都では風致地区条例（1930年），「古都における歴史的風土の保存に関する特別措置法」（1966年），近郊緑地保全区域（1969年で3,333 ha），近郊緑地特別保全地区（1996年に212 ha），特別緑地保全地区（1981年および1994年で26 ha）「京都市自然風景保全条例」（1995年）など，法的規制によって都市スプロールの抑制，景観保全に成功している．

12.5.2 近年の農業分野における対応

大阪府では「エコファーマー」（持続性の高い農業生産方式の認定を受けた農業者）や「大阪エコ農産物」などの認定制度がある．市民農園も農地転用や耕作放棄の抑制効果が期待されるが，2007年現在大阪府下では709箇所78 haにとどまっている．

中山間地域においては，「中山間直接支払制度」や「農地・水・環境保全向上対策」を活用した集落単位での取り組みに対して支援が行われている．一部，地域の非農家や都市住民，NPO法人など多様な主体の参画もみられる．

兵庫県豊岡市では，水田の冬期湛水・早期湛水・深水管理・中干し延期に加え，農薬や化学肥料の低減・魚道の設置などを行う「コウノトリを育む農法」を推進して生物多様性を確保すると同時に，ブランド認定（「コウノトリの舞」）を行うことによって高付加価値化を実現している．

丹後半島の上世屋・五十河地区では，里山の文化的サービスへの関心の高まりを背景に，地元および近郊都市の市民団体の活動が1990年代から始まり，棚田米を使った醸造会社，伝統的地域文化である藤織の保存会，都市住民に農業を教える塾，ペンション経営者，学生，農家などが里山文化の情報の共有と活動のネットワーク化を図って成果を上げている．

現在，農家への直接支払いが新政権の政策としても検討されているが，生態系・生物多様性保全の観点からはより明確な農地のゾーニングもしくはエリア指定が不可欠であろう．つまり，食料生産のための農地と環境保全のための農地を明確に区分し，後者に対しては厳しい規制を課す代わりに，環境保全のための補助を手厚くする対応が必要と思われる．

12.5.3 戦後の森林・林業の主要な施策

戦後の対応は，まず著しく荒廃した山の保全の対応が主であり，西日本を襲った集中豪雨（1953年）による大水害を背景に「保安林整備臨時措置法」が制定（1954年）され，荒廃地造林が推進された．その後，戦後の復興に伴う将来の木材需要の増大と燃料革命に伴う薪炭材の需要減少などから針葉樹林への積極的な転換，スギ・ヒノキを中心とする針葉樹人工林資源の大量造成時代に入った．しかし，1970頃から森林のもつ公益的機能への関心が高まっていき，「流域管理システム」（1991年），国有林野における国土保全林，自然維持林，森林空間利用林，木材生産林の4つに類型区分（その後の森林資源基本計画では，水土保全林，森林と人との共生林および資源の循環利用林の3つに変更）など，木材生産機能重視から公益的機能重視へと転換された．

12.5.4 草地

近年では，バイオマス生産，観光資源，生物多様性保全，地域文化の伝承など，草原のもつさまざまな価値が再認識されつつある．熊本県の阿蘇地方では年間1,900万人の観光客が訪れるが，その目当ては雄大な草原景観であり，全国に先駆けて都市住民が草原管理へ参加する「野焼き支援ボランティア」のしくみがつくられている．1995年より全国草原サミット・シンポジウムが多くの関係者を交えて開催されるようになり，各種活動のサポートが図られている．

12.5.5 琵琶湖

琵琶湖はラムサール条約登録湿地（1993年登録，西の湖が2008年に追加指定）となっており，魚類の産卵・生育環境の荒廃に対して，内湖再生の試み，ヨシ帯の保護と造成，水田へ魚を侵入させるための魚道整備などが行われている．湖水位の調節に関しては，魚類の産卵への影響を低減させるための堰操作が試行されている．外来種の侵入と繁殖については，特定外来種については再放流の禁止などの対応がある．しかし，漁獲は十分に回復していない．水質環境の悪化については，「滋賀県琵琶湖の富栄養化の防止に関する条例」や下水道普及によって富栄養化は改善されつつある．

12.5.6 天然記念物・自然公園

自然公園はこれまで優れた自然景観地が対象であったが，丹後天橋立大江山国定公園（2007年指定）では国立・国定公園としては明示的に里山景観が指定対象となった最初の事例であり，上世屋の里山ブナ林や棚田などの里山文化景観を含んでいる．これに先立ち，大阪府では北摂の能勢町ほか10地区を「大阪府立北摂自然公園」として指定し，それらを自然歩道でつなぐ計画を2001年に行ったが，これは自然公園法に基づく里山保全への対応の最初の事例と思われる．しかし，その指定はおおむね山林部分に限られ，農山村景観の多様なモザイク構造が担保されたわけではない．1963年に大山隠岐国立公園に編入された三瓶山では1988年に火入れ再開，1995年には放牧を再開している．

12.5.7 その他

西日本の里山は，アカマツ林が最も主要な植生タイプであり，松くい虫被害も甚大である．1977年以降「松くい虫被害対策特別措置法」および1997年以降一本化された「森林病害虫等防除法」で対応してきたがいまだに収束しない．近年抵抗性マツの導入が試みられかけている一方，社会的な連携で京都の大文字送り火や鞍馬火祭りの薪材確保の運動が展開されるなどの対応がある．

1985年宮崎県 東諸県郡綾町の80%を占める照葉樹林を生かした「照葉樹林都市・綾」宣言は，照葉樹林の生態系サービスの1つ豊かな水資源を求めた焼酎工場の誘致につながり，テーマパークは1996年以降年間100万人を越す観光客を呼び込んでいる．2005年から林野庁九州森林管理局，宮崎県，綾町，（財）日本自然保護協会，てるはの森の会の五者で「綾川流域照葉樹林帯保護・復元計画」の協定が結ばれている．

良好な里山の保全にインセンティブを与える対応として，100選などの顕彰事業がある．西日本でも「にほんの里100選」（朝日新聞社・森林文化協会，2008・2009）」などに選定された里山が少なくない．

都市化により身近な環境に自然と触れあえる場所が少なくなったことへの対応として，1990年代頃から各地で学校ビオトープの創出が盛んに行われるようになり，京都市内の市立学校185校のうち58校に設置されている．

12.6 結論

西日本は小さな流域と多様な地理的条件のもと，かつての里山ランドスケープのパターンと文化は多様であり，きめ細かい土地利用が特徴で比較的狭い範囲の生態系サービスに依存したシステムであった．過去50年間に，燃料は裏山の薪でなく輸入した石油やガスに変わり，肥料も刈敷でなく輸入されたリン鉱石からつくられた化学肥料に代わった．さらに，より多くの現金収入の得られる工業部門へと労働力が流れ，中山間地での過疎と都市の人口増加をもたらした．そのため，都市に飲み込まれる里山と森に還る里山の二極化が生じ，生物多様性のいわゆる第一の危機（都市化／オーバーユース）と第二

の危機（アンダーユース）の双方が課題となった．前者は，1980年代のバブル経済期の前，後者はその後に顕著である．バブル期以降は人工林の蓄積増加，獣害，ナラ枯れが顕著となった．これは使われない生態系供給サービスの増加の結果である．

主要なトレードオフは以下のとおりである．草地の供給サービスの減少が森林化と氷期以来の生物多様性の危機をもたらした．また，琵琶湖内湖や巨椋池など湿地・氾濫原の干拓によって水田米作の恵みが増加した反面，淡水生態系の生物多様性とその恵みが失われた．農業生態系では，農業基盤整備によって供給サービスが増加したが，生物多様性が失われた．都市と近郊では，住宅地の造成によって人間の福利が増加したが，農地や森林が失われて生態系サービスが低下した．琵琶湖の湖岸堤と水位操作によって農地などの洪水被害リスクが低減されるようになったが，淡水魚の漁獲と水陸移行帯の生物多様性が低化した．

これらのトレードオフは，人間の福利の増加のためと考えられていたが，グローバル化によって地域の増加した生態系サービスが，人間の福利に結びつかなくなった．木材輸入政策によって国内材の利用が減少し，減反政策によって基盤整備した農地が放棄され，宅地や工業団地として開発した丘陵地や臨海埋立地が空き地となっている．

各地で多くの対応はあるものの全体として目標の設定ができておらず，どの程度の意義をもっているかは評価できていない．前述のトレードオフについてどこまで許容できるのか，考え方の整理が必要である．たとえば，氾濫原湿地と農地（水田）のトレードオフについては，水産物と米という供給サービスのみならず洪水調節や物質循環，レクリエーションなど調節，基盤，文化的サービスにわたっており，生物多様性もきわめて重要な意味をもっている点の評価が必要である．また，琵琶湖周辺水田の内湖機能再現などトレードオフの緩和デザインの開発の視点が必要である．

ナラ林や人工林，野生鳥獣など「使われない」自然資本の増加への対応が，「有害駆除」「切り捨て間伐」にとどまっては，人間の福利に結びつかない．持続可能な利用に結びつく新たな生態系サービス利用法の開発が必要である．これらの新たな試みの実行と成果の検証のためには，現在の里山と農山村がそのような試みにオープンとなる必要がある．しかし，過疎高齢化に伴い管理放棄地主，不在地主，立木処分権，モザイク的な所有がますますネックとなっているのが現実である．現実的な対応には，担い手と受入れ側の関係の整理，コストと恵みの共有が鍵となろう．

クラスター共同議長：秋道智彌，森本幸裕
調整役代表執筆者：今西純一，井上雅仁，鎌田磨人，夏原由博，白川勝信，朱宮丈晴，高橋佳孝，湯本貴和
執筆者：青野靖之，藤原道郎，藤掛一郎，深町加津枝，福留清人，郷田美紀子，土師健治，林裕美子，今西亜友美，石田達也，伊東啓太郎，伊藤哲，兼子伸吾，河野耕三，黒田慶子，九州森林管理局，前畑政善，牧野厚史，真鍋徹，増田正範，増井太樹，三浦知之，長澤良太，小椋純一，大澤雅彦，大島健一，太田陽子，奥敬一，坂元守雄，柴田昌三，柴田隆文，相馬美佐子，堤道生，上野登，浦出俊和，山場淳史

13

西日本クラスター
―里海としての瀬戸内海

13.1 概要

　瀬戸内海は日本最大の閉鎖性海域であるが，流入河川の流域を含む沿岸域には約3,000万人が居住し，産業活動も活発なため人間活動の影響を受けやすい．里海としての瀬戸内海が提供する生態系サービスや景観は，人びとの暮らしや生業と沿岸海域の長い期間にわたる相互作用によって形成されてきたものである（**図13.1**）．里海のあり方には地域特性や歴史的経緯が反映されるため多様なあり方が容認されるが，瀬戸内海における里海の定義は，端的には「人手が加わることによって生物生産性と生物多様性が高くなった沿岸海域」である．換言すれば，「人と自然の共存関係のなかで形成されてきた豊かな沿岸海域」＝「里海」といえる．しかしながら，人間活動の海域環境や水産資源に及ぼす影響が相対的に小さかった時代に長く保たれてきた瀬戸内海の豊かな里海は，第二次世界大戦後の高度経済成長期を節目にして大きく変貌した．公害による環境汚染，埋め立てなどによる浅海域の消滅，これらに伴う生態系の劣化や水産資源レベルの低下である．そのため，里海は当初の「かつてあった状態」を示す言葉から，最近ではむしろ「失われたために再び取り戻

図 13.1 瀬戸内海における多島海の景観

すべき目標」あるいは「新たにつくり出すべき人と海との望ましい関係性」などを示す言葉に変わりつつある．「新たな里海の創生」などと使われるゆえんである．

ここでは，瀬戸内海における生態系と生態系サービスの変化と現状を総括し，その変化の原因を明らかにする．さらに，そのような変化にどのような対応がなされたのかを紹介する．

13.2 歴史的・叙述的文脈

瀬戸内海は，古来より人間生活と密着した里海の性格を備えている．縄文時代には，すでに沿岸魚介類の採取などを通じて初元的なかたちで生態系サービスが利用されていたのみならず，海路が交易や物流にも使われていた形跡がある．瀬戸内海は長い間，沿岸の人びとに「畑（食料・塩）」「庭（海水浴・ツーリズム）」「道（海上交通・運輸）」という重要なサービスを提供してきた．なかでも，代表的な生態系サービスである「畑」としての瀬戸内海の魚類生産力は国際的にも飛び抜けて高く，塩も重要な特産品であった．また，日本初の国立公園が設置された瀬戸内海では，多島海の穏やかな景観が国際的にも高く評価されてきた．

里海としての瀬戸内海の成り立ちは，里山とも深い関連性をもっている．かつて，瀬戸内海の代表的な風景として謳われた白砂青松の海岸も，瀬戸内海の晴天が多く温暖な気候を利用した製塩業によるもので，塩水の濃縮のための燃料として大量に森林を伐採し，その結果花崗岩質のはげ山が出現してそこから流出したマサ（真砂：風化花崗岩）の堆積により砂浜が形成され，そのマサの砂浜にやせた土地に強い松が生い茂り白砂青松が形成された．また，全国的に名高い広島湾のカキ養殖やカキ筏が連なる里海の風景も，太田川流域の里山の恵みを受けている．里山，森林の管理のあり方が河川の水質，流況に直接的に反映され，これが海域の環境，カキの餌であるプランクトンの生産に影響するからである．魚介類，塩など里海の恵みは，陸域で利用されているので，里海と里山は相互，双方向に関係しているといえる．

13.3 現状と傾向

13.3.1 瀬戸内海の海域環境

瀬戸内海の水質は1960年代前半までは概して良好であった．1960年代中頃から土地開発と産業化の大波が押し寄せ，臨海部が埋め立てられて工業地帯に変わり，沿岸都市部に人口が集中した（図13.2）．大量の産業廃水や生活排水の流入が富栄養化をもたらし，瀬戸内海の水質は1960年代後半から1970年代前半にかけて急激に悪化した．

この変化は赤潮発生件数の変化に典型的にみられる（図13.3）．年間赤潮発生件数は1970年代に急増し，1976年にピークを迎えて約300件となったが，その後1980年代には200件以下に減少し，1990年代以降は100件前後となった．これらの赤潮はしばしば大きな漁業被害をもたらし，生態系サービスに多大な影響をもたらした．

富栄養化に伴う貧酸素水塊の発生と底質の悪化も海域環境に大きな影響を与えた．底層海水中の貧酸素化は，底層海水における酸素供給を上回る酸素消費により発生し，生物生息環境を著しく破壊する．底層海水中の貧酸素化は，海底に堆積した汚泥によりもたらされる場合が多く，劣化した底質は底生生物（ベントス）の生息を阻害する．海底に堆積した汚泥は積年の蓄積であるため，流入汚染負荷を削減しても短期間では底質が改善されない．そのため，底質や貧酸素水塊の変動状況は，海況にもよるが，近年横ばい状態の場合が多い．

13.3.2 藻場・干潟のもつ調整サービス

藻場・干潟を含む沿岸の浅海域はさまざまな機能をもっており，生物生産性が高いだけではなくて陸域と海域のはざまで広義のフィルターや緩衝地帯の役割を果たしている．たとえば，陸域から流入した汚濁物質がそこで浄化されるような大きな自然の浄化能力が備わっている．また，瀬戸内海では多くの魚介類の再生産（産卵や稚魚の成育など）が藻場，干潟，砂浜海岸などの浅場で行われることが知られており，とくに藻場は「海のゆりかご」として知られている．これらの機能は，生態系サービスのなかで調整サービスとして位置づけられる．

しかし，瀬戸内海の藻場・干潟の面積は著しく減

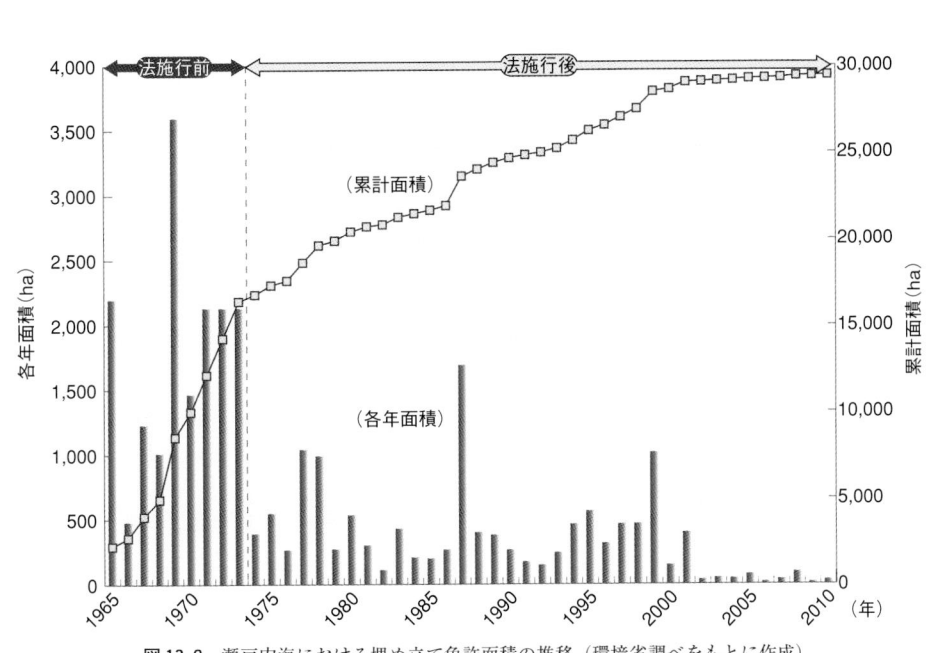

図 13.2 瀬戸内海における埋め立て免許面積の推移（環境省調べをもとに作成）
(出典：せとうちネット（http://www.seto.or.jp/seto/kankyojoho/shakaikeizai/01umetate-2.htm))

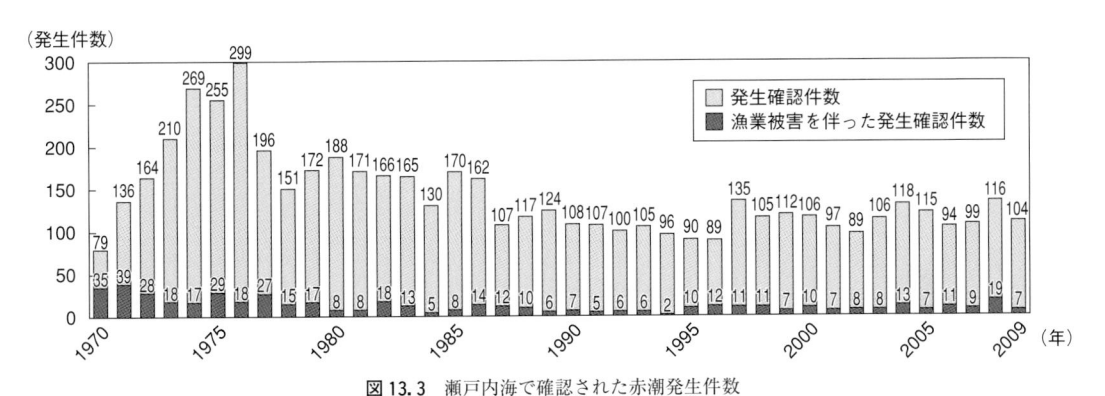

図 13.3 瀬戸内海で確認された赤潮発生件数
(出典：水産庁瀬戸内海漁業調整事務所（2010）：「平成 21 年瀬戸内海の赤潮」, 水産庁瀬戸内海漁業調整事務所)

少した．瀬戸内海の代表的な藻場であるアマモ場は 1960 年の約 22,600 ha から 30 年後の 1990 年頃には 6,400 ha 程度に, すなわち 3 分の 1 以下に減少した．このように，長期的には大幅な減少傾向が続いたが，最近では各地でアマモ場再生事業なども活発になり，少数ではあるが局所的にはアマモ場面積が増加し始めた地域もある．

干潟面積の変化についてはおよそ 100 年間の統計がある．干潟面積は 1898 年には約 25,200 ha と推定されているが次第に減少し，1990 年頃には 11,700 ha に減少した．これは，干潟のもつさまざまな調整サービス機能が大きく失われたことを示している．

13.3.3 海岸小動物と特徴的な希少生物の長期変遷

海岸小動物は，人目に触れやすくなじみ深いものが多いが，同時に生態系の重要な構成者でもある．にもかかわらず，その長期間の変遷を客観的に示すデータは少ない．そのなかで，1960 年以来呉市周辺の 6 地点で続けられてきた観察結果は注目に値する（次頁図 13.4）．海岸小動物の出現数は 1960 年代後半から 1970 年代前半にかけて急激に減少し始め，次第に緩やかな減少となって 1980 年代後半に

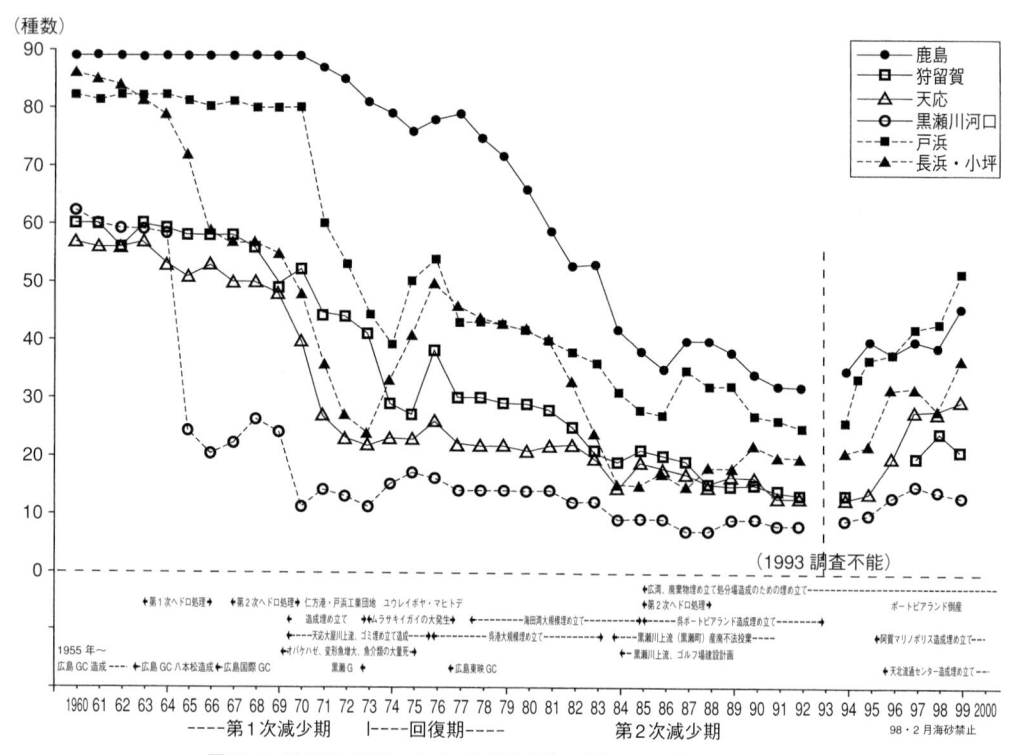

図 13.4 呉周辺の海岸における海岸小動物の地点別・総種数の年次変遷
（出典：藤岡義隆（2000）：「広島沿岸の生態系の変遷」，技術と人間 29(2)，32-43，2000 および私信より）

最低となった．この時期には，海岸小動物の生残や再生産にとって最も厳しい環境条件が蔓延していたものと考えられる．

1994年以降は，種類数が次第に増加傾向を示し，生息条件が好転し始めたことを示しているが，出現種類数は依然として1960年代初頭に遠く及ばない．6地点のなかでは，出現種類数は河口で最も早期に急激な減少を示し，島嶼部で最も遅れて緩やかな減少を示した．以上の変動傾向は，地域限定の観察結果ではあるが，河口域から島嶼部までを含むため，定性的には瀬戸内海の各海域で同様の変動傾向が生じていたものと推察される．

絶滅が危惧される希少生物の典型として，カブトガニとスナメリの消長を取り上げる．カブトガニは，かつて瀬戸内海のほぼ全域と九州北部を生息域とし，少なくとも1960年頃まではごく普通に生息していた．その後急激に減少し，1994年には水産庁により絶滅危惧種として位置づけられるに至った．戦前に天然記念物の指定を受けた笠岡湾の生江浜では1980年に幼生が見られなくなり，1985年には産卵も確認されない状態となった．スナメリは小型

イルカで瀬戸内海における食物連鎖の頂点に位置し，その生息数は他の生物やその生息環境を反映していることから，瀬戸内海のシンボル的指標生物と考えられている．瀬戸内海のスナメリの生息頭数は，1970年代に約5,000頭と推定された．その後，1990年代までは減少の一途をたどったとみられるが，2000年以降瀬戸内海中部などで個体数はやや回復しているという報告もある．スナメリは，絶滅危惧種（「ワシントン条約」付表1）に指定されて，さまざまな保護活動が行われている．

13.3.4 漁獲による供給サービスの利用

瀬戸内海に生息するおよそ800種類の植物と3,400種類の動物が構成する生物群集の生産力は，年々更新される生物資源として漁獲物を供給する．これは，瀬戸内海がもたらす代表的な生態系サービスの1つである．瀬戸内海の単位面積あたりの年間漁獲量を世界の代表的閉鎖性海域である地中海，バルト海，北海，チェサピーク湾などと比べると，1970年代～1980年代の瀬戸内海の平均値は他海域よりも圧倒的に高い（図 13.5）．地中海の25倍ほどに

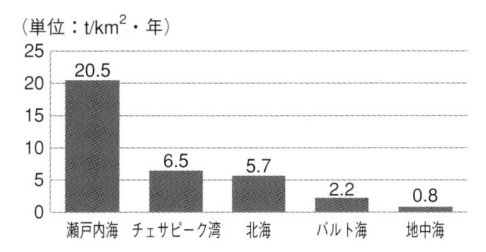

図 13.5 世界の主要な閉鎖性海域の単位面積あたり漁獲量
(出典：Okaichi T. and T. Yanagi (eds.) (1997): Sustainable Development in the Seto Inland Sea, Japan: from the Viewpoint of Fisheries, Tokyo: TERRAPUB.)

なる．近年，瀬戸内海の漁獲量は最盛期の約半分に落ち込んでいるが，それでも単位面積あたりの年間漁獲量は世界的にトップレベルにある．このことから，瀬戸内海が基本的にきわめて豊かな海であることがわかる．

瀬戸内海の年間漁獲量を魚類・貝類・その他の水産動物を合計した値（海藻類，養殖量は除く）でみると，年間漁獲量は 1965 年の約 30 万 t から徐々に上昇し，瀬戸内海が最も富栄養化した時期に相当する 1970 年代から 1980 年代にかけてピークに達した（図 13.6）．最大年間漁獲量は 1982 年の 47 万 t である．しかし，1980 年代後半から急激に減少し，2005 年には 20 万 t を切るに至った．

最近 20 年間の漁獲量の落ち込みは，マイワシ，カタクチイワシ，シラス（主としてカタクチイワシの稚魚），イカナゴなどの小型浮魚類の漁獲量の減少による部分が大きい．小型魚は大型魚食性魚の餌となるので，小型魚の資源量の低下は大型魚の不漁を招く原因となっている．サバ類，カレイ類の漁獲はほぼ一定で推移しているが，アジ類，タコ類は近年わずかに増加傾向を示している．一方，貝類のなかで最重要なアサリの漁獲量は近年激減した．

13.3.5 海砂の利用

瀬戸内海の海底にある海砂は，コンクリート工事などに必要な細骨材資源であり，公共的なインフラの整備にも利用されてきた．西日本では細骨材として海砂が利用されることが多く，瀬戸内海は重要な生産地となっていた．しかし，2006 年 3 月をもって，瀬戸内海全域で海砂採取は事実上終了した．瀬戸内海の海砂採取量とその変遷については，1968 年以降のデータがある．1999 年までの総採取量は 7.3 億 m^3 とされ，香川県，岡山県，広島県，愛媛県で採取量が大きい．採取量は 1968 年から急増して 1987 年にピークに達し，その後漸減傾向を示した．海砂採取は，人間生活や産業活動に必要な資源を供給したが，一方その影響として海岸浸食，地盤沈下，藻場の喪失，生物生態系の変化，流れの変化などが問題とされた．その意味では，海砂採取は生態系と生態系サービスを変動させた要因（ドライバー）の 1 つにもなっている．

13.3.6 文化的サービスとしての福利・レクリエーション

瀬戸内海は傑出した景勝地であり，この地域には

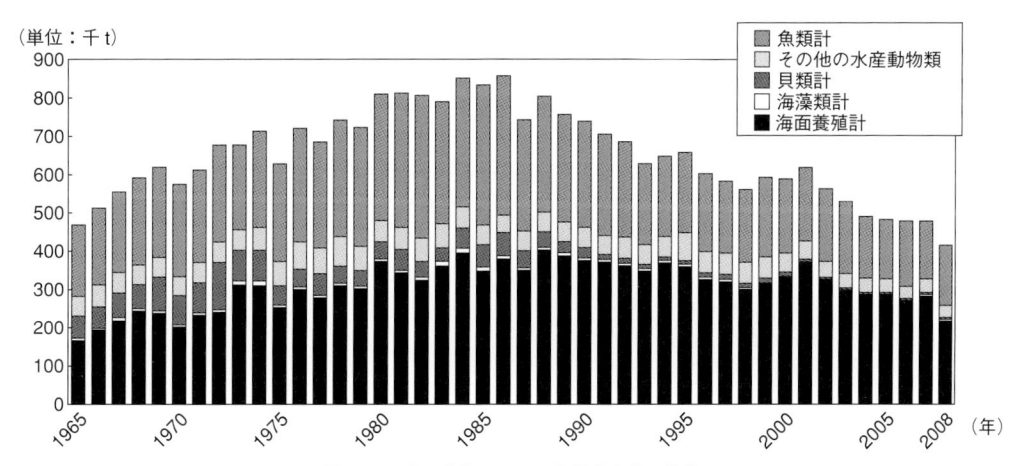

図 13.6 瀬戸内海における漁業生産量の推移
（出典：農林水産省中国四国農政局統計部：「瀬戸内海区及び太平洋南区における漁業動向」）

国立公園，国定公園などの多くの公園が存在する．瀬戸内海国立公園は1934年に制定された日本最初の国立公園の1つである．日本の国立公園のなかでは，富士箱根伊豆国立公園に次いで利用者数が多く，2007年のデータによれば年間利用者数は3,700万人を超えている．しかし，ツーリストとしての訪問者数は，1998年には4,700万人を超える人が利用していたことに比べると年々減少する傾向にある．

瀬戸内海では，海岸線の延長の約25％が瀬戸内海国立公園に指定されているが，一方，海岸線の形状として自然海岸は海岸線総延長の36.7％しか残っておらず，全国平均の55.2％に比べてもかなり少ない．このことは人びとが自然の海辺で享受できるさまざまなサービスを阻害したと考えられる．このような状況においても，海水浴は瀬戸内海における夏季の市民の最も大きなレジャーとなっている．高度経済成長期以前に比べると減少しているものの，残されている海水浴場については1998年には水質検査して利用できる所が121か所であったが，2007年には136か所に増えている．

13.4　変化の要因

13.4.1　産業と人間生活

高度経済成長の時期に，瀬戸内海周辺でも産業構造と人口分布が次第に変わり，瀬戸内海沿岸の府県でも都市域への人口集中と島嶼部や中山間地における過疎化が同時に進行した．瀬戸内海に関係する13府県の1965年からの総生産額は1995年までは着実に増加したが，1996年以降はほぼ横ばいで推移している（p.192 図13.7）．工業出荷額をみると，瀬戸内海周辺では高度経済成長期に重化学工業が成長した結果，生産能力は日本全体の30％以上を占めるに至った．この地域の製造品出荷額は1990年まで増加したが，それ以降は横ばいとなった．

13.4.2　埋め立ておよび海岸線形状の人為的改変

瀬戸内海では1950年代から，沿岸域の多くが工場用地や港湾施設のために埋め立てられた．埋め立て面積は1965～1972年が目立って多く，1973年以降は急に減少するが，これは1973年に成立した瀬戸内海環境保全臨時措置法（「瀬戸内法」）の効果による

ところが大きい（p.192 図13.8）．1898年以降455 km^2 に達した瀬戸内海の総埋め立て面積は，瀬戸内海最大の島である淡路島の面積の約70％に相当する．この大規模埋め立ては，水深10 m以下の浅海域の約20％が埋め立てられたことを意味している．戦後の埋め立て面積は354 km^2 にのぼり，総埋め立て面積の77.8％を占める．この急激な埋め立てが藻場や干潟などの生態系を破壊した．

笠岡湾のカブトガニも大規模な農業干拓により大きな影響を受けた．干拓地の堤防の建設から5年経つ1980年には，カブトガニの幼生が見られなくなった．スナメリの個体数の減少についても，海砂の採取，埋め立てやこれに伴う生態系の変化がスナメリの生息条件に影響を与えたと考えられている．

13.4.3　汚濁負荷と富栄養化

流入汚濁負荷量を理論的酸素要求量（ThOD）としてほぼ5年ごとに見積もると，この値は1957年から急増し，1972年にピークを迎えその後漸減した．この減少傾向は，1973年に制定された瀬戸内法の効果を示すものでもある（p.192 図13.9）．

最近約30年間の化学的酸素要求量（COD），全リン（TP），全窒素（TN）流入負荷の変化はCODは1979年から次第に減少し，その内訳は生活系と工業系が大部分で「その他」（田畑など面源負荷）は少ない．TNの流入負荷量は1979年から1994年頃まで横ばいで，その後減少しつつある．その内訳は生活系と工業系をほぼ同じで，「その他」がこれと同等かあるいは凌駕する程度に大きい．TPでは，生活系，工業系，「その他」がほぼ同じレベルで，1979年から次第に減少した．COD，TP，TNの流入負荷量と水質の間には一定の関係がみられ，海面面積あたりのCOD，TP，TN負荷量と上層海水中のCOD，TP，TN濃度の間にはおおむね比例的な相関関係がある．

前述のThODの負荷と漁業生産量の関係をみると，1957年から1972年までの15年間は，負荷の増加に伴って，すなわち富栄養化の進行に伴って漁業生産量の増えていることが確認できる（p.192 図13.10）．

13.4.4　漁獲強度

前述した近年の漁獲量の減少は，水産資源量，漁

表 13.1 生態系サービスの現状・傾向の概要表（西日本：瀬戸内海）

生態系サービス	下位区分	人間の利用	向上／劣化	備考
供給サービス				
食料（カテゴリー）	魚類生産	▼	▼	瀬戸内海の海面漁業は，1982年のピーク時（47万t）から2005年には半減（20万t）している．漁業生産量は「とれなくなった」ことと，「とらなくなった」ことの相乗効果が原因と思われる．
	貝類生産	▼	▼	
	魚・貝以外生産	▼	▼	
	海面養殖	▼	▼	海面養殖は全漁業生産の過半を占めるが，主要生産物はカキとノリであり，魚類養殖は少ない．養殖生産量は，近年やや減少傾向にある．
食料（品目別）	カタクチイワシ	▼	▼	
	イカナゴ	▼	▼	海砂の採取によりイカナゴの生育環境が損なわれたことにより漁獲量が低下している．
	サバ	+／−	+／−	
	アサリ	▼	▼	干潟面積の減少，アサリの生息環境の阻害因子増加，食害等により生産量は激減している．
調整サービス				
	藻場（再生産）	▼	▼	藻場は，1960年頃に比べると1/3まで減少したが，近年，局所的には復活傾向にある．
	干潟（浄化能）	▼	▼	干潟は，1898年頃に比べると1/2となった．
	自然海岸	▼	▼	瀬戸内海の自然海岸は，海岸線総延長の36.7%となっているが，全国平均の55.2%に比べると，かなり少ない．
	底生生物	+／−	+／−	
	海岸小動物（地域限定）	▼	▼	呉市周辺の海岸では，1960年後半頃から海岸小動物は激減したが，1990年頃を境に，やや増加傾向にある．
文化的サービス				
レクリエーション	ツーリスト	▼	▼	瀬戸内海を訪れる観光客は1998年をピークに減少傾向となっている．
	海水浴	▲	▲	瀬戸内海の水環境の改善により，1998年に121か所あった海水浴場は，2007年に136か所に増えている．
	審美的利益	▼	▼	埋め立てなどにより自然海岸は減少傾向にあり，審美的利益が低下している．
	精神的利益	▼	▼	自然海岸の減少，生物多様性の低下により精神的利益が低下している．
基盤サービス				
	海域面積	†	†	
	水質（COD）	†	†	
	水質（TN）	†	†	
	水質（TP）	†	†	
	底質（COD）	†	†	

凡例：
▲＝増加（人間の利用の例）あるいは向上（向上／劣化の例）
▼＝減少（人間の利用の例）あるいは劣化（向上／劣化の例）
＋／−＝混合（傾向は，過去50年にわたって増加および減少している．あるいは，いくつかの項目/地域では増加し，他では減少している．）
NA＝本評価では評価されなかった．サービスはまったく検討されなかった場合もあれば，そのサービスについて検討されたが，利用可能な情報やデータでは，人間の利用の傾向や状態を評価できなかった場合もある．
†＝「人間の利用」と「向上／劣化」の区分は，基盤サービスには適用していない．これは，基盤サービスは，人びとによって直接利用されないと定義されているためである（間接的な影響が含まれるとすると，費用や便益はダブルカウントされてしまう）．基盤サービスの変化は，供給・調整・文化的サービスの提供に影響を及ぼし，それらのサービスは人びとによって利用され，向上することも劣化することもある．

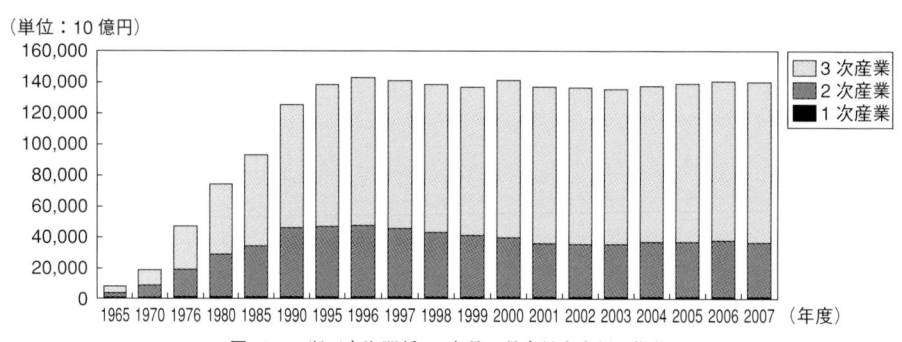

図 13.7 瀬戸内海関係 13 府県の県内総生産額の推移
（出典：内閣府編「県民所得統計年報及び県民経済計算年報」）

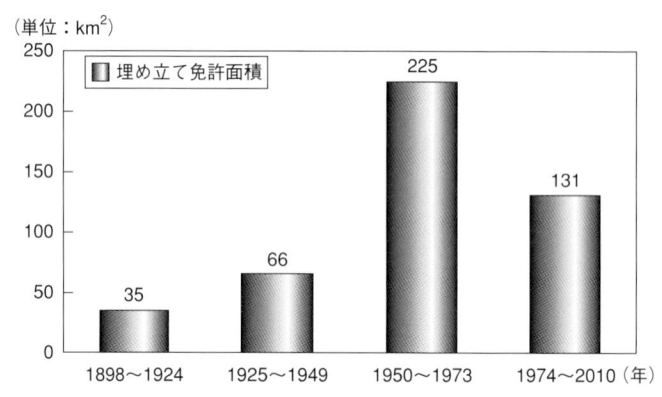

図 13.8 瀬戸内海の埋め立て面積の推移（環境省調べをもとに作成）
（出典：せとうちネット（http://www.seto.or.jp/seto/kankyojoho/shakaikeizai/01umetate-1.htm））

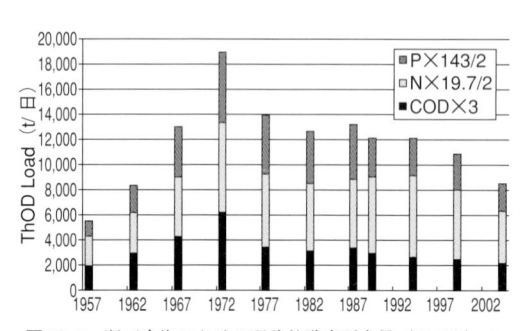

図 13.9 瀬戸内海における理論的酸素要求量（ThOD）の排出負荷の変化

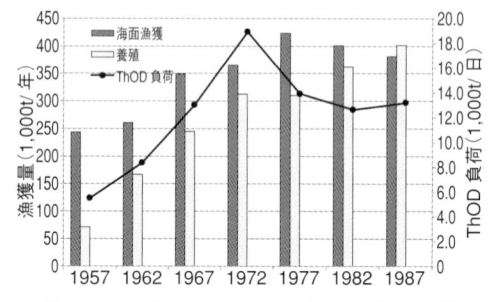

図 13.10 1957 年から 1987 年における瀬戸内海の ThOD 負荷と漁獲量の関係

獲強度のいずれかあるいは双方の減少結果である．簡単にいうと「とれなくなった」ことと「とらなくなった」ことの組合せによる．したがって，漁獲量だけから漁獲強度（＝漁業が資源を減少させる影響）を見積もることはできない．そこで，水産資源解析学的手法により見積もった資源量（「とれなくなった」ことの指標）と漁獲強度（「とらなくなった」こ

との指標）を主要魚種ごとに以下に紹介する．

● カタクチイワシ，シラス：若齢魚（子供）への漁獲強度は強いままであるが，親魚の漁獲強度は減少し，親魚の資源量は回復している．
● サワラ：若齢魚の漁獲強度は減少したが，親魚の漁獲強度は強いままであり，親魚量も若齢魚も少ない．

- マダイ：若齢魚，親魚とも漁獲強度が減少，親魚量は回復している．
- ヒラメ：若齢魚，親魚とも漁獲強度はほぼ一定であり，改善されていない．若齢魚，親魚量とも減少している．
- マコガレイ：若齢魚，親魚とも漁獲強度はほぼ一定であり，改善されていない．親魚量も若齢魚も少ない．

以上から，カタクチイワシ，マダイのように資源が回復しているものは親魚にかかる漁獲強度は減少傾向であるが，サワラ，ヒラメ，マコガレイなどのように資源が減少，低水準にあるものについては漁獲強度が高いままであることがわかる．これらの魚種では種苗放流なども行われているが，漁獲強度の削減が資源回復のために必要である．

また，サワラを除き，近年親魚から新たに生まれてくる若齢魚数が少なくなっている．資源水準の低下に対する他の要因として，親魚資源量に連動して加入量が決定される再生産機構を撹乱する環境要因の介在が示唆された．すなわち，瀬戸内海では以前の健全な「親子関係」が高水温化や藻場・干潟の消失などにより変化しているものと考えられる．

13.4.5 生物生息環境の劣化

生物生息環境としての藻場・干潟が著しく減少したことはすでに紹介した．前項で示唆された再生産機構を撹乱する要因として，「海のゆりかご」として産卵場や稚魚の育成場として機能してきた藻場・干潟を含む浅場の消失が大きい．このような調整サービスの低下が水産資源量の低下をもたらし，結果的には供給サービスも低下させたものと推定される．

13.4.6 海砂採取

海砂採取は資源としての海砂を供給した一方で，海域環境と生態系に多大な影響を及ぼした．掘削作業に伴う直接的な影響として，海底地形・水深の変化，底質の変化，これらに伴う海水の流動状況や生物生息環境の変化がもたらされた．海砂採取作業により発生する海水の濁りは透明度を低下させ，あるいは藻場に沈降してアマモや海藻の成育に悪影響を及ぼした．

13.5 対応

瀬戸内海の環境保全の必要性が叫ばれるようになって早くも40年が経つ．1970年代「瀕死の海」といわれて危機的状況にあった瀬戸内海では，その後さまざまな対応策や取り組みが行われ，現時点では最良の状態とはいえないものの，汚染物質の流入負荷は相当程度に削減され水質も安定してきた．瀬戸内海が「環境管理の実験海域」といわれる理由でもある．瀬戸内海で取られてきた対応はきわめて多岐にわたるため，ここでは代表的，特徴的なものについて取り上げたい．

13.5.1 瀬戸内海環境保全知事・市長会議の設立

政府は全国的な環境汚染に対処するため，1966年に公害対策基本法を制定し，また関係法令の整備を行った．しかし，全国一律の法制度で瀬戸内海の汚染を食い止めることは困難であった．そのため，地域からの環境保全に関する強い盛り上がりを受けて，1971年「瀬戸内海環境保全知事・市長会議」（知事・市長会議）が正式に発足した．この知事・市長会議で，瀬戸内海環境保全憲章の制定，瀬戸内海環境保全推進体制の確立，瀬戸内海公害防止計画の策定，赤潮防止対策の確立を進めることが満場一致で採択された．1971年は日本に初めて環境庁（現環境省）が設置された年であり，瀬戸内海における取り組みの先進性がうかがわれる．

13.5.2 瀬戸内海環境保全臨時措置法の制定

1972年に開催された第2回瀬戸内海環境保全知事・市長会議で瀬戸内海環境保全法（仮称）の制定が決議され，政府に対する強い要望が開始された．知事・市長会議のみならず，国会議員やさまざまな関係者の熱意により，1973年瀬戸内海環境保全臨時措置法が当時珍しかった議員立法により3年間の時限法として制定された．この法律は同年11月に施行となり，環境庁にもこの事務を担当する瀬戸内海環境保全室（現閉鎖性海域対策室の前身）が設置されたことは特筆に値する．この法律の制定により汚濁物質の総量負荷の配分方式が確立し，総量負荷の削減が現実のものとなった．また，この法律により埋め立て面積の拡大に大幅な抑制がかかったこと

は，その後のデータが示している．瀬戸内海環境保全臨時措置法は，1978年に瀬戸内海環境保全特別措置法として恒久化された．「瀬戸内法」は制定後約40年を経て，現在では新たな問題点が生じているものの，瀬戸内海の環境と生態系の保全にきわめて大きな役割を果たしたことは間違いない．その他の，さまざまな具体的な対策は，「瀬戸内法」の精神あるいは枠組みのなかで行われてきたといっても過言ではない．

13.5.3 全瀬戸内海的な組織の確立

瀬戸内海では，前述のような歴史的経緯を反映して，産・官・学・民を問わず，さまざまな環境保全活動や最近では自然再生の取り組みが盛んである．これらの背景として，すなわち「対策」を促進した基盤的な要因として，他の海域では少ない全瀬戸内海的な組織が早い時期から確立していたことがあげられる．先の知事・市長会議が主となり，(社)瀬戸内海環境保全協会，(財)国際エメックスセンター，瀬戸内海研究会議などかなり公共性の強い組織が設立され，瀬戸内海に関する情報提供や定期刊行物の刊行，イベントの開催などを行ってきた．これらの活動も，長期的に「対策」を促進する基盤条件をかたちづくってきたものと考えられる．

13.6 結論

長い期間にわたる人びとの暮らしや生業と沿岸海域の相互作用によって形成されてきた里海としての瀬戸内海の優れた性質は，第二次世界大戦後の高度経済成長期を中心にして，大きく変貌した．とくに，都市域への人口集中と臨海工業地帯の発展は汚濁負荷を増大させ，浅海域の埋め立てを促進した．埋め立ては直接的に藻場・干潟を消滅させただけではなく，それらのもつ浄化能をはじめとするさまざまな機能を失わせた．あるいは，埋め立ては海水の流動状況にも影響するために，陸域からの汚濁負荷がより直接的に海域にインパクトをもたらす構造を生み出した．

「海のゆりかご」である藻場や干潟が失われると資源生物の再生産も低下し，水産資源の供給サービスが低下した．汚濁負荷の増大や富栄養化も，赤潮や貧酸素水塊の発生などを通じて生物生息環境と生態系や生物多様性に多大な影響をもたらした．都市化や工業化，海水の汚濁は当然，景観や文化的なサービスにも影響を及ぼした．海は河川の影響を強く受けるので，ダムや河口堰の建設をはじめとして治水や河川管理の状況，広くいえば里山の状況も海の生態系サービスに直接的・間接的に大きな影響をもたらしたと考えられる．

調整役代表執筆者：松田治
代表執筆者：荏原明則，今井一郎，井内美郎，石川潤一郎，小林悦夫，松田治，寺脇利信，戸田常一，土岡正洋，上真一，浮田正夫，山下洋，柳哲雄，湯浅一郎，銭谷弘

付　表

付表1　クラスターレポートで取り上げた里山・里海の生態系サービスの分類体系と指標

大区分	中項目	小項目	指　標
供給サービス	エネルギー	燃料（薪炭）	林業生産指数，薪炭生産量
		電力（水力・風力）	発電電力量
	食　料	飲料水	給水量
		陸生動物（畜産）	農業生産指数
		陸生動物（狩猟）	狩猟頭数
		水生動物（水産・養殖）	漁獲量
		植物（農作物）	農業生産指数，収穫量，自給率（カロリーベース）
		植物（林産物）	農業生産指数，収穫量
	繊　維	植物（木材）	林業生産指数，製材量
		植物（茅葺）	収穫量
		天然繊維：絹・綿・麻	収穫量
	装　飾	植物（花卉・アロマ）	収穫量
		動物（皮革・貝殻）	狩猟頭数，販売数
	生化学物質	自然薬品・自然化粧品	生産量
調整サービス	大気浄化		気温変動，雨量変動
	気候制御		NOx，SOx 濃度，飛来量（黄砂，内分泌攪乱物質）
	水制御	洪水抑制	水田の面積，ため池数
		渇水防止・用水供給	ため池数，水路の整備率
	水質浄化		森林面積，化学肥料・農薬使用量，下水処理普及率
	土壌侵食制御		森林面積，耕作放棄地面積，海岸土砂供給量，崩壊地面積
	病害虫制御		農薬使用量，耕作放棄地面積，林相変化
文化的サービス	精　神	宗教（社寺仏閣・儀式）	社寺数，社寺林面積
		祭	祭りの種類数，盆花の利用
		景観（景色・町並み）	里山100選の登録数
	レクリエーション	教育（環境教育・野外観察会・野外遊び）	参加者，里山NGO数，活動面積，子供の野外遊び時間
		遊魚・潮干狩り・山菜取り・ハンティング	参加者数（レジャー白書），施設数
		登山・観光・グリーンツーリズム	参加者数（レジャー白書），施設数
	芸　術	伝統芸能（音楽・舞踊・美術・文学・工芸）	従事者数，生産量，平均年齢（後継者の育成）
		現代芸能（音楽・舞踊・美術・文学・工芸）	従事者数，生産量，平均年齢（後継者の育成）
基盤サービス		土壌形成	土地被覆（面積），植被面積，農地面積
		光合成	一次生産量，炭素蓄積量
		栄養塩循環	富（貧）栄養化
		水循環	河川構造物の増減，人工海浜の増減

付表2　里山・里海の対応一覧

領域	関連する主要な対応		MAの対応類型	効果発現時期	内容	意思決定の関係主体	対応の評価		
							効率性	有効性	トレードオフなど
里山	農村・暮らし	土地利用計画（市街地）	L9 (L7)	1973	都市地域における土地の取引や開発許可などの法令等における自然保護の考慮や地域地区（ゾーニング）を定め、開発行為における無秩序な転用防止に貢献。里山の緑地の無秩序な転用防止により陸地の保全地域が都市緑地法により、また、都市計画法により都市計画区域が設定される。	GL		+	○ 生態系サービスの低下につながるゾーニング計画が作成される可能性がある。
		都市緑地法	(L7)	1956					
		都市公園法	(L7)	1956					
		都市計画法	(L7)	1968					
		ふるさと条例など	L9	2000年代	ふるさとの自然や生態系を保全することなどを目的に地方自治体が制定する条例。里山の名を冠していないが、保全・管理対象区域の一体化などの規定を定めることにより里山管理に貢献。	GL		++	
		バイオマス活用	E1, T1 (L7)		バイオマスなどのバイオマス資源をエネルギー源として活用するもので、適度な枝伐による里山の利活用の期待がある。バイオマスタウン構想を策定している市町村が多い。	GN, GL, B, NGO, C	+	+	○ 資源の過剰利用の可能性がある。
		バイオマス活用推進基本法		2009制定					
		バイオマス・ニッポン総合戦略	(K1)	2002制定					
		電気事業者による新エネルギー等の利用に関する特別措置法		2003制定					
		エネルギー供給構造高度化法		2009制定					
		オフセット・クレジット（J-VER）制度	E2	2008	企業などが温室効果ガスの排出量について、他者から排出削減量などを購入することにより相殺する「カーボン・オフセット」に認証する制度。排出削減・CO2吸収量などのクレジットとして認証する制度。平成20年より、林野庁と環境省が連携して、間伐・植林などのCO2吸収量を認証する森林管理プロジェクトが対象に追加された。	GN, B		+	
		地産地消	E2		消費者と生産者を結びつけ、地元で消費されたものを地元で消費する地産地消の取り組み。地場農産物の消費・生産を拡大し、ひいては地元農業者の営農意欲を高め、農地の荒廃や放棄を防ぐことに貢献。	GL, B, NGO	+	+	
		地域特産品の開発	E2		地域を代表し、その土地の気候風土に育まれた生産物（農産物）のこと。ブランドとして確立されれば、付加価値が付き、地元の農業振興を通じて、農地の荒廃や放棄を防ぐことにつながる。	GL, B, NGO	+	+	○ 資源の過剰利用の可能性もある。
		ツーリズム	S2, E1 (L7)		環境や社会的なものを含めた生態系の維持と保護を意識し、地域社会への貢献を考慮した観光のこと。ツーリズム、生態系を主眼としたものをグリーン・ツーリズム、海を主対象としたものをブルー・ツーリズムと呼ぶこともある。	B, NGO, C, GL		+	○ 過剰訪問を助長する可能性がある。
		農山漁村滞在型余暇活動のための基盤整備の促進に関する法律		2005改正					
		エコツーリズム推進法		2007制定					
農地・河川		ラムサール条約	L1	1980批准	湿地の生態系を守る目的で制定された湿地の保存に関する国際条約。	GL, GN		++	
		土地利用計画（農地）	L9 (L7)	1952	農業振興地域の整備に関する法律	GL		++	○ 生態系サービスの低下につながるゾーニング計画が作成される可能性がある。
		農業振興地域の整備に関する法律			農業的土地利用に関する調整およびゾーニングを目的とし、里山が無秩序に転用・開発されることを防止する効果がある。				

分類	項目	コード	年	内容	ステークホルダー	+	++	備考
環境に配慮した農業振興	食料・農業・農村基本法	E2 (L7)	1999制定	農業振興や食料自給力の向上の他、農業のもつ多面的機能の維持・保全を目的として制定された法律。	GN, GL, B, NGO	+	++	○資源の過剰利用や不適切な管理が完全に排除できない。
	有機農業の推進に関する法律	(L7)	2006制定	化学肥料や農薬生産に由来する環境への負荷を低減し、農業生産の方法によって行われる有機農業を推進するための基本として、遺伝子組換え技術を利用しないことを基本として制定された法律。				
	農薬取締法	(L7)	1948制定	農薬の製造、使用、販売、輸入を規制する法律。				
	持続農業法（エコファーマー）	(L7)	1999制定	環境に配慮した農業生産方式（土作り、減化学肥料、減農薬に取り組む農家をエコファーマーとして認定し、融資や税制特例等で支援）を行うための法律。				
公共事業関係	土地改良法	T2 (L7)	2001改正	近年の環境配慮された法律の改正により、環境（生態系、景観等）保全の法目的化された。当該法律に基づく公共事業実施に際して、環境配慮責任が法定化され、土地改良事業、灌漑排水施設の整備や圃場整備のような農地、農業用水に関する整備を、農業環境の保全を促進する。また、里山の利用促進が期待される。	GN, GL, B	+	+	○生態系にダメージを与える開発を助長する可能性が排除できない。
	河川法	(L7)	1997改正	河川堤防や治水ダムの整備などの実施により水源開発など河川環境整備に貢献する。	NGO, B, C	+	++	
	水資源開発促進法	(L7)	2002改正	法律の改正により治水ダムから水資源開発ダムの整備などを実施するための法律である。				
都市と農村の交流	棚田オーナー制度など	E2 (E2)		棚田という地域の条件を生かして、都市住民などの参加により、地域の農地を守っていく仕組み。	GL, C, NGO		++	
	田舎で働き隊	(E2)		地域活性化のための人材育成・派遣プロジェクト。中山間地域の農地・棚田の保全のための人材確保により里山保全に貢献。				
中山間地域等直接支払い制度		E3	2000	中山間地域などにおいて、耕作放棄地の発生を防止し、多面的機能を確保する観点から、交付金を交付する制度。	C, GL	+	++	
農地・水・環境保全向上対策		E3	2007	農地、農業用水などの保全管理や環境保全型農業を地域で協同して実施するための協議会に対して、交付金を支払う制度。農地と森林が一体となって形成される里山の保全のための法律である。	C, GL	+	++	
企業の社会的責任（CSR）		S2		企業が社会へ与える影響に責任をもち、あらゆるステークホルダーからの要求に対して適切な意思決定をすること。	B, GN		+	
世界水フォーラム		K1		水問題を通じて地球の将来について考え、行動につなげていくことを目的とする。水の循環を通して陸域と沿岸域との一体化にも着目。	GL, GN, R		+	
森林原則声明		L2	1992	世界中の森林に関する問題について、「国連環境開発会議」において採択された世界的合意。	GI		+	
東アジア酸性雨モニタリングネットワーク（EANET）		L2	2001	酸性雨に対する国際協力、調査研究を行い、温帯地域の国々の情報交換、酸性雨による環境への悪影響を防止するために東アジア地域を中心に設立されたネットワーク。	NGO, GL, GN		+	
モントリオール・プロセス（温帯雨林）		L4	1995	1992年の地球サミットで採択された森林原則声明のフォローアップとして、温帯地域の国々の特続可能な森林経営のための基準と指標選びが進められ、1995年に最終的に7つの基準と67の指標を採択、2007年に改正。この一連のフォローアップ作業の過程を指す。	GL, GN		+	

分類	項目	コード	年	説明	区分			備考
	森林法	L7	2004改正	森林計画、保安林などの基本事項を定めた法律。2004年改正で導入された、要間伐森林の強制的な管理制度が里山管理に貢献。	GN		+	
	保護林制度	L7		国有林事業において、原生的な森林生態系からなる自然環境の維持、動植物の保護、遺伝資源の保存、施業および管理技術の発展などに資することを目的として、区域を定め、禁伐などの管理経営を行うとともに、森林の保護が進められている。	GN, GL		++	
	森林・林業基本法	L7	2001改正	林業の持続的発展を基本理念とする森林と林業にかかわる法律で、法改正により、森林が有する多面的機能の発揮が位置づけられる。「森林・林業基本計画」に国が対策を定め、国などの管理主体の具体的機能発揮に資する施策が述べられている。	GN		+	
	里山保全条例など	L9		里山の生態系保全や余暇・教育にかかわる活動などの促進を目的に、地方自治体が制定される条例。保全・管理対象区域指定により当該区域での市民・NPOなどの参画の推進を定めることにより里山管理に貢献。	GL		++	
	森林セラピー	S2, E1		「森林浴」の効果を科学的に解明し、こころと身体の健康に生かそうという試み。	B	+		
	森林環境税(水源税)など	E2	2003	地方自治体が自ら森林整備事業を行い、その費用負担を幅広く住民に求める目的税として、法定外税として導入。徴収する税の多くは、上水道の水源確保を目的としており、水源税と呼ばれることもある。	GL	+	++	
	森林認証制度	E2	1993	適正に管理された森林から産出した木材の利用に認証マークを付与する制度。にとって、持続可能な森林の利用と保護を図ろうとする制度。	GL, GN	+		
	国連海洋法条約	L1	1996批准	海洋に関するすべての法体系を1つの条約の中にまとめることにより、世界海洋の新しい秩序の体系化を図るための条約で、内水、領海、半閉鎖海、閉鎖海の環境保全に関する国家の義務を定める。	GL, GN		+	
	北西太平洋地域海計画(NOWPAP)	L2	1994	日本海および黄海の環境保全のための地域海計画。近年では上海湾で打ち上げられる海洋ゴミに関する「持続可能海」のための枠組みを定める。	GL, GN		+	
	東アジア海域環境管理パートナーシップ(PEMSEA)	L2	2002	東アジアおよび東南アジアの海域における海洋の開発と海洋環境の保全の調和を目指した海洋ゴミに関する海域管理への積極的な取り組みに関する「持続可能な開発」のための枠組み。総合沿岸海域管理への積極的な取り組みが評価される。	GL, GN		++	
海	海洋汚染防止:							
	廃棄物その他の物の投棄による海洋汚染の防止に関する条約(ロンドン・ダンピング条約)	L1	1980批准	海洋の汚染を防止することを目的として、陸上で発生廃棄物の海洋投棄や、洋上での焼却処分などを規制するための国際条約で、内水や沿岸域に配慮した規定を有する。	GL, GN		+	
	油汚染に係る準備、対応及び協力に関する国際条約(OPRC条約)	L1	1995批准	船舶の油流出事故に対する各国の準備・対応・協力体制の整備を図るための国内体制の整備・沿岸の環境保全についても規定が盛り込まれている。	GL, GN			
	船舶の有害な防汚方法の規制に関する国際条約(AFS条約)	L1	2008発効	海洋生物に悪影響を与えるTBT(トリブチルスズ)などを含む有機スズ系船舶用塗料(TBT船舶用塗料)の使用を禁止するための条約。	GL, GN			
	日韓中口海洋ゴミに関する実施行動	L2	2006	NOWPAPの下、海洋ゴミ問題への取り組みに関する基本合意を受けて採択された実施計画。沿岸域に漂着する海洋ゴミ問題という観点から里海管理に貢献。	GL, GN		+	
	海洋汚染防止法	L6	2007改正	海洋汚染や海上災害の防止を目的とする法律で、沿岸域の環境保全とも密接な関連がある。	GN		+	
	陸上活動からの海洋環境の保護に関する世界行動計画(UNEPグローバル行動計画)	L2	2001	排水の流入などの陸上起因の海洋汚染を防止する目的を含む、海洋環境保全、持続可能な海洋利用の促進を図る行動計画。沿岸環境計画、計画された沿岸環境保護・里海の環境保護と密接に関連する。	GL, GN		++	○ 人工林を増加させる可能性あり。

水質規制						
水質汚濁防止法	L 6	2006改正	工場および事業場からの公共用水域への排出および地下水への浸透を規制する法律。対象水域は、河川、湖沼、港湾、沿岸海域をも及んでおり、里海管理と密接な関連がある。	GN	+ +	
湖沼水質保全特別措置法	L 6	2005改正	湖沼の水質保全に関する施策・計画策定、汚濁物質排出施設への規制のための法律で、里海管理とも密接な関連がある。	GN	+	
脆弱沿岸海域図	T 2	1995	油汚染事件発生時に迅速、的確な環境への対応に必要なESI (Environmental Sensitivity Index) マップおよび関連情報。	GN		
漁業						
水産資源保護法	L 6	2007改正	水産資源の保護培養を目的とする法律で、保護水面を、水産動物が産卵しまたは水産動物の種苗が生育し、水産資源の保存および漁業の発展に適している水面に制定されるなど。	GN, GL, B	+	○資源の過剰利用を助長する可能性が排除できない。
海洋生物資源の保存及び管理に関する法律	L 6	1996	海洋生物資源の保存と漁業の発展と水産物の供給の安定を図るのに必要な施策を定めた法律。	GN, GL		
水産基本法	L 7	2001	水産資源の持続的利用、水産物安定供給のための法律。水産資源関係のみならず、水産物生態系や水生生物の構成要素である国民、水産関連業などの生態系と水生動植物の保護および整備その他水産振興に必要な施策を講ずる旨を規定する、里海管理に貢献。		+	
漁業法	L 7	2005改正	漁業調整機構による水面の総合的利用と漁業生産力の発展により、漁業の民主化を図るための法律で、漁業従事者による里海管理に貢献。		+	
公有水面埋立法	L 6	2004改正	工業団地の造成、空港などの公有水面の埋立てを規制するための法律で、公有水面とは、河、海、湖などを指し、里海管理と関連がある。	GN	+	
瀬戸内海環境保全特別措置法	L 6	1978	瀬戸内海の環境の保全を目的とする法律で、瀬戸内海環境保全基本計画の策定、自然海浜地区の指定や、瀬戸内海を沿岸域とする地方公共団体の協力を推進し、瀬戸内海という閉鎖海域における総合的沿岸域管理の先駆的例として位置づけられ、里海管理に貢献。	GN, GL	+	
有明海及び八代海を再生するための特別措置に関する法律	L 6	2002	有明海および八代海などの再生に関する法律。計画策定などの施策、干潟などの浄化能力の維持、海岸・港湾の整備、森林の機能向上を目的とする法律で、里海管理に貢献。	GN, GL	+	
海洋基本法	L 7	2007	海洋政策の新たな制度的枠組みを確立するため国の取り組みを定めた法律。沿岸海域の諸問題が陸域活動に起因していることに留意し、一体的に施策を講ずべきとの海域および陸域における諸活動について、適切な措置をとるよう必要な措置を講ずる旨を規定。同法に基づいて策定された「海洋基本計画」は、里海管理に貢献。	GN	+	
公共事業関係						
港湾法	T 2 (L 7)	2008改正	港湾の整備と運営（港湾法）、漁港・漁場整備・漁場管理（漁港の里海整備法）および公共事業（海岸法）などの里海整備に関連する法律	GN, GL	+ +	○生態系にダメージを与える開発の可能性が排除できない。
漁港漁場整備法	(L 7)	2005改正				
海岸法	(L 7)	1999改正				
里海保全条例など	L 9		三重県紀宝町、静岡県南伊豆町、鹿児島県などのウミガメ保護条例や、サンゴを保護するための沖縄県赤土等流出防止条例に加えられ、最近の法改正により環境配慮が目的に加わられ、里海管理に貢献。	GL	+ +	

付表　199

分野	名称	分類	年	概要	主体	評価
生物多様性	国際サンゴ礁保全イニシアティブ	K1	1994	サンゴ礁保全のために設立された国際協力のための枠組み。	GI, GN	+
	生物多様性条約	L1	1993批准	生物多様性の保全、構成要素の持続可能な利用、遺伝資源利用による利益の公正かつ衡平な配分を目的とする国際条約。	GI, GN	++
	生物多様性条約カルタヘナ議定書	L1	2003批准	現代のバイオテクノロジーにより改変された生物が生物多様性の保全および持続可能な利用に及ぼす悪影響のある影響の防止をおもな目的とする。生物多様性条約第19条3に基づいて交渉において作成。	GI, GN	+
	カルタヘナ法	L6	2003制定	国際的に協力して生物多様性の確保を図るために遺伝子組換え生物等の使用等を規制し、カルタヘナ議定書の的確な実施を図ることを目的とする法律。	GN	+
	生物多様性基本法	L6	2008制定	生物多様性の保全のための施策を総合的に実施することを目的とする基本法。生物多様性の危機による社会経済情勢の変化による人間活動による里山などの縮小による保全の仕組みの構築や措置を明記。	GN	+
	生物多様性国家戦略	L6	1995	生物多様性の保全に関する総合的な施策を進するための基本法に基づく、社会経済的情勢の変化に応じ人間活動による里山などの縮小による保全の仕組みの構築や措置を明記。生物多様性国家戦略として策定する地域戦略。	GN	+
	生物多様性地域戦略	L9		生物多様性基本法に基づき、生物多様性国家戦略を基本として、生物多様性の保全及び持続可能な利用を目的として策定する地域戦略。地域ごとの里山・里海の管理の方向性や関連指置を明記。	GL	+
	野生動植物の種の保存に関する法律（絶滅のおそれのある野生動植物の種の保存に関する法律）	L6	1992制定	絶滅のおそれのある野生動植物の種の保存を図るために、特定の野生動植物の種を指定し、その個体や卵を取り扱うことを規制し、特定の生息地等保護区を設けている。	GN	++
	外来生物法（特定外来生物による生態系等に係る被害の防止に関する法律）	L6	2004制定	外来種による生態系などへの被害を防止するために、特定外来生物を指定して、その飼養、輸入などの取扱いを規制することなどを定めた法律。	GN, GL	++
	鳥獣の保護及び狩猟の適正化に関する法律	L7	2002改正	鳥獣の保護と鳥獣狩猟による各種被害による発展と各種被害による生態系を通じて生物多様性の確保への発展を図る。2002年改正では鳥獣保護区における保全事業が創設された。2006年改正で指定された。	GL	+
	エコロジカル・ネットワーク	T2		生物の生息空間を相互に連結することによって、生態系の回復と、生物多様性の回復を図る構想。1998年以降、全国の国有林に「緑の回廊」が設定され、2007年4月までに、日本全体で22カ所まで拡大した。	GL, C, NGO	+
全領域	世界遺産条約（世界の文化遺産及び自然遺産の保護に関する条約）	L1	1992批准	文化遺産および自然遺産の保護を目的とし、国際連合教育科学文化機関（ユネスコ）において採択された国際条約。自然遺産に関する部分は、里山・里海管理と密接な関わりがある。	GI, GN	+
	環境と開発に関するリオ宣言	L2	1992	「持続可能な開発」を理念とし、国際社会における環境と開発の両立を宣言する国際文書。その後の持続可能な発展に大きく寄与。	GI, GN	+
	アジェンダ21	L2	1992	21世紀に向け「持続可能な開発」を実現するためにまとめられたリオ宣言を実施するための行動計画。条約のような法的拘束力はないが、国家の行動指針として重要な機能を有する。	GI, GN	++
	持続可能な開発に関するヨハネスブルグ宣言	L2	2002	リオ宣言から10年を記念し、国際社会の持続可能な開発に向けた意思を示す国際文書。今後は、環境問題に取り組む際の原則を明らかにしている「実施計画」の着実な実施が注目される。	GI, GN	+
	ストックホルム宣言（人間環境）	L3	1972	全世界レベルで地球環境問題に取り組むことを宣言した初めての国際文書。環境問題に取り組む際の原則を明らかにしており、その後の国際的な環境法定立の礎となっている。	GI, GN	+

法律名	コード	制定/改正	概要	関係者	評価	問題点
環境影響評価法	L 6	1997 制定	大規模な開発事業について環境影響評価を行うための手続きなどを定めた法律。里山の改変行為は小規模な対象となる場合が少なくない。	GN, GL	++	
環境評価条例	L 9		環境影響評価法で対象外の事業を対象としたり、環境要素の拡大、事後調査の義務づけなどに関して地方自治体が独自に定める条例。	GL	++	
環境基本法	L 6	1993 制定	環境の保全に関する基本理念、各主体の責務、関連する施策の基本となる事項を定めた法律。この法律に基づいて策定される環境基本計画では、地域や分野を越えた広域的な視点からの必要性を指摘。この計画を踏まえた取り組みとその地域の体制づくりの必要性を指摘。里山に止まらない多様な仕組みを幅広く活用しつつ、地域における人々の生活や生産活動とのかかわりの中で、総合的な保全を進めていくことを明らかにした。	GN	+	
景観法	L 6	2005 制定	都市、農山漁村その他における良好な景観の形成を促進するための施策を総合的に実施するための法律。同法によって、景観計画区域における棚田などの集落地および隣接樹林地などを、景観地区として一体的にとらえることが可能になった。	GN, GL, NGO, C, B	+	
自然公園法	L 6	2002 制定	優れた自然の風景地の保護・利用の推進によって国民の保健、休養および教化に資するとともに、生物多様性の確保に寄与することを目的とする法律。里山を「文化的景観」として、法近ゾーニングに組み入れられるとその管理に貢献し得る。	GN	+	
文化財保護法	L 7	2004 改正	文化財の保存・活用によって国民の文化的向上をめざした法律。2004年改正により、文化的景観が定義され、とくに重要な景観については国が「重要文化的景観」として選定。国が当該市町村の申し出に基づいて選定する措置が受けられるようになり、栃木県の大谷石採石場の景観や千葉県の大山千枚田の景観が文化的景観モデル事業に選定されている。	GL, C, B	+	
国土形成計画法 (国土総合開発法)	L 7	2005 改正	かつての国土総合開発法を改正するためにの法律。総合的な見地から国土の利用、整備、およびその他保全を推進するための法律。国土形成計画その他の策定その他の措置を調ずることなどを定めた。国土形成計画では、国土の国民的経営やエコロジカル・ネットワークなどに言及しており、里山管理に貢献し得る。	GN	+	
リゾート法 (総合保養地域整備法)	L 7	1987 改正	余暇活動の充実、地域振興、国内産業の振興などを目的とした法律。リゾート地域を指定し、県が行政計画を策定し、関連する当該地方においては国の支援などの各種優遇措置が受けられることを定めた法律。里山の開発と関係がある。	GL	++	
地方分権推進一括整備法	L 7	1999 制定	地方分権の推進を図るために改正する必要な法律。地域レベルでの里山・里海管理の推進が期待される。	GL	+	○生態系破壊への開発が排除できない。
情報技術の開発 (インターネットの普及)	S 2		近年普及しつつあるインターネットは、環境省や地方自治体などによる情報提供手段として積極的に用いられており、里山・里海の会計的な基盤強化を通じて里山・里海における効果が期待される。	B, C, NGO	+	○自治体ごとに生態系保全に対する認識の差がある。
コンクールなど	S 2		行政、団体、新聞社などによって、棚田、里山、塚水、里山・里海の有する価値を社会に認知させる効果が期待される。	GN, GL, B	+	○情報の内容によっては訪問者の増大による過剰利用につながる可能性もある。
NPO法 (特定非営利活動促進法)	S 3, L 7	1998 制定	ボランティア活動などの社会貢献活動を行う、営利を目的としない団体に法人格を与え、NPO活動を促進するための法律。NPOの会計的な基盤強化を通じて里山・里海を対象とするNPO活動による里山・里海保全の効果が期待される。なお、日本において民間であるNGO、NPOの呼び分けがあるが、政府に対して非営利であることを強調する場合はNGO、企業に対して非営利であることを強調する場合はNPOを使う場合が多い。	GN, NGO, R	++	

付表 201

主な対応	区分	制定時期	対応の内容	主体	効率性	有効性	トレードオフ
環境教育（環境の保全のための活動の意欲の増進及び環境教育の推進に関する法律）環境保全活動・環境教育推進法	S 2 (L 6)		環境や環境問題に対する興味・関心を高め、必要な知識、技術、態度を獲得させるために行われる教育活動を推進するための方策	GL, GN, NGO		+	
自然再生事業 自然再生推進法	T 2 (L 6)	2003 制定	過去に失われた自然を積極的に取り戻すことを直接の目的とした実施事業で、現在、直線化された河川の蛇行化による湿原の回復、都市臨海部における干潟の再生や藻づくりなどが実施されている。	GN, GL	+	++	
SATOYAMA イニシアティブ	K 1		人と自然の良好な関係が構築されている自然共生社会の実現を長期的目標として、持続可能な形で自然資源の利用と管理が行われる里山・里海を含むセカンドスケープの維持・再構築を世界的に推進している取り組み。	GN		+	
大学・自治体による科学研究	K 2		地方の大学や自治体を中心として実施されている科学研究では、管理の対象である里山・里海を対象としていることや、得られた成果を地域の里山・里海の保全管理に直接活用しているという特徴がみられる。	GN, B, R		+	
地域共同体の再構築（新しいコモンズ）	K 2		自然資源を共同管理するあるいは意味するコモンズの概念をもとに、里山・里海の新たな仕組みづくりが提唱されている。	GN, GL, C		+	

本表は、日本の里山・里海に関する主な対応について、対象領域（それが適用される対象）、主な対応と主体（効率性の評価、対応の内容、トレードオフなど）をまとめたものである。里山・里海の生態系サービスへの貢献をあげており、法的対応であれば、制定時期を改正時期を載せている。意思決定の主体は、以下のような記号に従って略記してある。すなわち、国際機関（GI）、国家（GN）、地方自治体（GL）、産業部門（B）、非政府組織（NGO）、住民組織（C）、研究機関（R）、である。効率性、有効性、効果発現時期、トレードオフについては、以下のように説明を加えた。本文に費用便益分析や費用有効度分析の適用が可能とみなし得る対応

1) 効率性の評価
   + : 費用便益分析が制度的に義務づけられているもの
   ++ : 制度的な義務づけまではされていないくとも、事例研究などで費用便益分析の適用が試みられている対応（事例研究などで指摘されているもの）
   空白：現状では、効率性の観点で評価が困難であるもの

2) 有効性の評価
   + : 生態系サービスの向上に有効だとする対応、あるいは、とくに有効だとされている対応、あるいは、事例研究などで有効だと認められている対応
   ++ : 副次的に生態系サービスの向上にもつながっているビルドインされた対応
   空白：現状では現状ではあまり活用されているが、将来、有望だと思われる対応

3) トレードオフ：特定の生態系サービスには有効でも、それと相殺する顕著なマイナス効果が認められるもの

用語解説

ランドスケープ（景観）(landscape)

景観は，「無数のスケールがある空間的階層の中で，もっとも大きなスケールとしての地球全体と，均一なシステムとしての最小単位であるエコトープ (ecotope)，あるいはパッチ (patch) やコリドー (corridor) との中間に位置する，比較的大きな開放系のシステム」と定義されている (Golley, 1996). 景観の構造や機能を理解するうえでは，人間活動の考慮が不可欠であり，景観生態学 (landscape ecology) は，生態学，社会学，人類学，経済学など，空間や社会に関連する学問諸領域を包含する学際領域としてとらえられている.

[出典] 巌佐庸・松本忠夫・菊沢喜八郎・日本生態学会編 (2003)：生態学事典，p 138，共立出版.

モザイク (mosaic)

里山・里海は，二次林，人工林，農地，採草・放牧地，水路，ため池，集落，干潟，藻場，養殖場など多様な土地利用・空間タイプがモザイク状に組み合わさった複合体である．また，たとえば伐採・更新時期の異なる林分がパッチのモザイク構造を示すように，農地や森林といった個々の土地利用のなかにおいてもモザイク構造が存在する．さらに，明瞭な四季がある日本では，同じ空間タイプであっても，（たとえば落葉樹林，水田，海流，流氷のように）季節によって状態や利用方法が動的に変化する（時間的なモザイク構造）．このように空間的なモザイク構造が入れ子状に分布し，かつその状態と人間の利用が動的に変化するということが，里山・里海における豊かな生物多様性の源泉になっているといえよう．

インターリンケージ (interlinkage)

生態系サービスを得ることで人間の福利が高まるが，福利を高めるために生態系サービスを過度に利用してしまうと生態系サービスが劣化するというように，生態系サービスと福利は相互に関係している．また，生態系サービスのなかの供給サービスを高めると調整サービスや文化的サービスを損なうことになるかもしれないなど，生態系サービス間にも相互関係がある．同様に，人間の福利の構成要素間も相互に関係している．このような相互関係（連関）を総じて本書では「インターリンケージ」とよぶ．インターリンケージには，関連する要素の双方が連動して同時に高まる（低下する）ような正比例関係や相乗効果（シナジー）だけでなく，関連する要素の片方が高まると他の要素が低下するような反比例関係（トレードオフ）がある．

生態系 (ecosystem)

生態系とは植物，動物，微生物群集，非生物環境要素が機能ユニットとして相互作用している動的な複合体である．人間は生態系の一部である．生態系の大きさは，樹洞の一時的な水溜りから海盆 (ocean basin) まで，対象によって著しく異なる．

[出典] Millennium Ecosystem Assessment (2005)：*Ecosystems and Human Well-being：A Framework for Assessment*, p. 3, Island Press.

生態系サービス (ecosystem services)

生態系サービスとは生態系から人々が得る恵みである．生態系サービスには，食料や水といった供給サービス，洪水，干ばつ，土地劣化，病気の調整のような調整サービス，土壌形成や栄養循環のような基盤サービス，そしてレクリエーション，精神的，宗教的，その他非物質的な恵みである文化的サービスが含まれる．

[出典] Millennium Ecosystem Assessment (2005)：*Ecosystems and Human Well-being：A Framework for Assessment*, p. 3, Island Press.

人間の福利 (human well-being)

人間の福利は，生活に必要な基本物資，選択や行動の自由，健康，社会関係，安全といった複数の構成要素からなる．福利とは，福利の顕著な剥奪である貧困の反対側に位置する．福利の構成要素は，人々によって経験され認識されるものであるため，状況依存的であり，地域の地理的，文化的，生態学的な

状況を反映する．

[出典] Millennium Ecosystem Assessment (2005)：*Ecosystems and Human Well-being：A Framework for Assessment*, p. 3, Island Press.

回復力（レジリアンス）（resilience）

レジリアンスとは，人間社会および生態系が環境変動などの影響から回復する力のことである．レジリアンスには，工学によって復旧していく考え方（engineering resilience）と，生態学的なレジリアンス（ecological resilience）があるとされる．前者は単一な最適の状態が存在するという前提のもと，効率性と予測可能性に焦点が当てられ，生態的なシステムのフィードバックは別途扱われる．一方後者は，生態系が自己組織化のプロセスや構造を変化させることなく，受け入れることができる攪乱の程度であるが，均衡状態は多様であるという前提に基づいている．里山・里海の生態系のレジリアンスから考えると，その生態系は，人間の攪乱と生態系の回復力という拮抗する力のバランスのうえに成り立っている動的な系である．そのため，過剰に利用したり，逆に利用せずに放置したりした場合には，別の系への質的変化が生じうる．一方，里山・里海ランドスケープのレジリアンスという場合には，その社会と自然の複合システムとして，そこから得られる生態系サービスを安定的に供給しるか否か，社会や環境の変化といった攪乱に対して多様な機能を維持しうるか否か，を問うことになる．

[出典] Millennium Ecosystem Assessment (2005)：*Ecosystems and Human Well-being：A Framework for Assessment*, p. 3, Island Press.

Walker, B., S. Carpenter, J. Anderies, N. Abel, G. Cumming, M. Janssen, L. Lebel, J. Norberg, G. D. Peterson and R. Pritchard (2002)：Resilience management in social-ecological systems：a working hypothesis for a participatory approach. *Conservation Ecology*, **6**(1)：14. (online；http://www.consecol.org/vol6/iss1/art14)

Wilkinson, A., S. Elahi and E. Eidinow (2003)：Riskworld scenarios. *Journal of Risk Research*, **6**(4-6)：297-334.

索　引

〔欧　文〕

CBD/COP 10　122, 130, 164
COD　190
CSR　85
CVM　72, 73
ESD　152
GIAHS　131
IPBES　131
IPCC　131
NPO　85
R 3 イニシアティブ　130
RPS 法　82
SAS アプローチ　98
SATOYAMA イニシアティブ　4, 6, 79, 122, 130, 131
SRES シナリオ　96
systematic conservation planning　30
ThOD　190
TN　190
TP　190
UNESCO 世界遺産条約　131
UNFCCC　130

〔ア　行〕

アイヌ文化　135
アイヌ民族　135
赤潮　123, 186
アカマツ林　19, 177, 183
秋の七草　177
アグリ・コミュニティビジネス　69
亜酸化窒素　49
阿蘇地方　177, 178, 183
アマモ場　172, 187
綾町　38, 178, 183
アユ　176
新たな公　88
新たなコモンズ　88, 130
有明海・八代海再生特別措置法　81
アンダーユース　29, 35, 174, 184

生きている地球指数　66
いぐね　146
イサザ　176
いしかわ森林環境税　159
石干見　67, 73
磯　17
遺贈価値　72
イタイイタイ病　154
市　164
一次生産　22
遺伝子攪乱　62

稲刈り　25
イノシシ　147
入会　70, 123, 177
入浜権　70
インセンティブメカニズム　126
インターリンケージ　13, 29, 61, 67, 122, 127, 128
陰伐地　176

魚つき林　87, 177
雨水流出抑制　62
海砂　189, 193
海の恋人運動　152
海のゆりかご　186, 193
埋め立て　40, 43, 68, 73, 190

栄養塩循環　22, 63
えぐね　146
エコツーリズム　24, 69, 85, 124, 136, 160, 178
エコツーリズム推進法　78, 171
エコトーン　124
エコファーマー　182
エコロジカルネットワーク　79
エコロジカルフットプリント　178
エゾシカ　136, 140
エチゼンクラゲ　154
越境汚染　154
沿岸漁業　43
沿岸生態系　124

大灘域　164
奥山　18
奥山域　164
巨椋池　175
汚濁負荷　190
落ち葉かき　23
オーバーユース　29, 183
オフセットクレジット　83, 125
温室効果ガス　49, 86, 125

〔カ　行〕

海岸侵食　177
海岸線　138, 190
海岸保安林　177
海岸法　81
海岸林　177
改作法　153
海水の汚染　43, 44
海水浴　56, 190
改正海岸法　140
海浜　17

回復力　3, 17, 26, 68
海洋基本計画　81
海洋基本法　81, 125
海洋生態系　154, 158, 159
外来種　26, 28, 39, 64, 68, 124, 127, 183
化学的酸素要求量　190
化学肥料　23
拡大造林　45, 124, 139, 174
河川法　171
仮想評価法　72
過疎化　17, 55, 63, 153, 157, 180
過疎高齢化地域　164
潟湖　158
価値額　71
学校教育　68
学校ビオトープ　183
ガーデニングむら里山里海　173
ガバナンス　125
カブトガニ　188
上世屋・五十河地区　182
カヤ刈り場　176
茅場　176
ガラモ場　157
環境影響評価法　78, 125, 171
環境汚染　64, 66
環境基本計画　18, 79, 125
環境基本法　171
環境教育　24, 57, 69, 124, 136, 147, 151, 160, 178
環境研究総合推進費　129
環境保全型農業　123
環境保全米運動　150, 152
間接的要因　26, 35, 61, 107, 169
干拓　158, 174, 175
乾田化　175
関東中部クラスター　163
間伐材　149

気候調整　23
気候変動　35, 42, 44, 58, 64, 68, 124, 150
気候変動に関する政府間パネル　131
気候変動枠組条約　130
キノコ　43
基盤サービス　21, 58, 61, 147
基本的物資　123
供給サービス　23, 41, 47, 61, 67, 144, 161, 165, 176, 188
供給力　62
京都市自然風景保全条例　182
漁獲強度　190
漁獲量　188, 190

索　引　205

漁業調整規則　82
漁業法　81
魚道　183
キリコ祭り　155
近郊緑地特別保全地区　182
近郊緑地保全区域　182

区画整備事業　180
草刈り　25
草泊まり　177
国レベルシナリオ　117
クヌギ　176
鞍馬火祭り　183
グリーン経済　126
グリーンツーリズム　18, 69, 85, 155, 178
グローバル化　126, 149, 157, 184
グローバルテクノトピア　103, 113, 116, 126
桑畑　143, 146

景観法　78, 125, 171
経済的インセンティブ　70, 82, 125
経済評価　28, 129
気仙沼湾　87
結合生産　72
兼業農家　146, 149
ゲンゴロウブナ　176
減反政策　42, 150, 174
建築用材　62

公益的機能　71, 73, 182
航行目標林　177
耕作放棄　41, 49, 50, 53, 54
耕作放棄地　41, 63, 146, 154, 164, 171, 172, 174, 175, 180
鉱山開発　143
向上・劣化　26, 28, 35, 41
洪水　123
洪水緩和機能　63
洪水調整　24, 61
洪水防止機能　49, 50
耕地防風林　136
高度経済成長期　123, 174
コウノトリ　25, 172, 182
広葉樹林　124, 175
高齢化　17, 40, 44, 47, 55, 73, 123, 126, 147, 149, 153, 157, 178, 180
高齢者コミュニティー　177
故郷のいなか里山里海　173
国営農地開発事業　139
国際エメックスセンター　194
国際パートナーシップ　122, 130
国際法による対応　76
国産材　149, 181
国土形成計画　79
国土保全林　182

国内法による対応　78
国有林　18, 146
国連海洋法条約　77
国連環境開発会議　125
心の豊かさ　69
古都における歴史的風土の保存に関する特別措置法　182
コナラ林　19
コミュニティー機能　178
固有種　124
ゴルフ場　17, 28, 144
コンジョイント分析　72
根釧パイロットファーム事業　139
コンパクト循環社会　118, 173

〔サ　行〕
災害調整　24
再生可能エネルギー　82, 126
採草地　176, 177
材料革命　178
サクラマス　138
擦文文化　135
里海　4, 14, 185
里地　14
里地自然地域　18
里山　4, 13
里山科学センター　132, 172
里山里海イニシアティブ　173
里山・里海再興社会　119, 173
里山・里海ルネッサンス　105, 114, 116, 126
里山ビジネス　69
里山復権　178
里山文化景観　183
里山保全条例　78
里山林　14
サービスの向上・劣化　111
サブグローバル評価　127, 131
参加型の取り組み　92
山岳信仰　146
山岳生態系　124
産業廃棄物税　82
サンゴ礁　17, 19, 58, 124
山地災害防止機能　71
三番瀬　172
三瓶牧野　176, 183

シイ・カシ萌芽林　19
シイタケ　23, 62, 146, 149, 176
地黄湿地　182
塩木　154
塩の生産　23
潮干狩　56
市街化区域　182
市街化調整区域　182
滋賀県琵琶湖の富栄養化の防止に関する条例　183

資源へのアクセス　123
資源量　192
自殺率　178
市場開放　67, 73
止水性　124
自然維持林　182
自然海岸　190
自然環境保全基礎調査　18
自然環境保全法　81
自然観察　68
自然共生社会　122, 130
自然公園法　81
自然災害　54, 67
自然再生事業　86
自然再生推進法　78, 125, 171, 175
自然産業　69
自然遷移　124, 128
自然体験　178
持続可能な開発に関する世界首脳会議　131
持続可能な社会　130, 174
下刈り　23
湿地・氾濫原　184
シナジー　30
シナリオ　95
　──の作成手順　100, 101
　──の対象期間　100
　──のダウンスケール　117
　──のマルチスケール化　118
　──の役割　99
　──の利用方法　117
シナリオ分析　26, 95
支払意志額　72
市民農園　182
社会関係資本　70
社会生態学的システム　17, 122, 127, 128
社会生態学的生産ランドスケープ　122
獣害　178
受動的利用価値　73
循環型社会　130
順応的管理　128, 131
生涯学習　68
蒸発散作用　47
縄文文化　135
照葉樹林　175, 183
条例　81
植生自然度　18
食の安全　83
食の洋風化　39
植物季節　177
食料自給率　178
食料輸入　64, 174
植林　18, 49, 50, 144
諸法の「環境法化」　78
白神山地　146

飼料　43
シロザケ　138
人口減少　40, 73, 123, 126
人工護岸　181
人口集中　127
人口集中地区　40
人工林　49, 50, 53, 58, 63, 67, 143, 155, 175
薪炭林　13, 17, 39, 45, 62, 63, 73, 144, 175, 176
新田開発　142
針葉樹林　175
森林環境税　83, 84, 125
森林空間利用林　182
森林生態系　124, 154, 158
森林認証制度　83
森林病害虫等防除法　183
森林浴　87
森林・林業基本法　171

水源環境を保全・再生するための個人県民税超過課税　171
水源涵養機能　24, 50, 71, 146, 147
水源涵養林　136
水産基本法　81
水産資源保護法　81
水質汚染（汚濁）　28, 63, 68, 123
水質浄化　19, 53
水質調整機能　24, 146
水生昆虫　124
水田　41, 175
スキー場　144
ススキ　177
ストック　26, 62
ストーリーライン　95
スナメリ　188
スプロール化　28

生産調整　40, 42, 150, 180
生産年齢人口　63
生産緑地法　182
生息地改変　64
生態系管理　17
生態系サービス　4, 13, 111, 145, 165, 186, 188, 191
生態系サービス評価　111
生物多様性　26, 114, 147, 161, 176
生物多様性基本法　79, 125, 171
生物多様性国家戦略　3, 16, 78, 130
生物多様性条約　77, 125, 130, 131
生物多様性戦略　125, 172
生物多様性地域戦略　81
生物多様性ちば県戦略　172
生物多様性と生態系サービスに関する政府間科学政策プラットフォーム　131
世界遺産条約　77

世界重要農業遺産システム　131
石油ショック　169, 174
絶滅危惧種　188
瀬戸内海　185, 186
瀬戸内海環境保全協会　194
瀬戸内海環境保全知事・市長会議　193
瀬戸内海環境保全特別措置法　80, 194
瀬戸内海環境保全臨時措置法　80, 190, 193
瀬戸内海研究会議　194
瀬戸内海国立公園　190
遷移　40, 66, 67
全国草原サミット　183
全窒素　190
全リン　190

雑木林　17
草原　58
総合沿岸域管理　80
草地　17, 138, 140, 183
草地生態系　181
続縄文文化　135
存在価値　72

〔タ 行〕
対応　105
　──の影響度　88
　──の近接性　88
　──の効率性　88
　──のトレードオフ　91
　──の有効性　89
　──の類型　76
ダイオキシン騒動　168
大気汚染　28
大気浄化　47, 49, 124
対策オプション　29
タイムラグ　62
大文字送り火　177, 183
田植え　25
宅地化　175
タケノコ　176, 180
多国間環境協定　131
多属性評価　73
立木蓄積量　124
棚田　50, 55, 146, 182
棚田オーナーシップ制度　83, 125
田の神　26
ダム　44, 144, 146, 155, 175, 177, 180
ため池　17, 175
多面的機能　72, 73
丹後天橋立大江山国定公園　183
淡水魚　124
炭素固定　24
田んぼの生き物全種　66

地域コミュニティー　123, 124, 148, 177
地域自立型技術社会　103, 113, 116, 126
地域の持続可能性　178
地下水位　53
地下水涵養機能　49
地球温暖化　28, 172
地球環境市民社会　103, 113, 114, 126
地球サミット　125, 172
畜産　43, 146
竹林　178
知識システム　128, 131
地すべり　53
千葉県里山の保全，整備及び活用の促進に関する条例　172
地方自治法　171
地方分権推進一括整備法　82
地方分権推進法　125
中山間地域　146, 175
中山間地域等直接支払い制度　140, 171, 172
潮害防備林　177
調整サービス　23, 47, 53, 61, 71, 146, 161, 166, 186, 186
直接支払い制度　83, 125, 140, 171, 172, 175
直接的要因　26, 35, 41, 61, 107, 169
鎮守の森　68

ツキノワグマ　147
釣り　56

定性シナリオ　96
低炭素社会　130, 172
定量シナリオ　96
テクノタウン里山里海　173
デッドゾーン　123
出羽三山　146
伝統工芸　124
伝統的工芸品産業　55
伝統的工芸品産業の振興に関する法律　54
伝統的知識　17, 24, 122, 127
伝統文化・芸能　57

東京一極集中　168
統合沿岸域管理　80
東北クラスター　142
トキ　25, 172
特別緑地保全地区　182
都市域　164
都市化　28, 174
都市化進行地域　164
都市近郊林　136
都市計画区域　182
都市計画法　40
都市公園法　125

都市に飲み込まれる里山　63
土砂災害　52
土砂流出　123
土砂流出抑制能　62
土壌汚染　28
土壌形成機能　62
土壌侵食　50, 123, 124
土壌侵食抑制　62
土壌流出　155
都市緑地法　125
土地所有権　5
土地被覆の変化　26
土地利用変化　28
トップダウン　127
トド　138, 141
豊岡市　182
トレードオフ　30, 91, 125, 126, 127, 129, 184

〔ナ　行〕

内分泌攪乱物質　66
ナラ枯れ　146, 147, 175

新潟水俣病　154
ニゴロブナ　176
二酸化炭素　49
二酸化炭素固定　24
西日本クラスター　174, 185
21世紀の国土のグランドデザイン　80
21世紀環境立国戦略　16, 130
二次林　18, 175, 178
ニシン　138, 140
ニホンザル　147
日本庭園　177
にほんの里100選　183
日本の里山・里海評価　3, 6
人間による利用　26, 41, 42, 45, 107, 111
人間の福利　7, 13, 114, 168

ネットワーク　128
燃料革命　39, 47, 67, 73, 123, 178, 180
農業機械化　150
農業経営基盤強化促進法　79
農業振興地域　182
農業振興地域の整備に関する法律　40
農業生態系　124, 131
農業体験　178
農業離れ　63
農産物直販所　178
農書　154
農地　17, 136
農地・水・環境保全向上対策　83
農地生態系　154, 157, 158
農地転用　174, 182
農地法　79

農用林　13, 63
農林水産省生物多様性戦略　79
野幌森林公園　136
野焼き支援ボランティア　183

〔ハ　行〕

バイオマス　126, 129, 151, 172
バイオマス活用推進基本法　80
バイオマスタウン構想　172
バイオマス・ニッポン総合戦略　172
廃村　178
白砂青松　16, 186
はげ山　45, 47, 123
馬産地域　142
バックキャスティング　96
バブル崩壊　174
パヤオ　67, 73
春の七草　25
半自然草原　67, 73, 124, 177

火入れ　183
ビオトープ復元社会　118, 173
干潟　17, 19, 58, 186, 187
ヒグマ　136, 140
ピーク流量　50
飛砂防備林　177
ヒートアイランド現象　28, 40, 47, 68, 177
評価　8
表層土　52
費用便益分析　89, 90
費用有効度分析　91
肥料革命　67, 73, 123
非利用価値　72
琵琶湖　175, 176, 181, 183
ビワマス　176
貧酸素水塊　186

フィードバック　128
風致地区条例　182
富栄養化　68, 181, 186, 190
釜山成果文書　131
藤織　182
プッシュ要因　3
ブナ　146
負のサービス　68
ブラックバス　44, 56, 147, 181
プラットフォーム　131
ブルーギル　182
ふるさと石川の環境を守り育てる条例　159
ふるさとタウン里山里海　173
ふるさとの喪失　71, 73
プル要因　3
ふれあい活動　17
フロー　26, 62
文化的景観　55

文化的サービス　24, 61, 146, 161, 166, 189

閉鎖性海域　123, 185, 188
ベースライン　129, 130
ヘドロ　123

保安林整備臨時措置法　182
貿易自由化　67, 73
萌芽更新　62
防風保安林　136
防風林　136, 140, 146, 177
防風林対策検討会　140
放牧　176, 183
放牧地　17, 146
防霧林　177
北信越クラスター　153
北陸　153
圃場整備　39, 41, 54, 158, 174
北海道開拓使　135
北海道クラスター　135
ボトムアップ　127, 129
ポリネーター　24
盆花　177
ボン条約　131
ホンモロコ　176

〔マ　行〕

牧　142
マツ枯れ　146, 175
松くい虫被害対策特別措置法　183
マツタケ山整備　177
祭り　26, 57, 155
マルチスケール　127
マルチスケール評価　128, 129
円山　139

三草山　182
水循環　63
ミズナラ林　19
水の神　26
美土里館　86
南関東エコロジカル・ネットワーク形成事業　172
ミレニアム生態系評価　3, 8, 121
民有林　18, 146

メガシティー社会　118, 173
メタン　49

藻岩山　139
モウソウチク　43, 175, 180
木材供給機能　63
木材生産林　182
木質バイオマス　172
モザイク構造　5, 14, 35, 54, 62
モザイク喪失　28

モニタリング　122, 128
藻場　17, 19, 58, 186
森に還る里山　64, 180

〔ヤ　行〕

野外での遊び　57, 178
焼き畑　46, 176
屋敷林　146
山の神　26

結い　180
輸入飼料　63

要因　26
養蚕業　45, 143

養殖業　44
横浜みどり税条例　171
ヨシ帯　181
淀川　175

〔ラ　行〕

ライフサイクルコスト分析　91
ラムサール条約　77, 131, 147, 159, 183
乱獲　28, 43, 64
ランドスケープ　4, 13, 175

リオ宣言　131
リオ＋20　131
陸水生態系　157, 158
流域管理システム　182

流域圏　32
利用低減　28, 35, 39, 41, 44, 58, 64
利用量　62
緑地環境保全地域　182
理論的酸素要求量　190
林床植物　124
林地　17

レクリエーション　24, 55, 68, 73, 136, 189
レジャー　39, 56
レジリアンス　3, 17, 26, 68, 122
レッドデータブック　22

里山・里海
―自然の恵みと人々の暮らし―

2012 年 3 月 30 日　初版第 1 刷
2012 年 7 月 30 日　　　第 2 刷

定価はカバーに表示

編集者	国際連合大学高等研究所 日本の里山・里海評価委員会
発行者	朝　倉　邦　造
発行所	株式会社　朝倉書店 東京都新宿区新小川町 6-29 郵便番号　162-8707 電　話　03(3260)0141 ＦＡＸ　03(3260)0180 http://www.asakura.co.jp

〈検印省略〉

© 2012〈無断複写・転載を禁ず〉　　　　新日本印刷・渡辺製本

ISBN 978-4-254-18035-0　C 3040　　　　Printed in Japan

JCOPY　〈(社)出版者著作権管理機構 委託出版物〉

本書の無断複写は著作権法上での例外を除き禁じられています．複写される場合は，そのつど事前に，(社)出版者著作権管理機構（電話 03-3513-6969, FAX 03-3513-6979, e-mail: info@jcopy.or.jp）の許諾を得てください．